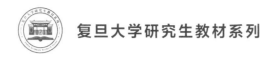

复旦大学研究生教材系列

复旦大学研究生数学基础课程系列教材

李群基础

（第三版）

黄宣国·编 著

U0258121

Introduction of
Lie Group

复旦大学 出版社

总　序

　　复旦大学数学科学学院（其前身为复旦大学数学系）一直有重视基础课教学、认真编辑出版优秀教材的传统. 当我于1953年进入复旦数学系就读时，苏步青先生当年在浙江大学任教时经多年使用修改后出版的《微分几何》教材，习题中收集了不少他自己的研究成果，就给我留下了深刻的印象. 那时，我们所用的教材，差不多都是翻译过来的苏联教材，但陈建功先生给我们上实函数论的课，用的却是他自编的讲义，使我受益匪浅. 这本教材经使用及修改后，后来也在科学出版社正式出版.

　　复旦数学系大规模地组织编写本科生的基础课程教材，开始于"大跃进"的年代. 当时曾发动了很多并未学过有关课程的学生和教师一起夜以继日地编写教材，大家的热情与干劲虽可佳，但匆促上阵、匆促出版，所编的教材实际上乏善可陈，疏漏之处也颇多. 尽管出版后一时颇得宣传及表彰，但并没有起到积极的作用，连复旦数学系自己也基本上没有使用过. 到了1962年，在"调整、巩固、充实、提高"方针的指引下，才以复旦大学数学系的名义，由上海科技出版社出版了一套大学数学本科基础课的教材，在全国产生了较大的影响，也实现了用中国自编的教材替代苏联翻译教材的目标，在中国高等数学的教育史上应该留下一个印记.

　　到了改革开放初期，由于十年"文革"刚刚结束，百废待兴，为了恢复正常的教学秩序，进一步提高教学质量，复旦数学系又组织编写了新一轮的本科基础课程教材系列，仍由上海科技出版社出版，发挥了拨乱反正的积极作用，同样产生了较大的影响.

　　其后，复旦的数学学科似乎没有再组织出版过系列教材，客观上可能是在种种评估及考核指标中教学所占的权重已较多地让位于科研，而教材（包括专著）的出版既费时费力，又往往得不到足够重视的缘故. 尽管如此，复旦的数学学科仍结合教学的实践，陆陆续续地出版了一些本科基础课程及研究生基础课程的新编教材，其中有些在国内甚至在国际上都产生了不小的影响，充分显示了复旦数学科学学院的教师们认真从事教学、积极编著教材的高度积极性，这是很难能可贵的.

　　现在的这套研究生基础课程教材，是复旦大学数学科学学院首次组织出版的研究生教学系列用书，对认真总结学院教师在研究生教学中的教学成果与经验、切实提高研究生的培养质量、积极参与研究生教育方面的学术交流，都将是一件既有深远意义又符合现实迫切需要的壮举，无疑值得热情鼓励和大力支持.

相信通过精心组织策划、努力提高质量，这套研究生基础课程教材丛书一定能够做到：

(i) 花大力气关注和呈现相应学科在理论与方法方面的必备基础，切实加强有关的训练，帮助广大研究生打好全面而坚实的数学基础.

(ii) 在内容的选取及编排的组织方面，避免与国内外已有教材的雷同，充分体现自己的水平与特色.

(iii) 符合认识规律，并经过足够充分的教学实践，力求精益求精、尽善尽美，真正对读者负责.

(iv) 根据需要与可能，其中有些教材在若干年后还可以通过改进与补充推出后续的版本，使相关教材逐步成为精品.

可以预期，经过坚持不懈的努力，这套由复旦大学出版社出版的教材一定可以充分展示复旦数学学科在研究生教学方面的基本面貌和特色，推动研究生教学的改革与实践，发挥它特有的积极作用.

李大潜

2021年4月22日

第三版前言

　　《李群基础》(第二版)出版已 18 年了.在退休前,我在复旦大学数学科学学院用此书执教了几届硕、博研究生,在教学过程中,不断地对此书进行修改,现呈现在读者面前的《李群基础》(第三版)在第二版的基础上大小修改共 60 多处,特别是花较长时间和精力订正了第四章定理 13 的证明,使全书的质量有了明显的提升.

　　现在,随着科学技术的飞速发展,芯片、人工智能等领域需要大量掌握现代数学知识的人才,有志向的年轻人当奋发努力,攀登高峰.

　　最后,感谢复旦大学出版社对本书的又一次再版.

黄宣国

2024 年 6 月

第二版前言

拙作《李群基础》出版已 11 年了. 最近在复旦大学出版社的大力支持下,我决定对原书进行修订增补. 除了对原书上的一些小错误进行修正外,主要增补了下述内容:第一章 §1 增加了一个例子 Grassmann 流形;第三章 §6 增加了 Euclid 空间内星形区域的有关外微分的 Poincaré 定理;第四章增加了整整一节,§4 紧致连通李群的极大子环群,由于要尽量降低阅读难度,适合更多的读者,因此,§4 不涉及完备 Riemann 流形或者流形间映射的拓扑度等知识,这一节的构思及写作花费了我近 1 个月的时间,同时查阅了不少有关书籍;第三章、第四章及第五章增补了一些习题.

现在呈现在读者面前的这本《李群基础》(第二版),可以作为大学硕士研究生一年级全年的教材,每周 3 节课,两个学期完全可以将全书讲完.

王安石在《游褒禅山记》中写道:"夫夷以近,则游者众;险以远,则至者少。而世之奇伟瑰怪非常之观常在于险远。"热爱数学的人们只有不避艰险,才有希望到达光辉的顶峰. 热爱数学的人们,努力呀!

编著者

2006 年 5 月

第一版前言

1978 年 2 月,我考入复旦大学数学研究所攻读微分几何.导师胡和生教授主持了一个讨论班,学习谷超豪教授著的《齐性空间微分几何学》一书的第一章至第四章.在 1981 年 3 月,我获得硕士学位,当时胡和生教授在数学系主讲李群,我作辅导.我的李群知识就是从这时开始逐步积累起来的.

在导师胡和生教授的不断鼓励下,我花了约 1 年时间,编写了《李群讲义》,并且在数学研究所对一年级硕士研究生讲授过多次.在此基础上,将讲义逐步修改成书.

凭我自己的体会,学位基础课(一学期)"李群与李代数"应在硕士生一年级第二学期开设,这时学生已有了微分流形、抽象代数和代数拓扑等基础知识,再开始学习李群和李代数,效果较佳.作为一学期的课程,本书可以从第二章拓扑群开始讲起,每周 3 节课,共 18 周时间,可把第二章、第三章和第四章大部分内容讲完.

第三章的许多习题是我多年来主讲"李群与李代数"课程考试用的试题,有助于学生灵活掌握第三章基本内容.

第五章内容很少,是李代数和李群表示论的引言,可以作为一年级硕士生在暑假里阅读的材料,所以第五章后面无习题.

感谢复旦大学数学研究所的领导和复旦大学研究生院,在他们的推荐和支持下,本书得以出版.

编著者
1993 年 12 月

目　　录

第一章　微 分 流 形

§1　微 分 流 形

m 维 Euclid 空间 $\mathbf{R}^m$ 和它的开子集 U 是众所周知的空间. 在这一节我们将发现许多复杂的空间是由 $\mathbf{R}^m$ 中的一些开子集拼接而成的.

M 是一个 Hausdorff 空间, 对于 M 内某一点 a, 如果存在 M 内一个包含 a 的开集 U_a, 它同胚于 $\mathbf{R}^m$ 内某个开子集 U, 即存在同胚 $\varphi_a: U_a \to U$, 我们称 M 在点 a 是 m 维局部 Euclid 的. 称 (U_a, φ_a) 为 M 内(含 a)的一个坐标图.

定义 1.1　M 是 Hausdorff 空间, 如果 M 内任一点都是 m 维局部 Euclid 的, 则称 M 为一个 m 维流形.

M 是一个 m 维流形, $\forall$ (表示对于任意的) $a \in M$, 有一个包含 a 的开集 U_a, φ_a 为 U_a 到 $\mathbf{R}^m$ 的某个开子集上的一个同胚, (U_a, φ_a) 为含 a 的一个坐标图, 称 U_a 为坐标邻域, 称 φ_a 为局部坐标映射, 所有的 U_a 之并覆盖 M, m 称为流形的维数. 当 $U_a \bigcap U_b \neq \varnothing$ 时,

$$\forall p \in U_a \bigcap U_b, \varphi_a(p) = (x_1(p), \cdots, x_m(p)),$$

称 $x_i(p)$ $(1 \leqslant i \leqslant m)$ 为在坐标图 (U_a, φ_a) 里点 p 的局部坐标. 类似地有 $\varphi_b(p) = (y_1(p), \cdots, y_m(p))$. 于是, 我们有一个点 p 的局部坐标之间的变换:

$$(x_1(p), \cdots, x_m(p)) \underset{\varphi_a \varphi_b^{-1}}{\overset{\varphi_b \varphi_a^{-1}}{\rightleftharpoons}} (y_1(p), \cdots, y_m(p)),$$

这里 φ_a^{-1}, φ_b^{-1} 分别表示 φ_a, φ_b 的逆映射. 上述对应是 $\varphi_a(U_a \bigcap U_b)$ 和 $\varphi_b(U_a \bigcap U_b)$ 之间的同胚对应. 于是可以写成

$$y_i(p) = f_i(x_1(p), \cdots, x_m(p)), x_i(p) = g_i(y_1(p), \cdots, y_m(p)).$$

由于 p 是 $U_a \bigcap U_b$ 中的任一点, 因此在上面的表示式中, 一般省略 p, 写成函数

$$y_i = f_i(x_1, \cdots, x_m), x_i = g_i(y_1, \cdots, y_m).$$

当 p 固定时,如果 m 个函数 f_i 在点 $(x_1(p),\cdots,x_m(p))$ 处是 C^∞ 的,m 个函数 g_i 在点 $(y_1(p),\cdots,y_m(p))$ 处也是 C^∞ 的,则称坐标图 (U_a,φ_a) 和 (U_b,φ_b) 在点 p 是 C^∞ 相关的. $\forall p \in U_a \bigcap U_b$,若 (U_a,φ_a) 和 (U_b,φ_b) 在点 pC^∞ 相关,则称这两个坐标图 C^∞ 相关. 当 $U_a \bigcap U_b = \varnothing$ 时,也称这两个坐标图 C^∞ 相关. Hausdorff 空间内两个坐标图 C^∞ 相关可完全同样地定义.

定义 1.2 设 M 是一个 Hausdorff 空间,M 上的微分结构就是在 M 内的具有下列性质的一族坐标图 $F = \{(U_a,\varphi_a),a \in M\}$:

(1) F 内全体 U_a 覆盖 M,$\varphi_a(U_a)$ 是 $\mathbf{R}^m$(m 固定)内的一个开子集;

(2) F 内任两个坐标图 C^∞ 相关;

(3) 如 M 内的某个坐标图 (U,φ) 与 F 的所有坐标图 C^∞ 相关,则 $(U,\varphi) \in F$.

显然,具有微分结构的 Hausdorff 空间必定为一个流形. 具有微分结构的 m 维流形称为 m 维微分流形.

如果 F 只具有性质(1)、(2),则称 F 为覆盖 M 的一族 C^∞ 坐标图. 如果 F 具有性质(1)、性质(2)和性质(3),则称 F 为最大 C^∞ 坐标图族. F 内每个坐标图称为可容许坐标图,简称(微分流形)M 内坐标图.

定理 1 设 M 是一个 Hausdorff 空间,F 为覆盖 M 的一族 C^∞ 坐标图,则 F 唯一确定一个包含 F 本身的最大 C^∞ 坐标图族.

证明 记 M 内与 F 的所有坐标图 C^∞ 相关的一切坐标图族为 F^*. 显然 $F \subset F^*$. 下面证明 F^* 满足性质(1)、性质(2)和性质(3).

由于 $F \subset F^*$,F^* 内坐标邻域全体覆盖 M,则有性质(1). 在 F^* 内任取两个坐标图 (U_a,φ_a),(U_b,φ_b),如果 $U_a \bigcap U_b = \varnothing$,则上述两个坐标图 C^∞ 相关. 如果 $U_a \bigcap U_b \neq \varnothing$,$\forall p \in U_a \bigcap U_b$,由于 F 具有性质(1),存在 F 内坐标图 (V,ψ),$p \in V$,(U_a,φ_a) 与 (V,ψ) 在点 pC^∞ 相关,(U_b,φ_b) 与 (V,ψ) 在点 p 也 C^∞ 相关. 由 C^∞ 相关的定义容易知道,(U_a,φ_a) 与 (U_b,φ_b) 在点 p 是 C^∞ 相关的(利用 C^∞ 函数的 C^∞ 函数还是 C^∞ 函数这一性质). 由于 p 的任意性,因此,F^* 具有性质(2). 如果 (U,φ) 是与 F^* 的所有坐标图 C^∞ 相关的一个坐标图,则由 $F \subset F^*$ 知,(U,φ) 与 F 的所有坐标图 C^∞ 相关,即 $(U,\varphi) \in F^*$,F^* 具有性质(3).

如果另有一个 $\tilde{F}$ 也是包含 F 的具有性质(1)、性质(2)和性质(3)的 C^∞ 坐标图族,那么 $\tilde{F}$ 内的任一坐标图必与 F 内任一坐标图 C^∞ 相关,则 $\tilde{F} \subset F^*$. 对于 F^* 内的任一坐标图,类似前面可证:它必与 $\tilde{F}$ 内任一坐标图 C^∞ 相关,所以有 $\tilde{F} = F^*$.

例如,在 n 维 Euclid 空间 $\mathbf{R}^n$ 中,$\forall x \in \mathbf{R}^n$,$x = (x_1,\cdots,x_n)$,定义局部坐标映射 φ 为恒等映射,即 $\varphi(x) = (x_1,\cdots,x_n)$. 于是 $(\mathbf{R}^n,\varphi)$ 就是覆盖 $\mathbf{R}^n$ 的

C^∞坐标图,由定理 1,可确定 $\mathbf{R}^n$ 为一个 n 维微分流形.

又如,$\mathbf{R}^n$ 的任何开子集 N 是一个 n 维微分流形.利用上例中恒等映射 φ,则 (N, φ) 就是覆盖 N 的一个 C^∞ 坐标图.

下面我们再举一些微分流形的例子.

例 1 $GL(n, \mathbf{R})$ 表示 $n \times n$ 可逆实矩阵的全体,称为实一般线性群. 证明 $GL(n, \mathbf{R})$ 是一个 n^2 维微分流形.

证明 因为在矩阵乘法下,$GL(n, \mathbf{R})$ 的确是一个群. 用 M_n 表示 $n \times n$ 实矩阵全体,$\forall A \in M_n$,其中

$$A = \begin{bmatrix} a_{11} & \cdots & a_{1n} \\ a_{21} & \cdots & a_{2n} \\ \vdots & & \vdots \\ a_{n1} & \cdots & a_{nn} \end{bmatrix},$$

令 $\varphi(A) = (a_{11}, \cdots, a_{1n}, a_{21}, \cdots, a_{2n}, \cdots, a_{n1}, \cdots, a_{nn})$,这里 a_{ij} 是实数. 于是,φ 是 M_n 到 $\mathbf{R}^{n^2}$ 上的一个 1—1 对应. 在 M_n 上赋予拓扑,M_n 的一个集合 U 称为开集,当且仅当 $\varphi(U)$ 是 $\mathbf{R}^{n^2}$ 内的一个开集. 于是 φ 为 M_n 到 $\mathbf{R}^{n^2}$ 上的一个同胚. (M_n, φ) 就是覆盖 M_n 的一个 C^∞ 坐标图. M_n 是一个 n^2 维的微分流形. 以后我们经常讲 M_n 等同于 $\mathbf{R}^{n^2}$,就是指在上述意义下两者的关系. 求行列式值的运算 $\det: M_n \to \mathbf{R}$ 是一个连续映射,易知

$$GL(n, \mathbf{R}) = M_n - \det^{-1}(0),$$

$GL(n, \mathbf{R})$ 是 M_n 的一个开子集. $(GL(n, \mathbf{R}), \varphi)$ 就是覆盖 $GL(n, \mathbf{R})$ 的一个 C^∞ 坐标图,因此,$GL(n, \mathbf{R})$ 是一个 n^2 维微分流形.

例 2 n 维球面

$$S^n(1) = \left\{ (a_1, \cdots, a_{n+1}) \in \mathbf{R}^{n+1} \,\Big|\, \sum_{j=1}^{n+1} a_j^2 = 1 \right\}.$$

证明 $S^n(1)$ 是一个 n 维微分流形.

证明 令 $p = (0, \cdots, 0, 1)$ 是北极,$q = (0, \cdots, 0, -1)$ 是南极. 开集 $U(p) = S^n(1) - \{p\}$ 和 $U(q) = S^n(1) - \{q\}$ 之并覆盖 $S^n(1)$. 下面定义映射 φ 和 ψ,使得 $(U(p), \varphi)$ 和 $(U(q), \psi)$ 是覆盖 $S^n(1)$ 的两个 C^∞ 坐标图. 映射 φ 和 ψ 由球极投影确定.

$\forall a \in U(p)$,记 λ 是由点 p 和 a 确定的直线,π 是 $\mathbf{R}^{n+1}$ 内由 $x_{n+1} = 0$ 确定的超平面,$\pi(a)$ 表示 $\mathbf{R}^{n+1}$ 内直线 λ 和 π 相交的点. 当 $a = (a_1, \cdots, a_{n+1})$ 时,易

得 $\pi(a) = (x_1, \cdots, x_n, 0)$，这里 $x_i = \dfrac{a_i}{1 - a_{n+1}}(1 \leqslant i \leqslant n)$. 令

$$\varphi(a) = (x_1, \cdots, x_n) = \left(\frac{a_1}{1 - a_{n+1}}, \cdots, \frac{a_n}{1 - a_{n+1}} \right),$$

φ 是 $U(p)$ 到 $\mathbf{R}^n$ 上的一个同胚. 因为如果 $(x_1, \cdots, x_n)$ 已知,则由计算可得

$$a = \left(\frac{2x_1}{1 + \sum\limits_{i=1}^{n} x_i^2}, \frac{2x_2}{1 + \sum\limits_{i=1}^{n} x_i^2}, \cdots, \frac{2x_n}{1 + \sum\limits_{i=1}^{n} x_i^2}, \frac{\sum\limits_{i=1}^{n} x_i^2 - 1}{1 + \sum\limits_{i=1}^{n} x_i^2} \right).$$

类似地,定义

$$\psi: U(q) \to \mathbf{R}^n, \quad \psi((a_1, \cdots, a_{n+1})) = (y_1, \cdots, y_n),$$

这里 $y_i = \dfrac{a_i}{1 + a_{n+1}}$. 如果 $(y_1, \cdots, y_n)$ 已知,则

$$a = \left(\frac{2y_1}{1 + \sum\limits_{i=1}^{n} y_i^2}, \cdots, \frac{2y_n}{1 + \sum\limits_{i=1}^{n} y_i^2}, \frac{1 - \sum\limits_{i=1}^{n} y_i^2}{1 + \sum\limits_{i=1}^{n} y_i^2} \right).$$

由于

$$U(p) \bigcap U(q) = S^n(1) - (\{p\} \bigcup \{q\}),$$
$$\forall a \in U(p) \bigcap U(q), \quad \varphi(a) = (x_1, \cdots, x_n),$$
$$\psi(a) = (y_1, \cdots, y_n),$$

而

$$y_i = \frac{a_i}{1 + a_{n+1}} = \frac{x_i}{\sum\limits_{i=1}^{n} x_i^2}, \quad x_i = \frac{a_i}{1 - a_{n+1}} = \frac{y_i}{\sum\limits_{i=1}^{n} y_i^2},$$

因此, $\psi\varphi^{-1}$ 和 $\varphi\psi^{-1}$ 都是 C^∞,于是 $S^n(1)$ 是一个 n 维微分流形.

下面的例子是有趣的.

例 3 在 $\mathbf{R}^{n+1} - \{0\}$ (这里 0 表示 $\mathbf{R}^{n+1}$ 内的原点)上,定义点与点之间的一个关系"$\sim$", $x \sim y$ 当且仅当存在非零的实数 t,满足 $y = tx$. 用分量表示,记

$$x = (x_1, \cdots, x_{n+1}), \quad y = (y_1, \cdots, y_{n+1}),$$

则 $y_i = tx_i$，"$\sim$"是一个等价关系. 记 x 的等价类为 $[x]$，或记为 $[(x_1, \cdots, x_{n+1})]$. 把每个等价类作为一点，记等价类的全体为 $P_n(\mathbf{R})$，称 $P_n(\mathbf{R})$ 为 n 维实射影空间，则有一个自然映射

$$\pi : \mathbf{R}^{n+1} - \{0\} \to P_n(\mathbf{R}), \ \pi(x_1, \cdots, x_{n+1}) = [(x_1, \cdots, x_{n+1})].$$

在 $P_n(\mathbf{R})$ 上赋予商拓扑，即 $U^* \subset P_n(\mathbf{R})$ 是开集，当且仅当 $\pi^{-1}(U^*)$ 在 $\mathbf{R}^{n+1} - \{0\}$ 内是开集. 因而 π 是连续的，且 $\pi^{-1}(\pi(U)) = \bigcup\limits_{t \in \mathbf{R} - \{0\}} tU$. 这里 $tU = \{(tx_1, \cdots, tx_{n+1}) \mid (x_1, \cdots, x_{n+1}) \in U\}$，$\mathbf{R} - \{0\}$ 表示非零实数的全体. 由 tU 同胚于 U 可知：当 U 是 $\mathbf{R}^{n+1} - \{0\}$ 内的一开集时，$\pi^{-1}(\pi(U))$ 是开集，则 $\pi(U)$ 是开集. 因此 π 是开映射. 由此可以直接证明 $P_n(\mathbf{R})$ 是 Hausdorff 空间，这个证明留给读者.

令 $U_\alpha = \{[(x_1, \cdots, x_{n+1})] \in P_n(\mathbf{R}) \mid x_\alpha \neq 0\}$，$1 \leqslant \alpha \leqslant n+1$. 每个 U_α 是 $P_n(\mathbf{R})$ 内的开集，$P_n(\mathbf{R}) = \bigcup\limits_{\alpha=1}^{n+1} U_\alpha$. 定义

$$h_\alpha : U_\alpha \to \mathbf{R}^n, \ h_\alpha[(x_1, \cdots, x_{n+1})] = \left(\frac{x_1}{x_\alpha}, \cdots, \frac{x_{\alpha-1}}{x_\alpha}, \frac{x_{\alpha+1}}{x_\alpha}, \cdots, \frac{x_{n+1}}{x_\alpha}\right).$$

显然，h_α 是有确定意义的. 定义

$$h_\alpha^* : \pi^{-1}(U_\alpha) \to \mathbf{R}^n, \ h_\alpha^*(x_1, \cdots, x_{n+1}) = \left(\frac{x_1}{x_\alpha}, \cdots, \frac{x_{\alpha-1}}{x_\alpha}, \frac{x_{\alpha+1}}{x_\alpha}, \cdots, \frac{x_{n+1}}{x_\alpha}\right),$$

易知 h_α^* 是连续的开映射. 从 $\pi^{-1} h_\alpha^{-1}(U) = h_\alpha^{*-1}(U)$ 和 $h_\alpha(U^*) = h_\alpha \pi(\pi^{-1}(U^*)) = h_\alpha^*(\pi^{-1}(U^*))$ 可知，h_α 是连续的开映射. 又 h_α 是 1—1 的，所以 $h_\alpha : U_\alpha \to h_\alpha(U_\alpha)$ 是一个同胚. 因此 (U_α, h_α) 是 $P_n(\mathbf{R})$ 内的一个坐标图.

$U_\alpha \bigcap U_\beta \neq \varnothing$，$\forall [(x_1, \cdots, x_{n+1})] \in U_\alpha \bigcap U_\beta$，$x_\alpha x_\beta \neq 0$，不妨设 $\alpha > \beta$. 于是我们有局部坐标变换：

$$(x_1^*, \cdots, x_n^*) = \left(\frac{x_1}{x_\beta}, \cdots, \frac{x_{\beta-1}}{x_\beta}, \frac{x_{\beta+1}}{x_\beta}, \cdots, \frac{x_{n+1}}{x_\beta}\right)$$

$$\xrightarrow[h_\beta h_\alpha^{-1}]{h_\alpha h_\beta^{-1}} \left(\frac{x_1}{x_\alpha}, \cdots, \frac{x_{\alpha-1}}{x_\alpha}, \frac{x_{\alpha+1}}{x_\alpha}, \cdots, \frac{x_{n+1}}{x_\alpha}\right) = (y_1^*, \cdots, y_n^*).$$

显然，

$$y_1^* = \frac{x_1^*}{x_{\alpha-1}^*} \left(\text{注意 } x_{\alpha-1}^* = \frac{x_\alpha}{x_\beta}\right), \cdots, y_{\beta-1}^* = \frac{x_{\beta-1}^*}{x_{\alpha-1}^*}, \ y_\beta^* = \frac{1}{x_{\alpha-1}^*},$$

$$y_{\beta+1}^* = \frac{x_\beta^*}{x_{\alpha-1}^*}, \cdots, y_{\alpha-1}^* = \frac{x_{\alpha-2}^*}{x_{\alpha-1}^*}, \ y_\alpha^* = \frac{x_\alpha^*}{x_{\alpha-1}^*}, \cdots, y_n^* = \frac{x_n^*}{x_{\alpha-1}^*}.$$

于是, y_i^* $(1 \leqslant i \leqslant n)$ 是 x_1^*, $\cdots$, x_n^* 的 C^∞ 函数. 类似地, x_i^* 也是 y_1^*, $\cdots$, y_n^* 的 C^∞ 函数, (U_α, h_α) 与 (U_β, h_β) 是 C^∞ 相关的. 所以, $\{(U_\alpha, h_\alpha) \mid 1 \leqslant \alpha \leqslant n + 1\}$ 是覆盖 $P_n(\mathbf{R})$ 的一族 C^∞ 坐标图, 由定理 1 可知, $P_n(\mathbf{R})$ 为一个 n 维微分流形.

例 4 在 $\mathbf{R}^{n+1}$ 上给定一个 C^∞ 函数 $f(x_1, \cdots, x_{n+1})$. 集合

$$M = \{(x_1, \cdots, x_{n+1}) \in \mathbf{R}^{n+1} \mid f(x_1, \cdots, x_{n+1}) = 0\}.$$

如果 M 不是空集, 且

$$\forall (x_1^0, \cdots, x_{n+1}^0) \in M, \frac{\partial f}{\partial x_i} \ (1 \leqslant i \leqslant n + 1)$$

在 $(x_1^0, \cdots, x_{n+1}^0)$ 处不全为零, 则 M 是一个 n 维微分流形.

证明 令 $U_i = \left\{ (x_i, \cdots, x_{n+1}) \in \mathbf{R}^{n+1} \left| \dfrac{\partial f(x_1, \cdots, x_{n+1})}{\partial x_i} \neq 0 \right. \right\}$. U_i 是 $\mathbf{R}^{n+1}$ 内的开集. 易得 $\bigcup\limits_{i=1}^{n+1} (U_i \bigcap M) = M$. M 作为 $\mathbf{R}^{n+1}$ 内的子空间, 是一个 Hausdorff 空间, $U_i \bigcap M$ 是 M 内的开集. 下面对于非空的 $U_i \bigcap M$ 构造坐标图.

$\forall x^0 = (x_1^0, \cdots, x_{n+1}^0) \in U_i \bigcap M$, 则 $\dfrac{\partial f}{\partial x_i}$ 在 x^0 不为零. 对于 $f(x_1, \cdots, x_{n+1}) = 0$, 由隐函数存在定理, 一定有 $\mathbf{R}^{n+1}$ 内的一个包含点 x^0 的开集 V 和包含点 $(x_1^0, \cdots, x_{i-1}^0, x_{i+1}^0, \cdots, x_{n+1}^0)$ 的 $\mathbf{R}^n$ 的开集 V^*, 使得在 V^* 上, 有

$$x_i = g_i(x_1, \cdots, x_{i-1}, x_{i+1}, \cdots, x_{n+1}),$$

g_i 是 V^* 上的 C^∞ 函数, 且有 $x_i^0 = g_i(x_1^0, \cdots, x_{i-1}^0, x_{i+1}^0, \cdots, x_{n+1}^0)$. 另外, 在 $V \bigcap U_i \bigcap M$ 上, 点可以写成

$$(x_1, \cdots, x_{i-1}, g_i(x_1, \cdots, x_{i-1}, x_{i+1}, \cdots, x_{n+1}), x_{i+1}, \cdots, x_{n+1}),$$

由此构造出坐标图 $(V \bigcap U_i \bigcap M, \varphi_i^V)$, $\forall (x_1, \cdots, x_{n+1}) \in V \bigcap U_i \bigcap M$,

$$\varphi_i^V(x_1, \cdots, x_{n+1}) = (x_1, \cdots, x_{i-1}, x_{i+1}, \cdots, x_{n+1}).$$

易知, φ_i^V 是到 $\mathbf{R}^n$ 内的一个 1—1 的、连续的开映射, 则 φ_i^V 是 $V \bigcap U_i \bigcap M$ 到 $\varphi_i^V(V \bigcap U_i \bigcap M)$ 上的一个同胚. 因此, $\forall x^0 \in U_i \bigcap M$, 我们有了 M 内一个包含 x^0 的开集 $V \bigcap U_i \bigcap M$ 和相应的坐标图 $(V \bigcap U_i \bigcap M, \varphi_i^V)$. 显然, $(V \bigcap U_i \bigcap M, \varphi_i^V)$ 与 $(W \bigcap U_i \bigcap M, \varphi_i^W)$ 是 C^∞ 相关的. 对不同的 i, j, 设 $i < j$, 如果 $(V \bigcap U_i \bigcap M) \bigcap (W \bigcap U_j \bigcap M) \neq \varnothing$, 取其交集内的任一点 $x = (x_1, \cdots, x_{n+1})$, 则有

$$\varphi_i^V(x) = (x_1, \cdots, x_{i-1}, x_{i+1}, \cdots, x_{n+1}),$$
$$x_i = g_i(x_1, \cdots, x_{i-1}, x_{i+1}, \cdots, x_{n+1}),$$
$$\varphi_j^W(x) = (x_1, \cdots, x_{j-1}, x_{j+1}, \cdots, x_{n+1}),$$
$$x_j = g_j(x_1, \cdots, x_{j-1}, x_{j+1}, \cdots, x_{n+1}).$$

g_i, g_j 都是 C^∞ 函数,则局部坐标有变换关系:

$$(x_1, \cdots, x_{i-1}, x_{i+1}, \cdots, x_j, \cdots, x_{n+1})$$
$$\underset{\varphi_i^V \varphi_j^{W-1}}{\overset{\varphi_j^W \varphi_i^{V-1}}{\rightleftharpoons}} (x_1, \cdots, x_i, \cdots, x_{j-1}, x_{j+1}, \cdots, x_{n+1}),$$

从 g_i, g_j 都是 C^∞ 函数可知,两坐标图 $(V \cap U_i \cap M, \varphi_i^V)$ 和 $(W \cap U_j \cap M, \varphi_j^W)$ 是 C^∞ 相关的. 因此, M 是一个 n 维微分流形.

例如, $\mathbf{R}^3$ 内环面

$$T = \{(x, y, z) \in \mathbf{R}^3 \mid f(x, y, z) = (\sqrt{x^2 + y^2} - a)^2 + z^2 - r^2 = 0\},$$

这里常数 $a > r > 0$. 由计算可得在环面 T 上任一点处,

$$\left(\frac{\partial f}{\partial x}\right)^2 + \left(\frac{\partial f}{\partial y}\right)^2 + \left(\frac{\partial f}{\partial z}\right)^2 = 4r^2 > 0,$$

因此 $\frac{\partial f}{\partial x}, \frac{\partial f}{\partial y}$ 和 $\frac{\partial f}{\partial z}$ 在 T 上任一点处不全为零,从而 T 是一个二维微分流形.

又如, $SL(n, \mathbf{R}) = \{A \in M_n \mid \det A = 1\}$. 令

$$A = \begin{bmatrix} x_{11} & \cdots & x_{1n} \\ \vdots & & \vdots \\ x_{n1} & \cdots & x_{nn} \end{bmatrix},$$

记

$$f(x_{11}, \cdots, x_{1n}, \cdots, x_{n1}, \cdots, x_{nn}) = \begin{vmatrix} x_{11} & \cdots & x_{1n} \\ \vdots & & \vdots \\ x_{n1} & \cdots & x_{nn} \end{vmatrix} - 1,$$

则 $\frac{\partial f}{\partial x_{ij}} = A_{ij}$,这里 A_{ij} 是 A 的行列式的第 i 行、第 j 列的代数余子式. 由于在 $SL(n, \mathbf{R})$ 上,对任意固定的 i ,有 $\sum_{j=1}^{n} x_{ij} A_{ij} = 1$,则 A_{ij} 不可能同时为零. 所以, $SL(n, \mathbf{R})$ 是一个 $n^2 - 1$ 维微分流形. 称 $SL(n, \mathbf{R})$ 为实单模群.

例5 设 M 与 N 分别是 m 维与 n 维的两个微分流形,我们能够作出它们的拓扑积 $M \times N$,这就是由点偶 (p, q) 的全体组成的集合,这里 $p \in M$,$q \in N$. $M \times N$ 的拓扑是用集合 $U \times V$ 作为基来生成的,此处 U,V 分别是 M,N 的任一开集. 证明:有一种很自然的方式,可定义 $M \times N$ 为一个微分流形.

证明 $\forall (p_0, q_0) \in M \times N$,此处 $p_0 \in M$,$q_0 \in N$. 由于 M 是微分流形,则有含 p_0 的坐标图 (U, φ). 同样,N 内有含 q_0 的坐标图 (V, ψ). 定义 $M \times N$ 内含 (p_0, q_0) 的坐标图 $(U \times V, \varphi \times \psi)$,$\forall (p, q) \in U \times V$,

$$\varphi \times \psi(p, q) = (\varphi(p), \psi(q)), \quad \varphi \times \psi(U \times V) = \varphi(U) \times \psi(V)$$

为 $\mathbf{R}^{m+n}$ 内的一个开子集,$\varphi \times \psi$ 是一个同胚. 如果对两个坐标图 $(U \times V, \varphi \times \psi)$ 和 $(U^* \times V^*, \varphi^* \times \psi^*)$,$(U \times V) \bigcap (U^* \times V^*) \neq \varnothing$,在上述交集内任取点偶 (p, q),$\varphi \times \psi(p, q) = (\varphi(p), \psi(q))$,$\varphi^* \times \psi^*(p, q) = (\varphi^*(p), \psi^*(q))$,$(U, \varphi)$ 与 (U^*, φ^*) 是 C^∞ 相关的,(V, ψ) 与 (V^*, ψ^*) 也是 C^∞ 相关的,然而 $\varphi(p)$ 与 $\psi^*(q)$ 无关,$\varphi^*(p)$ 也与 $\psi(q)$ 无关,则 $(U \times V, \varphi \times \psi)$ 和 $(U^* \times V^*, \varphi^* \times \psi^*)$ 的确是 C^∞ 相关的. 所以,$M \times N$ 是一个 $m+n$ 维的微分流形.

例如,圆周 $S^1(1)$ 是一个一维微分流形,则 $T^n = S^1(1) \times \cdots \times S^1(1)$($n$ 个 $S^1(1)$ 相乘)是 n 维微分流形,称为 n 维环面. 又例如,$\mathbf{R}^p \times S^{n-p}(1)$($1 \leqslant p \leqslant n-1$)也是 n 维微分流形,称为 n 维超柱面.

例6 Grassmann 流形 $G(k, n)$,这里 k,n 是两个正整数,且 $k < n$. 欧氏空间 $\mathbf{R}^n$ 内 k 个线性独立的向量 $x_1 = (x_{11}, x_{12}, \cdots, x_{1n})$,$x_2 = (x_{21}, x_{22}, \cdots, x_{2n})$,$\cdots$,$x_k = (x_{k1}, x_{k2}, \cdots, x_{kn})$,这 k 个向量 $\{x_1, x_2, \cdots, x_k\}$ 称为 $\mathbf{R}^n$ 内一个 k 维标架. 它 1—1 对应于一个秩 k 的 $k \times n$ 矩阵

$$X = \begin{pmatrix} x_{11} & x_{12} & \cdots & x_{1n} \\ x_{21} & x_{22} & \cdots & x_{2n} \\ \vdots & \vdots & & \vdots \\ x_{k1} & x_{k2} & \cdots & x_{kn} \end{pmatrix}. \tag{1.1}$$

为方便,简记 $X = (x_1, x_2, \cdots, x_k)$. 由于上述矩阵 X 是 1—1 对应于 $\mathbf{R}^{kn}$ 内一点 $(x_{11}, x_{12}, \cdots, x_{1n}, x_{21}, x_{22}, \cdots, x_{2n}, \cdots, x_{k1}, x_{k2}, \cdots, x_{kn})$,则所有 $k \times n$ 矩阵组成的集合等同于欧氏空间 $\mathbf{R}^{kn}$. 这秩是 k 的所有 $k \times n$ 矩阵组成的集合记为 $F(k, n)$. $F(k, n)$ 是 $\mathbf{R}^{kn}$ 内一个开子集.

由于 $\mathbf{R}^n$ 的以原点为向量起点的 k 个线性独立的向量 $x_1, x_2, \cdots, x_k$ 张成 $\mathbf{R}^n$ 内一个过原点的 k 维超平面,因此将这 k 维超平面抽象地看作集合 $G(k, n)$ 内一点. $X = (x_1, x_2, \cdots, x_k)$ 和 $Y = (y_1, y_2, \cdots, y_k)$ 确定了同一张过原点的

k 维超平面,当且仅当存在一个 $k \times k$ 的非退化的实矩阵 $a = (a_{ij})$,满足 $y_i = \sum_{j=1}^{k} a_{ij} x_j$,这里 $1 \leqslant i \leqslant k$. 上述关系式可简记为 $Y = aX$. 在集合 $F(k, n)$ 内引入一个关系"$\sim$",$Y \sim X$ 当且仅当存在一个 $a \in GL(k, \mathbf{R})$,满足

$$Y = aX. \tag{1.2}$$

引入一个自然映射 $\pi: F(k, n) \to G(k, n)$.

$$\pi(X) = [X]. \tag{1.3}$$

这里 $[X] = [Y]$ 当且仅当关系式(1.2)成立. 类似例3,在 $G(k, n)$ 上赋予商拓扑.

记 $J = \{j_1, j_2, \cdots, j_k\}$ 是 $\{1, 2, \cdots, n\}$ 的一个子集,这里 $1 \leqslant j_1 < j_2 < \cdots < j_k \leqslant n$. J^* 表示余子集,即

$$J \cup J^* = \{1, 2, \cdots, n\}, \ J \cap J^* = \varnothing.$$

用 X_J 表示 $k \times n$ 矩阵 X 中对应 $\{j_1, j_2, \cdots, j_k\}$ 列的 $k \times k$ 子矩阵

$$\begin{pmatrix} x_{1j_1} & x_{1j_2} & \cdots & x_{1j_k} \\ x_{2j_1} & x_{2j_2} & \cdots & x_{2j_k} \\ \vdots & \vdots & & \vdots \\ x_{kj_1} & x_{kj_2} & \cdots & x_{kj_k} \end{pmatrix} \text{(参考表示式(1.1)),}$$

用 X_{J^*} 表示矩阵 X 删去这个子矩阵后剩余的 $k \times (n-k)$ 子矩阵. 当子集 $J = \{j_1, j_2, \cdots, j_k\}$ 固定时,$F(k, n)$ 中具有下述性质的所有矩阵 X 组成一个集合 $\tilde{U}_J$,每个 X 相应的 $k \times k$ 子矩阵 X_J 非退化. $\tilde{U}_J$ 是 $F(k, n)$ 中的一个开集. 记 $U_J = \pi(\tilde{U}_J)$,U_J 是 $G(k, n)$ 中的一个开集. 对 $\tilde{U}_J$ 中每个 Y,一定存在相应的 $k \times k$ 矩阵 $Y_J \in GL(k, \mathbf{R})$,使得 $Y_J Y = X$,这里 $X \in \tilde{U}_J$,且 X 的 $k \times k$ 子矩阵

$$\begin{pmatrix} x_{1j_1} & x_{1j_2} & \cdots & x_{1j_k} \\ x_{2j_1} & x_{2j_2} & \cdots & x_{2j_k} \\ \vdots & \vdots & & \vdots \\ x_{kj_1} & x_{kj_2} & \cdots & x_{kj_k} \end{pmatrix}$$

是一个单位矩阵 $\begin{pmatrix} 1 & & & \\ & 1 & & \\ & & \ddots & \\ & & & 1 \end{pmatrix}$. 这个 $k \times n$ 矩阵 X 删去这个单位矩阵得一个

$k \times (n-k)$ 矩阵 X_{J^*}. 类似本例开始时的叙述,将 X_{J^*} 看作 $\mathbf{R}^{k(n-k)}$ 内一点,可定义一个映射

$$\varphi_J : U_J \to \mathbf{R}^{k(n-k)}, \quad \forall Y \in \tilde{U}_J, \quad \varphi_J([Y]) = X_{J^*}.$$

请读者自己证明:这个映射 φ_J 是有意义的,φ_J 是 U_J 到欧氏空间 $\mathbf{R}^{k(n-k)}$ 上的一个同胚,且 $G(k, n)$ 是 $k(n-k)$ 维的微分流形. $G(k, n)$ 称为 Grassmann 流形.

§2　切空间和余切空间

M 是一个 m 维微分流形,$W \subset M$ 为一个非空开集,如果 $f: W \to \mathbf{R}$ 是一个连续映射,则称 f 为 W 上的一个连续函数. 对于 W 内某点 p_0,给定含点 p_0 的坐标图 (U_{p_0}, φ),$\forall p \in W \bigcap U_{p_0}$,$f(p) = (f\varphi^{-1})\varphi(p)$,则有 $f\varphi^{-1}: \varphi(W \bigcap U_{p_0}) \to \mathbf{R}$,$f\varphi^{-1}$ 为一个 m 元连续函数. 用 $f\varphi^{-1}$ 代替 f 进行各种运算,是比较方便的. 如果 $f\varphi^{-1}$ 在点 $\varphi(p_0)$ 是 C^∞ 的,则称函数 f 在点 p_0 是 C^∞ 的,这个定义与可容许坐标图的选择无关. 我们将在包含点 p_0 的小邻域内有定义且在点 $p_0 C^\infty$ 的函数的全体记为 $C^\infty(p_0)$.

定义 1.3　M 是一个 m 维微分流形,p_0 为 M 内一点,称 $C^\infty(p_0)$ 到 $\mathbf{R}$ 内的映射 L 是在点 p_0 的一个切向量,当且仅当

(1) $\forall f, g \in C^\infty(p_0)$,$\forall \alpha, \beta \in \mathbf{R}$,$L(\alpha f + \beta g) = \alpha Lf + \beta Lg$ (线性性质);

(2) $\forall f, g \in C^\infty(p_0)$,$L(fg) = Lfg(p_0) + f(p_0)Lg$ (Leibniz 法则).

定理 2　M 是一个 m 维微分流形,p_0 是 M 内任意一点,则所有在点 p_0 的切向量组成一个实 m 维的线性空间.

证明　所有在点 p_0 的切向量组成 $T_{p_0}(M)$,先证明 $T_{p_0}(M)$ 是一个实线性空间.

$\forall L_1, L_2 \in T_{p_0}(M)$,$\forall f, g \in C^\infty(p_0)$ 和 $\forall \alpha, \beta \in \mathbf{R}$,
$$(L_1 + L_2)(\alpha f + \beta g) = L_1(\alpha f + \beta g) + L_2(\alpha f + \beta g)$$
$$= \alpha L_1 f + \beta L_1 g + \alpha L_2 f + \beta L_2 g$$
$$= \alpha (L_1 + L_2)f + \beta (L_1 + L_2)g,$$

即 $L_1 + L_2$ 满足线性性质.

$$(L_1 + L_2)(fg) = L_1(fg) + L_2(fg)$$
$$= L_1 fg(p_0) + f(p_0)L_1 g + L_2 fg(p_0) + f(p_0)L_2 g$$
$$= (L_1 + L_2)fg(p_0) + f(p_0)(L_1 + L_2)g,$$

于是 $L_1 + L_2$ 满足 Leibniz 法则, 因此有 $L_1 + L_2 \in T_{p_0}(M)$.

$\forall \gamma \in \mathbf{R}$, 有

$$(\gamma L_1)(\alpha f + \beta g) = \gamma[L_1(\alpha f + \beta g)] = \gamma(\alpha L_1 f + \beta L_1 g)$$
$$= \alpha(\gamma L_1)f + \beta(\gamma L_1)g.$$
$$(\gamma L_1)(fg) = \gamma[L_1 fg(p_0) + f(p_0)L_1 g]$$
$$= (\gamma L_1)fg(p_0) + f(p_0)(\gamma L_1)g.$$

所以 $\gamma L_1 \in T_{p_0}(M)$, $T_{p_0}(M)$ 的确为一个实线性空间.

$\forall L \in T_{p_0}(M)$, 对于任何常数 $C \in C^{\infty}(p_0)$, 有

$$LC = CL1 = CL(1 \cdot 1) = C[L1 \cdot 1 + 1 \cdot L1] = 2CL1 = 2LC,$$

所以 $LC = 0$.

$\forall f \in C^{\infty}(p_0)$, (U, φ) 是含 p_0 的 M 内坐标图, 这里假定 $\varphi(U)$ 为 $\mathbf{R}^m$ 内的一个凸集, 这可由适当缩小 U 而达到. 记 $\varphi(p_0) = (x_1^0, \cdots, x_m^0)$, 取 $q \in U$, $q \neq p_0$. 记 $\varphi(q) = (x_1^*, \cdots, x_m^*)$. 用直线段在 $\varphi(U)$ 内连接 $\varphi(p_0)$ 和 $\varphi(q)$. 令

$$F(t) = f\varphi^{-1}(tx_1^0 + (1-t)x_1^*, \cdots, tx_m^0 + (1-t)x_m^*).$$

当然, 这里 $t \in [0, 1]$, q 很接近 p_0, m 元函数 $f\varphi^{-1}$ 确实有意义而且可微分. 显然

$$F(1) - F(0) = \int_0^1 \frac{\mathrm{d}F(t)}{\mathrm{d}t} \mathrm{d}t = \int_0^1 \sum_{i=1}^m \frac{\partial f\varphi^{-1}(\bar{x})}{\partial \bar{x}_i}(x_i^0 - x_i^*)\mathrm{d}t$$
$$= \sum_{i=1}^m (x_i^0 - x_i^*) \int_0^1 \frac{\partial f\varphi^{-1}(\bar{x})}{\partial \bar{x}_i} \mathrm{d}t.$$

这里, $\bar{x}_i = tx_i^0 + (1-t)x_i^*$. 利用 $F(1) = f(p_0)$, $F(0) = f(q)$, 且已知 $f(p_0)$ 是常数, q 在 p_0 邻近变化, 对上面等式两端作用 L, 再利用 Leibniz 法则, 可得

$$-Lf = -\sum_{i=1}^m Lx_i^* \int_0^1 \frac{\partial f\varphi^{-1}(\bar{x})}{\partial \bar{x}_i} \mathrm{d}t \Big|_{x^* = \varphi(p_0)}$$
$$= -\sum_{i=1}^m Lx_i^* \frac{\partial f\varphi^{-1}(\bar{x})}{\partial \bar{x}_i} \Big|_{\bar{x} = \varphi(p_0)}.$$

当然,在上式内也可用 x_i 代替 x_i^*. 为了简便,在固定的坐标图 (U,φ) 内,我们引入

$$\frac{\partial}{\partial x_i}(p_0)\,(1\leqslant i\leqslant m).\ \ \forall f\in C^\infty(p_0),\ \frac{\partial}{\partial x_i}(p_0)f=\frac{\partial f\varphi^{-1}(x)}{\partial x_i}\Big|_{x=\varphi(p_0)}.$$

利用 f 是任意函数,有

$$L=\sum_{i=1}^{m}Lx_i\,\frac{\partial}{\partial x_i}(p_0).\qquad\qquad(2.1)$$

从公式 (2.1) 我们知道,$T_{p_0}(M)$ 内任一切向量 L 是 $\dfrac{\partial}{\partial x_1}(p_0)$, $\cdots$,

$\dfrac{\partial}{\partial x_m}(p_0)$ 的一个线性组合. 而对于任一 i $(1\leqslant i\leqslant m)$,$\dfrac{\partial}{\partial x_i}(p_0)$ 的确是 $T_{p_0}(M)$

内的一个切向量,因为线性性质和 Leibniz 法则是容易直接验证的. 又如果有 $\lambda_i\in\mathbf{R}$,使得 $\displaystyle\sum_{i=1}^{m}\lambda_i\,\frac{\partial}{\partial x_i}(p_0)=0$,由于局部坐标 $x_j\varphi\in C^\infty(p_0)$,则 $0=$

$\displaystyle\sum_{i=1}^{m}\lambda_i\,\frac{\partial}{\partial x_i}(p_0)(x_j\varphi)=\lambda_j$,所以 $\dfrac{\partial}{\partial x_i}(p_0)$, $\cdots$, $\dfrac{\partial}{\partial x_m}(p_0)$ 是线性独立的.

$T_{p_0}(M)$ 是实 m 维线性空间.

在微分流形 M 的每一点 p 取一个切向量 X_p,这些切向量的集合称为在 M 上的一个切向量场 X. 如果 X 是 M 上的一个切向量场,(U,φ) 为 M 内的某个坐标图,$C^\infty(U)$ 表示 U 上 C^∞ 函数的全体,这里一个函数属于 $C^\infty(U)$,即表示在 U 上任一点处,这个函数在这点是 C^∞ 的. $\forall f\in C^\infty(U)$,$\forall p\in U$,令 $Xf(p)=X_pf\in\mathbf{R}$,如果 $Xf\in C^\infty(U)$,则称 X 在 U 上是 C^∞ 的. 如果 U 为 M 内任一坐标邻域,而 X 在 U 上是 C^∞ 的,则称 X 是 M 上的一个 C^∞ 切向量场.

设 M 与 N 分别是 m 维和 n 维的两个微分流形,F 为 M 到 N 内的一个连续映射. $\forall p_0\in M$,(U,φ) 为含 p_0 的 M 内的一个可容许坐标图,(V,ψ) 为 N 内含 $F(p_0)$ 的某个可容许坐标图,适当缩小 U,使得 $F(U)\subset V$. 如果 $\psi F\varphi^{-1}$: $\varphi(U)\rightarrow\psi(V)$ 在点 $\varphi(p_0)$ 是 C^∞ 的,则称 F 为 C^∞ 映射. 如果只对某点 p_0,$\psi F\varphi^{-1}$ 在 $\varphi(p_0)$ 是 C^∞ 的,则称 F 在点 p_0 是 C^∞ 的. 用局部坐标表示:

$$(x_1,\cdots,x_m)\xrightarrow{\ \psi F\varphi^{-1}\ }(y_1,\cdots,y_n),$$

这里 $y_\alpha=f_\alpha(x_1,\cdots,x_m)\,(1\leqslant\alpha\leqslant n)$,$F$ 是 C^∞ 的意味着 n 个函数 $f_\alpha(x_1,\cdots,x_m)$ 是 C^∞ 函数. 特别当 $N=\mathbf{R}$ 时,称 F 为 C^∞ 函数. 已知 F 是上述微分流形 M 到 N 内的一个 C^∞ 映射,由下式定义 $T_p(M)$ 上的一个映射 $\mathrm{d}F$(或写成 $\mathrm{d}F_p$):

$$\forall f \in C^\infty(F(p)), \ \forall X_p \in T_p(M), \ \mathrm{d}F(X_p)f = X_p(fF).$$

定理 3 $\mathrm{d}F$ 是 $T_p(M)$ 到 $T_{F(p)}(N)$ 内的一个线性映射.

证明 首先要证明: $\mathrm{d}F(X_p) \in T_{F(p)}(N)$.

$$\forall \alpha, \beta \in \mathbf{R}, \ \forall f, g \in C^\infty(F(p)),$$
$$\begin{aligned}
\mathrm{d}F(X_p)(\alpha f + \beta g) &= X_p[(\alpha f + \beta g)F] = X_p(\alpha fF + \beta gF) \\
&= \alpha X_p(fF) + \beta X_p(gF) = \alpha\,\mathrm{d}F(X_p)f + \beta\,\mathrm{d}F(X_p)g,
\end{aligned}$$

所以, $\mathrm{d}F(X_p)$ 具有线性性质. 其次, 由于

$$\begin{aligned}
\mathrm{d}F(X_p)(fg) &= X_p[(fg)F] = X_p[(fF)(gF)] \\
&= X_p(fF)gF(p) + fF(p)X_p(gF) \\
&= \mathrm{d}F(X_p)fgF(p) + fF(p)\mathrm{d}F(X_p)g,
\end{aligned}$$

可见, $\mathrm{d}F(X_p)$ 满足 Leibniz 法则, 因此 $\mathrm{d}F(X_p) \in T_{F(p)}(N)$.

下面证明 $\mathrm{d}F$ 是线性映射.

$$\forall \alpha, \beta \in \mathbf{R}, \ \forall X_p, Y_p \in T_p(M),$$
$$\begin{aligned}
\mathrm{d}F(\alpha X_p + \beta Y_p)f &= (\alpha X_p + \beta Y_p)(fF) \\
&= \alpha X_p(fF) + \beta Y_p(fF) \\
&= \alpha\,\mathrm{d}F(X_p)f + \beta\,\mathrm{d}F(Y_p)f,
\end{aligned}$$

由于 f 是 $C^\infty(F(p))$ 内任意函数, 因此有

$$\mathrm{d}F(\alpha X_p + \beta Y_p) = \alpha\,\mathrm{d}F(X_p) + \beta\,\mathrm{d}F(Y_p).$$

上面的 $\mathrm{d}F$ 可用局部坐标来表示. 令

$$X_p = \sum_{i=1}^m \lambda_i \frac{\partial}{\partial x_i}(p),$$

$$\begin{aligned}
\mathrm{d}F(X_p)f &= \sum_{i=1}^m \lambda_i \frac{\partial}{\partial x_i}(p)(fF) \\
&= \sum_{i=1}^m \lambda_i \frac{\partial}{\partial x_i}\left[f\psi^{-1}\psi F\varphi^{-1}(x)\right]\Big|_{x=\varphi(p)} \\
&= \sum_{i=1}^m \sum_{\alpha=1}^n \lambda_i \frac{\partial}{\partial y_\alpha}(f\psi^{-1}(y))\Big|_{y=\psi F(p)} \frac{\partial y_\alpha}{\partial x_i}\Big|_{x=\varphi(p)}.
\end{aligned}$$

换句话讲, 我们有

$$\mathrm{d}F(X_p) = \sum_{i=1}^m \sum_{\alpha=1}^n \lambda_i \frac{\partial y_\alpha}{\partial x_i}\Big|_{x=\varphi(p)} \frac{\partial}{\partial y_\alpha}(F(p)). \tag{2.2}$$

实际上,这里切向量的概念是曲面切向量的推广.

例如,开集 $U \subset \mathbf{R}^2$, U 内局部 Euclid 坐标用 (u, v) 表示, $X: U \to \mathbf{R}^3$ 是一个 C^∞ 映射,于是,有曲面

$$X(u, v) = (x(u, v), y(u, v), z(u, v)).$$

利用上述公式,我们有 $\forall p \in U$,

$$\mathrm{d}X\left(\frac{\partial}{\partial u}(p)\right) = \frac{\partial x}{\partial u}\bigg|_p \frac{\partial}{\partial x}(X(p)) + \frac{\partial y}{\partial u}\bigg|_p \frac{\partial}{\partial y}(X(p)) + \frac{\partial z}{\partial u}\bigg|_p \frac{\partial}{\partial z}(X(p)).$$

为简便起见,将 $\frac{\partial}{\partial x}(X(p))$ 等同于 $\mathbf{R}^3$ 内 x 轴的单位正向量 $(1, 0, 0)$,将 $\frac{\partial}{\partial y}(X(p))$ 等同于 $\mathbf{R}^3$ 内 y 轴的单位正向量 $(0, 1, 0)$,将 $\frac{\partial}{\partial z}(X(p))$ 等同于 $\mathbf{R}^3$ 内 z 轴的单位正向量 $(0, 0, 1)$,于是

$$\mathrm{d}X\left(\frac{\partial}{\partial u}(p)\right) = \left(\frac{\partial x}{\partial u}\bigg|_p, \frac{\partial y}{\partial u}\bigg|_p, \frac{\partial z}{\partial u}\bigg|_p\right) = \frac{\partial X}{\partial u}\bigg|_p.$$

类似地,有

$$\mathrm{d}X\left(\frac{\partial}{\partial v}(p)\right) = \left(\frac{\partial x}{\partial v}\bigg|_p, \frac{\partial y}{\partial v}\bigg|_p, \frac{\partial z}{\partial v}\bigg|_p\right) = \frac{\partial X}{\partial v}\bigg|_p.$$

而 $\frac{\partial X}{\partial u}\bigg|_p$ 和 $\frac{\partial X}{\partial v}\bigg|_p$ 恰是曲面上在点 $X(p)$ 处的两个切向量.

若 M, N 和 G 是 3 个微分流形, F_1 是 M 到 N 内的一个 C^∞ 映射, F_2 是 N 到 G 内的 C^∞ 映射,则 $F = F_2 F_1$ 是 M 到 G 内的一个 C^∞ 映射. $\forall X_p \in T_p(M)$, $\forall f \in C^\infty(F(p))$,有

$$\begin{aligned}
\mathrm{d}(F_2 F_1)(X_p)f &= X_p[f(F_2 F_1)] = X_p[(fF_2)F_1] \\
&= \mathrm{d}F_1(X_p)(fF_2) = \mathrm{d}F_2[\mathrm{d}F_1(X_p)]f.
\end{aligned}$$

由于 f 和 X_p 是任意的,因此有

$$\mathrm{d}(F_2 F_1) = \mathrm{d}F_2 \mathrm{d}F_1. \tag{2.3}$$

定义 1.4 M 是一个 m 维微分流形, $\forall p \in M$,称 $T_p(M)$ 上实线性函数全体组成的 m 维线性空间为在点 p 的余切空间,记为 $T_p^*(M)$.

下面我们取定一个含 p 的可容许坐标图 (U, φ).

$\forall f \in C^\infty(p)$,定义 $\mathrm{D}f: T_p(M) \to \mathbf{R}$, $\forall X_p \in T_p(M)$, $\mathrm{D}f(X_p) = X_p f$.

很清楚，$\mathrm{D}f$ 是 $T_p(M)$ 上的一个线性函数，即 $\mathrm{D}f \in T_p^*(M)$. 有时为突出点 p，写 $\mathrm{D}f$ 为 $(\mathrm{D}f)_p$.

特别地，对局部坐标 $x_i\varphi \in C^\infty(p)$，由于

$$\mathrm{D}(x_i\varphi)\Big(\frac{\partial}{\partial x_j}(p)\Big)=\frac{\partial}{\partial x_j}(p)(x_i\varphi)=\frac{\partial}{\partial x_j}[(x_i\varphi)\varphi^{-1}(x)]\big|_{x=\varphi(p)}=\delta_{ij},$$

从线性代数知识可以知道，$\mathrm{D}(x_1\varphi), \cdots, \mathrm{D}(x_m\varphi)$ 是 $T_p^*(M)$ 的一组基.

当 $X_p=\sum\limits_{i=1}^m \lambda_i \dfrac{\partial}{\partial x_i}(p)$ 时，有

$$\begin{aligned}
\mathrm{D}f(X_p)&=\sum_{i=1}^m \lambda_i \frac{\partial}{\partial x_i}(p)f\\
&=\sum_{i=1}^m \lambda_i \frac{\partial f\varphi^{-1}(x)}{\partial x_i}\Big|_{x=\varphi(p)}\\
&=\sum_{j=1}^m \frac{\partial f\varphi^{-1}(x)}{\partial x_j}\Big|_{x=\varphi(p)}\mathrm{D}(x_j\varphi)\Big(\sum_{i=1}^m \lambda_i \frac{\partial}{\partial x_i}(p)\Big)\\
&=\sum_{j=1}^m \frac{\partial f\varphi^{-1}(x)}{\partial x_j}\Big|_{x=\varphi(p)}\mathrm{D}(x_j\varphi)(X_p).
\end{aligned}$$

由 X_p 的任意性，可得

$$\begin{aligned}
\mathrm{D}f&=\sum_{j=1}^m \frac{\partial f\varphi^{-1}(x)}{\partial x_j}\big|_{x=\varphi(p)}\mathrm{D}(x_j\varphi)\\
&=\sum_{j=1}^m \frac{\partial}{\partial x_j}(p)f\mathrm{D}(x_j\varphi).
\end{aligned} \tag{2.4}$$

如果我们分别将 f 与 $f\varphi^{-1}$，x_i 与 $x_i\varphi$ 等同起来，则上式可写为

$$\mathrm{D}f=\sum_{j=1}^m \frac{\partial f}{\partial x_j}\Big|_p \mathrm{D}x_j. \tag{2.5}$$

这里 $\dfrac{\partial f}{\partial x_j}\big|_p$ 就表示 $\dfrac{\partial}{\partial x_j}(p)f$，因而上述的 D 就可用普通微分 d 代替. 所以我们讲：C^∞ 函数在一点的微分就是在这点的切空间上的线性函数.

在本节中，若我们把 C^∞ 全部换成 $C^r(r\geqslant 2)$，则一切结论都成立. 以后讲到微分流形内的坐标图都是指可容许坐标图.

§3 子 流 形

设 M 是一个 m 维微分流形, N 是一个 n 维微分流形,在本节中,我们要求 $m \leqslant n$. 若 F 是 M 到 N 内的一个 C^{∞} 映射, $\forall p \in M$, (U, φ) 和 (V, ψ) 是各自含 p 和 $F(p)$ 的坐标图,且满足 $F(U) \subset V$,则我们知道:在局部坐标下,对于映射 F 有一个相应的表达形式,就是 $F^{*} = \psi F \varphi^{-1}: \varphi(U) \to \psi(V)$, $F^{*}(x_1, \cdots, x_m) = (f_1(x_1, \cdots, x_m), \cdots, f_n(x_1, \cdots, x_m))$. 把 F^{*} 在 $\varphi(p)$ 的 Jacobi 矩阵 $\left(\dfrac{\partial f_\alpha}{\partial x_i}\right)$ ($n \times m$ 矩阵)的秩定义为映射 F 在 p 的秩,显然,这秩的定义与坐标图的选择无关.

定义 1.5 M 和 N 各自是 m 维和 n 维的微分流形, F 是 M 到 N 内的一个 C^{∞} 映射.

(1) 如果映射 F 的秩处处为 m,则称 F 为一个浸入,称 $F(M)$ 为 N 内浸入子流形.

(2) 如果 F 是 1—1 的浸入,则称 F 为一个嵌入. 又在 $F(M)$ 上赋予拓扑和微分结构,使得 F 与逆映射 F^{-1} 都是 C^{∞} 的,则称 $F(M)$ 为 N 内嵌入子流形,称 F 是 M 到 $F(M)$ 的微分同胚,也称 M 微分同胚于 $F(M)$.

(3) 如果 $F(M)$ 是 N 内嵌入子流形,而且 F 是 M 到 N 的子空间 $F(M)$ 的一个同胚,则称 F 为一个正则嵌入,称 $F(M)$ 为一个正则嵌入子流形.

从定义知道, N 内嵌入子流形 $F(M)$ 具有双重拓扑,一个是由与 M 微分同胚导出的拓扑,另一个是由于 $F(M)$ 作为 N 的子空间所具有的拓扑. 这两者之间的关系如何呢? 因为 F 连续,如果 U 为 N 内任一开集, $F^{-1}(U)$ 是 M 内开集,则从集合的观点看 $F(F^{-1}(U)) = U \bigcap F(M)$,那么 $F(F^{-1}(U))$ 应为嵌入子流形 $F(M)$ 的一个开集,所以 $U \bigcap F(M)$ 是嵌入子流形 $F(M)$ 的开集. 这样,我们可以讲:子空间 $F(M)$ 的开集一定是嵌入子流形 $F(M)$ 的开集. 显然,当嵌入子流形的开集一定是子空间的开集时,嵌入子流形就是正则嵌入子流形.

如果 $n = m + 1$,则嵌入子流形也称为嵌入超曲面,正则嵌入子流形称为正则嵌入超曲面. 下面举两个例子.

例 1 求证: §1 例 4 中的 M 是 $\mathbf{R}^{n+1}$ 内一个正则嵌入超曲面.

证明 作包含映射 $id: M \to \mathbf{R}^{n+1}$, id 显然是 1—1 的. $\forall x \in M$, $x = (x_1, \cdots, x_{n+1}) \in \mathbf{R}^{n+1}$,从 §1 例 4 可知,一定有一个包含点 x 的坐标图 $(V \bigcap U_i \bigcap M, \varphi_i^V)$, $\varphi_i^V(x) = (x_1, \cdots, x_{i-1}, x_{i+1}, \cdots, x_{n+1})$,于是 id 导出局部坐标之间

的映射是

$$id\varphi_i^{V-1}: (x_1, \cdots, x_{i-1}, x_{i+1}, \cdots, x_{n+1}) \rightarrow (x_1, \cdots, x_{n+1}).$$

这里

$$x_i = g_i(x_1, \cdots, x_{i-1}, x_{i+1}, \cdots, x_{n+1}).$$

$id\varphi_i^{V-1}$ 显然是 C^∞ 映射,且这映射的 Jacobi 矩阵的秩显然为 n. 由于 $id(M) = M$,从 §1 例 4 可知,微分流形 M 上的拓扑就是 M 作为 $\mathbf{R}^{n+1}$ 的子空间的拓扑,M 是 $\mathbf{R}^{n+1}$ 内一个正则嵌入超曲面.

例 2 $F: \mathbf{R} \rightarrow T^2(\mathbf{R}^3$ 内环面$)$,$F(t) = ((a + r\cos\alpha t)\cos\beta t, (a + r\cos\alpha t) \cdot \sin\beta t, r\sin\alpha t)$,这里 α,β 是非零常数,常数 $a > r > 0$. 求证:

(1) F 是一个浸入. 如果 $\dfrac{\alpha}{\beta}$ 是有理数,则 F 不是 1—1 的;如果 $\dfrac{\alpha}{\beta}$ 是无理数,则 $F(\mathbf{R})$ 是一个嵌入子流形.

(2) 当 $\dfrac{\alpha}{\beta}$ 是无理数时,$F(\mathbf{R})$ 不是一个正则嵌入子流形.

证明 (1) 从 F 的定义知道 F 是 C^∞ 映射. 由于

$$\frac{dF(t)}{dt} = (-r\alpha\sin\alpha t\cos\beta t - (a + r\cos\alpha t)\beta\sin\beta t, -r\alpha\sin\alpha t\sin\beta t$$
$$+ (a + r\cos\alpha t)\beta\cos\beta t, r\alpha\cos\alpha t),$$

向量 $\dfrac{dF(t)}{dt}$ 的前两个坐标的平方和是 $r^2\alpha^2\sin^2\alpha t + \beta^2(a + r\cos\alpha t)^2 > 0$,所以 $\dfrac{dF(t)}{dt}$ 的秩处处为 1,F 是一个浸入. 如果 $\dfrac{\alpha}{\beta}$ 是有理数,则有两个非零整数 m,n,使得 $\dfrac{\alpha}{\beta} = \dfrac{m}{n}$,然而由 F 的定义和利用正弦、余弦三角函数的周期性可知:

$$F\left(t + \frac{2m\pi}{\alpha}\right) = F(t).$$

所以,F 不是 1—1 的.

如果 $\dfrac{\alpha}{\beta}$ 是无理数,且已知 $F(t_1) = F(t_2)$,从 F 的定义可见:

$\beta(t_1 - t_2) = 2k_1\pi$,$\alpha(t_1 - t_2) = 2k_2\pi(k_1, k_2 \in \mathbf{Z}$,$\mathbf{Z}$ 是整数全体构成的加法群$)$.

当 $t_1 \neq t_2$,$\dfrac{\alpha}{\beta}$ 是无理数时,上式是不可能成立的. 因此,只有 $t_1 = t_2$,F 是

1—1 的, $F(\mathbf{R})$ 是一个嵌入子流形.

(2) 用反证法. 如果 $F(\mathbf{R})$ 是一个正则嵌入子流形, $F(\mathbf{R})$ 作为 T^2 的子空间应有同胚 $F: \mathbf{R} \to F(\mathbf{R})$. 在 $F(\mathbf{R})$ 上任取一列收敛点列, 则相应的原像点列也应当收敛. 由于 $\dfrac{\alpha}{\beta}$ 是无理数, 因此一定有 $p_n, q_n \in \mathbf{Z}$, 且 $q_n > 0$, 满足

$$0 < \left| \frac{\alpha}{\beta} - \frac{p_n}{q_n} \right| < \frac{1}{q_n^2}.$$

当 $n \to \infty$ 时, $|p_n|$, q_n 都趋于 ∞ (见华罗庚的《高等数学引论》第一卷第一分册第 $26 \sim 28$ 页). 于是

$$0 < \left| \frac{2\pi\alpha}{\beta} q_n - 2\pi p_n \right| < \frac{2\pi}{q_n},$$

令 $t_n = t_0 + \dfrac{2\pi}{\beta} q_n$, 则

$$\beta t_n = \beta t_0 + 2\pi q_n, \quad \alpha t_n = \alpha t_0 + \frac{2\pi\alpha}{\beta} q_n.$$

当 $n \to \infty$ 时, $|t_n - t_0| \to \infty$, 但 αt_n, βt_n 的正弦、余弦分别趋于或等于 αt_0, βt_0 的正弦、余弦, 于是, 有 $F(t_n) \to F(t_0)$, 产生矛盾, 从而得证.

定义 1.6 称一个 n 维微分流形 N 的子空间 M 为有 m 维子流形性质 $(m \leqslant n)$, 如果 $\forall p \in M$, 在 N 内有一含 p 的坐标图 (U, φ), 使得

(1) $\varphi(p) = (0, \cdots, 0)$;

(2) $\varphi(U) = \{(x_1, \cdots, x_n) | -\varepsilon < x_\alpha < \varepsilon, 1 \leqslant \alpha \leqslant n\}$;

(3) $\varphi(U \bigcap M) = \{(x_1, \cdots, x_m, 0, \cdots, 0) | -\varepsilon < x_i < \varepsilon, 1 \leqslant i \leqslant m\}$.

因此 $\forall q \in U \bigcap M$, $\varphi(q) = (x_1, \cdots, x_m, 0, \cdots, 0)$. 令 $\psi: U \bigcap M \to \mathbf{R}^m$, $\psi(q) = (x_i, \cdots, x_m)$, 容易明白 $(U \bigcap M, \psi)$ 是 N 的子空间 M 内含 p 的一个坐标图, 在这样的坐标图族下, M 是一个 m 维微分流形, 称 M 为 N 的 m 维正则子流形.

定理 4 正则嵌入子流形一定是正则子流形.

证明 设 $F: M \to N$ 是一个正则嵌入, p 是正则嵌入子流形 $F(M)$ 上的任一点, 则有 M 内唯一的点 q, 满足 $p = F(q)$. 令 (U, φ) 是 N 内含 p 的一个坐标图, 其局部坐标是 $(y_1, \cdots, y_n)$, 可假定 $y_\alpha(p) = 0$ $(1 \leqslant \alpha \leqslant n)$. 又 (V, ψ) 是 M 内含 q 的一个坐标图, 满足 $F(V) \subset U$, 局部坐标是 $(x_1, \cdots, x_m)$, 而且 $x_i(q) = 0$ $(1 \leqslant i \leqslant m)$. F 在局部坐标下导出映射

$$\varphi F\psi^{-1}: (x_1, \cdots, x_m) \rightarrow (f_1(x_1, \cdots, x_m), \cdots, f_n(x_1, \cdots, x_m)),$$

且 $\varphi F\psi^{-1}$ 将 $\mathbf{R}^m$ 的原点映射为 $\mathbf{R}^n$ 的原点. 由于 F 的秩处处为 m, 则矩阵 $\left(\dfrac{\partial f_\alpha}{\partial x_i}\right)$ 在点 $\psi(q)$ 处的秩为 m. 令 $y_\alpha = f_\alpha(x_1, \cdots, x_m)$ $(1 \leqslant \alpha \leqslant n)$. 不妨设 $m \times m$ 行列式 $\left|\dfrac{\partial f_j}{\partial x_i}\right|$ 在点 $\psi(q)$ 不为零, 则一定存在含 q 的开集 $V^* \subset V$ 和含 p 的开集 $U^* \subset U$, 当 $(y_1, \cdots, y_m, \cdots, y_n) \in \varphi(U^* \bigcap F(M))$ 时, 有 $x_i = g_i(y_1, \cdots, y_m)$, 这里 $(x_1, \cdots, x_m) \in \psi(V^*)$, g_i 是 C^∞ 的, 且满足 $0 = g_i(0, \cdots, 0)$. 在 $\varphi(U^* \bigcap F(M))$ 上, 令

$$z_i = x_i = g_i(y_1, \cdots, y_m) \ (1 \leqslant i \leqslant m),$$
$$z_\beta = y_\beta - f_\beta(g_1(y_1, \cdots, y_m), \cdots, g_m(y_1, \cdots, y_m))(m+1 \leqslant \beta \leqslant n).$$

由于 $\det\left|\dfrac{\partial z_\alpha}{\partial y_\beta}\right| \neq 0$ $(1 \leqslant \alpha, \beta \leqslant n)$, 因此, 存在含 p 的微分流形 N 内的一个坐标图

$$(W_p, \varphi_p), \ \varphi_p(W_p) = \{(z_1, \cdots, z_n) \mid -\varepsilon < z_\alpha < \varepsilon, 1 \leqslant \alpha \leqslant n\}.$$

特别

$$\varphi_p(p) = (0, \cdots, 0),$$
$$\forall p^* \in W_p \bigcap F(M), \ \varphi_p(p^*) = (z_1, \cdots, z_m, 0, \cdots, 0).$$

由于 $F(M)$ 具有 m 维子流形的性质, 令 $\psi^*(p^*) = (z_1, \cdots, z_m)$, 则正则嵌入子流形 $F(M)$ 的可容许坐标图 $(W_p \bigcap F(M), \psi^*)$ 一定是正则子流形 $F(M)$ 的可容许坐标图.

习 题

1. p 是 m 维微分流形 M 内的一点, (U, φ) 是含 p 的某个坐标图. 已知有一个线性映射 $L: C^\infty(p) \rightarrow \mathbf{R}$ 满足:

(1) $L1 = 0$;

(2) 对于适合

$$f(p) = 0 \ 及 \ \dfrac{\partial f\varphi^{-1}(x_1, \cdots, x_m)}{\partial x_i}\bigg|_{(x_1, \cdots, x_m) = \varphi(p)} = 0 \ (i = 1, 2, \cdots, m)$$

的 $C^\infty(p)$ 中的 f，有 $Lf=0$.

求证：L 为点 p 的一个切向量.

2. F 为 $\mathbf{R}^{2n}$ 到 $\mathbf{R}^{2n}$ 的一个 C^∞ 映射，$F(x_1, \cdots, x_{2n})=(x_{n+1}, \cdots, x_{2n}, -x_1, \cdots, -x_n)$. $\forall p \in \mathbf{R}^{2n}$.

(1) 求 $\mathrm{d}F\left(\dfrac{\partial}{\partial x_\alpha}(p)\right)$ $(1 \leqslant \alpha \leqslant 2n)$；

(2) $\mathrm{d}F$ 是否为 $T_p(\mathbf{R}^{2n})$ 到 $T_{F(p)}(\mathbf{R}^{2n})$ 上的一个同构？

3. $H=\left\{[(x_1, \cdots, x_{n+1})] \in p_n(\mathbf{R}) \,\Big|\, \sum\limits_{i=1}^{n+1} a_i x_i =0\right\}$，这里 $a_1, \cdots, a_{n+1}$ 是不全为零的已知实数，求证：H 是实射影空间 $p_n(\mathbf{R})$ 的 $n-1$ 维正则嵌入超曲面.

4. 求证：$\mathbf{R}^{n+1}$ 内满足 $\sum\limits_{i=1}^{n+1} \dfrac{x_i^2}{a_i^2}=1$ 的全部点集 $(x_1, \cdots, x_{n+1})$ 是 $\mathbf{R}^{n+1}$ 内 n 维正则嵌入超曲面. 这里 $a_1, \cdots, a_{n+1}$ 是已知非零实数.

5. 已知 $F: (1, \infty) \to \mathbf{R}^2$，$F(t)=\left(\dfrac{1}{t}\cos 2\pi t, \dfrac{1}{t}\sin 2\pi t\right)$，问：$F(1, \infty)$ 是 $\mathbf{R}^2$ 内何种子流形（浸入、嵌入、正则嵌入之一）？

6. 已知 $S^2(\sqrt{3})=\{(x, y, z) \in \mathbf{R}^3 \,|\, x^2+y^2+z^2=3\}$. $F: S^2(\sqrt{3}) \to \mathbf{R}^5$ 定义如下：

$$F(x, y, z)=\left(\frac{1}{\sqrt{3}}yz, \frac{1}{\sqrt{3}}zx, \frac{1}{\sqrt{3}}xy, \frac{1}{2\sqrt{3}}(x^2-y^2), \frac{1}{6}(x^2+y^2-2z^2)\right).$$

(1) 如果用 $x=\sqrt{3}\cos u\cos v$，$y=\sqrt{3}\cos u\sin v$，$z=\sqrt{3}\sin u$ 表示 $S^2(\sqrt{3})$，这里 $-\dfrac{\pi}{2} \leqslant u \leqslant \dfrac{\pi}{2}$，$0 \leqslant v \leqslant 2\pi$，写出 $\mathrm{d}F\left(\dfrac{\partial}{\partial u}(u, v)\right)$ 和 $\mathrm{d}F\left(\dfrac{\partial}{\partial v}(u, v)\right)$；

(2) F 是浸入还是嵌入？求证：$F(S^2(\sqrt{3}))$ 是在 $\mathbf{R}^5$ 的一个四维球面内.

第二章 拓 扑 群

§1 拓 扑 群

定义 2.1 若集合 G 是一个群,又是一个 Hausdorff 空间,且映射 $F: G \times G \to G$, $F(x, y) = xy^{-1}$ 是连续的,则称 G 是一个拓扑群.

因此,集合 G 上有两个结构,一个是代数结构,另一个是拓扑结构,并且由上述连续映射 F 相联系.下面举一些拓扑群的例子.

例如,任一个 Banach 空间是一个拓扑群,这里向量的加法作为群元素的乘法.

又如, $GL(n, \mathbf{C})$ 表示由 $n \times n$ 可逆复矩阵全体组成的矩阵乘法群,称为复一般线性群. $SL(n, \mathbf{C})$ 表示由行列式为 1 的 $n \times n$ 复矩阵全体组成的 $GL(n, \mathbf{C})$ 的子群,称为复单模群. $O(n, \mathbf{R})$ 表示由 $n \times n$ 实正交矩阵全体组成的矩阵乘法群,称为实正交群. $O(n, \mathbf{C}) = \{A \in GL(n, \mathbf{C}) \mid A^{\mathrm{T}} A = I_n\}$,这里 A^{T} 表示 A 的转置矩阵, I_n 是 $n \times n$ 单位矩阵, $O(n, \mathbf{C})$ 称为复正交群. 令

$$J = \begin{bmatrix} 0 & I_n \\ -I_n & 0 \end{bmatrix}, \quad SP(n, \mathbf{C}) = \{A \in GL(2n, \mathbf{C}) \mid A^{\mathrm{T}} J A = J\},$$

$SP(n, \mathbf{C})$ 称为辛群. $U(n) = \{A \in GL(n, \mathbf{C}) \mid \bar{A}^{\mathrm{T}} A = I_n\}$,这里 $\bar{A}^{\mathrm{T}}$ 表示 A 的共轭转置矩阵, $U(n)$ 称为酉群.

$M_n(\mathbf{C})$ 表示 $n \times n$ 复矩阵的全体,完全类似于第一章 §1 例 1 对实矩阵的处理,可得 $M_n(\mathbf{C})$ 等同于 n^2 维复 Euclid 空间 $\mathbf{C}^{n^2}$. $GL(n, \mathbf{C})$ 是 $M_n(\mathbf{C})$ 内的开子集. $SL(n, \mathbf{C})$, $O(n, \mathbf{C})$, $SP(n, \mathbf{C})$ 和 $U(n)$ 作为 $M_n(\mathbf{C})$ 或 $M_{2n}(\mathbf{C})$ 的子空间,都是 Hausdorff 空间.利用矩阵求逆运算和乘法运算的性质,可知 $F(X, Y) = XY^{-1}$ 是连续的,这里, X, Y 是上述群内的两个矩阵.所以,以上所举的所有矩阵群都是拓扑群. (可类似证明 $O(n, \mathbf{R})$ 是拓扑群.)

拓扑群 G 有几个常用的简单性质.用 e 表示 G 的单位元.

性质 1 映射 $H: G \to G$, $H(y) = y^{-1}$ 是一个同胚.

证明 由于 $H(y)=y^{-1}=ey^{-1}=F(e,\ y)$，从 F 的连续性可知 H 是连续的. 而 H 的逆映射 $H^{-1}=H$，所以，H 是同胚.

性质 2 映射 $T:G\times G\to G$，$T(x,\ y)=xy$ 是连续的.

证明 从

$$T(x,\ y)=x(y^{-1})^{-1}=F(x,\ y^{-1})=F(x,\ H(y))$$

可知，T 是连续的.

对于 G 内任一固定点 a，映射 $R_a:G\to G$，$R_a(x)=xa$，称 R_a 为右移动. $L_a:G\to G$，$L_a(x)=ax$，称 L_a 为左移动.

性质 3 R_a，L_a 都是同胚.

证明 R_a 的逆映射 $(R_a)^{-1}=R_{a^{-1}}$，L_a 的逆映射 $(L_a)^{-1}=L_{a^{-1}}$，所以由性质 2 可知，R_a，L_a 都是同胚.

若 U,V 是拓扑群 G 的两个子集，记 $UV=\{x^*y^*\in G\,|\,x^*\in U,\ y^*\in V\}$，因此，$F(x,\ y)=xy^{-1}$ 连续意味着对于任一含 xy^{-1} 的开集 W，一定存在 G 内的一个含 x 的开集 U 和含 y 的开集 V，使得 $\forall x^*\in U$，$\forall y^*\in V$，$x^*y^{*-1}\in W$. 换句话讲，$UV^{-1}\subset W$，这里，$V^{-1}=\{z\in G\,|\,z^{-1}\in V\}$. 含拓扑群单位元 e 的开集称为开核.

性质 4 对于任一开核 W，一定有另一开核 V 存在，满足 $VV^{-1}\subset W$，且 V 的闭包 $\bar V\subset W$.

证明 由于 $F(e,\ e)=ee^{-1}=e$，因此，有开核 U_1，U_2，满足 $U_1U_2^{-1}\subset W$. 令 $V=U_1\bigcap U_2$，则 $VV^{-1}\subset W$. $\forall x\in\bar V$，xV 是含 x 的开邻域，$xV\bigcap V\neq\varnothing$，则存在 $y,z\in V$，使得 $xy=z$，即 $x=zy^{-1}\in VV^{-1}\subset W$. 于是，$\bar V\subset W$.

掌握了上述性质，便不难得到下面几个定理.

定理 1 拓扑群 G 是正则拓扑空间.

证明 对于 G 内任一点 a 及任一不包含 a 的闭集 F，要寻找含 a 的开集 U 及包含 F 的开集 V，使得 $U\bigcap V=\varnothing$. 由于左(或右)移动是同胚，因此，只需对 $a=e$ 证明上述断言就可以了. 由于 $G-F$（F 的余集）是开核，因此，利用性质 4 知道，有开核 V，满足 $VV^{-1}\subset G-F$ 及 $\bar V\subset G-F$，于是，由 $F\subset G-\bar V$ 及 $V\bigcap(G-\bar V)=\varnothing$，即得所要结论.

定理 2 连通拓扑群 G 由任一开核 U 生成. 换句话讲，$G=\bigcup\limits_{n=1}^{\infty}U^n$. 这里，$U^{n+1}=U^nU$（$n$ 是正整数）.

证明 对于开核 U，由性质 4 知道，有开核 V，满足 $VV^{-1}\subset U$. 取 $W=V\bigcap$

V^{-1},则 $W^{-1}=W\subset U$. 令 $H=\bigcup\limits_{n=1}^{\infty}W^n\subset\bigcup\limits_{n=1}^{\infty}U^n$, H 是由 W 生成的 G 的子群. $\forall x\in H$,则存在 $n\in\mathbf{Z}$,使得 $x\in W^n$,显然,含 x 的开集 $Wx\subset WW^n=W^{n+1}\subset H$, H 是 G 的开子集,但 G 可分解为 H 的一些右旁集 Ha 的并集,和 $H=G-\bigcup\limits_{a\in G-H}Ha$. 从 Ha 是开集可知, H 是 G 的闭子集. 由于 G 是连通的,则 $H=G$,和 $G=\bigcup\limits_{n=1}^{\infty}U^n$.

定理 3　G 是一个拓扑群, G 的含单位元 e 的连通分支 K 是 G 的一个闭的不变子群. $\forall a\in G$, G 的含 a 的连通分支是旁集 Ka.

证明　从点集拓扑知识知道 K 是闭集, $\forall x\in K$, Kx^{-1} 是含 e 的 G 的连通子集,则 $Kx^{-1}\subset K$,由此可见 $KK^{-1}\subset K$, K 是 G 的子群. $\forall y\in G$, yKy^{-1} 是含 e 的连通子集,则 $yKy^{-1}\subset K$,所以 K 是 G 的不变子群.

$\forall a\in G$,记含 a 的连通分支是 $K(a)$, Ka 是含 a 的连通子集,则 $Ka\subset K(a)$. 又 $K(a)a^{-1}$ 是含 e 的连通子集,则有 $K(a)a^{-1}\subset K$, $K(a)\subset Ka$,所以, $K(a)=Ka$.

§2　商　　群

G 是一个拓扑群, H 是 G 的一个子群. H 在 G 内一切右旁集组成的集合记为 G/H.映射 $\pi:G\to G/H$, $\pi(a)=[a]$ (a 所在的右旁集 Ha,注意 $[a]$ 仅仅是一个元素).在 G/H 上赋予商拓扑,则 π 是连续映射.对于 G 内任一开集 U,由于 $\pi^{-1}[\pi(U)]=\bigcup\limits_{a\in U}Ha=HU$ 为 G 内开集,因此 π 又是一个开映射.我们称 π 为自然映射.下面我们建立 G/H 的 3 个基本定理.

定理 4(正则性定理)　对于右旁集空间 G/H 内任一含 $[e]$ 的邻域 U^*,一定存在另一个含 $[e]$ 的邻域 V^*,满足 $\bar{V}^*\subset U^*$.

证明　不妨设 U^* 是开集, $HU=\pi^{-1}(U^*)$ 是拓扑群 G 内的一个开核,这里 U 是 G 内的一个集合.从 §1 拓扑群的性质 4 知道,有 G 内的一个开核 V,使得 $VV^{-1}\subset HU$.记 $V^*=\pi(V)$ 是含 $[e]$ 的开集, $\forall[x]\in\bar{V}^*$,即含 $[x]$ 的开集 $\pi(xV)$ 与 V^* 的交非空,于是有 $v_1,v_2\in V$,使得 $[xv_1]=[v_2]$. 由 π 的定义可知, $xv_1\in Hv_2$,那么

$$x\in Hv_2v_1^{-1}\subset HVV^{-1}\subset HHU=HU,$$

则 $[x]\in U^*$,从而 $\bar{V}^*\subset U^*$.

定理 5 如果 H 是拓扑群 G 的一个闭的不变子群,则 G/H 是一个拓扑群.

证明 由于 H 是群 G 的不变子群,因此 H 的左旁集也就是 H 的右旁集, G/H 是商群. 自然映射 π 是一个同态.

我们先证明 G/H 是一个 Hausdorff 空间.

设 $[x]$, $[y]$ 是商空间 G/H 内两个不同的点,于是, xy^{-1} 不属于 H, $xy^{-1} \in G-H$ (G 内的开子集). 由 §1 映射 F 的连续性可知,有 G 内含 x 的开集 U 和含 y 的开集 V,满足 $UV^{-1} \subset G-H$,那么 $UV^{-1} \cap H = \varnothing$. $\pi(U)$ 和 $\pi(V)$ 分别是 G/H 内含 $[x]$ 和 $[y]$ 的开集. 下面证明 $\pi(U) \cap \pi(V) = \varnothing$. 用反证法. 若交非空,则存在 $x^* \in U$, $y^* \in V$,使得 $[x^*] = [y^*]$,换句话讲, $x^* y^{*-1} \in H$,立刻有 $UV^{-1} \cap H \neq \varnothing$,得一矛盾.

其次,对于映射

$$F^*: G/H \times G/H \to G/H, \quad F^*([x], [y]) = [x][y]^{-1} = [xy^{-1}].$$

对于 G/H 内含 $[xy^{-1}]$ 的任一开集 W^*, $\pi^{-1}(W^*)$ 是 G 内含 xy^{-1} 的一个开集. 因而再一次由 §1 映射 F 的连续性可知,存在含 x 的开集 U 和含 y 的开集 V,使得 $UV^{-1} \subset \pi^{-1}(W^*)$, $\pi(U)$ 和 $\pi(V)$ 分别是 G/H 内含 $[x]$ 和 $[y]$ 的两个开集,以及

$$\pi(U)[\pi(V)]^{-1} = \pi(U)\pi(V^{-1}) = \pi(UV^{-1}) \subset W^*,$$

所以 F^* 是连续的. 商群 G/H 是一个拓扑群.

定理 6 G 是一个拓扑群, H 是 G 的一个紧致的不变子群,则自然映射 π: $G \to G/H$ 是一个闭映射.

证明 H 是 Hausdorff 空间 G 的紧致子集, H 是 G 的闭子集,由上一定理知 G/H 也是拓扑群.

对于 G 内任一闭集 K,要证明 $\pi(K)$ 是 G/H 内的一个闭集,由于 $\pi^{-1}(G/H - \pi(K)) = G - HK$,因此只需证明 $HK = KH$ 是 G 内的闭集就可以了. $\forall x \in G - KH$,则 $K^{-1}x \cap H = \varnothing$; $\forall y \in H$, $K^{-1}x$ 不包含点 y. 由于拓扑群 G 是正则空间,则存在一个包含点 y 的开集 V_y 及包含闭集 $K^{-1}x$ 的开集 U_y,满足 $V_y \cap U_y = \varnothing$. 利用 §1 乘积映射 T 的连续性及 $T(y, e) = ye = y$,对于 V_y,有另一个含 y 的开集 W_y 及开核 O_y,满足 $W_y O_y \subset V_y$,又 $H \subset \bigcup_{y \in H} W_y \subset \bigcup_{y \in H} V_y$, H 紧致,且有有限子覆盖,所以, $H \subset \bigcup_{i=1}^{n} W_{y_i} \subset \bigcup_{i=1}^{n} V_{y_i}$. 令 $O = \bigcap_{i=1}^{n} O_{y_i}$, $U = \bigcap_{i=1}^{n} U_{y_i}$, O 是开核. 又记 $V = \bigcup_{i=1}^{n} V_{y_i}$,则 $U \cap V = \varnothing$, $K^{-1}x \subset U$, $HO \subset V$.

下面再证明含 x 的开集 $xO^{-1} \subset G - KH$,用反证法. 若 $xO^{-1} \cap KH \neq \varnothing$,则 $K^{-1}x \cap HO \neq \varnothing$,这导致 $U \cap V \neq \varnothing$,矛盾.

§3 Abel 拓扑群

G 是一个拓扑群,如果 G 是一个可交换群,则称 G 为 Abel 拓扑群,它有一些很好的性质. 我们先从最简单的实直线 $\mathbf{R}$(加法群)开始讲述.

定理 7 $\mathbf{R}$ 的每个非离散子群 G 在 $\mathbf{R}$ 内是稠密的.

证明 我们只需证明 $\forall x \in \mathbf{R}$, $\forall \varepsilon > 0$,有 $G \bigcap [x-\varepsilon, x+\varepsilon] \neq \varnothing$. 由于 G 是非离散子群,因此对于上述取定的 ε,一定有一个正的 $x_\varepsilon \in G \bigcap [0, \varepsilon]$. 因为 $[nx_\varepsilon, (n+1)x_\varepsilon](n \in \mathbf{Z})$ 全体覆盖 $\mathbf{R}$,且每个上述闭区间的长度是 $x_\varepsilon \leqslant \varepsilon$,所以,肯定有 $n \in \mathbf{Z}$,使得 $nx_\varepsilon \in [x-\varepsilon, x+\varepsilon]$,显然, $nx_\varepsilon \in G$.

定理 8 G 为 $\mathbf{R}$ 的一个闭子群,则只有 3 种情况: $G = 0$, $\mathbf{R}$ 或形式为 $a\mathbf{Z}$ 的一个离散群,这里常数 $a > 0$.

证明 如果 $G \neq 0$, $\mathbf{R}$,则闭子群 G 必定不在 $\mathbf{R}$ 内稠密,否则 $G = \mathbf{R}$. 由定理 7 知道, G 的拓扑一定是离散的. 由于 $G \neq 0$, G 包含某个正实数 b, $[0, b] \bigcap G$ 是紧集 $[0, b]$ 内一个闭的非空子集,由于 $[0, b] \bigcap G$ 是紧致的和离散的,因此 $[0, b] \bigcap G$ 是有限的, G 内存在一个最小正数 a.

$\forall x \in G$, $\left[\dfrac{x}{a}\right]$ 表示不超过 $\dfrac{x}{a}$ 的最大整数,即

$$x - \left[\frac{x}{a}\right]a \in G, \ 0 \leqslant x - \left[\frac{x}{a}\right]a < a.$$

由 a 是 G 内的最小正数可知, $x - \left[\dfrac{x}{a}\right]a = 0$,就是说 $x = a\left[\dfrac{x}{a}\right] \in a\mathbf{Z}$. 而 $a\mathbf{Z} \subset G$ 是明显的,于是, $G = a\mathbf{Z}$.

定义 2.2 G_1, G_2 是两个拓扑群,如果存在 G_1 到 G_2 上的代数同构 φ,而且 φ 又是一个同胚,则称 G_1 和 G_2 是拓扑同构的.

$S^1(1)$ 是由模长为 1 的复数全体组成的乘法群, $S^1(1)$ 作为复平面上的子空间,当然是 Hausdorff 空间. 由于 $F(\mathrm{e}^{\mathrm{i}\theta_1}, \mathrm{e}^{\mathrm{i}\theta_2}) = \mathrm{e}^{\mathrm{i}(\theta_1-\theta_2)}$, F 显然是连续的,则 $S^1(1)$ 是一个拓扑群. 又 $\mathbf{Z}$ 是 $\mathbf{R}$ 内闭的不变子群,由定理 5,商群 $\mathbf{R}/\mathbf{Z}$ 也是拓扑群. 对于拓扑同构的两个拓扑群,我们往往不加以区别.

定理 9 $\mathbf{R}/\mathbf{Z}$ 拓扑同构于 $S^1(1)$.

证明 令映射 $\varphi: \mathbf{R}/\mathbf{Z} \to S^1(1)$, $\varphi[z] = \mathrm{e}^{2\pi \mathrm{i} z}$,这里 $[u] = [z]$ 当且仅当 $u - z \in \mathbf{Z}$,这时 $\mathrm{e}^{2\pi \mathrm{i} z} = \mathrm{e}^{2\pi \mathrm{i} u}$,所以 φ 是有意义的. 当 $\mathrm{e}^{2\pi \mathrm{i} z} = \mathrm{e}^{2\pi \mathrm{i} u}$ 时,必有 $u - z \in \mathbf{Z}$ 和

$[u]=[z]$，φ 是 1—1 的. 显然，φ 也是到上的(即 φ 是满映射). 由于 $\varphi([z_1]+[z_2])=\varphi[z_1+z_2]=\mathrm{e}^{2\pi\mathrm{i}(z_1+z_2)}=\mathrm{e}^{2\pi\mathrm{i}z_1}\,\mathrm{e}^{2\pi\mathrm{i}z_2}=\varphi[z_1]\varphi[z_2]$，$\varphi$ 是一同态，因此 φ 是一代数同构. 记 $\pi: \mathbf{R}\rightarrow\mathbf{R}/\mathbf{Z}$ 为自然映射，$\pi(z)=[z]$. 令映射 $\varphi^*: \mathbf{R}\rightarrow S^1(1)$，$\varphi^*(z)=\mathrm{e}^{2\pi\mathrm{i}z}$，$\varphi^*$ 显然连续，$\varphi\pi=\varphi^*$. 对于 $S^1(1)$ 内的任一开集 U，$\varphi^{*-1}(U)$ 是 $\mathbf{R}$ 内的开集，π 是开映射，则 $\varphi^{-1}(U)=\pi[\varphi^{*-1}(U)]$ 是 $\mathbf{R}/\mathbf{Z}$ 内的开集，从而可知 φ 是连续的. 而 $\pi[0,1]=\mathbf{R}/\mathbf{Z}$，$\mathbf{R}/\mathbf{Z}$ 是紧空间，由紧空间到 Hausdorff 空间 1—1 到上连续映射是同胚这一众所周知的事实可知，φ 是一同胚. 因而 $\mathbf{R}/\mathbf{Z}$ 拓扑同构于 $S^1(1)$.

记 $\mathbf{Z}^p=\mathbf{Z}\times\mathbf{Z}\times\cdots\times\mathbf{Z}$（$p$ 个 $\mathbf{Z}$ 相乘），规定 $\mathbf{Z}^0=0$. 我们有下面的定理.

定理 10 加法群 $\mathbf{R}^n$（n 是正整数）的每个离散子群拓扑同构于 $\mathbf{Z}^p(0\leqslant p\leqslant n)$.

在证明定理 10 之前，我们先介绍一个引理.

引理 拓扑群 G 的任一离散子群 H 必定是 G 的闭子集.

证明 $\forall x\in G-H$，由于 H 拓扑离散，因此存在开核 U，满足 $U\cap H=\{e\}$，$\forall h\in H$，则 $hU\cap H=\{h\}$. 如果 x 属于某个 hU，则 $x\in hU-\{h\}\subset G-H$，由 $hU-\{h\}=hU\cap(G-\{h\})$ 是 G 内的开子集可知，只需考虑 x 不属于任一 hU 的情况，这里 $xU^{-1}\cap H=\varnothing$，含 x 的开集 $xU^{-1}\subset G-H$，对于上述两种情况，$G-H$ 都是 G 内开子集，H 是闭子集.

现在来证明定理 10.

证明 明显地，对于固定的 $p(0\leqslant p\leqslant n)$，$\mathbf{Z}^p$ 是 $\mathbf{R}^n$ 的一个离散子群.

设 H 是 $\mathbf{R}^n$ 的离散子群，则由引理知 H 是闭子群. 现对维数 n 进行归纳证明. 当 $n=1$ 时，由定理 8 可知，$H=0$ 或形式为 $a\mathbf{Z}$ 的一个子群，这里常数 $a>0$，而 $a\mathbf{Z}$ 显然拓扑同构于 $\mathbf{Z}$.

假设当正整数 $n\leqslant k-1$（整数 $k\geqslant 2$）时定理成立. 考虑 $n=k$ 的情况. 现在 H 是 $\mathbf{R}^k$ 内一个非零离散子群. 设 $\{u_1,\cdots,u_m\}$ 是 H 的一个最大线性无关点列组，因而 $H\subset\mathbf{R}u_1+\cdots+\mathbf{R}u_m$，后者拓扑同构于 $\mathbf{R}^m(m\leqslant k)$，记为 $\widetilde{\mathbf{R}}^m$. 如果 $m\leqslant k-1$，则可知 H 是 $\widetilde{\mathbf{R}}^m(m\leqslant k-1)$ 的离散子群，于是，由归纳法假设，H 拓扑同构于 $\mathbf{Z}^p$.

接着考虑 $m=k$ 的情况. 令 V 是由 $\{u_1,\cdots,u_{k-1}\}$ 生成的 $\mathbf{R}^k$ 的 $k-1$ 维线性子空间，V 拓扑同构于 $\mathbf{R}^{k-1}$，$H\cap V$ 是 V 的一个离散子群，由归纳法假设可知，$H\cap V=\mathbf{Z}u_1+\cdots+\mathbf{Z}u_{k-1}$. 这里我们认为 $\mathbf{Z}$ 等同于 $a\mathbf{Z}$.

令 $Q=\left\{\sum_{i=1}^{k}b_iu_i\,\middle|\,0\leqslant b_i\leqslant 1,\ 1\leqslant i\leqslant k\right\}$ 是 $\mathbf{R}^k$ 内的紧致子集. 因为 H 是

离散的,所以, Q 只含 H 内有限多个元素. 令 $P=\left\{\sum_{i=1}^{k}b_iu_i\in Q\bigcap H\,|\,b_k>0\right\}$,

显然 $u_k\in P$. 记 u 是 P 内具最小 b_k 的元素, $u=\sum_{i=1}^{k}b_i^*u_i$.

$\forall h\in H$,则有 $h=\sum_{i=1}^{k-1}h_iu_i+h_ku$,我们断言 $h_k\in \mathbf{Z}$. 用反证法. 若 h_k 不是整数,则对于任意待定的 $T_i\in \mathbf{Z}\,(1\leqslant i\leqslant k)$,有

$$T=\sum_{i=1}^{k-1}T_iu_i+T_ku\in H,\text{和}\,h-T\in H.$$

而

$$h-T=\sum_{i=1}^{k-1}[h_i-T_i+(h_k-T_k)b_i^*\,]u_i+(h_k-T_k)b_k^*u_k.$$

上式中取 T_k 是不超过 h_k 的最大整数. 当 $1\leqslant i\leqslant k-1$ 时,取 T_i 是不超过 $h_i+(h_k-T_k)b_i^*$ 的最大整数,于是, $h-T\in P$,但是 $(h_k-T_k)b_k^*<b_k^*$,这是一个矛盾. 所以,一定有 $h_k\in \mathbf{Z}$, $h-h_ku=\sum_{i=1}^{k-1}h_iu_i$. 而 $h-h_ku\in H\bigcap V$,因此, $h_i\in \mathbf{Z}\,(1\leqslant i\leqslant k-1)$. 定理得证.

下面开始考虑 $\mathbf{R}^n$ 内非离散子群的情况,这里 n 是正整数.

定理 11 $\mathbf{R}^n$ 的每个非离散闭子群 H 包含一条过原点 0 的直线.

证明 H 是非离散的,那么存在 H 内一列点 $\{h_n\,|\,n\in \mathbf{Z}_+\}$ ($\mathbf{Z}_+$ 表示正整数全体所组成的集合), $\{h_n\,|\,n\in \mathbf{Z}_+\}$ 收敛于原点 0. $\forall n\in \mathbf{Z}_+$, $h_n\neq 0$. 令 C 表示中心在原点 0 处的一个开立方体, C 包含所有的 h_n. 对于固定的 $n\in \mathbf{Z}_+$,又令 m_n 表示使得 $mh_n\in C$ 的最大的正整数 m. 点列 $\{m_nh_n\,|\,n\in \mathbf{Z}_+\}$ 是 C 的闭包 $\bar{C}$ 内的一个可数点列, $\bar{C}$ 紧致,因此,由 $m_nh_n\in H$ 和 H 是闭集可知, H 内有收敛子列. 为简便,设原点列有极限点 a , $a\in \bar{C}\bigcap H$.

$\forall \varepsilon>0$,一定能找到一个 $N\in \mathbf{Z}_+$,使得当 $n\geqslant N$ 时,

$$\|h_n\|<\frac{1}{2}\varepsilon\,\text{和}\,\|m_nh_n-a\|<\frac{1}{2}\varepsilon.$$

所以

$$\|(m_n+1)h_n-a\|\leqslant\|m_nh_n-a\|+\|h_n\|<\varepsilon,$$

因此, $\mathbf{R}^n-C$ 内可数点列 $\{(m_n+1)h_n\,|\,n\in \mathbf{Z}_+\}$ 也以 a 为极限点. $a\in \bar{C}\bigcap(\mathbf{R}^n$

$-C)$，a 在 $\bar{C}$ 的边界上，$a \neq 0$.

设 L 表示连接原点 0 与点 a 的直线. 下面证明:对于 L 上任一点 ta（$t \neq 0$），必有 $ta \in H$.

对于 $\mathbf{R}$ 内固定的非零实数 t，$tm_n h_n$ 以 ta 为极限点,用 $[tm_n]$ 表示不超过 tm_n 的最大整数,则

$$\{[tm_n]h_n \mid n \in \mathbf{Z}_+\} \subset H.$$

$\forall \varepsilon > 0$,存在 $N \in \mathbf{Z}_+$,当 $n \geqslant N$ 时,有

$$\|m_n h_n - a\| < \frac{\varepsilon}{2|t|} \text{ 和 } \|h_n\| < \frac{1}{2}\varepsilon.$$

因此

$$
\begin{aligned}
\|[tm_n]h_n - ta\| &\leqslant \|[tm_n]h_n - tm_n h_n\| + \|tm_n h_n - ta\| \\
&\leqslant |[tm_n] - tm_n| \, \|h_n\| + |t| \, \|m_n h_n - a\| \\
&< \frac{1}{2}\varepsilon + |t| \frac{\varepsilon}{2|t|} = \varepsilon.
\end{aligned}
$$

所以, ta 是 H 内点列 $\{[tm_n]h_n \mid n \in \mathbf{Z}_+\}$ 的极限点. 由于 H 是闭子集,因此 $ta \in H$,整条直线 L 在 H 内.

在介绍下一个定理之前,我们先引入两个记号:如果 A 是 $\mathbf{R}^n$ 的子集,令 $SP_{\mathbf{R}}(A)$ 表示由点 $\left\{\sum_{i=1}^{m} \lambda_i a_i \mid \lambda_i \in \mathbf{R}, 1 \leqslant i \leqslant m, (a_1, \cdots, a_m) \text{是} A \text{ 的一个最大线性无关点列组}\right\}$ 全体组成的 $\mathbf{R}^n$ 的子群;用 $gp(A)$ 表示由 A 生成的 $\mathbf{R}^n$ 的子群. 显然 $gp(A) \subset SP_{\mathbf{R}}(A)$.

定理 12 G 是 $\mathbf{R}^n$ 的一个非离散的闭子群,那么有 $\mathbf{R}^n$ 的向量子空间 U, V 和 W,满足:

(1) $\mathbf{R}^n = U \times V \times W$; (2) $G \cap U = U$; (3) $G \cap V$ 是离散的;

(4) $G \cap W = \{0\}$; (5) $G = (G \cap U) \times (G \cap V)$.

证明 利用定理 11,令 U 是完全位于 G 内的过原点 0 的所有直线之并. 我们首先证明 U 是 $\mathbf{R}^n$ 的一个线性子空间. $\forall x, y \in U$, $\forall \lambda, \mu, \delta \in \mathbf{R}$, 点 $\delta \lambda x$ 在过原点 0 与点 x 的直线上,于是 $\delta \lambda x \in U$. 同理 $\delta \mu y \in U$. 由于 G 是加法群, $\delta(\lambda x + \mu y) \in G$,则 $\lambda x + \mu y \in U$, 和 $G \cap U = U$.

令 U^* 是 U 的直交补子空间,于是 $\mathbf{R}^n = U \times U^*$. $\forall g \in G$,则 $g = h + k$,这里 $h \in U \subset G$, $k \in U^*$. 由于 G 是加法群,则 $k = g - h \in G$,因而 $G = U \times$

$(U^* \bigcap G)$. 令 $V = SP_\mathbf{R}(G \bigcap U^*)$,$W$ 表示 V 在 U^* 内的直交补子空间,那么 G $\bigcap W = \{0\}$,和 $G \bigcap V$ 不包含过点 0 的直线,利用 $G \bigcap V$ 是 $\mathbf{R}^n$ 的闭子群和定理 11,可知 $G \bigcap V$ 的拓扑离散. 其余结论从上述证明中极容易看到.

从定理 12,立即有下述推论.

推论 G 是 $\mathbf{R}^n$ 的一个非离散闭子群,如果 $SP_\mathbf{R}(G)$ 的维数是 r $(r \leqslant n)$,则存在 $\mathbf{R}^n$ 的一组基 $a_1, \cdots, a_n$,使得

$$G = SP_\mathbf{R}(a_1, \cdots, a_p) \times gp(a_{p+1}, \cdots, a_r).$$

因此,G 拓扑同构于 p 维 Euclid 空间与 $r - p$ 个 $\mathbf{Z}$ 的乘积 $\mathbf{R}^p \times \mathbf{Z}^{r-p} (1 \leqslant p \leqslant r)$,利用 $\mathbf{R}/\mathbf{Z} \times \cdots \times \mathbf{R}/\mathbf{Z}(r - p$ 个) 拓扑同构于 $T^{r-p} = S^1(1) \times \cdots \times S^1(1)(r - p$ 个),可以明白商群 $\mathbf{R}^n/G$ 拓扑同构于 $T^{r-p} \times \mathbf{R}^{n-r}$.

定义 2.3 拓扑群 G 和 H 称为局部同构,如果存在同胚 f,映 G 内的开核 V 到 H 内的开核 U 上,且当 x,y,xy 都属于 V 时,有 $f(x)f(y) = f(xy)$.

下面给出一个 Abel 拓扑群的重要结果.

定理 13 G 是一个局部同构于 $\mathbf{R}^n$ 的 Abel 拓扑群,则 G 一定拓扑同构于 $\mathbf{R}^s \times T^{n-s} \times D$ $(0 \leqslant s \leqslant n)$,这里 D 是一个离散群. 特别当 G 连通时,G 拓扑同构于 $\mathbf{R}^s \times T^{n-s}$. $(0 \leqslant s \leqslant n$,这里 $\mathbf{R}^0 = \{0\}$.)

我们先来证明一个引理.

引理 f^* 是拓扑群 G 到拓扑群 H 内的一个同态映射,如果 f^* 在单位元处连续,则 f^* 在 G 上点点连续.

证明 对于 G 内任一点 x,V 是 H 内含 $f^*(x)$ 的任一开集,由于 H 是拓扑群,因此一定有 H 内的开核 W,使得 $Wf^*(x) \subset V$. 对于 W,由于 f^* 在单位元处连续,则有 G 内一开核 U,满足 $f^*(U) \subset W$. 而 Ux 是含 x 的开集,显然

$$f^*(Ux) = f^*(U)f^*(x) \subset Wf^*(x) \subset V.$$

所以 f^* 在 x 处连续.

下面来证明定理 13.

证明 由于 Abel 拓扑群局部同构于 $\mathbf{R}^n$,因此存在 $\mathbf{R}^n$ 内含原点 0 的开球 V 和 G 内的开核 U,f 同胚地映 V 到 U 上,且当 x,y 和 $x + y \in V$ 时,

$$f(x + y) = f(x)f(y).$$

接着,我们建立 $\mathbf{R}^n$ 到 G 内的唯一连续同态 f^*,使得 f^* 在 V 上的限制 $f^*|_V = f$.

$\forall x \in \mathbf{R}^n$,一定有一个 $N \in \mathbf{Z}_+$,使得 $\frac{1}{N}x \in V$. 定义

$$f^*(x) = \left[f\left(\frac{x}{N}\right) \right]^N.$$

下面证明 f^* 的定义是有意义的. 如果另有一个 $M \in \mathbf{Z}_+$, 也满足 $\frac{1}{M}x \in V$, 则有

$$\left[f\left(\frac{1}{MN}x\right) \right]^{MN} = \left\{ \left[f\left(\frac{1}{MN}x\right) \right]^M \right\}^N = \left[f\left(M\frac{1}{MN}x\right) \right]^N = \left[f\left(\frac{1}{N}x\right) \right]^N.$$

交换 M, N 的次序, 类似地有

$$\left[f\left(\frac{1}{MN}x\right) \right]^{MN} = \left[f\left(\frac{1}{M}x\right) \right]^M.$$

所以, f^* 的定义与 N 的选择无关. $\forall x, y \in \mathbf{R}^n$, 首先存在 $N \in \mathbf{Z}_+$, 使得 $\frac{1}{N}x$, $\frac{1}{N}y$, $\frac{1}{N}(x+y) \in V$. 于是由 G 是 Abel 群可知

$$f^*(x+y) = \left[f\left(\frac{1}{N}(x+y)\right) \right]^N = \left[f\left(\frac{1}{N}x\right) f\left(\frac{1}{N}y\right) \right]^N$$
$$= \left[f\left(\frac{1}{N}x\right) \right]^N \left[f\left(\frac{1}{N}y\right) \right]^N = f^*(x) f^*(y),$$

f^* 是同态. $\forall x \in V$, 取 $N = 1$, 则 $f^*(x) = f(x)$, $f^*|_V = f$. 利用引理可知, f^* 是连续的. 关于唯一性, 如果有另一连续同态 $g: \mathbf{R}^n \to G$, 使得 $g|_V = f$, 则 $\forall x \in \mathbf{R}^n$, 存在 $N \in \mathbf{Z}_+$, 使得 $\frac{1}{N}x \in V$, 那么

$$g(x) = g\left(N\frac{1}{N}x\right) = \left[g\left(\frac{1}{N}x\right) \right]^N = \left[f\left(\frac{1}{N}x\right) \right]^N = f^*(x).$$

下面证明 f^* 是局部同胚.

$\forall x \in \mathbf{R}^n$, $V+x$ 是含 x 的开集, $f^*: V+x \to Uf^*(x)$, 由 $V+x$ 同胚于 V, $Uf^*(x)$ 同胚于 U 以及 V 也同胚于 U 可知, 上述 f^* 是 $V+x$ 到 $Uf^*(x)$ 上的一个同胚.

因此, f^* 是一个开映射, $f^*(\mathbf{R}^n)$ 是 G 的开子群. 于是, 有 $\mathbf{R}^n$ 到 G 的开子群 H 上的一个连续开同态 f^*, 由于 $f^*|_V = f$ 是同胚, 则映射 f^* 的核 K 是具离散拓扑的闭子群, 那么 K 拓扑同构于 $\mathbf{Z}^p (0 \leqslant p \leqslant n)$, H 拓扑同构于 $\mathbf{R}^n/K$, 也就是讲, H 拓扑同构于 $\mathbf{R}^{n-p} \times T^p$. 又由于 G 是 Abel 拓扑群, H 是 G 的开子群, 商群 $G/H = D$ 具离散拓扑, 且由于 G 可以分解为互不相交的 H 的旁集之

并，$\forall x \in G$，则一定有唯一的旁集 Ha，这里 a 固定，使得 $x = ha$，$h \in H$. 定义映射

$$\varphi: G \rightarrow H \times G/H, \quad \varphi(x) = (h, [x]),$$

容易证明 φ 是一拓扑同构. 因此，G 拓扑同构于 $\mathbf{R}^{n-p} \times T^p \times D$，令 $s = n - p$，则有定理 13. 特别，当 G 连通时，利用定理 2 证明的开子群 H 必是闭子群，可以知道 $G = H$.

习　　题

1. 已知 H 是拓扑群 G 的一个子群，求证：H 的闭包 $\overline{H}$ 也是 G 的一个子群.

2. 已知 G 是一个拓扑群，H 是一个子群，求证：对于 G 内任一开核 U，一定存在另一开核 V，使得 $\overline{HV} \subset HU$.

3. 已知 G 是一个拓扑群，H 是 G 的子群，如果 H 和右旁集空间 G/H 都是连通的，求证：G 也是连通的.

4. 已知 G 是一个拓扑群，U 是一个开核，K 是 G 内的一个紧子集，求证：一定存在另一开核 V，使得 $\forall x \in K$，$xVx^{-1} \subset U$.

5. 已知 G 是一个拓扑群，H 是 G 的一个离散的不变子群，求证：G 与 G/H 是局部同构的.

6. 用 $P(n, \mathbf{R})$ 表示 $GL(n, \mathbf{R})$ 内所有正定矩阵组成的集合. 求证：

$$GL(n, \mathbf{R}) = O(n, \mathbf{R})P(n, \mathbf{R}).$$

第三章 李 群

§1 李 群

若 M 是一个群,又是一个 m 维微分流形,且映射 $F: M \times M \to M$,$F(x, y) = xy^{-1}$ 是 C^∞ 的,则称 M 是一个 m 维李群. 显然李群是一个拓扑群,且由第二章 §1 的证明可知,映射 $T(x, y) = xy$ 和 $H(x) = x^{-1}$ 都是 C^∞ 的.

下面我们举几个最简单的李群的例子.

例如,$\mathbf{R}^n$ 是一个 Abel 群(加法群),也是一个 n 维微分流形,且映射 $F((x_1, \cdots, x_n), (y_1, \cdots, y_n)) = (x_1 - y_1, \cdots, x_n - y_n)$ 显然是 C^∞ 的,则 $\mathbf{R}^n$ 是一个 n 维李群.

又如,实一般线性群 $GL(n, \mathbf{R})$ 是一个矩阵乘法群,又是一个 n^2 维的微分流形,由第一章 §1 的 $GL(n, \mathbf{R})$ 局部坐标的定义及求逆矩阵运算和矩阵乘法运算的规则,可以知道:

$$\forall X, Y \in GL(n, \mathbf{R}), F(X, Y) = XY^{-1}$$

是 C^∞ 的,所以 $GL(n, \mathbf{R})$ 是一个 n^2 维的李群.

复一般线性群 $GL(n, \mathbf{C})$ 也是一个矩阵乘法群. 我们可以把 $\mathbf{C}^m$ 内任一点 $(z_1, \cdots, z_m)$ 对应于 $\mathbf{R}^{2m}$ 内一点 $(x_1, y_1, \cdots, x_{2m}, y_{2m})$,这里 $z_\alpha = x_\alpha + \mathrm{i} y_\alpha$ $(1 \leqslant \alpha \leqslant m)$. 这个对应是 1—1,到上的一个同胚,所以 $\mathbf{C}^m$ 可看作 $2m$ 维 Euclid 空间 $\mathbf{R}^{2m}$. 完全类似于实数域的情况,$n \times n$ 复矩阵全体 $M_n(\mathbf{C})$ 等同于 $\mathbf{C}^{n^2}$,即可看作 $2n^2$ 维 Euclid 空间 $\mathbf{R}^{2n^2}$,而 $GL(n, \mathbf{C})$ 是 $\mathbf{R}^{2n^2}$ 内的开子集,所以是 $2n^2$ 维微分流形,映射 F 的 C^∞ 性也是容易明白的,因而 $GL(n, \mathbf{C})$ 是 $2n^2$ 维李群.

从第一章 §1 内单模群 $SL(n, \mathbf{R})$ 是 $n^2 - 1$ 维的微分流形可以知道,$SL(n, \mathbf{R})$ 是 $n^2 - 1$ 维的李群.

在第二章 §1,我们见到许多拓扑群的例子. 在什么条件下,拓扑群是李群呢? 为此,我们先引入局部李群的概念.

定义 3.1 U 是 Hausdorff 空间, U 在映射 φ 下同胚于 Euclid 空间 $\mathbf{R}^n$ 内的开集, U 中某些元素间可以定义乘法, 使得

(1) 存在单位元素 $e \in U$, $\forall a \in U$, ae, ea 有意义, 且

$$ae = ea = a;$$

(2) 设 a, b, c, ab, bc, $(ab)c$, $a(bc) \in U$, 则

$$a(bc) = (ab)c;$$

(3) 对某些元素 $a \in U$, 存在 $b \in U$, 使得

$$ab = ba = e, 记 b = a^{-1};$$

(4) 如果 a, b, $ab^{-1} \in U$, 则在 U 内存在 a 的邻域 U_a, b 的邻域 U_b, 使得 $U_b^{-1} \subset U$, $U_a U_b^{-1} \subset U$, 且 $U_a \times U_b$ 到 U 内的映射 $F(a, b) = ab^{-1}$ 是 C^∞ 的, 即 $\varphi(ab^{-1})$ 关于 $\varphi(a)$ 和 $\varphi(b)$ 是 C^∞ 的.

那么, 称 U 为 n 维局部李群.

定理 1 设 G 是连通拓扑群, G 内有一个开核 U 是 n 维局部李群, 则可确定 G 为一个连通的 n 维李群.

证明 设 U 在映射 φ 下同胚于 Euclid 空间 $\mathbf{R}^n$ 中的开子集, 由于 G 是拓扑群, 在 U 内存在开核 V, 使得 $V^{-1} = V$, 和 $VV \subset U$. $\forall g \in G$, 左移动 $L_{g^{-1}}$ 是同胚, gV 是含 g 的开集, 令映射

$$\varphi_g: gV \longrightarrow \varphi(U), \quad \varphi_g = \varphi L_{g^{-1}}.$$

显然, φ_g 是 gV 到 $\varphi(V)$ 上同胚. 因此, (gV, φ_g) 是含 g 的坐标图, G 是 n 维流形.

如果 $g_1 V \bigcap g_2 V \neq \varnothing$, $\forall g \in g_1 V \bigcap g_2 V$, 则存在 v_1, $v_2 \in V$, 使得 $g = g_1 v_1 = g_2 v_2$, 而

$$\varphi_{g_1}(g) = \varphi L_{g_1^{-1}}(g) = \varphi(v_1) = (x_1, \cdots, x_n),$$

$$\varphi_{g_2}(g) = \varphi L_{g_2^{-1}}(g) = \varphi(v_2) = (y_1, \cdots, y_n).$$

于是, $g_2^{-1} g_1 = v_2 v_1^{-1} \in VV^{-1} \subset U$. 类似地, $g_1^{-1} g_2 = v_1 v_2^{-1} \in VV^{-1} \subset U$. 而 $v_1 = (g_1^{-1} g_2) v_2$, 从局部李群的性质可知, $\varphi(v_1)$ 关于 $\varphi(v_2)$ 是 C^∞ 的. 再利用 $v_2 = (g_2^{-1} g_1) v_1$ 可得, $\varphi(v_2)$ 关于 $\varphi(v_1)$ 也是 C^∞ 的. 由此可知 G 是一个微分流形.

现在开始证明: $F: G \times G \to G$, $F(g_1, g_2) = g_1 g_2^{-1}$ 是 C^∞ 的. 我们分几步来证明.

(1) $\forall g_1 \in V$, g_1 固定. 由于 $T(g_1, T(e, g_1^{-1})) = g_1(eg_1^{-1}) = e$, $T(g_1, e) = g_1$, 利用映射 T 的连续性可以知道,存在含 g_1 的开集 $O \subset V$ 以及开核 $W \subset V$, 满足 $OW \subset V$ 和 $OWO^{-1} \subset V$. 由于 $V \subset U$, U 是局部李群,因此 $\forall y \in W$, $f(y) = g_1 y g_1^{-1}$ 关于 y 是 C^∞ 的.

(2) $\forall g_1 \in G$, 由于连通拓扑群由任一开核生成,则有 $G = \bigcup_{m=1}^{\infty} V^m$, 且必存在固定的 m, 使得 $g_1 \in V^m$. 于是,有 $x_i \in V$ $(1 \leqslant i \leqslant m)$, 满足 $g_1 = x_1 \cdots x_m$. 由于

$$x_{m-i} x_{m-i+1} \cdots x_m e x_m^{-1} \cdots x_{m-i+1}^{-1} = x_{m-i} \in V \ (0 \leqslant i \leqslant m-1),$$

以及 $x_{m-i} x_{m-i+1} \cdots x_m e x_m^{-1} \cdots x_{m-i+1}^{-1} x_{m-i}^{-1} = e$, 利用乘积映射的连续性,可以找到开核 $W^* \subset V$ 和包含 x_i 的开集 $V_i \subset V$, 使得

$$V_m W^* \subset V, \ V_m W^* V_m^{-1} \subset V, \ V_{m-1} V_m W^* V_m^{-1} \subset V, \ V_{m-1} V_m W^* V_m^{-1} V_{m-1}^{-1} \subset V, \ \cdots, \ V_1 V_2 \cdots V_m W^* V_m^{-1} \cdots V_2^{-1} \subset V, \ V_1 V_2 \cdots V_m W^* V_m^{-1} \cdots V_2^{-1} V_1^{-1} \subset V.$$

利用 (1), $\forall y \in W^*$, $f_1(y) = x_m y x_m^{-1}$ 关于变元 y 是 C^∞ 的. $f_2(y) = x_{m-1} f_1(y) x_{m-1}^{-1}$, f_2 关于 f_1 是 C^∞ 的,即 f_2 关于 y 是 C^∞ 的. 这样一直作下去,最后可得

$$f_m(y) = x_1 \cdots x_m y x_m^{-1} \cdots x_1^{-1} = g_1 y g_1^{-1}$$

关于 y 是 C^∞ 的.

(3) 对于固定的 $g_1, g_2 \in G$, 取开核 $W \subset U$ 满足 $W = W^{-1}$, $WW \subset W^*$ 和 $g_2 WW g_2^{-1} \subset V$. $\forall u \in g_1 W$, $\forall v \in g_2 W$, 有

$$F(u, v) = uv^{-1} \in g_1 WW^{-1} g_2^{-1} = g_1 g_2^{-1}(g_2 WW g_2^{-1}) \subset g_1 g_2^{-1} V,$$

因而存在 $x, y \in W \subset V$, 以及 $z \in V$, 使得

$$u = g_1 x \text{ 和 } v = g_2 y, \ uv^{-1} = g_1 g_2^{-1} z,$$

于是,有

$$z = g_2 x y^{-1} g_2^{-1} = g_2 F(x, y) g_2^{-1}.$$

令 $z^* = F(x, y)$, 由 (2) 可知 z 关于 z^* 是 C^∞ 的,由 U 是局部李群可知, z^* 关于 x 和 y 是 C^∞ 的,所以 z 关于 x, y 是 C^∞ 的. 利用坐标图构造可以看到, u, v 和 uv^{-1} 的局部坐标分别是 $\varphi(x)$, $\varphi(y)$ 和 $\varphi(z)$, 所以, $F: G \times G \to G$, $F(g_1, g_2) = g_1 g_2^{-1}$ 是 C^∞ 映射.

综上所述, G 是一个 n 维连通李群.

由定理 1,我们又可以举出一些李群的例子.

例 1 $S^1(1)$ 是一个连通李群.

证明 定义映射 $P: \mathbf{R} \to S^1(1)$, $P(t) = e^{2\pi i t}$,限制 t 在 $\left(-\dfrac{1}{3}, \dfrac{1}{3}\right)$ 上,P 是一个同胚.则 $S^1(1)$ 有一个开核 $U = P\left(-\dfrac{1}{3}, \dfrac{1}{3}\right)$,很容易明白 U 是一个一维的局部李群,所以由定理 1,$S^1(1)$ 是一个一维连通李群.类似地,$\mathbf{R}/\mathbf{Z}$ 也是一个一维连通李群.

例 2 M 是一个 m 维李群,N 是一个 n 维李群,则 $M \times N$ 是一个 $m+n$ 维李群.

证明 由第一章 §1 例 5 可知 $M \times N$ 是一个 $m+n$ 维微分流形.在 $M \times N$ 上可定义代数结构:$\forall (g_1, h_1), (g_2, h_2) \in M \times N$,定义

$$(g_1, h_1)(g_2, h_2) = (g_1 g_2, h_1 h_2).$$

在这样的乘法定义下,$M \times N$ 是一个群.再利用 M,N 是李群及 $M \times N$ 的坐标图的构造,可知 $F((g_1, h_1), (g_2, h_2)) = (g_1 g_2^{-1}, h_1 h_2^{-1})$ 是 C^∞ 的.因而 $M \times N$ 是一个 $m+n$ 维李群.

例如,n 维环面 $T^n = S^1(1) \times \cdots \times S^1(1)$ (n 个 $S^1(1)$ 相乘)是一个 n 维连通李群,$\mathbf{R}^p \times T^q$ 是 $p+q$ 维连通李群.

例 3 G 表示 $\mathbf{R}^2$ 上保持右手系的所有等距变换(旋转和平移的组合)组成的群,则 G 为一个三维李群.

证明 G 内任一个等距变换由原点的平移与 x 轴正向的旋转角度(以 2π 为周期)所唯一确定,因而,我们可以建立 G 与 $\mathbf{R}^2 \times \mathbf{R}/2\pi\mathbf{Z}$ 之间的代数同构对应.由于 $\mathbf{R}^2 \times \mathbf{R}/2\pi\mathbf{Z}$ 是一个三维连通李群,因此,可在 G 上赋予拓扑与微分结构,使得 G 是微分同构(代数同构,而且是 C^∞ 映射,以及其逆映射也是 C^∞ 的)于 $\mathbf{R}^2 \times \mathbf{R}/2\pi\mathbf{Z}$ 的一个三维连通李群.

例 4 三维单位球面 $S^3(1) = \left\{ (x_1, x_2, x_3, x_4) \in \mathbf{R}^4 \,\middle|\, \sum_{i=1}^{4} x_i^2 = 1 \right\}$ 可确定为一个三维连通李群.

证明 我们知道 $S^3(1)$ 是一个三维微分流形,现在关键要在 $S^3(1)$ 上定义点与点的乘法,使得 $S^3(1)$ 是一个群.

利用四元数的性质,$S^3(1)$ 内任一点 (x_1, x_2, x_3, x_4) 对应一个四元数 $x_1 + x_2 \mathrm{i} + x_3 \mathrm{j} + x_4 \mathrm{k}$,这里

$$\mathrm{i}^2 = \mathrm{j}^2 = \mathrm{k}^2 = -1 \text{ 和 } \mathrm{ij} = \mathrm{k} = -\mathrm{ji},\ \mathrm{ki} = \mathrm{j} = -\mathrm{ik},\ \mathrm{jk} = \mathrm{i} = -\mathrm{kj}.$$

由直接的计算,我们知道

$$(x_1+x_2\mathrm{i}+x_3\mathrm{j}+x_4\mathrm{k})(y_1+y_2\mathrm{i}+y_3\mathrm{j}+y_4\mathrm{k})$$
$$=(x_1y_1-x_2y_2-x_3y_3-x_4y_4)+(x_1y_2+x_2y_1+x_3y_4-x_4y_3)\mathrm{i}$$
$$+(x_1y_3+x_3y_1+x_4y_2-x_2y_4)\mathrm{j}+(x_1y_4+x_4y_1+x_2y_3-x_3y_2)\mathrm{k},$$

和

$$(x_1y_1-x_2y_2-x_3y_3-x_4y_4)^2+(x_1y_2+x_2y_1+x_3y_4-x_4y_3)^2$$
$$+(x_1y_3+x_3y_1+x_4y_2-x_2y_4)^2+(x_1y_4+x_4y_1+x_2y_3-x_3y_2)^2$$
$$=(x_1^2+x_2^2+x_3^2+x_4^2)(y_1^2+y_2^2+y_3^2+y_4^2).$$

因此,我们可以定义 $S^3(1)$ 上两点的乘法:

$$(x_1,x_2,x_3,x_4)(y_1,y_2,y_3,y_4)$$
$$=(x_1y_1-x_2y_2-x_3y_3-x_4y_4,x_1y_2+x_2y_1+x_3y_4-x_4y_3,$$
$$x_1y_3+x_3y_1+x_4y_2-x_2y_4,x_1y_4+x_4y_1+x_2y_3-x_3y_2).$$

由于四元数乘法满足结合律,因此上述定义的乘法是满足结合律的(当然可以直接验证).

单位元是 $(1,0,0,0)$,点 (x_1,x_2,x_3,x_4) 在上述乘法下的逆元是 $(x_1,-x_2,-x_3,-x_4)$.

所以,$S^3(1)$ 是一个群. 从上面叙述中也可以看出 $S^3(1)$ 中点与点的乘积映射与求逆元映射都是 C^∞ 的(参看第一章 §1 例 2),因此 $S^3(1)$ 的确是一个三维李群. 而 $S^3(1)$ 的连通性则是显然的.

然而,并不是所有的 n 维微分流形都可定义为一个 n 维李群.下面的例子是非常有趣的.

例 5 求证:$S^{2n}(1)$ $(n\geqslant 1)$ 不能定义为一个 $2n$ 维连通李群,甚至不是一个拓扑群.

证明 首先,我们不加证明地引入代数拓扑中的 Poincaré-Brouwer 定理:$S^{2n}(1)$ 到自身的连续映射 f 或具有不动点,或有一点 $a\in S^{2n}(1)$,使得 $f(a)=-a$ ($-a$ 表示 a 的对径点,见江泽涵《拓扑学引论》第 175 页).

设 $S^{2n}(1)$ 可定义为一个拓扑群,则有左、右移动,它们是 $S^{2n}(1)$ 到自身上的一个同胚. 对于 $S^{2n}(1)$ 中的点 x,右移动 R_x 或具有不动点 a,或有一点 $a\in S^{2n}(1)$,使得 $R_x(a)=-a$. 对于第一种情况,$a=R_x(a)=ax$,则必有 $x=e$ (单位元). 因此,取一列 $\{x_m|m\in \mathbf{Z}_+\}$,$x_m\neq e(\forall m\in \mathbf{Z}_+)$,而 $\{x_m|m\in \mathbf{Z}_+\}$ 收敛于 e,对于每个固定的 x_m,必有一相应的 $a_m\in S^{2n}(1)$,满足 $R_{x_m}(a_m)=-a_m$,

$S^{2n}(1)$ 紧致, 有收敛于 a^* 的子列 $\{a_{m_k}\}$, 因而有

$$\lim_{m_k \to \infty} R_{x_{m_k}}(a_{m_k}) = -\lim_{m_k \to \infty} a_{m_k},$$

即有 $a^* = a^* e = -a^*$, 这是不可能的.

§2 李 代 数

李群集几何、代数性质于一身. 化难为易, 把李群线性化, 即寻找一个有限维的线性空间近似地代替它, 通过对这个线性空间的深入研究, 窥见李群的许多性质, 便是数学家的一个心愿, 而本书要讲述的李代数恰是为达到这一目的而建立的一个崭新的有限维线性空间.

定义 3.2 g 是实数域(或复数域)上的 m 维线性空间, 在 g 上定义一个换位运算, 即对于 g 内任意两个元素 X, Y, 有 g 中唯一的元素 $[X, Y]$ 与之对应, $[X, Y]$ 称为 X, Y 的换位子或李乘积, 而且这个换位运算满足以下性质:

$\forall \lambda_1, \lambda_2 \in \mathbf{R}$(或 $\mathbf{C}$), $\forall X, Y, Z \in g$,

(1) $[\lambda_1 X + \lambda_2 Y, Z] = \lambda_1 [X, Z] + \lambda_2 [Y, Z]$;

(2) $[X, Y] = -[Y, X]$;

(3) $[X, [Y, Z]] + [Y, [Z, X]] + [Z, [X, Y]] = 0$.

这时称 g 为 m 维实(或复)李代数.

从性质(1)和性质(2)可知:

$$[X, \lambda_1 Y + \lambda_2 Z] = -[\lambda_1 Y + \lambda_2 Z, X] = -\lambda_1 [Y, X] - \lambda_2 [Z, X]$$
$$= \lambda_1 [X, Y] + \lambda_2 [X, Z],$$

即换位运算对于第二个因子也是线性的.

从性质(2)容易明白 $[X, X] = 0$.

因而我们经常讲换位运算是双线性的、反称的. 性质(3)称为 Jacobi 恒等式.

如果 g 的一组基是 $X_1, \cdots, X_m$, 由于 $[X_i, X_j] \in g$, 设

$$[X_i, X_j] = \sum_{k=1}^{m} c_{ij}^k X_k \quad (1 \leqslant i, j \leqslant m), \tag{2.1}$$

则由性质(2)、性质(3)可以得到常数 c_{ij}^k 满足:

$$c_{ij}^k + c_{ji}^k = 0, \quad \sum_{s=1}^{m} (c_{ij}^s c_{sl}^k + c_{jl}^s c_{si}^k + c_{li}^s c_{sj}^k) = 0. \tag{2.2}$$

c_{ij}^k 称为李代数 g 的结构常数.

对于不同的李代数 g,结构常数当然可能不同,就是对于同一个李代数 g,选取不同的基,李代数的结构常数一般也不同.

对于同一个李代数 g,如果 $Y_1, \cdots, Y_m$ 是另一组基,则有基变换公式

$$Y_i = \sum_{s=1}^m a_i^s X_s,$$

这里矩阵 (a_i^s) 是可逆的,它的逆矩阵用 $(\tilde{a}_i^s)$ 表示. 如

$$[Y_i, Y_j] = \sum_{k=1}^m c_{ij}^{*k} Y_k,$$

因为

$$\sum_{k=1}^m c_{ij}^{*k} Y_k = [Y_i, Y_j] = \sum_{s=1}^m \sum_{l=1}^m a_i^s a_j^l [X_s, X_l]$$

$$= \sum_{s=1}^m \sum_{l=1}^m a_i^s a_j^l \sum_{t=1}^m c_{sl}^t X_t = \sum_{s, l, t, k=1}^m a_i^s a_j^l c_{sl}^t \tilde{a}_t^k Y_k,$$

且因为 $Y_1, \cdots, Y_m$ 是基,则有两组基下的结构常数的关系式:

$$c_{ij}^{*k} = \sum_{s, l, t=1}^m a_i^s a_j^l c_{sl}^t \tilde{a}_t^k. \tag{2.3}$$

定义 3.3 g 是实数域(或复数域)上的一个李代数,g_1 是 g 的一个线性子空间,而且对于换位运算封闭,即 $\forall X, Y \in g_1$,有 $[X, Y] \in g_1$,那么,称 g_1 为 g 的一个子代数.

下面举一些李代数及子代数的例子.

例 1 g 是实数域上三维 Euclid 向量空间,可定义 g 为一个三维李代数.

证明 我们仍用 $\mathbf{R}^3$ 表示这个 g,对于 $\mathbf{R}^3$ 内任意两个向量 v_1, v_2,定义 $[v_1, v_2] = v_1 \times v_2$(向量的外积). 利用外积的性质,可以直接验证换位运算的性质(1)和性质(2)是满足的. 对于性质(3),由于

$$[v_1, [v_2, v_3]] + [v_2, [v_3, v_1]] + [v_3, [v_1, v_2]]$$

$$= v_1 \times (v_2 \times v_3) + v_2 \times (v_3 \times v_1) + v_3 \times (v_1 \times v_2)$$

$$= (v_3 v_1) v_2 - (v_2 v_1) v_3 + (v_2 v_1) v_3 - (v_3 v_2) v_1 + (v_3 v_2) v_1 - (v_1 v_3) v_2 = 0.$$

因此 Jacobi 恒等式也是满足的,$\mathbf{R}^3$ 是一个实三维李代数.

例 2 设 $gl(n, \mathbf{R})$ 是实数域上 $n \times n$ 矩阵全体组成的 n^2 维线性空间,$gl(n, \mathbf{R})$ 是一个李代数.

证明 $\forall X, Y \in gl(n, \mathbf{R})$,定义$[X, Y]=XY-YX$,则容易验证$gl(n,$ $\mathbf{R})$是一个实n^2维李代数.

用$gl(n, \mathbf{C})$表示复数域上$n \times n$矩阵全体组成的复n^2维线性空间,换位运算与实的定义完全一样,$gl(n, \mathbf{C})$组成一个复n^2维李代数.

例 3 用A_{n-1}表示$gl(n, \mathbf{C})$内所有追迹(矩阵主对角线元素之和)为零的矩阵全体所组成的线性子空间,A_{n-1}是一个李代数.

证明 容易明白A_{n-1}是$gl(n, \mathbf{C})$的一个复n^2-1维子代数.

例 4 设M是一个$n \times n$已知矩阵,适合条件$XM+MX^T=0$的一切复$n \times n$矩阵X组成一个李代数.

证明 X全体显然组成一个线性空间g. $\forall X, Y \in g$,因为$XM+MX^T=0$和$YM+MY^T=0$,利用换位矩阵的定义和转置矩阵的性质,可知

$$\begin{aligned}
[X, Y]M+M[X, Y]^T &= (XY-YX)M+M(XY-YX)^T \\
&= XYM-YXM+MY^TX^T-MX^TY^T \\
&= -XMY^T+YMX^T-YMX^T+XMY^T \\
&= 0,
\end{aligned}$$

则$[X, Y] \in g$,所以g是一个李代数.

当$M=\begin{bmatrix} 0 & I_m \\ I_m & 0 \end{bmatrix}$时,$I_m$表示$m \times m$单位矩阵,记相应的李代数为$D_m$.

当$M=\begin{bmatrix} 1 & 0 & 0 \\ 0 & 0 & I_m \\ 0 & I_m & 0 \end{bmatrix}$时,上述李代数记为$B_m$.

B_m, D_m统称为正交代数.

当$M=\begin{bmatrix} 0 & I_m \\ -I_m & 0 \end{bmatrix}$时,相应的上述李代数记为$C_m$, C_m称为辛代数.

A_m, B_m, C_m和D_m统称为典型李代数.

例 5 设g是实数域(或复数域)上3×3反称阵的全体所组成的三维线性空间. $\forall X, Y \in g$,定义$[X, Y]=XY-YX$, g是一个三维李代数.

证明 可以直接验证g是一个李代数.

取g内3个线性无关矩阵:

$$X_1=\begin{bmatrix} 0 & 0 & 0 \\ 0 & 0 & -1 \\ 0 & 1 & 0 \end{bmatrix}, \quad X_2=\begin{bmatrix} 0 & 0 & 1 \\ 0 & 0 & 0 \\ -1 & 0 & 0 \end{bmatrix}, \quad X_3=\begin{bmatrix} 0 & -1 & 0 \\ 1 & 0 & 0 \\ 0 & 0 & 0 \end{bmatrix},$$

则 g 内任一矩阵

$$X = \begin{bmatrix} 0 & a & b \\ -a & 0 & c \\ -b & -c & 0 \end{bmatrix} = -aX_3 + bX_2 - cX_1,$$

X_1, X_2, X_3 是李代数 g 的一组基. 由换位运算定义, 通过直接计算可以得到:

$$[X_1, X_2] = X_3, \quad [X_2, X_3] = X_1, \quad [X_3, X_1] = X_2.$$

因而在基 X_1, X_2, X_3 下, 结构常数非常简单, $c_{12}^3 = -c_{21}^3 = 1$, $c_{23}^1 = -c_{32}^1 = 1$, $c_{31}^2 = -c_{13}^2 = 1$, 其余都是 0.

例 6 已知 g_1 和 g_2 是同一实数域(或复数域)上的两个李代数, 两个向量空间 g_1 和 g_2 的直和 $g_1 \oplus g_2$ 也可变成一个李代数.

证明 我们引入 $g_1 \oplus g_2$ 上的换位运算

$$[(X, Y), (X^*, Y^*)] = ([X, X^*], [Y, Y^*]).$$

这里 X, $X^* \in g_1$, Y, $Y^* \in g_2$. 余下留给读者作练习. $g_1 \oplus g_2$ 称为李代数的直和.

§3 左不变切向量场

M 是一个 m 维李群, (U, φ) 是含单位元 e 的一个可容许坐标图, 当 x, y 和 xy 都在 U 内时, 用局部坐标表示, 我们有下列函数关系式:

$$\varphi(xy) = (\Phi_1(\varphi(x), \varphi(y)), \Phi_2(\varphi(x), \varphi(y)), \cdots, \Phi_m(\varphi(x), \varphi(y))). \tag{3.1}$$

记

$$\varphi(x) = (x_1, \cdots, x_m), \quad \varphi(y) = (y_1, \cdots, y_m).$$

由于 M 是李群, 这里 Φ_1, $\cdots$, Φ_m 都是 $2m$ 个变元 x_1, $\cdots$, x_m; y_1, $\cdots$, y_m 的 C^∞ 函数, $xe = ex = x$, 因此可以知道

$$\Phi_i(\varphi(x), \varphi(e)) = x_i = \Phi_i(\varphi(e), \varphi(x)),$$

$\Phi_i (1 \leqslant i \leqslant m)$ 称为李群 M 在坐标图 (U, φ) 下的乘法函数.

对于 M 内任一固定点 a, 我们知道左移动 L_a 是 M 到 M 自身上的一个 C^∞

映射,且其逆映射 $L_{a^{-1}}$ 也是 C^∞ 映射,我们称这样的映射 L_a 为 M 到 M 自身上的一个微分同胚. 由于 $L_a L_{a^{-1}} = L_{a^{-1}} L_a = Id$ (M 上的恒等映射),从而 $\mathrm{d}L_a \mathrm{d}L_{a^{-1}} = \mathrm{d}L_{a^{-1}} \mathrm{d}L_a = Id$ (相应切空间上的恒等映射). 因此, $\mathrm{d}L_a$ 是 $T_x(M)$ 到 $T_{ax}(M)$ 上的线性同构.

定义 3.4 M 是一个 m 维李群, X 是 M 上一个 C^∞ 切向量场,如果对于 M 内任一固定点 a, X 满足 $\mathrm{d}L_a(X_x) = X_{ax}$,则称 X 为 M 上一个左不变切向量场. 这里 X_x, X_{ax} 分别表示 X 在点 x, ax 的相应切向量.

当 X, Y 是 M 上两个 C^∞ 切向量场时,定义 X, Y 的换位子为

$$[X, Y] = XY - YX.$$

引理 李群 M 上两个 C^∞ 切向量场 X, Y 的换位子 $[X, Y]$ 是 M 上一个 C^∞ 切向量场.

证明 实际上,下述证明只用到 M 是 m 维微分流形这一条件. 令 (U, φ) 是 M 内任一可容许坐标图,在这坐标图下,

$$\forall p \in U, \ X_p = \sum_{i=1}^{m} \lambda_i(p) \frac{\partial}{\partial x_i}(p), \ Y_p = \sum_{j=1}^{m} \eta_j(p) \frac{\partial}{\partial x_j}(p),$$

由第一章§2 内 C^∞ 切向量场的定义,可知 $2m$ 个函数 $\lambda_i(p)$, $\eta_j(p)$ ($1 \leqslant i, j \leqslant m$) 都是 p 的 C^∞ 函数.

由切向量场 X, Y 的换位子定义,容易看到

$$[X, Y]_p = \sum_{i, j=1}^{m} \left[\lambda_i(p) \frac{\partial \eta_j \varphi^{-1}(x)}{\partial x_i} \Big|_{x = \varphi(p)} - \eta_i(p) \frac{\partial \lambda_j \varphi^{-1}(x)}{\partial x_i} \Big|_{x = \varphi(p)} \right] \frac{\partial}{\partial x_j}(p).$$
$$(3.2)$$

所以, $[X, Y]$ 是 C^∞ 切向量. (容易验证换位运算的 3 个性质是满足的.)

定理 2 m 维李群 M 上左不变切向量场全体组成一个实 m 维李代数.

证明 令 $\Lambda(M)$ 表示 M 上左不变切向量场全体所组成的集合. 我们分几步来证明:

(1) 先证明 $\Lambda(M)$ 是一个实数域上的线性空间.

$\forall \alpha, \beta \in \mathbf{R}$, $\forall X, Y \in \Lambda(M)$,由于对 M 内的任意固定点 a, $\mathrm{d}L_a$ 是一线性同构,则

$$\mathrm{d}L_a(\alpha X + \beta Y)_x = \mathrm{d}L_a(\alpha X_x + \beta Y_x) = \alpha \mathrm{d}L_a(X_x) + \beta \mathrm{d}L_a(Y_x)$$
$$= \alpha X_{ax} + \beta Y_{ax} = (\alpha X + \beta Y)_{ax},$$

于是, $\alpha X + \beta Y \in \Lambda(M)$, $\Lambda(M)$ 的确是一个实数域上的线性空间.

(2) 现在证明 $\forall X, Y \in \Lambda(M)$, $[X, Y] \in \Lambda(M)$.

上述引理告诉我们, $[X, Y]$ 是一个 C^∞ 切向量场. 因此, 只要证明: 对于 M 内任一固定点 a, $\forall x \in M$, 有 $\mathrm{d}L_a[X, Y]_x = [X, Y]_{ax}$. 当 x 也固定时, 设 (V, ψ) 是含点 ax 的一个可容许坐标图, $\forall f \in C^\infty(V)$, 当 $ay \in V$ 时,

$$(Yf)(L_a(y)) = Yf(ay) = Y_{ay}f = \mathrm{d}L_a(Y_y)f = Y_y(fL_a) = Y(fL_a)(y),$$

那么, 在包含 x 的某个开集内, 有 $(Yf)L_a = Y(fL_a)$. 类似地, 有

$$(Xf)L_a = X(fL_a),$$

$$
\begin{aligned}
(\mathrm{d}L_a[X, Y]_x)f &= [X, Y]_x(fL_a) = (XY - YX)_x(fL_a) \\
&= X_x[Y(fL_a)] - Y_x[X(fL_a)] = X_x[(Yf)L_a] - Y_x[(Xf)L_a] \\
&= \mathrm{d}L_a(X_x)(Yf) - \mathrm{d}L_a(Y_x)(Xf) = X_{ax}(Yf) - Y_{ax}(Xf) \\
&= (XY - YX)_{ax}f = [X, Y]_{ax}f.
\end{aligned}
\tag{3.3}
$$

由于 f 的任意性, 则有 $\mathrm{d}L_a[X, Y]_x = [X, Y]_{ax}$, $\Lambda(M)$ 是一个李代数, 称为李群 M 的李代数.

(3) 最后证明 $\Lambda(M)$ 线性同构于 M 在单位元 e 处的切空间 $T_e(M)$.

定义 $\pi: \Lambda(M) \to T_e(M)$, $\pi(X) = X_e$. 显然 π 是线性映射. $\forall X_e \in T_e(M)$, $\forall a \in M$, $\mathrm{d}L_a(X_e) = X_a$, 这里 X_a 是 $T_a(M)$ 内一个切向量, 因而 X_a 全体组成 M 上的一个切向量场. 下面证明 X 是 C^∞ 切向量场.

设 (U, φ) 是含 e 的一个坐标图, $\forall f \in C^\infty(U)$, $\forall a \in U$, 利用 $\mathrm{d}L_a(X_e)f = X_af$, 及设 $X_e = \sum_{i=1}^m \lambda_i \frac{\partial}{\partial x_i}(e)$, 这里 $\lambda_i (1 \leqslant i \leqslant m)$ 是固定实数, 可以得到

$$X_af = X_e(fL_a) = \sum_{i=1}^m \lambda_i \frac{\partial}{\partial x_i}(e)(fL_a)$$

$$= \sum_{i=1}^m \lambda_i \frac{\partial}{\partial x_i}[fL_a\varphi^{-1}(x)]|_{x=\varphi(e)}$$

$$= \sum_{i=1}^m \lambda_i \frac{\partial}{\partial y_i}[(f\varphi^{-1})\varphi(a\varphi^{-1}(y))]|_{y=\varphi(e)}$$

$$= \sum_{i=1}^m \lambda_i \frac{\partial}{\partial y_i}[f\varphi^{-1}(\Phi_1(\varphi(a), y), \cdots, \Phi_m(\varphi(a), y))]|_{y=\varphi(e)}$$

$$= \sum_{i,j=1}^m \lambda_i \frac{\partial f\varphi^{-1}(x)}{\partial x_j}\bigg|_{x=\varphi(a)} \frac{\partial \Phi_j(\varphi(a), y)}{\partial y_i}\bigg|_{y=\varphi(e)}$$

$$= \sum_{i,j=1}^m \lambda_i \frac{\partial \Phi_j(\varphi(a), y)}{\partial y_i}\bigg|_{y=\varphi(e)} \frac{\partial}{\partial x_j}(a)f.$$

令

$$\psi_i^j(x) = \frac{\partial \Phi_j(x, y)}{\partial y_i}\Bigg|_{y=\varphi(e)} \qquad (1 \leqslant i, j \leqslant m). \tag{3.4}$$

$\psi_i^j(x)$ 称为李群 M 的变换函数, 对于任意 i, j, 它显然是 m 元的 C^∞ 函数.

于是, 有

$$X_a = \sum_{i, j=1}^m \lambda_i \psi_i^j(\varphi(a)) \frac{\partial}{\partial x_j}(a). \tag{3.5}$$

所以, X 在 U 内是 C^∞ 的. (3.5)式可以简写为 $X_x = \sum\limits_{i, j=1}^m \lambda_i \psi_i^j(x) \dfrac{\partial}{\partial x_j}$.

对于 M 内任一固定点 x, 利用 L_x 是微分同胚, 并注意到第一章 §2 定理 3 后面局部坐标的表示, 可知 $X_{xa} = \mathrm{d}L_x(X_a)$ 在 xU 内是 C^∞ 切向量场, 因而 π 是到上的映射. 当 $\pi(X) = X_e = Y_e = \pi(Y)$ 时, 可知

$$\forall a \in M, \ X_a = \mathrm{d}L_a(X_e) = \mathrm{d}L_a(Y_e) = Y_a,$$

所以, $X = Y$, π 是 1—1 的. 综上所述, π 是 $\Lambda(M)$ 到 $T_e(M)$ 上的一个线性同构. 由于 $T_e(M)$ 是实 m 维线性空间, 则定理 2 成立.

M 是一个 m 维李群, 取含单位元 e 的坐标图 (U, φ), 则在这坐标图内, 我们知道, 李群 M 的变换函数为

$$\psi_i^j(x) = \frac{\partial \Phi_j(x, y)}{\partial y_i}\Bigg|_{y=\varphi(e)},$$

由于 $\psi_i^j(\varphi(e)) = \delta_{ij}$, 则可知存在开核 $V \subset U$, 在坐标图 (V, φ) 内, 矩阵 $(\psi_i^j(x))$ 有逆矩阵 $(\tilde{\psi}_i^j(x))$. 令

$$X_{ix} = \sum_{j=1}^m \psi_i^j(x) \frac{\partial}{\partial x_j}, \tag{3.6}$$

则在 V 内任一固定点处, $X_{1x}, \cdots, X_{mx}$ 是线性独立的, 在坐标图 (V, φ) 内, 它们组成 $\Lambda(M)$ 的一组基, 我们称上述 $X_1, \cdots, X_m$ 为李群 M 的李代数的一组(局部)基. 当 x 变动时, (3.6)式左端的 X_{ix} 往往写成 X_i.

下面我们介绍 3 个具体的例子.

例 1 设 $\mathbf{C}^*$ 为非零复数全体的集合.

(1) 求证: 在复数的乘法下, 可确定 $\mathbf{C}^*$ 为一个二维李群;

(2) 在某个坐标图内, 求这个李群的变换函数、李代数的基和结构常数.

(1) **证明** $\mathbf{C}^*$ 在复数乘法下, 显然是一个群, 且单位元是 1. 引入映射 φ:

$\mathbf{C}^* \to \mathbf{R}^2 - (0, 0)$, $\forall z \in \mathbf{C}^*$, $z = x + iy$, 令 $\varphi(z) = (x, y)$. φ 显然是 1—1 到上的, 在 $\mathbf{C}^*$ 上赋予拓扑, 使得 φ 是一个同胚, 于是, $\mathbf{C}^*$ 为一个二维微分流形. $\forall z_1, z_2 \in \mathbf{C}^*$, $z_1 = x_1 + ix_2$, $z_2 = y_1 + iy_2$, 由于 $z_1 z_2 = x_1 y_1 - x_2 y_2 + i(x_2 y_1 + x_1 y_2)$, 可以知道 $\varphi(z_1 z_2) = (x_1 y_1 - x_2 y_2, x_2 y_1 + x_1 y_2)$, 因而在坐标图 $(\mathbf{C}^*, \varphi)$ 下, 乘法函数

$$\Phi_1((x_1, x_2), (y_1, y_2)) = x_1 y_1 - x_2 y_2,$$
$$\Phi_2((x_1, x_2), (y_1, y_2)) = x_2 y_1 + x_1 y_2,$$

显然 Φ_1, Φ_2 是 C^∞ 函数. 群 $\mathbf{C}^*$ 的单位元是 1, 当 $z = x + iy$ 时, 逆元 $z^{-1} = \dfrac{x}{x^2 + y^2} - i \dfrac{y}{x^2 + y^2}$, 即

$$\varphi(z^{-1}) = \left(\frac{x}{x^2 + y^2}, -\frac{y}{x^2 + y^2} \right),$$

因此, $\mathbf{C}^*$ 的乘积映射和求逆映射都是 C^∞ 的, $\mathbf{C}^*$ 是一个二维李群.

(2) 解 $\psi_1^1((x_1, x_2)) = \dfrac{\partial \Phi_1((x_1, x_2), (y_1, y_2))}{\partial y_1} \bigg|_{(y_1, y_2) = (1, 0)} = x_1$,

$\psi_2^1((x_1, x_2)) = \dfrac{\partial \Phi_1((x_1, x_2), (y_1, y_2))}{\partial y_2} \bigg|_{(y_1, y_2) = (1, 0)} = -x_2$,

$\psi_1^2((x_1, x_2)) = \dfrac{\partial \Phi_2((x_1, x_2), (y_1, y_2))}{\partial y_1} \bigg|_{(y_1, y_2) = (1, 0)} = x_2$,

$\psi_2^2((x_1, x_2)) = \dfrac{\partial \Phi_2((x_1, x_2), (y_1, y_2))}{\partial y_2} \bigg|_{(y_1, y_2) = (1, 0)} = x_1$.

因此, 李代数的基为

$$X_1 = x_1 \frac{\partial}{\partial x_1} + x_2 \frac{\partial}{\partial x_2}, \quad X_2 = -x_2 \frac{\partial}{\partial x_1} + x_1 \frac{\partial}{\partial x_2}.$$

由直接计算可得 $[X_1, X_2] = X_1 X_2 - X_2 X_1 = 0$. 结构常数全为零.

在引入例 2 之前, 我们先讲述下列定义.

定义 3.5 g_1, g_2 是两个李代数, 如果存在线性空间 g_1 到 g_2 上的线性同构 π, 使得 $\forall X, Y \in g_1$, 有 $\pi[X, Y] = [\pi(X), \pi(Y)]$, 则称 g_1, g_2 是李代数同构的, 或称李代数 g_1 和 g_2 是同构的. 如 π 仅是保持李乘积的线性映射, 则称 π 是 g_1 到 g_2 内的同态.

例 2 求实一般线性群 $GL(n, \mathbf{R})$ 的李代数.

解 $\forall X, Y \in GL(n, \mathbf{R})$, 记 $X = (x_{ij})$, $Y = (y_{ij})$ $(1 \leqslant i, j \leqslant n)$. 从第

一章 §1 例 1 中 $GL(n, \mathbf{R})$ 的局部坐标可知乘法函数为

$$\Phi_{ik}(\varphi(X), \varphi(Y)) = \sum_{l=1}^{n} x_{il} y_{lk} \quad (1 \leqslant k \leqslant n),$$

$GL(n, \mathbf{R})$ 的变换函数为

$$\psi_{st}^{ik}(\varphi(X)) = \frac{\partial \Phi_{ik}(\varphi(X), \varphi(Y))}{\partial y_{st}} \bigg|_{Y=I_n} = \sum_{l=1}^{n} x_{il} \delta_{ls} \delta_{kt} = x_{is} \delta_{kt} (1 \leqslant s, t \leqslant n),$$

李代数的基(以下 X_{st} 等都在 $\varphi(X)$ 处计算,省略下标 $\varphi(X)$)为

$$X_{st} = \sum_{i, k=1}^{n} \psi_{st}^{ik}(\varphi(X)) \frac{\partial}{\partial x_{ik}} = \sum_{i=1}^{n} x_{is} \frac{\partial}{\partial x_{it}}.$$

于是,有

$$[X_{st}, X_{kl}] = X_{st} X_{kl} - X_{kl} X_{st} = \delta_{kt} X_{sl} - \delta_{sl} X_{kt}.$$

从本章 §2 可知 $gl(n, \mathbf{R})$ 是一个实 n^2 维李代数,其基是矩阵 $E_{ij}(1 \leqslant i, j \leqslant n)$,这里 E_{ij} 表示第 i 行、第 j 列元素是 1,其余是零的矩阵. 很明显,

$$[E_{st}, E_{kl}] = E_{st} E_{kl} - E_{kl} E_{st} = \delta_{tk} E_{sl} - \delta_{ls} E_{kt}.$$

我们作 $GL(n, \mathbf{R})$ 的李代数与 $gl(n, \mathbf{R})$ 之间的一个线性映射 π,使得 $\pi(X_{st}) = E_{st}(1 \leqslant s, t \leqslant n)$. 由于

$$\begin{aligned}
\pi[X_{st}, X_{kl}] &= \pi(\delta_{kt} X_{sl} - \delta_{sl} X_{kt}) \\
&= \delta_{kt} \pi(X_{sl}) - \delta_{sl} \pi(X_{kt}) \\
&= \delta_{kt} E_{sl} - \delta_{sl} E_{kt} \\
&= [E_{st}, E_{kl}] = [\pi(X_{st}), \pi(X_{kl})],
\end{aligned}$$

因此,π 是李代数之间的同构,所以我们讲实一般线性群 $GL(n, \mathbf{R})$ 的李代数是 $gl(n, \mathbf{R})$,这是由于对于同构的两个李代数,我们往往不加区别.

例 3 求证:Abel 李群的结构常数全为零. (Abel 李群是一个李群,又是一个可交换群.)

证明 例 1 的 $\mathbf{C}^*$ 就是 Abel 李群.

取 Abel 李群 M 的含单位元 e 的坐标图 (U, φ),当 $x, y, xy \in U$ 时,由于 M 是 Abel 群,则有 $xy = yx$,用局部坐标表示,乘法函数有关系式

$$\Phi_i(\varphi(x), \varphi(y)) = \Phi_i(\varphi(y), \varphi(x)) \quad (1 \leqslant i \leqslant m),$$

记 $\varphi(x) = (x_1, \cdots, x_m)$,$\varphi(y) = (y_1, \cdots, y_m)$,李群的变换函数为

$$\psi_i^k(\varphi(x)) = \frac{\partial \Phi_k(\varphi(x),\,\varphi(y))}{\partial y_i}\Bigg|_{y=e},$$

则有

$$\begin{aligned}
\frac{\partial \psi_i^k(\varphi(x))}{\partial x_j}\Bigg|_{x=e} &= \frac{\partial^2 \Phi_k(\varphi(x),\,\varphi(y))}{\partial y_i \partial x_j}\Bigg|_{x=y=e}\\
&= \frac{\partial^2 \Phi_k(\varphi(y),\,\varphi(x))}{\partial y_i \partial x_j}\Bigg|_{x=y=e}\\
&= \frac{\partial \psi_j^k(\varphi(y))}{\partial y_i}\Bigg|_{y=e}.
\end{aligned}$$

然而,对于任意的 $i,\,j\ (1 \leqslant i,\,j \leqslant m)$,有

$$X_{ix} = \sum_{l=1}^m \psi_i^l(\varphi(x)) \frac{\partial}{\partial x_l}(x),$$

$$\begin{aligned}
[X_i,\,X_j]_x &= (X_iX_j - X_jX_i)_x\\
&= \sum_{k,\,l=1}^m \left[\psi_i^k(\varphi(x)) \frac{\partial \psi_j^l(\varphi(x))}{\partial x_k} - \psi_j^k(\varphi(x)) \frac{\partial \psi_i^l(\varphi(x))}{\partial x_k} \right] \frac{\partial}{\partial x_l}(x).
\end{aligned}$$

$$(3.7)$$

由于 $\psi_i^k(\varphi(e)) = \delta_{ik}$,则上式全部在 $x=e$ 处计算,

$$(3.7)式左端 = \sum_{k=1}^m c_{ij}^k \frac{\partial}{\partial x_k}(e),$$

$$(3.7)式右端 = \sum_{l=1}^m \left[\frac{\partial \psi_j^l(\varphi(x))}{\partial x_i}\Bigg|_{x=e} - \frac{\partial \psi_i^l(\varphi(x))}{\partial x_j}\Bigg|_{x=e} \right] \frac{\partial}{\partial x_l}(e) = 0,$$

所以,对于任意 $i,\,j,\,k(1 \leqslant i,\,j,\,k \leqslant m)$,$c_{ij}^k = 0$.

§4　单参数子群

实直线 $\mathbf{R}$ 是一个一维的 Abel 李群,设 M 是一个 m 维李群 $(m \geqslant 1)$,如果 F 是 $\mathbf{R}$ 到 M 内的一个浸入,而且 F 又是群 $\mathbf{R}$ 到群 M 内的一个同态,则 $F(\mathbf{R})$ 称为 M 内一个单参数子群,F 简称为 $\mathbf{R}$ 到 M 内的一个浸入同态.

取 $\mathbf{R}$ 的(局部)坐标为 t,首先,我们证明 $\mathrm{d}F\left(\dfrac{\mathrm{d}}{\mathrm{d}t}\right)$ 一定是 M 的李代数 $\Lambda(M)$ 内某个左不变切向量场 X 在 $F(\mathbf{R})$ 上的限制.

换句话讲,我们要证明对于 **R** 内的任意两个固定实数 t_1, t_2,成立

$$dL_{F(t_2)} dF\left(\frac{d}{dt}(t_1)\right) = dF\left(\frac{d}{dt}(t_1 + t_2)\right). \tag{4.1}$$

$\forall f \in C^{\infty}(F(t_1 + t_2))$, 有

$$
\begin{aligned}
dL_{F(t_2)} dF\left(\frac{d}{dt}(t_1)\right) f &= d(L_{F(t_2)}F)\left(\frac{d}{dt}(t_1)\right) f \\
&= \frac{d}{dt}(t_1) f(F(t_2)F) = \frac{d}{dt}[f(F(t_2)F)(t)]\big|_{t=t_1} \\
&= \frac{d}{dt}[fF(t + t_2)]\big|_{t=t_1} = \frac{dfF(T)}{dT}\bigg|_{T=t_1+t_2} \\
&= dF\left(\frac{d}{dt}(t_1 + t_2)\right) f.
\end{aligned}
$$

由于 f 是 $C^{\infty}(F(t_1 + t_2))$ 内的任意函数,则(4.1)式成立. (4.1)式内取 $t_1 = 0$,由 $dL_{F(t_2)}$ 是 $T_e(M)$ 到 $T_{F(t_2)}(M)$ 的线性同构可知,当 $dF\left(\frac{d}{dt}(0)\right) \neq 0$ 时,$dF\left(\frac{d}{dt}(t_2)\right) \neq 0$. 在上述证明中,我们只用到 F 是 C^{∞} 映射及 F 是同态这两个事实. 因此,具有 $dF\left(\frac{d}{dt}(0)\right) \neq 0$ 的 C^{∞} 同态 F 一定是浸入同态.

在 M 内取含单位元 e 的一个可容许坐标图 (U, φ),局部坐标记为 $(x_1, \cdots, x_m)$. $F(\mathbf{R})$ 是 M 内一个单参数子群,因而有 $\varepsilon > 0$,当 $t \in (-\varepsilon, \varepsilon)$ 时,$F(t) \in U$,记 $\varphi(F(t)) = (x_1(t), \cdots, x_m(t)) = x(t)$. 另外,从上面叙述,我们知道

$$dF\left(\frac{d}{dt}\right) = \sum_{i, j=1}^{m} \lambda_i \psi_i^j(x(t)) \frac{\partial}{\partial x_j}, \tag{4.2}$$

因而有

$$\frac{dx_k(t)}{dt} = dF\left(\frac{d}{dt}\right)(x_k \varphi) = \sum_{i=1}^{m} \lambda_i \psi_i^k(x(t)). \tag{4.3}$$

关于单参数子群,有下述存在定理.

定理 3 M 是一个 m 维李群 $(m \geqslant 1)$,任给 $T_e(M)$ 内一个非零向量 X_e,一定有 M 内唯一的单参数子群 $F(\mathbf{R})$,满足 $dF\left(\frac{d}{dt}(0)\right) = X_e$.

证明 取 M 内含单位元 e 的坐标图 (U, φ),在这个坐标图内,$X_e =$

$\sum_{i=1}^{m} \lambda_i \dfrac{\partial}{\partial x_i}(e)$，变换函数矩阵是 $(\psi_i^j(x))$，其中

$$x = (x_1, \cdots, x_m), \ \varphi(e) = (e_1, \cdots, e_m),$$

乘法函数是 $\Phi(x, y) = (\Phi_1(x, y), \cdots, \Phi_m(x, y))$，这里 $x = (x_1, \cdots, x_m)$，$y = (y_1, \cdots, y_m)$. 特别注意 λ_i 不全为零.

考虑下述常微分方程组：

$$\begin{cases} \dfrac{\mathrm{d}x_k}{\mathrm{d}t} = \sum_{i=1}^{m} \lambda_i \psi_i^k(x), \\ \text{当 } t = 0 \text{ 时}, \ x_k = e_k (1 \leqslant k \leqslant m). \end{cases} \tag{4.4}$$

首先，由常微分方程组解的存在性及唯一性，有常数 $\delta > 0$，当 $t \in (-\delta, \delta)$ 时，方程组(4.4)有 C^∞ 解 $(x_1(t), \cdots, x_m(t)) \in \varphi(U)$. 令

$$g(t) = \varphi^{-1}(x_1(t), \cdots, x_m(t)), \ g(t) \in U,$$

显然 $g(0) = e$. 于是我们有 C^∞ 映射

$$g: (-\delta, \delta) \to U \subset M.$$

下面证明：

当 $t_1, t_2, t_1 + t_2 \in (-\delta, \delta)$ 时，$g(t_1)g(t_2) = g(t_1 + t_2)$. $\tag{4.5}$

设 t_2 为自变量，t_1 固定，要证明(4.5)式，实际上只要证明：

$$\Phi_k(\varphi(g(t_1)), \varphi(g(t_2))) = x_k(t_1 + t_2). \tag{4.6}$$

我们考虑常微分方程组：

$$\begin{cases} \dfrac{\mathrm{d}x_k}{\mathrm{d}t_2} = \sum_{i=1}^{m} \lambda_i \psi_i^k(x), \\ \text{当 } t_2 = 0 \text{ 时}, \ x_k = x_k(t_1) \ (1 \leqslant k \leqslant m). \end{cases} \tag{4.7}$$

令 $T = t_1 + t_2$，利用 $x_k(T)$ 满足方程组(4.4)，有

$$\frac{\mathrm{d}x_k(t_1 + t_2)}{\mathrm{d}t_2} = \frac{\mathrm{d}x_k(T)}{\mathrm{d}T} = \sum_{i=1}^{m} \lambda_i \psi_i^k(x(T)),$$

而且当 $t_2 = 0$ 时，$x_k(T) = x_k(t_1)$，所以，$x_k(t_1 + t_2) \ (1 \leqslant k \leqslant m)$ 的确满足方程组(4.7).

取 $t_3 \in (-\delta, \delta)$，使得当 $t_2 + t_3, t_1 + t_2 + t_3 \in (-\delta, \delta)$ 时，由于群的乘法满足结合律，可得

$$\Phi_k(\varphi(g(t_1)), \Phi(\varphi(g(t_2)), \varphi(g(t_3))))$$
$$=\Phi_k(\Phi(\varphi(g(t_1)), \varphi(g(t_2))), \varphi(g(t_3))). \qquad (4.8)$$

上式两端对 $x_i(t_3)$ 求导,并且取 $t_3=0$,则有

$$\sum_{j=1}^{m} \frac{\partial \Phi_k(\varphi(g(t_1)), \varphi(g(t_2)))}{\partial x_j(t_2)} \psi_i^j(\varphi(g(t_2)))$$
$$=\psi_i^k(\Phi(\varphi(g(t_1)), \varphi(g(t_2)))). \qquad (4.9)$$

利用(4.9)式,我们可以看见

$$\frac{\mathrm{d}\Phi_k(\varphi(g(t_1)), \varphi(g(t_2)))}{\mathrm{d}t_2} = \sum_{j=1}^{m} \frac{\partial \Phi_k(\varphi(g(t_1)), \varphi(g(t_2)))}{\partial x_j(t_2)} \frac{\mathrm{d}x_j(t_2)}{\mathrm{d}t_2}$$
$$=\sum_{i,j=1}^{m} \frac{\partial \Phi_k(\varphi(g(t_1)), \varphi(g(t_2)))}{\partial x_j(t_2)} \lambda_i \psi_i^j(\varphi(g(t_2)))$$
$$=\sum_{i=1}^{m} \lambda_i \psi_i^k(\Phi(\varphi(g(t_1)), \varphi(g(t_2)))), \qquad (4.10)$$

而且

$$当\ t_2=0\ 时,\ \Phi_k(\varphi(g(t_1)), \varphi(g(t_2)))=x_k(t_1),$$

那么,$\Phi_k(\varphi(g(t_1)), \varphi(g(t_2)))(1 \leqslant k \leqslant m)$ 同 $x_k(t_1+t_2)(1 \leqslant k \leqslant m)$ 一样,满足方程组(4.7).由常微分方程组解的唯一性,可知(4.6)式成立,于是我们有等式 (4.5).

由于

$$\left.\frac{\mathrm{d}x_k}{\mathrm{d}t}\right|_{t=0} = \lambda_k (1 \leqslant k \leqslant m)$$

不全为零,则我们可以知道映射 $g: (-\delta, \delta) \rightarrow U \subset M$ 是一个浸入,而且

$$当\ t_1, t_2, t_1+t_2 \in (-\delta, \delta)\ 时,\ g(t_1)g(t_2)=g(t_1+t_2).$$

令 $F: \mathbf{R} \rightarrow M$,对于 $\mathbf{R}$ 内任一固定的 t,首先存在 $N \in \mathbf{Z}_+$,使得

$$\frac{1}{N}t \in (-\delta, \delta),\ F(t)=\left[g\left(\frac{1}{N}t\right)\right]^N.$$

由第二章定理 13 的证明可知 F 的定义是有意义的,而且 F 是群 $\mathbf{R}$ 到群 M 内的同态,$F|_{(-\delta, \delta)}=g$. 因为李群 M 的乘法映射是 C^∞ 的,所以 F 是 $\mathbf{R}$ 到 M 内的 C^∞ 映射.另外,在坐标图 (U, φ) 内,

$$dF\left(\frac{d}{dt}(0)\right) = dg\left(\frac{d}{dt}(0)\right) = \sum_{k=1}^{m} \frac{dx_k(t)}{dt}\bigg|_{t=0} \frac{\partial}{\partial x_k}(e)$$

$$= \sum_{k=1}^{m} \lambda_k \frac{\partial}{\partial x_k}(e) = X_e \neq 0. \tag{4.11}$$

因此, F 是 $\mathbf{R}$ 到 M 内的一个浸入同态, $F(\mathbf{R})$ 是 M 内的一个单参数子群.

最后证明唯一性.

如果有另一个浸入同态 $F^*: \mathbf{R} \to M$, 也满足 $dF^*\left(\frac{d}{dt}(0)\right) = X_e$, 我们取含 M 的单位元 e 的同一坐标图(U, φ), 在这坐标图中, 两个单参数子群 $F(\mathbf{R})$ 与 $F^*(\mathbf{R})$ 对应同一个常微分方程组(4.4), 因而 F 与 F^* 在某个区间 $(-\delta_1, \delta_1)$ 内是重合的(δ_1 是一个正常数). 从而, 利用 F 与 F^* 的同态性质可以知道: $\forall t \in \mathbf{R}$, $F(t) = F^*(t)$.

下面举两个单参数子群的例子.

例1 求非零复数全体组成的李群 $\mathbf{C}^*$ (见本章 §3 例1) 的全部单参数子群.

解 从本章 §3 例1可知, 李群 $\mathbf{C}^*$ 是由一个坐标图$(\mathbf{C}^*, \varphi)$ 覆盖的, 且 $\mathbf{C}^*$ 的变换函数矩阵是 $\begin{bmatrix} x_1 & -x_2 \\ x_2 & x_1 \end{bmatrix}$, 因此, 我们可写出求单参数子群相应的常微分方程组:

$$\begin{cases} \dfrac{dx_1}{dt} = \lambda_1 x_1 - \lambda_2 x_2, \\ \dfrac{dx_2}{dt} = \lambda_1 x_2 + \lambda_2 x_1, \\ \text{当 } t = 0 \text{ 时, } x_1 = 1, \ x_2 = 0. \end{cases}$$

这里 λ_1, λ_2 不全为零. 令 $z = x_i + ix_2$, 且当 $t = 0$ 时, $z = 1$, 则有

$$\frac{dz}{dt} = \frac{dx_1}{dt} + i\frac{dx_2}{dt} = (\lambda_1 + i\lambda_2)z,$$

因此, 积分上述方程, 有

$$z = e^{(\lambda_1 + i\lambda_2)t} \quad (-\infty < t < \infty),$$
$$F(t) = e^{(\lambda_1 + i\lambda_2)t} = e^{\lambda_1 t}(\cos\lambda_2 t + i\sin\lambda_2 t)$$

是 $\mathbf{C}^*$ 内全部单参数子群.

例 2 求实一般线性群 $GL(n, \mathbf{R})$ 的所有单参数子群.

解 已知 X 为任一个固定的实 $n \times n$ 矩阵,考虑下述矩阵级数:

$$I_n + X + \frac{1}{2!}X^2 + \cdots + \frac{1}{k!}X^k + \cdots = I_n + \sum_{k=1}^{\infty} \frac{1}{k!}X^k,$$

令 $X = (x_{ij})$,记 $\rho = \max\limits_{1 \leqslant i, j \leqslant n} |x_{ij}|$,由于

$$\left(I_n + \sum_{k=1}^{\infty} \frac{1}{k!}X^k\right)_{ij} = \delta_{ij} + x_{ij} + \frac{1}{2!}\sum_{l=1}^{n} x_{il}x_{lj} + \cdots$$
$$+ \frac{1}{k!}\sum_{l_1, \cdots, l_{k-1}=1}^{n} x_{il_1}x_{l_1 l_2}\cdots x_{l_{k-2}l_{k-1}}x_{l_{k-1}j} + \cdots,$$

$$(4.12)$$

上述无穷级数被下列收敛的强级数所控制

$$\delta_{ij} + \rho + \frac{1}{2!}n\rho^2 + \cdots + \frac{1}{k!}n^{k-1}\rho^k + \cdots,$$

所以级数(4.12)式绝对收敛,因此,我们可以定义

$$\mathrm{e}^X = I_n + \sum_{k=1}^{\infty} \frac{1}{k!}X^k,$$

$$(4.13)$$

e^X 是有意义的矩阵.

如果两个矩阵 X 和 Y 的乘法可交换,即 $XY = YX$,则我们有关系式:

$$\mathrm{e}^X \mathrm{e}^Y = \mathrm{e}^{X+Y},$$

$$(4.14)$$

取 $Y = -X$, (4.14)式变为

$$\mathrm{e}^X \mathrm{e}^{-X} = \mathrm{e}^0 = I_n,$$

那么, $\mathrm{e}^X \in GL(n, \mathbf{R})$.

定义 $F: \mathbf{R} \to GL(n, \mathbf{R})$, $F(t) = \mathrm{e}^{tX}$,这里 X 是固定的实 $n \times n$ 非零矩阵,记 $X = (x_{ij})$.

由(4.14)式可以看到: $\forall t_1, t_2 \in \mathbf{R}$,

$$F(t_1)F(t_2) = \mathrm{e}^{t_1 X}\mathrm{e}^{t_2 X} = \mathrm{e}^{(t_1+t_2)X} = F(t_1 + t_2),$$

F 是同态.

从第一章 §1 例 1 知道,在坐标图 $(GL(n, \mathbf{R}), \varphi)$ 下, $\varphi(\mathrm{e}^{tX})$ 的第 ij 项等于

$$\delta_{ij} + tx_{ij} + \frac{1}{2!}t^2 \sum_{l=1}^{n} x_{il}x_{lj} + \cdots + \frac{1}{k!}t^k \sum_{l_1, \cdots, l_{k-1}=1}^{n} x_{il_1} x_{l_1 l_2} \cdots x_{l_{k-2} l_{k-1}} x_{l_{k-1} j} + \cdots,$$

因而 F 是 C^{∞} 映射. 由于 $x_{ij} (1 \leqslant i, j \leqslant n)$ 不全为零,则映射 F 在 $t=0$ 处的秩是 1,所以,F 是 $\mathbf{R}$ 到 $GL(n, \mathbf{R})$ 内的一个浸入同态,$F(\mathbf{R})$ 是 $GL(n, \mathbf{R})$ 内的一单参数子群.

然而,$GL(n, \mathbf{R})$ 内的任一单参数子群由

$$dF\left(\frac{d}{dt}(0)\right) = X_e = \sum_{i, j=1}^{n} x_{ij}^{*} \frac{\partial}{\partial x_{ij}}(e)$$

所唯一确定. 令 $F^{*}: \mathbf{R} \to GL(n, \mathbf{R})$,$F^{*}(t) = e^{tX_e^{*}}$,$X_e^{*} = (x_{ij}^{*})$,那么,由上面的叙述可知,$F^{*}(\mathbf{R})$ 是 $GL(n, \mathbf{R})$ 内的一个单参数子群,而且,

$$dF^{*}\left(\frac{d}{dt}(0)\right) = \sum_{i, j=1}^{n} x_{ij}^{*} \frac{\partial}{\partial x_{ij}}(e) = X_e,$$

所以,$F^{*} = F$.

综上所述,$GL(n, \mathbf{R})$ 内的任一单参数子群都是下述形式:$F: \mathbf{R} \to GL(n, \mathbf{R})$,$F(t) = e^{tX}$,这里 X 是固定的实 $n \times n$ 非零矩阵.

§5　指　数　映　射

M 是一个 m 维李群,$\Lambda(M)$ 是 M 的李代数. 在 $\Lambda(M)$ 内固定一组基 $X_1, \cdots,$ X_m,$\forall X \in \Lambda(M)$,则有唯一的分解 $X = \sum_{i=1}^{m} \lambda_i X_i$,我们定义映射

$$\psi: \Lambda(M) \to \mathbf{R}^m, \quad \psi(X) = (\lambda_1, \cdots, \lambda_m),$$

在 $\Lambda(M)$ 上赋予拓扑,使得 ψ 是 $\Lambda(M)$ 到 $\mathbf{R}^m$ 上的一个同胚,$(\Lambda(M), \psi)$ 是覆盖 $\Lambda(M)$ 的一个坐标图,李代数 $\Lambda(M)$ 是一个 m 维微分流形.

给定 $\Lambda(M)$ 内任一个非零 X,M 内一定有唯一的单参数子群 $F(\mathbf{R})$ 满足 $dF\left(\frac{d}{dt}(0)\right) = X_e$. 从本章 §4 常微分方程组(4.4)可以知道,当 $X=0$ 时,$F(\mathbf{R}) = e$,为以后叙述方便,称它为退化的单参数子群. 不论 X 是非零左不变切向量场还是零切向量场,$F(\mathbf{R})$ 都称为由 X 生成的单参数子群. 由于 $F(\mathbf{R})$ 依赖于 X,因此可以写 $F(t) = G(t, X)$.

对于 $\Lambda(M)$ 内固定的 X 和 $\mathbf{R}$ 内任一固定的实数 s,我们来证明:

$$\forall t \in \mathbf{R}, G(t, sX) = G(st, X). \tag{5.1}$$

当 $s=0$ 或 $X=0$ 时,上式左、右两端都等于 e. 下面考虑 $s \neq 0$ 和 $X \neq 0$ 的情况.

$F^*(t) = G(t, sX)$ 表示由 sX 所确定的单参数子群,满足:

$$dF^*\left(\frac{d}{dt}(0)\right) = sX_e.$$

令 $L_s(t) = st$,则 $G(st, X) = F(st) = F(L_s(t)) = F^{**}(t)$. 显然,$F^{**}(\mathbf{R})$ 也是 M 内的一个单参数子群,而且

$$dF^{**}\left(\frac{d}{dt}(0)\right) = dF dL_s\left(\frac{d}{dt}(0)\right) = dF\left(s\frac{d}{dt}(0)\right)$$
$$= s dF\left(\frac{d}{dt}(0)\right) = sX_e,$$

则 $F^*(t) = F^{**}(t)$,等式(5.1)成立.

下面我们来定义指数映射

$$\exp: \Lambda(M) \to M, \exp X = G(1, X) = F(1).$$

首先,我们有下述定理.

定理 4 由 m 维李群 M 的任一左不变切向量场 X 所生成的单参数子群 $F(\mathbf{R})$ 满足下述关系式:

$$\forall t \in \mathbf{R}, F(t) = \exp tX.$$

证明 由 $X=0$ 生成的单参数子群是 $F(\mathbf{R}) = e$,因而

$$\forall t \in \mathbf{R}, \exp tX = \exp 0 = F(1) = e = F(t).$$

当 $X \neq 0$ 时,由等式(5.1)容易看到:$\forall s \in \mathbf{R}$,

$$\exp sX = G(1, sX) = G(s, X) = F(s),$$

将 s 换成 t,即得定理 4.

从常微分方程组(4.4)的解光滑地依赖于初始参数$(\lambda_1, \cdots, \lambda_m)$,及利用 X 与 X_e 的关系我们知道:存在 $\mathbf{R}$ 的一个开区间$(-\varepsilon, \varepsilon)$和 $\Lambda(M)$ 内包含 0 的一个开凸集 V,以及 $G: (-\varepsilon, \varepsilon) \times V \to M$ 是 C^∞ 映射.

如果 $\varepsilon < 2$,则一定有 $k \in \mathbf{Z}_+$,使得 $k\varepsilon > 2$,由等式(5.1),我们可以收缩 V

为 $\dfrac{1}{k}V = \psi^{-1}\left(\dfrac{1}{k}\psi(V)\right)$，并可以看到

$$G\left((-k\varepsilon,\ k\varepsilon)\times\dfrac{1}{k}V\right) = G((-\varepsilon,\ \varepsilon)\times V),$$

因而不失一般性,我们可以假设 $\varepsilon > 2$.

$M,\ N$ 是两个同胚的微分流形,如果这同胚是一个 C^{∞} 映射,而且逆映射也是 C^{∞} 的,则我们知道,这个同胚是微分流形 M 和 N 之间的微分同胚.

关于指数映射的另一个重要结论是下述定理.

定理 5　m 维李群 M 的李代数 $\Lambda(M)$ 内一定存在一个包含 0 的开凸集 W,使得 $\exp$ 是 W 到 M 内开核 U 上的一个微分同胚.

证明　由上面的叙述我们知道,存在 $\varepsilon > 2$, 和 C^{∞} 映射

$$G:(-\varepsilon,\ \varepsilon)\times V \to M,$$

而且,对于 V 内固定的 X,有 $G(t,\ X) = \exp tX$,这里 $t \in (-\varepsilon,\ \varepsilon)$. 由于 $\exp X = G(1,\ X)$,从 G 是 C^{∞} 映射可以知道, $\exp:V \to M$ 是 C^{∞} 映射.

$\forall X \in \Lambda(M)$, 首先一定能找到 $k \in \mathbf{Z}_+$, 使得

$$\dfrac{1}{k}X \in V,\ \exp X = F(1) = \left[F\left(\dfrac{1}{k}\right)\right]^k = \left(\exp\dfrac{1}{k}X\right)^k,$$

所以,利用李群 M 的乘积映射是 C^{∞} 的,可得 $\exp:\Lambda(M) \to M$ 是 C^{∞} 映射.

由于 $\Lambda(M)$ 和 M 都是 m 维微分流形,如果能证明

$$\mathrm{d}(\exp)(T_0(\Lambda(M))) = T_e(M),$$

则映射 $\exp$ 在 $\Lambda(M)$ 的 0 处的秩是 m. 由隐函数存在定理,存在一个含 0 的开凸集 W,使得 $\exp$ 是 W 到 M 内开核 U 上的一个微分同胚.

首先, $T_0(\Lambda(M))$ 是由在 0 点处取值的所有的方向导数所组成的 m 维线性空间.

$\forall X_e \in T_e(M)$, 取定 M 内含 e 的坐标图 $(U^*,\ \varphi)$, $X_e = \sum\limits_{i=1}^{m}\lambda_i\dfrac{\partial}{\partial x_i}(e)$,在 $\Lambda(M)$ 的基 $X_i = \sum\limits_{j=1}^{m}\psi_i^j(x)\dfrac{\partial}{\partial x_j}$ 下,由 X_e 生成的左不变切向量场为 $X = \sum\limits_{i=1}^{m}\lambda_i X_i$. 再定义 $T_0(\Lambda(M))$ 内的 $D_X(0)$. $\forall F \in C^{\infty}(0)$,

$$D_X(0)F = \lim_{t\to 0}\dfrac{1}{t}[F(tX) - F(0)],\ \varphi(\exp tX) = (x_1(t),\ \cdots,\ x_m(t)),$$

和 $\forall f \in C^\infty(e)$,

$$\begin{aligned}
\mathrm{d}(\exp)(D_X(0))f &= D_X(0)(f\exp) = \lim_{t \to 0} \frac{1}{t}\left[f(\exp tX) - f(\exp 0) \right] \\
&= \frac{\mathrm{d}}{\mathrm{d}t}\left[f(\exp tX) \right]\bigg|_{t=0} = \frac{\mathrm{d}}{\mathrm{d}t}\left[f\varphi^{-1}(\varphi\exp tX) \right]\bigg|_{t=0} \\
&= \sum_{k=1}^{m}\left[\frac{\partial f\varphi^{-1}(\varphi\exp tX)}{\partial x_k(t)} \frac{\mathrm{d}x_k(t)}{\mathrm{d}t} \right]\bigg|_{t=0} \\
&= \sum_{k=1}^{m}\lambda_k \frac{\partial}{\partial x_k}(e)f = X_e f.
\end{aligned}$$

由 f 的任意性,可以知道

$$\mathrm{d}(\exp)(D_X(0)) = X_e, \tag{5.2}$$

因此,一个 m 维李群 M 内存在一个含单位元 e 的坐标图 (U, φ_1),U 内的点都可写成

$$\exp\sum_{i=1}^{m}\lambda_i X_i, \ \text{和} \ \varphi_1\Big(\exp\sum_{i=1}^{m}\lambda_i X_i\Big) = (\lambda_1, \cdots, \lambda_m).$$

称坐标图 (U, φ_1) 为(含单位元 e 的)第一类规范坐标图,或(含单位元 e 的)法坐标图.

利用定理 5,我们可以建立定理 6.

定理 6 $\mathbf{R}$ 到 m 维李群 M 内的连续同态是 C^∞ 的.

证明 取 M 的李代数 $\Lambda(M)$ 的含 0 的开凸集 W,使得指数映射 $\exp$ 是 W 到 M 内开核 U 上的微分同胚.

$\forall x \in \exp W$,则存在唯一的 $X \in W$,使得 $\exp X = x$,在 $\exp\frac{1}{2}W$ 内,有唯一的 y 满足 $y^2 = x$. 显然,$y = \exp\frac{1}{2}X$,y 称为 x 的平方根.

因为 f 是 $\mathbf{R}$ 到 M 内的连续同态,利用 f 的连续性,能选择常数 $\varepsilon > 0$,使得当 $|t| \leqslant \varepsilon$ 时,$f(t) \in \exp\frac{1}{2}W$. 由于 $f(\varepsilon) \in \exp\frac{1}{2}W$,则存在唯一的 $Y \in \frac{1}{2}W$,满足 $f(\varepsilon) = \exp Y$. 而

$$\left[f\Big(\frac{1}{2}\varepsilon\Big) \right]^2 = f(\varepsilon) = \exp Y = \Big(\exp\frac{1}{2}Y \Big)^2,$$

且由于 $f\left(\dfrac{1}{2}\varepsilon\right)$ 和 $\exp\dfrac{1}{2}Y$ 都在 $\exp\dfrac{1}{2}W$ 内,因此利用平方根的唯一性可以得到:

$$f\left(\frac{1}{2}\varepsilon\right)=\exp\frac{1}{2}Y.$$

利用数学归纳法,对于任意自然数 n,有

$$f\left(\frac{1}{2^n}\varepsilon\right)=\exp\frac{1}{2^n}Y.$$

由 f 的同态性质,对满足 $-2^n\leqslant m^*\leqslant 2^n$ 的整数 m^*,有

$$f\left(\frac{m^*}{2^n}\varepsilon\right)=\exp\frac{m^*}{2^n}Y.$$

再利用 f 的连续性和有理数集合 $\left\{\dfrac{m^*}{2^n}\,\middle|\,n\in\mathbf{Z}_+,\,-2^n\leqslant m^*\leqslant 2^n,\,m^*\in\mathbf{Z}\right\}$ 在 $[-1,1]$ 内稠密可以得到:

$$\forall t^*\in[-1,1],\ f(t^*\varepsilon)=\exp t^*Y.$$

令 $t=t^*\varepsilon$,则有 $f(t)=\exp\dfrac{t}{\varepsilon}Y$,但 $\exp\dfrac{t}{\varepsilon}Y$ 关于 t 是 C^∞ 的,所以,$f(t)$ 在 $(-\varepsilon,\varepsilon)$ 上是 C^∞ 映射. 因为 f 是同态,所以 f 在 $\mathbf{R}$ 上是 C^∞ 的.

若 F 是 m 维李群 M 到 n 维李群 N 内的 C^∞ 同态,则对于 M 内任一单参数子群 $\exp tX$,$F(\exp tX)$ 是 N 内(包括退化情况)的单参数子群,因而我们可写成 $F(\exp tX)=\exp tY$,这里 $Y\in\Lambda(N)$. 如果 Y 是由 $\mathrm{d}F(X_{e_M})$ 生成,记 Y 为 $\mathrm{d}F(X)$. 下面一个定理是经常要用的.

定理 7 F 是 m 维李群 M 到 n 维李群 N 内的 C^∞ 同态,则对于 M 内任一单参数子群 $\exp tX$,$F(\exp tX)=\exp t\mathrm{d}F(X)$.

证明 由于存在 $Y\in\Lambda(N)$,满足 $F(\exp tX)=\exp tY$,因此,关键在于证明 $Y_{e_N}=\mathrm{d}F(X_{e_M})$. 取 N 内含单位元 e_N 的坐标图 (V,ψ),和 M 内含单位元 e_M 的坐标图 (U,φ). (V,ψ) 的局部坐标是 $(y_1,\cdots,y_n)$,(U,φ) 的局部坐标是 $(x_1,\cdots,x_m)$,并且 $F(U)\subset V$.

在局部坐标下,记

$$\psi F\varphi^{-1}(x_1,\cdots,x_m)=(\Phi_1(x_1,\cdots,x_m),\cdots,\Phi_n(x_1,\cdots,x_m)),$$
$$\varphi(\exp tX)=(x_1(t),\cdots,x_m(t)).$$

设 $X_{e_M} = \sum_{i=1}^{m} \lambda_i \frac{\partial}{\partial x_i}(e_M)$，利用第一章 §2 公式(2.2)，有

$$
\begin{aligned}
\mathrm{d}F(X_{e_M}) &= \sum_{i=1}^{m} \sum_{\alpha=1}^{n} \lambda_i \frac{\partial \Phi_\alpha}{\partial x_i}\bigg|_{x=\varphi(e_M)} \frac{\partial}{\partial y_\alpha}(e_N) \\
&= \sum_{i=1}^{m} \sum_{\alpha=1}^{n} \frac{\mathrm{d}x_i(t)}{\mathrm{d}t}\bigg|_{t=0} \frac{\partial \Phi_\alpha}{\partial x_i}\bigg|_{x=\varphi(e_M)} \frac{\partial}{\partial y_\alpha}(e_N) \\
&= \sum_{\alpha=1}^{n} \frac{\mathrm{d}\Phi_\alpha(\varphi(\exp tX))}{\mathrm{d}t}\bigg|_{t=0} \frac{\partial}{\partial y_\alpha}(e_N) \\
&= Y_{e_N}.
\end{aligned}
$$

因而 $Y = \mathrm{d}F(X)$，和

$$
F(\exp tX) = \exp t\mathrm{d}F(X). \tag{5.3}
$$

下面我们推广定理 6，用一般李群代替 $\mathbf{R}$. 为此，先作一个准备工作.

定理 8　M 是一个 m 维李群，在 M 的李代数 $\Lambda(M)$ 内一定存在一个含 0 的开集 V，使得映射

$$
\pi(\lambda_1 X_1 + \lambda_2 X_2 + \cdots + \lambda_m X_m) = \exp \lambda_1 X_1 \exp \lambda_2 X_2 \cdots \exp \lambda_m X_m
$$

是 V 到 M 内开核 $\pi(V)$ 上的一个微分同胚. 这里 $X_1, \cdots, X_m$ 是 $\Lambda(M)$ 的一组固定基.

证明　我们知道，$\Lambda(M)$ 是一个 m 维微分流形，坐标图 $(\Lambda(M), \psi)$ 满足

$$
\psi(\lambda_1 X_1 + \lambda_2 X_2 + \cdots + \lambda_m X_m) = (\lambda_1, \lambda_2, \cdots, \lambda_m).
$$

利用指数映射和李群乘积的 C^∞ 性可以知道，π 是 $\Lambda(M)$ 到 M 内的 C^∞ 映射. 取 M 内含单位元 e 的第一类规范坐标图 (U, φ_1)，V_1 是 $\Lambda(M)$ 内含 0 的开集，满足 $\pi(V_1) \subset U$. 在 (U, φ_1) 内，乘法函数记为

$$
\varphi_1(xy) = (\Phi_1(\varphi_1(x), \varphi_1(y)), \cdots, \Phi_m(\varphi_1(x), \varphi_1(y))).
$$

因而映射 π 导出局部坐标间的对应：

$$
\begin{aligned}
\varphi_1 \pi \psi^{-1}(\lambda_1, \lambda_2, \cdots, \lambda_m) &= \varphi_1(\exp \lambda_1 X_1 \exp \lambda_2 X_2 \cdots \exp \lambda_m X_m) \\
&= (\Phi_1, \Phi_2, \cdots, \Phi_m),
\end{aligned}
$$

注意到

$$
\varphi_1(\exp \lambda_1 X_1) = (\lambda_1, 0, \cdots, 0), \quad \varphi_1(\exp \lambda_2 X_2) = (0, \lambda_2, 0, \cdots, 0), \cdots,
$$
$\varphi_1(\exp \lambda_m X_m) = (0, \cdots, 0, \lambda_m)$，因而映射 π 在 $X=0$ 处的 Jacobi 矩阵是

$$\begin{vmatrix} \dfrac{\partial \Phi_1}{\partial \lambda_1} & \dfrac{\partial \Phi_2}{\partial \lambda_1} & \cdots & \dfrac{\partial \Phi_m}{\partial \lambda_1} \\ \vdots & \vdots & & \vdots \\ \dfrac{\partial \Phi_1}{\partial \lambda_m} & \dfrac{\partial \Phi_2}{\partial \lambda_m} & \cdots & \dfrac{\partial \Phi_m}{\partial \lambda_m} \end{vmatrix}_{(\lambda_1, \cdots, \lambda_m)=(0, \cdots, 0)} = I_m (m \times m \text{ 单位矩阵}).$$

由隐函数存在定理, 一定存在 $\Lambda(M)$ 内含 0 的开集 V, π 是 V 到 M 内开核 $\pi(V)$ 上的一个微分同胚. $(\pi(V), \psi\pi^{-1})$ 称为(含单位元 e 的)第二类规范坐标图. $\pi(V)$ 内任一点都可以写成 $\exp\lambda_1 X_1 \exp\lambda_2 X_2 \cdots \exp\lambda_m X_m$,

$$\psi\pi^{-1}(\exp\lambda_1 X_1 \exp\lambda_2 X_2 \cdots \exp\lambda_m X_m) = (\lambda_1, \lambda_2, \cdots, \lambda_m).$$

现在, 我们可以推广定理 6 了.

定理 9 F 是 m 维李群 M 到 n 维李群 N 内的连续同态, 则 F 一定是 C^∞ 的.

证明 取 M 内含单位元 e_M 的第二类规范坐标图 (U, φ_2), F 限制在 U 上, 可以看到

$$F(\exp\lambda_1 X_1 \exp\lambda_2 X_2 \cdots \exp\lambda_m X_m)$$
$$= F(\exp\lambda_1 X_1) F(\exp\lambda_2 X_2) \cdots F(\exp\lambda_m X_m).$$

令 $G_i(\lambda_i) = F(\exp\lambda_i X_i)$ $(1 \leqslant i \leqslant m)$, 利用定理 6, G_i 关于 λ_i 是 C^∞ 的, 前式右端关于 $\lambda_1, \cdots, \lambda_m$ 当然也是 C^∞ 的, 同态 F 在 U 上是 C^∞ 的, 从而可以推出本定理.

从定理 9 我们知道, 如果两个李群作为拓扑群是拓扑同构的, 则它们是微分同构的.

作为指数映射的一个应用, 利用第二章定理 13, 我们讲述 Abel 李群的分类定理.

定理 10 m 维连通 Abel 李群 M 微分同构于 $\mathbf{R}^s \times T^{m-s}$ $(0 \leqslant s \leqslant m$ 和 $m \geqslant 1)$.

证明 取 M 内第一类规范坐标图 (U, φ_1), 因而存在 $\Lambda(M)$ 内一个含 0 的开集 W, $\exp$ 是 W 到 U 上的微分同胚. 由于 $\Lambda(M)$ 可看成拓扑同构于 $\mathbf{R}^m$ 的 Abel 拓扑群, 如果能证明 $\exp: \Lambda(M) \to M$ 是一个同态, 则 $\mathbf{R}^m$ 与 M 是局部同构的, 利用第二章定理 13, 可以知道 M 拓扑同构于 $\mathbf{R}^s \times T^{m-s}$ $(0 \leqslant s \leqslant m)$. 由定理 9, 即得到定理 10 的结论.

要证明 $\exp: \Lambda(M) \to M$ 是同态, 即要证明: $\forall X, Y \in \Lambda(M)$, $\exp(X+Y) = \exp X \exp Y$. 由于 M 是 Abel 李群, 下面证明: 对于 M 内任意两个单参数子群 $\exp tX$ 和 $\exp tY$, 有关系式: $\forall t \in \mathbf{R}$,

$$\exp tX \exp tY = \exp t(X+Y). \tag{5.4}$$

令 $F(t) = \exp tX \exp tY$，F 显然是 $\mathbf{R}$ 到 M 内的 C^∞ 映射，$\forall t_1, t_2 \in \mathbf{R}$，

$$
\begin{aligned}
F(t_1 + t_2) &= \exp(t_1 + t_2)X \exp(t_1 + t_2)Y \\
&= \exp t_1 X \exp t_2 X \exp t_1 Y \exp t_2 Y \\
&= \exp t_1 X \exp t_1 Y \exp t_2 X \exp t_2 Y \\
&= F(t_1)F(t_2),
\end{aligned}
$$

因而 F 是一同态，$F(\mathbf{R})$ 是 M 内的一个(包括退化情况)单参数子群，即存在 $Z \in \Lambda(M)$，满足

$$\exp tX \exp tY = \exp tZ.$$

如果通过计算，我们能证明 $Z_e = X_e + Y_e$，则利用 $\Lambda(M)$ 与 $T_e(M)$ 的线性同构关系，可以知道 $Z = X + Y$．

在坐标图 (U, φ_1) 内，仍沿用以前局部坐标和乘法函数的记号，而且记

$$\varphi_1(\exp tX) = (y_1(t), \cdots, y_m(t)), \quad \varphi_1(\exp tY) = (z_1(t), \cdots, z_m(t)),$$

那么，我们有

$$
\begin{aligned}
Z_e &= \sum_{i=1}^{m} \frac{\mathrm{d}\Phi_i(\varphi_1(\exp tX), \varphi_1(\exp tY))}{\mathrm{d}t}\bigg|_{t=0} \frac{\partial}{\partial x_i}(e) \\
&= \sum_{i=1}^{m}\bigg[\sum_{j=1}^{m} \frac{\partial\Phi_i(\varphi_1(\exp tX), \varphi_1(\exp tY))}{\partial y_j(t)} \frac{\mathrm{d}y_j(t)}{\mathrm{d}t} \\
&\quad + \sum_{j=1}^{m} \frac{\partial\Phi_i(\varphi_1(\exp tX), \varphi_1(\exp tY))}{\partial z_j(t)} \frac{\mathrm{d}z_j(t)}{\mathrm{d}t}\bigg]\bigg|_{t=0} \frac{\partial}{\partial x_i}(e) \\
&= \sum_{i=1}^{m}\bigg[\frac{\mathrm{d}y_i(t)}{\mathrm{d}t}\bigg|_{t=0} + \frac{\mathrm{d}z_i(t)}{\mathrm{d}t}\bigg|_{t=0}\bigg]\frac{\partial}{\partial x_i}(e) \\
&= X_e + Y_e.
\end{aligned}
$$

所以，有等式 (5.4)，令 $t=1$，则得 exp 的同态性质．

§6 微 分 形 式

设 M 是一个 m 维的微分流形，U 为 M 内的一个开集，$\forall p \in U$，给定 $\omega_p \in T_p^*(M)$，则称 U 上 ω_p 的集合为 U 上的线性微分形式 ω．

(V, φ)是 M 内含 p 的一个可容许坐标图,为了书写简便,在本节,我们等同 V 与 $\varphi(V)$,于是 $C^\infty(V)$ 等同 $C^\infty(\varphi(V))$. 由第一章 §2 公式(2.4)和(2.5)可以知道,$\forall q \in V$, $T_q^*(M)$ 的一组基是局部坐标 $x_1, \cdots, x_m$ 的普通微分 $\mathrm{d}x_1$, $\cdots$, $\mathrm{d}x_m$. 因而限制在 $U \bigcap V$ 内,ω 可以写为

$$\omega = \sum_{i=1}^{m} a_i(x) \mathrm{d}x_i, \tag{6.1}$$

有时 ω 还可写成 $\omega(x, \mathrm{d}x)$,这里

$$x = (x_1, \cdots, x_m) \in U \bigcap V.$$

如果 $a_i(x) \in C^\infty(U \bigcap V)$,则称 ω 是 $U \bigcap V$ 上 C^∞ 的线性微分形式. 如果有一族坐标图,坐标邻域的并集覆盖 U,而在每个坐标邻域与 U 的非空交集上,ω 都是 C^∞ 的线性微分形式,则称 ω 在 U 上是 C^∞ 的. 如果 ω 是 U 上的 C^∞ 线性微分形式,X 是 U 上的 C^∞ 切向量场,那么很容易看到 $\omega(X) \in C^\infty(U)$,这里

$$\forall x \in U, \omega(X)(x) = \omega_x(X_x).$$

如果 $\omega_1, \cdots, \omega_k$ 是 U 上 k 个 C^∞ 的线性微分形式,我们引入一个运算,外积 $\wedge$,写

$$\omega = \omega_1 \wedge \cdots \wedge \omega_k, \tag{6.2}$$

$\forall x \in U$, $\forall X_{1x}, \cdots, X_{kx} \in T_x(M)$,我们定义

$$\omega_x(X_{1x}, \cdots, X_{kx}) = \begin{vmatrix} \omega_{1x}(X_{1x}) & \cdots & \omega_{1x}(X_{kx}) \\ \vdots & & \vdots \\ \omega_{kx}(X_{1x}) & \cdots & \omega_{kx}(X_{kx}) \end{vmatrix}, \tag{6.3}$$

显然,ω_x 是 k 重线性空间 $T_x(M)$ 上的线性函数,而且 $\wedge$ 关于每个 $\omega_i(1 \leqslant i \leqslant k)$ 都是线性的. 这里,称 ω 为 U 上的(单项)k 次微分形式,(单项)k 次微分形式之和也称为 k 次微分形式. 有时,我们也写

$$\omega_x = \omega_{1x} \wedge \cdots \wedge \omega_{kx}.$$

在一个坐标图内,令

$$\omega_i = \sum_{j=1}^{m} a_{ij}(x) \mathrm{d}x_j, \tag{6.4}$$

则我们有

$$\omega = \sum_{j_1, \cdots, j_k=1}^{m} a_{1j_1}(x) \cdots a_{kj_k}(x) \mathrm{d}x_{j_1} \wedge \cdots \wedge \mathrm{d}x_{j_k}. \tag{6.5}$$

又如果(单项)r 次微分形式 $\chi = \omega_1^* \wedge \cdots \wedge \omega_r^*$,这里,$\omega_\alpha^*$ $(1 \leqslant \alpha \leqslant r)$ 也是 U 上的 C^∞ 线性微分形式,定义

$$\omega \wedge \chi = \omega_1 \wedge \cdots \wedge \omega_k \wedge \omega_1^* \wedge \cdots \wedge \omega_r^*. \tag{6.6}$$

从(6.3)式的定义,很容易看出外积 $\wedge$ 具有以下两个简单性质.

外积 $\wedge$ 的性质　(1) 对于上述 ω 与 χ,$\omega \wedge \chi = (-1)^{kr} \chi \wedge \omega$;

(2) 当 $k \geqslant m+1$ 时,k 次微分形式 ω 必等于 0.

证明　性质(1)利用行列式的行互换可以得到. 利用 $T_x(M)$ 是 m 维实线性空间,当 $k \geqslant m+1$ 时,$X_{1x}, \cdots, X_{kx}$ 必定线性相关,(6.3)式右端为零,从而 $\omega_x = 0$(k 重线性空间 $T_x(M)$ 上的零函数),即得到性质(2).

下面考虑 $k \leqslant m$.

我们规定 U 上的 0 次微分形式是 U 上的 C^∞ 函数. 而且定义:$\forall f \in C^\infty(U)$,$f \wedge \omega = f\omega$.

我们知道,在坐标图 (V, φ) 内,$\forall q \in V$,$T_q^*(M)$ 的基是 $\mathrm{d}x_1, \cdots, \mathrm{d}x_m$,用 $\Lambda_q^k(M)$ 表示所有 $\mathrm{d}x_{j_1} \wedge \cdots \wedge \mathrm{d}x_{j_k}$ $(1 \leqslant j_1, \cdots, j_k \leqslant m$,这里 $\mathrm{d}x_1, \cdots, \mathrm{d}x_m$ 理解为局部坐标 $x_1, \cdots, x_m$ 在点 q 的微分)张成的实线性空间. 当 $k=2$ 时,由于 $\mathrm{d}x_i \wedge \mathrm{d}x_j = -\mathrm{d}x_j \wedge \mathrm{d}x_i$(见性质(1)),则 $\Lambda_q^2(M)$ 由 $C_m^2 = \frac{1}{2}m(m-1)$ 个 $\mathrm{d}x_i \wedge \mathrm{d}x_j$ $(i<j)$ 张成. 下面证明上述 $\frac{1}{2}m(m-1)$ 个 $\mathrm{d}x_i \wedge \mathrm{d}x_j$ $(i<j)$ 是线性独立的. 如果有实数 λ_{ij} 满足 $\sum_{i<j} \lambda_{ij} \mathrm{d}x_i \wedge \mathrm{d}x_j = 0$,取 $\dfrac{\partial}{\partial x_k}(q), \dfrac{\partial}{\partial x_l}(q)$ $(k<l)$,那么

$$
\begin{aligned}
0 &= \sum_{i<j} \lambda_{ij} \mathrm{d}x_i \wedge \mathrm{d}x_j \left(\frac{\partial}{\partial x_k}(q), \frac{\partial}{\partial x_l}(q) \right) \\
&= \sum_{i<j} \lambda_{ij} (\delta_{ik}\delta_{jl} - \delta_{jk}\delta_{il}) \\
&= \lambda_{kl}.
\end{aligned}
$$

所以,$\Lambda_q^2(M)$ 的维数是 $\frac{1}{2}m(m-1)$. 完全类似地,可以知道:所有 $\mathrm{d}x_{j_1} \wedge \cdots \wedge \mathrm{d}x_{j_k}(j_1 < \cdots < j_k)$ 组成 $\Lambda_q^k(M)$ 的一组基,$\Lambda_q^k(M)$ 的维数是 C_m^k.

对于 (V, φ) 内的任一个二次微分形式

$$\omega = \sum_{i,j=1}^{m} f_{ij}(x)\mathrm{d}x_i \wedge \mathrm{d}x_j$$

$$= \frac{1}{2}\sum_{i,j=1}^{m} (f_{ij}(x) - f_{ji}(x))\mathrm{d}x_i \wedge \mathrm{d}x_j,$$

令 $g_{ij}(x) = f_{ij}(x) - f_{ji}(x)$，那么有

$$\omega = \frac{1}{2}\sum_{i,j=1}^{m} g_{ij}(x)\mathrm{d}x_i \wedge \mathrm{d}x_j$$

$$= \sum_{i<j} g_{ij}(x)\mathrm{d}x_i \wedge \mathrm{d}x_j.$$

这里 $g_{ij}(x) = -g_{ji}(x)$. 称上述过程为下指标反称化. 推广到 k 次微分形式, 设

$$\omega = \sum_{j_1,\cdots,j_k=1}^{m} a_{j_1\cdots j_k}(x)\mathrm{d}x_{j_1} \wedge \cdots \wedge \mathrm{d}x_{j_k}, \tag{6.7}$$

这里 $a_{j_1\cdots j_k}(x) \in C^{\infty}(V)$. 引入下述记号

$$\varepsilon_{j_1\cdots j_k}^{i_1\cdots i_k} = \begin{cases} 0, & j_1,\cdots,j_k \text{ 至少有两个相同, 或 } i_1,\cdots,i_k \text{ 不是 } j_1,\cdots,j_k \text{ 的排列,} \\ 1, & i_1,\cdots,i_k \text{ 是 } j_1,\cdots,j_k \text{ 的偶排列,} \\ -1, & i_1,\cdots,i_k \text{ 是 } j_1,\cdots,j_k \text{ 的奇排列.} \end{cases}$$

$$\tag{6.8}$$

利用 $\wedge$ 的性质(1), 可以看到

$$\omega = \sum_{1\leqslant j_1<\cdots<j_k\leqslant m} \sum_{i_1,\cdots,i_k=1}^{m} \varepsilon_{j_1\cdots j_k}^{i_1\cdots i_k} a_{i_1\cdots i_k}(x)\mathrm{d}x_{j_1} \wedge \cdots \wedge \mathrm{d}x_{j_k}.$$

令 $b_{j_1\cdots j_k}(x) = \sum_{i_1,\cdots,i_k=1}^{m} \varepsilon_{j_1\cdots j_k}^{i_1\cdots i_k} a_{i_1\cdots i_k}(x)$, 这里, $b_{j_1\cdots j_k}(x)$ 关于下指标反称. 于是, 我们有

$$\omega = \sum_{1\leqslant j_1<\cdots<j_k\leqslant m} b_{j_1\cdots j_k}(x)\mathrm{d}x_{j_1} \wedge \cdots \wedge \mathrm{d}x_{j_k}$$

$$= \frac{1}{k!}\sum_{j_1,\cdots,j_k=1}^{m} b_{j_1\cdots j_k}(x)\mathrm{d}x_{j_1} \wedge \cdots \wedge \mathrm{d}x_{j_k}. \tag{6.9}$$

　　与外积紧密相联系的一个重要算子是外微分算子 d, 首先, 我们建立微分流形上外微分算子的存在定理.

　　定理 11　M 是一个 m 维的微分流形, 在 M 的任一开集 U 上存在唯一的映

射 d 满足下述性质:

(1) $\forall \lambda, \mu \in \mathbf{R}$, 以及 U 上任意两个微分形式 ω, χ,

$$\mathrm{d}(\lambda \omega + \mu \chi) = \lambda \, \mathrm{d}\omega + \mu \, \mathrm{d}\chi;$$

(2) d 把 U 上一个 k 次微分形式 ω 映成 U 上一个 $k+1$ 次微分形式 $\mathrm{d}\omega$;

(3) 对于 U 上 0 次微分形式 f, $\mathrm{d}f$ 是普通微分;

(4) 对于 U 上一个 k 次微分形式 ω, 及另一个微分形式 χ,

$$\mathrm{d}(\omega \wedge \chi) = \mathrm{d}\omega \wedge \chi + (-1)^k \omega \wedge \mathrm{d}\chi;$$

(5) 对于 U 上任一个微分形式 ω, $\mathrm{dd}\omega = 0$.

证明 先假设 U 是一个坐标邻域, 换句话讲, (U, φ) 是 M 内的一个坐标图.

由于我们希望得到一个具有实线性性质的算子 d(即性质(1)), 因此, 只需对一个 k 次微分形式 ω 定义即可了. 如果 ω 取形式(6.7), 则满足性质(2)～(5)的 d 作用在 ω 上只可能是

$$\begin{aligned}
\mathrm{d}\omega &= \sum_{j_1, \cdots, j_k = 1}^{m} \mathrm{d}a_{j_1 \cdots j_k}(x) \wedge \mathrm{d}x_{j_1} \wedge \cdots \wedge \mathrm{d}x_{j_k} \\
&= \sum_{s, j_1, \cdots, j_k = 1}^{m} \frac{\partial a_{j_1 \cdots j_k}(x)}{\partial x_s} \mathrm{d}x_s \wedge \mathrm{d}x_{j_1} \cdots \wedge \mathrm{d}x_{j_k}.
\end{aligned} \tag{6.10}$$

我们以(6.10)式作为 $\mathrm{d}\omega$ 的定义, 下面证明具有实线性性质的算子 d 满足定理要求的性质(2)～(5).

显然, $\mathrm{d}\omega$ 是 U 上的一个 $k+1$ 次微分形式. $\forall f \in C^{\infty}(U)$, 由(6.10)式可以知道 $\mathrm{d}f = \sum_{j=1}^{m} \dfrac{\partial f}{\partial x_j} \mathrm{d}x_j$, 因而满足性质(2)、性质(3).

如果 ω 取形式(6.7)式, 记 $\chi = \sum_{i_1, \cdots, i_s = 1}^{m} b_{i_1 \cdots i_s}(x) \mathrm{d}x_{i_1} \wedge \cdots \wedge \mathrm{d}x_{i_s}$, 则

$$\begin{aligned}
\mathrm{d}(\omega \wedge \chi) &= \sum_{j_1, \cdots, j_k = 1}^{m} \sum_{i_1, \cdots, i_s = 1}^{m} \mathrm{d}(a_{j_1 \cdots j_k}(x) b_{i_1 \cdots i_s}(x)) \wedge \mathrm{d}x_{j_1} \wedge \cdots \\
&\quad \wedge \mathrm{d}x_{j_k} \wedge \mathrm{d}x_{i_1} \wedge \cdots \wedge \mathrm{d}x_{i_s} \\
&= \sum_{j_1, \cdots, j_k = 1}^{m} \sum_{i_1, \cdots, i_s = 1}^{m} (b_{i_1 \cdots i_s}(x) \mathrm{d}a_{j_1 \cdots j_k}(x) + a_{j_1 \cdots j_k}(x) \mathrm{d}b_{i_1 \cdots i_s}(x)) \\
&\quad \wedge \mathrm{d}x_{j_1} \wedge \cdots \wedge \mathrm{d}x_{j_k} \wedge \mathrm{d}x_{i_1} \wedge \cdots \wedge \mathrm{d}x_{i_s} \\
&= \mathrm{d}\omega \wedge \chi + (-1)^k \omega \wedge \mathrm{d}\chi.
\end{aligned} \tag{6.11}$$

(6.11)式就是性质(4).

李群基础(第三版)

要证明性质(5),我们首先证明: $\forall f \in C^\infty(U)$, $\mathrm{dd}f = 0$.

$$\mathrm{dd}f = \mathrm{d}\Big(\sum_{j=1}^m \frac{\partial f}{\partial x_j}\mathrm{d}x_j\Big) = \sum_{j=1}^m \mathrm{d}\frac{\partial f}{\partial x_j} \wedge \mathrm{d}x_j$$

$$= \sum_{i,j=1}^m \frac{\partial^2 f}{\partial x_j \partial x_i}\mathrm{d}x_i \wedge \mathrm{d}x_j$$

$$= \frac{1}{2}\sum_{i,j=1}^m \Big(\frac{\partial^2 f}{\partial x_j \partial x_i} - \frac{\partial^2 f}{\partial x_i \partial x_j}\Big)\mathrm{d}x_i \wedge \mathrm{d}x_j$$

$$= 0. \tag{6.12}$$

对于由(6.7)式确定的 k 次微分形式 ω,不断利用(6.11)式及(6.12)式,可以得到 $\mathrm{dd}\omega = 0$.

如果 U 不是一个坐标邻域,设 U 被 M 内一族坐标图 $\{(V_\alpha, \varphi_\alpha)|\alpha \in \Lambda, \Lambda$ 是一个指标集$\}$的坐标邻域之并覆盖,对于每个非空开集 $U \cap V_\alpha$,我们可以由(6.10)式定义 $\mathrm{d}(\omega|_{U\cap V_\alpha})$,但是,这个 d 与坐标图$(V_\alpha, \varphi_\alpha)$形式上有关,因此,如果要得到 U 上整体定义的外微分算子 d,我们必须证明当 $V_\alpha \cap U \cap V_\beta \neq \varnothing$ 时,在两个坐标图$(V_\alpha, \varphi_\alpha)$,$(V_\beta, \varphi_\beta)$内,对于由不同局部坐标表示的同一个 ω 的两个不同表达式,由(6.10)式得到的两个 $\mathrm{d}\omega$ 是相等的.

换句话讲,在 $V_\alpha \cap U \cap V_\beta$ 内,k 次微分形式为

$$\omega = \sum_{i_1,\cdots,i_k=1}^m a_{i_1\cdots i_k}(x)\mathrm{d}x_{i_1} \wedge \cdots \wedge \mathrm{d}x_{i_k}$$

$$= \sum_{j_1,\cdots,j_k=1}^m b_{j_1\cdots j_k}(y)\mathrm{d}y_{j_1} \wedge \cdots \wedge \mathrm{d}y_{j_k}, \tag{6.13}$$

这里,设 $a_{i_1\cdots i_k}(x)$和$b_{j_1\cdots j_k}(y)$关于下指标反称, $x=(x_1,\cdots,x_m)$ 和 $y=(y_1,\cdots,y_m)$. 由于

$$\sum_{j_1,\cdots,j_k=1}^m b_{j_1\cdots j_k}(y)\mathrm{d}y_{j_1} \wedge \cdots \wedge \mathrm{d}y_{j_k}$$

$$= \sum_{j_1,\cdots,j_k=1}^m b_{j_1\cdots j_k}(y(x)) \sum_{i_1,\cdots,i_k=1}^m \frac{\partial y_{j_1}}{\partial x_{i_1}}\cdots\frac{\partial y_{j_k}}{\partial x_{i_k}}\mathrm{d}x_{i_1} \wedge \cdots \wedge \mathrm{d}x_{i_k}$$

$$= \frac{1}{k!}\sum_{i_1,\cdots,i_k=1}^m \sum_{j_1,\cdots,j_k=1}^m \sum_{l_1,\cdots,l_k=1}^m b_{j_1\cdots j_k}(y(x))\varepsilon_{i_1\cdots i_k}^{l_1\cdots l_k}\frac{\partial y_{j_1}}{\partial x_{l_1}}\cdots\frac{\partial y_{j_k}}{\partial x_{l_k}}\mathrm{d}x_{i_1} \wedge \cdots \wedge \mathrm{d}x_{i_k}, \tag{6.14}$$

从而利用下指标的反称性,我们得到

$$a_{i_1\cdots i_k}(x)=\frac{1}{k!}\sum_{j_1,\cdots,j_k=1}^{m}\sum_{l_1,\cdots,l_k=1}^{m}b_{j_1\cdots j_k}(y(x))\varepsilon_{i_1\cdots i_k}^{l_1\cdots l_k}\frac{\partial y_{j_1}}{\partial x_{l_1}}\cdots\frac{\partial y_{j_k}}{\partial x_{l_k}}.$$

$$(6.15)$$

于是

$$\sum_{i_1,\cdots,i_k=1}^{m}\mathrm{d}a_{i_1\cdots i_k}(x)\wedge\mathrm{d}x_{i_1}\wedge\cdots\wedge\mathrm{d}x_{i_k}-\sum_{j_1,\cdots,j_k=1}^{m}\mathrm{d}b_{j_1\cdots j_k}(y)\wedge\mathrm{d}y_{j_1}\wedge\cdots\wedge\mathrm{d}y_{j_k}$$

$$=\frac{1}{k!}\sum_{i_1,\cdots,i_k=1}^{m}\sum_{j_1,\cdots,j_k=1}^{m}\sum_{l_1,\cdots,l_k=1}^{m}b_{j_1\cdots j_k}(y(x))\varepsilon_{i_1\cdots i_k}^{l_1\cdots l_k}\mathrm{d}\left(\frac{\partial y_{j_1}}{\partial x_{l_1}}\cdots\frac{\partial y_{j_k}}{\partial x_{l_k}}\right)\wedge\mathrm{d}x_{i_1}\wedge\cdots\wedge\mathrm{d}x_{i_k}$$

(参考(6.14)式)

$$=\frac{1}{k!}\sum_{i_1,\cdots,i_k=1}^{m}\sum_{j_1,\cdots,j_k=1}^{m}\sum_{l_1,\cdots,l_k=1}^{m}b_{j_1\cdots j_k}(y(x))\varepsilon_{i_1\cdots i_k}^{l_1\cdots l_k}\sum_{s=1}^{m}\sum_{t=1}^{k}\frac{\partial y_{j_1}}{\partial x_{l_1}}\cdots\frac{\partial y_{j_{t-1}}}{\partial x_{l_{t-1}}}\cdot$$

$$\frac{\partial^2 y_{j_t}}{\partial x_{l_t}\partial x_s}\frac{\partial y_{j_{t+1}}}{\partial x_{l_{t+1}}}\cdots\frac{\partial y_{j_k}}{\partial x_{l_k}}\mathrm{d}x_s\wedge\mathrm{d}x_{i_1}\wedge\cdots\wedge\mathrm{d}x_{i_k}.\qquad(6.16)$$

上式右端有一项

$$b_{j_1\cdots j_k}(y(x))\varepsilon_{i_1\cdots i_t\cdots i_k}^{l_1\cdots l_t\cdots l_k}\frac{\partial y_{j_1}}{\partial x_{l_1}}\cdots\frac{\partial y_{j_{t-1}}}{\partial x_{l_{t-1}}}\frac{\partial^2 y_{j_t}}{\partial x_{l_t}\partial x_s}\frac{\partial y_{j_{t+1}}}{\partial x_{l_{t+1}}}\cdots\cdot$$

$$\frac{\partial y_{j_k}}{\partial x_{l_k}}\mathrm{d}x_s\wedge\mathrm{d}x_{i_1}\wedge\cdots\wedge\mathrm{d}x_{i_t}\wedge\cdots\wedge\mathrm{d}x_{i_k}\quad(s\neq l_t),$$

必有相应的另一项

$$b_{j_1\cdots j_k}(y(x))\varepsilon_{i_1\cdots s\cdots i_k}^{l_1\cdots s\cdots l_k}\frac{\partial y_{j_1}}{\partial x_{l_1}}\cdots\frac{\partial y_{j_{t-1}}}{\partial x_{l_{t-1}}}\frac{\partial^2 y_{j_t}}{\partial x_s\partial x_{l_t}}\frac{\partial y_{j_{t+1}}}{\partial x_{l_{t+1}}}\cdots\frac{\partial y_{j_k}}{\partial x_{l_k}}\cdot$$

$$\mathrm{d}x_{l_t}\wedge\mathrm{d}x_{i_1}\wedge\cdots\wedge\mathrm{d}x_s\wedge\cdots\wedge\mathrm{d}x_{i_k},$$

由于这两项正好差一个负号,其和必为零,因此,(6.16)式右端是零.

设 M,N 分别是 m,n 维的微分流形, F 是 M 到 N 内的 1—1 的 C^∞ 映射,对于 N 内一个开集 U 上的 k 次微分形式 ω,定义线性映射 F^* 如下:

$$\forall p\in F^{-1}(U) \text{ 和 } \forall X_{1p},\cdots,X_{kp}\in T_p(M),$$

$$F^*(\omega)_p(X_{1p},\cdots,X_{kp})=\omega_{F(p)}(\mathrm{d}F(X_{1p}),\cdots,\mathrm{d}F(X_{kp})),\qquad(6.17)$$

当 ω 取 C^∞ 函数 f 时,定义 $F^*(f)(p)=f(F(p))$,于是 $F^*(\omega)$ 是 $F^{-1}(U)$ 上的一个 k 次微分形式. F^* 有下述两个基本性质.

F^* 的基本性质

(1) 当 $\omega = \omega_1 \wedge \cdots \wedge \omega_k$ 时,这里 $\omega_i (1 \leqslant i \leqslant k)$ 是 U 上 C^∞ 的线性微分形式,有

$$F^*(\omega) = F^*(\omega_1) \wedge \cdots \wedge F^*(\omega_k). \tag{6.18}$$

(2) 对于 U 上任一个 k 次微分形式 ω,有

$$F^*(\mathrm{d}\omega) = \mathrm{d}(F^*(\omega)). \tag{6.19}$$

证明 (1) 利用(6.17)式,可以看到

$\forall p \in F^{-1}(U), \ \forall X_{1p}, \cdots, X_{kp} \in T_p(M),$

$$
\begin{aligned}
F^*(\omega)_p(X_{1p}, \cdots, X_{kp}) &= \omega_{F(p)}(\mathrm{d}F(X_{1p}), \cdots, \mathrm{d}F(X_{kp})) \\
&= (\omega_1 \wedge \cdots \wedge \omega_k)_{F(p)}(\mathrm{d}F(X_{1p}), \cdots, \mathrm{d}F(X_{kp})) \\
&= \begin{vmatrix} \omega_{1F(p)}(\mathrm{d}F(X_{1p})) & \cdots & \omega_{1F(p)}(\mathrm{d}F(X_{kp})) \\ \vdots & & \vdots \\ \omega_{kF(p)}(\mathrm{d}F(X_{1p})) & \cdots & \omega_{kF(p)}(\mathrm{d}F(X_{kp})) \end{vmatrix} \\
&= \begin{vmatrix} F^*(\omega_1)_p(X_{1p}) & \cdots & F^*(\omega_1)_p(X_{kp}) \\ \vdots & & \vdots \\ F^*(\omega_k)_p(X_{1p}) & \cdots & F^*(\omega_k)_p(X_{kp}) \end{vmatrix} \\
&= [F^*(\omega_1) \wedge \cdots \wedge F^*(\omega_k)]_p(X_{1p}, \cdots, X_{kp}).
\end{aligned}
$$

因而,作为 k 重线性空间 $T_p(M)$ 上的线性函数,有

$$F^*(\omega)_p = [F^*(\omega_1) \wedge \cdots \wedge F^*(\omega_k)]_p. \tag{6.20}$$

又由于 p 是 $F^{-1}(U)$ 内的任意点,因此(6.18)式成立.

从(6.18)式以及利用 $F^*(f)(p) = f(F(p))$,很容易得到:对于任意两个微分形式 ω 及 χ,有

$$F^*(\omega \wedge \chi) = F^*(\omega) \wedge F^*(\chi), \tag{6.21}$$

特别,有 $F^*(f\omega) = F^*(f)F^*(\omega)$.

(2) 下面证明(6.19)式,对 k 用归纳法.

当 $k = 0$ 时,$\forall f \in C^\infty(U), \ \forall p \in F^{-1}(U)$ 和 $\forall X_p \in T_p(M)$,

$$
\begin{aligned}
F^*(\mathrm{d}f)_p(X_p) &= \mathrm{d}f_{F(p)}(\mathrm{d}F(X_p)) = \mathrm{d}F(X_p)f \\
&= X_p(fF) = X_p(F^*f) = \mathrm{d}(F^*f)_p(X_p).
\end{aligned}
$$

利用 X_p 的任意性以及利用 p 是 $F^{-1}(U)$ 内的任意点,有

$$F^*(\mathrm{d}f) = \mathrm{d}(F^*f). \tag{6.22}$$

当 $k=1$ 时,由于 $F^*(\omega)$ 在每一点都有确定的意义,因此,只需在任一个坐标邻域内证明就可以了. 设 $\omega = \sum_{\alpha=1}^{n} a_\alpha(y)\mathrm{d}y_\alpha$,

$$
\begin{aligned}
F^*(\mathrm{d}\omega) &= \sum_{\alpha=1}^{n} F^*(\mathrm{d}a_\alpha \wedge \mathrm{d}y_\alpha) = \sum_{\alpha=1}^{n} F^*(\mathrm{d}a_\alpha) \wedge F^*(\mathrm{d}y_\alpha) \\
&= \sum_{\alpha=1}^{n} \mathrm{d}(F^*a_\alpha) \wedge \mathrm{d}(F^*y_\alpha) = \sum_{\alpha=1}^{n} \mathrm{d}[F^*(a_\alpha)\mathrm{d}(F^*y_\alpha)] \\
&= \sum_{\alpha=1}^{n} \mathrm{d}[F^*(a_\alpha \mathrm{d}y_\alpha)] = \mathrm{d}(F^*\omega). \tag{6.23}
\end{aligned}
$$

设对任意 k 次微分形式 ω,有

$$\mathrm{d}(F^*\omega) = F^*(\mathrm{d}\omega), \tag{6.24}$$

则对于任意单项 $k+1$ 次微分形式 θ,我们可以写

$$\theta = \omega_1 \wedge \omega, \tag{6.25}$$

这里 ω_1 是 C^∞ 的线性微分形式,ω 是一个 k 次微分形式.

$$
\begin{aligned}
F^*(\mathrm{d}\theta) &= F^*[\mathrm{d}(\omega_1 \wedge \omega)] \\
&= F^*(\mathrm{d}\omega_1 \wedge \omega - \omega_1 \wedge \mathrm{d}\omega) \\
&= F^*(\mathrm{d}\omega_1 \wedge \omega) - F^*(\omega_1 \wedge \mathrm{d}\omega) \\
&= F^*(\mathrm{d}\omega_1) \wedge F^*\omega - F^*\omega_1 \wedge F^*(\mathrm{d}\omega) \\
&= \mathrm{d}(F^*\omega_1) \wedge F^*\omega - F^*\omega_1 \wedge \mathrm{d}(F^*\omega) \\
&= \mathrm{d}[F^*\omega_1 \wedge F^*\omega] \\
&= \mathrm{d}F^*(\omega_1 \wedge \omega) \\
&= \mathrm{d}(F^*\theta). \tag{6.26}
\end{aligned}
$$

在 F^* 的定义(6.17)式中,有时为了应用方便,把(6.17)式左端的 $F^*(\omega)_p$ 改写成 $F^*(\omega_{F(p)})$. 在现在的记号下,特别地,F^* 映 $T^*_{F(p)}(N)$ 到 $T^*_p(M)$ 内.

外微分算子 d 的性质(5)是一个很重要的性质.

如果一个 r 次微分形式 ω,满足 $\mathrm{d}\omega=0$,则称这个 ω 为 r 次闭形式. 如果对于这个 ω,存在一个 $r-1$ 次微分形式 θ,满足 $\omega=\mathrm{d}\theta$,则称这个 ω 为 r 次恰当形式. 由性质(5)可知,一个恰当形式一定是一个闭形式. 那么闭形式是否一定是恰当形式呢?

考察下列. 设

$$\omega = \frac{x}{r^3} \mathrm{d}y \wedge \mathrm{d}z + \frac{y}{r^3} \mathrm{d}z \wedge \mathrm{d}x + \frac{z}{r^3} \mathrm{d}x \wedge \mathrm{d}y$$

是 $\mathbf{R}^3 - \{(0, 0, 0)\}$ 上的一个二次形式,这里 $r = \sqrt{x^2 + y^2 + z^2}$. 显然

$$\mathrm{d}r = \frac{1}{r}(x \mathrm{d}x + y \mathrm{d}y + z \mathrm{d}z).$$

利用上式,可以得到

$$\begin{aligned}
\mathrm{d}\omega &= \mathrm{d}\left(\frac{x}{r^3}\right) \wedge \mathrm{d}y \wedge \mathrm{d}z + \mathrm{d}\left(\frac{y}{r^3}\right) \wedge \mathrm{d}z \wedge \mathrm{d}x + \mathrm{d}\left(\frac{z}{r^3}\right) \wedge \mathrm{d}x \wedge \mathrm{d}y \\
&= \left(\frac{\mathrm{d}x}{r^3} - \frac{3x \mathrm{d}r}{r^4}\right) \wedge \mathrm{d}y \wedge \mathrm{d}z + \left(\frac{\mathrm{d}y}{r^3} - \frac{3y \mathrm{d}r}{r^4}\right) \wedge \mathrm{d}z \wedge \mathrm{d}x \\
&\quad + \left(\frac{\mathrm{d}z}{r^3} - \frac{3z \mathrm{d}r}{r^4}\right) \wedge \mathrm{d}x \wedge \mathrm{d}y \\
&= \left(\frac{1}{r^3} - \frac{3x^2}{r^5}\right) \mathrm{d}x \wedge \mathrm{d}y \wedge \mathrm{d}z + \left(\frac{1}{r^3} - \frac{3y^2}{r^5}\right) \mathrm{d}y \wedge \mathrm{d}z \wedge \mathrm{d}x \\
&\quad + \left(\frac{1}{r^3} - \frac{3z^2}{r^5}\right) \mathrm{d}z \wedge \mathrm{d}x \wedge \mathrm{d}y \\
&= \frac{3}{r^3} \mathrm{d}x \wedge \mathrm{d}y \wedge \mathrm{d}z - \frac{3(x^2 + y^2 + z^2)}{r^5} \mathrm{d}x \wedge \mathrm{d}y \wedge \mathrm{d}z \\
&= 0,
\end{aligned}$$

即 ω 是 $\mathbf{R}^3 - \{(0, 0, 0)\}$ 上的一个二次闭形式. 但这个 ω 是否为 $\mathbf{R}^3 - \{(0, 0, 0)\}$ 上的一个恰当形式呢? 如果它是恰当形式,则在 $\mathbf{R}^3 - \{(0, 0, 0)\}$ 上存在一个一次微分形式 θ,满足 $\omega = \mathrm{d}\theta$. 在 $\mathbf{R}^3$ 内单位球面 $S^2(1)$ 上积分 $\mathrm{d}\theta$,利用 Stokes 公式,应当有

$$\int_{S^2(1)} \omega = \int_{S^2(1)} \mathrm{d}\theta = 0.$$

在 $S^2(1)$ 上, $r = 1$. 在 $S^2(1)$ 上 ω 可简化为

$$\omega = x \mathrm{d}y \wedge \mathrm{d}z + y \mathrm{d}z \wedge \mathrm{d}x + z \mathrm{d}x \wedge \mathrm{d}y.$$

用 D 表示 $S^2(1)$ 所围成的半径是 1 的实心球体,知道其体积 $V(D) = \frac{4}{3}\pi$. 利用经典的 Gauss 公式,应当有

$$\int_{S^2(1)} \omega = \int_D \left(\frac{\partial x}{\partial x} + \frac{\partial y}{\partial y} + \frac{\partial z}{\partial z} \right) \mathrm{d}x \wedge \mathrm{d}y \wedge \mathrm{d}z$$

$$= 3V(D) = 4\pi.$$

显然 4π 不等于零. 因而这个 ω 不是 $\mathbf{R}^3 - \{(0, 0, 0)\}$ 上一个恰当形式.

那么怎样的闭形式才是恰当的呢?

如果 D 是 $\mathbf{R}^m$ 内包含点 O 的一个开集, 且 $\forall x \in D$, 从点 O 到点 x 的直线段整个在这开集 D 内, 称这 D 为 $\mathbf{R}^m$ 内包含点 O 的一个星形状开集.

定理 12(Poincaré) 如果 M 是欧氏空间 $\mathbf{R}^m$ 内包含点 O 的一个星形状开集, 则在 M 上的每一个 r 次(正整数 $r \geqslant 2$) 闭形式都是恰当的.

证明 设点 O 为 $\mathbf{R}^m$ 内原点. 记一个 r 次闭形式

$$\omega = \sum_{1 \leqslant i_1 < \cdots < i_r \leqslant m} a_{i_1 \cdots i_r}(x) \mathrm{d}x_{i_1} \wedge \cdots \wedge \mathrm{d}x_{i_r}.$$

首先定义 r 次微分形式到 $r-1$ 次微分形式的一个线性映射 I_r.

$$I_r \omega = \sum_{1 \leqslant i_1 < \cdots < i_r \leqslant m} \sum_{\alpha=1}^{r} (-1)^{\alpha-1} \left(\int_0^1 t^{r-1} a_{i_1 \cdots i_r}(tx) \mathrm{d}t \right) \cdot$$

$$x_{i_\alpha} \mathrm{d}x_{i_1} \wedge \cdots \wedge \mathrm{d}x_{i_{\alpha-1}} \wedge \mathrm{d}x_{i_{\alpha+1}} \wedge \cdots \wedge \mathrm{d}x_{i_r}. \tag{6.27}$$

由于 M 是包含原点 O 的一个星形状开集, 当点 $x \in M$ 时, $\forall t \in [0, 1]$, 点 $tx \in M$. 因而公式(6.27)是有意义的.

下面证明

$$\mathrm{d}I_r \omega + I_{r+1} \mathrm{d}\omega = \omega. \tag{6.28}$$

如果上式成立, 当 $\mathrm{d}\omega = 0$ 时, 则 $I_{r+1}\mathrm{d}\omega = 0$. 令 $\theta = I_r\omega$, 有 $\mathrm{d}\theta = \omega$, 定理结论成立.

利用(6.27)式, 有

$$\mathrm{d}I_r \omega = \sum_{1 \leqslant i_1 < \cdots < i_r \leqslant m} \sum_{\alpha=1}^{r} (-1)^{\alpha-1} \left(\int_0^1 t^{r-1} a_{i_1 \cdots i_r}(tx) \mathrm{d}t \right) \cdot$$

$$\mathrm{d}x_{i_\alpha} \wedge \mathrm{d}x_{i_1} \wedge \cdots \wedge \mathrm{d}x_{i_{\alpha-1}} \wedge \mathrm{d}x_{i_{\alpha+1}} \wedge \cdots \wedge \mathrm{d}x_{i_r}$$

$$+ \sum_{1 \leqslant i_1 < \cdots < i_r \leqslant m} \sum_{\alpha=1}^{r} (-1)^{\alpha-1} \left(\int_0^1 t^{r-1} \sum_{j=1}^{m} \left. \frac{\partial a_{i_1 \cdots i_r}(y)}{\partial y_j} \right|_{y=tx} t \, \mathrm{d}t \right) \cdot$$

$$\mathrm{d}x_j \wedge x_{i_\alpha} \mathrm{d}x_{i_1} \wedge \cdots \wedge \mathrm{d}x_{i_{\alpha-1}} \wedge \mathrm{d}x_{i_{\alpha+1}} \wedge \cdots \wedge \mathrm{d}x_{i_r}$$

$$(这里 \ y = (y_1, \cdots, y_m), y_j = tx_j, 1 \leqslant j \leqslant m)$$

$$
= \sum_{1 \leqslant i_1 < \cdots < i_r \leqslant m} \sum_{a=1}^{r} \left(\int_0^1 t^{r-1} a_{i_1 \cdots i_r}(tx) \mathrm{d}t \right) \mathrm{d}x_{i_1} \wedge \cdots \wedge \mathrm{d}x_{i_r}
$$

$$
+ \sum_{1 \leqslant i_1 < \cdots < i_r \leqslant m} \sum_{a=1}^{r} (-1)^{a-1} \left(\int_0^1 t^r \sum_{j=1}^{m} \frac{\partial a_{i_1 \cdots i_r}(y)}{\partial y_j} \bigg|_{y=tx} \mathrm{d}t \right) \cdot
$$

$$
x_{i_a} \mathrm{d}x_j \wedge \mathrm{d}x_{i_1} \wedge \cdots \wedge \mathrm{d}x_{i_{a-1}} \wedge \mathrm{d}x_{i_{a+1}} \wedge \cdots \wedge \mathrm{d}x_{i_r}. \quad (6.29)
$$

而

$$
\mathrm{d}\omega = \sum_{1 \leqslant i_1 < \cdots < i_r \leqslant m} \sum_{j=1}^{m} \frac{\partial a_{i_1 \cdots i_r}(x)}{\partial x_j} \mathrm{d}x_j \wedge \mathrm{d}x_{i_1} \wedge \cdots \wedge \mathrm{d}x_{i_r}. \quad (6.30)
$$

$(r+1$ 次微分形式$)$

$$
I_{r+1} \mathrm{d}\omega = \sum_{1 \leqslant i_1 < \cdots < i_r \leqslant m} \sum_{j=1}^{m} \left(\int_0^1 t^r \frac{\partial a_{i_1 \cdots i_r}(y)}{\partial y_j} \bigg|_{y=tx} \mathrm{d}t \right) \cdot
$$

$$
x_j \mathrm{d}x_{i_1} \wedge \cdots \wedge \mathrm{d}x_{i_r} + \sum_{1 \leqslant i_1 < \cdots < i_r \leqslant m} \sum_{j=1}^{m} \sum_{a=1}^{r} (-1)^{(a+1)-1} \cdot
$$

$$
\left(\int_0^1 t^r \frac{\partial a_{i_1 \cdots i_r}(y)}{\partial y_j} \bigg|_{y=tx} \mathrm{d}t \right) x_{i_a} \mathrm{d}x_j \wedge \mathrm{d}x_{i_1} \wedge \cdots \wedge
$$

$$
\mathrm{d}x_{i_{a-1}} \wedge \mathrm{d}x_{i_{a+1}} \wedge \cdots \wedge \mathrm{d}x_{i_r}. \quad (6.31)
$$

由于(6.29)式右端第二大项与(6.31)式右端第二大项之和为零,(6.29)式右端第一大项积分值与 a 无关. 利用(6.29)式和(6.31)式, 可以得到

$$
\mathrm{d}I_r \omega + I_{r+1} \mathrm{d}\omega = \sum_{1 \leqslant i_1 < \cdots < i_r \leqslant m} \left[r \int_0^1 t^{r-1} a_{i_1 \cdots i_r}(tx) \mathrm{d}t \right.
$$

$$
\left. + \sum_{j=1}^{m} \left(\int_0^1 t^r \frac{\partial a_{i_1 \cdots i_r}(y)}{\partial y_j} \bigg|_{y=tx} \mathrm{d}t \right) x_j \right] \mathrm{d}x_{i_1} \wedge \cdots \wedge \mathrm{d}x_{i_r}
$$

$$
= \sum_{1 \leqslant i_1 < \cdots < i_r \leqslant m} \left[\int_0^1 \frac{\mathrm{d}}{\mathrm{d}t} (t^r a_{i_1 \cdots i_r}(tx)) \mathrm{d}t \right] \mathrm{d}x_{i_1} \wedge \cdots \wedge \mathrm{d}x_{i_r}
$$

$$
= \sum_{1 \leqslant i_1 < \cdots < i_r \leqslant m} a_{i_1 \cdots i_r}(x) \mathrm{d}x_{i_1} \wedge \cdots \wedge \mathrm{d}x_{i_r}
$$

$$
= \omega. \quad (6.32)
$$

从现在开始, 我们应用上述知识于李群. 设 M 是一个 m 维李群, $\forall x \in M$, 有左移动(微分同胚)$L_x: M \rightarrow M$. 如果李群 M 上有一个 C^∞ 的线性微分形式 ω, 满足下述条件: $\forall x \in M$, $L_x^*(\omega_x) = \omega_e$, 则称 ω 为左不变线性微分形式, 又称 ω 是 M 上的 Maurer-Cartan 形式, 简称 MC 形式.

定理 13 李群 M 上 C^∞ 的线性微分形式 ω 是 MC 形式的充要条件是:

$\forall X \in \Lambda(M)$，$\omega(X)$是常数.

在证明定理 13 以前，先证明下述两个等式：

$\forall a, x, y \in M$，$\forall \omega_y \in T_y^*(M)$，有

$$L_{(xa)^{-1}}^*(\omega_y) = L_{x^{-1}}^* L_{a^{-1}}^*(\omega_y). \tag{6.33}$$

对于 MC 形式的 ω，有

$$\omega_x = L_{x^{-1}}^*(\omega_e). \tag{6.34}$$

$\forall X_{xay} \in T_{xay}(M)$，有

$$\begin{aligned}
L_{(xa)^{-1}}^*(\omega_y)(X_{xay}) &= \omega_y[\mathrm{d}L_{(xa)^{-1}}(X_{xay})] \\
&= \omega_y[\mathrm{d}(L_{a^{-1}} L_{x^{-1}})(X_{xay})] \\
&= \omega_y[\mathrm{d}L_{a^{-1}} \mathrm{d}L_{x^{-1}}(X_{xay})] \\
&= L_{a^{-1}}^*(\omega_y)[\mathrm{d}L_{x^{-1}}(X_{xay})] \\
&= L_{x^{-1}}^* L_{a^{-1}}^*(\omega_y)(X_{xay}),
\end{aligned}$$

因此 X_{xay} 是 $T_{xay}(M)$内的任一切向量，所以有(6.33)式.

对于 MC 形式的 ω，由于 $\omega_e = L_x^*(\omega_x)$，则

$$\begin{aligned}
L_{x^{-1}}^*(\omega_e) &= L_{x^{-1}}^* L_x^*(\omega_x) \\
&= L_e^*(\omega_x) \\
&= \omega_x.
\end{aligned}$$

所以有(6.34)式.

接下来证明定理 13.

证明 若 ω 是 MC 形式，$\forall X \in \Lambda(M)$，和 $\forall x \in M$，有

$$\begin{aligned}
\omega(X)(x) &= \omega_x(X_x) = L_{x^{-1}}^*(\omega_e)(X_x) \\
&= \omega_e(\mathrm{d}L_{x^{-1}}(X_x)) \\
&= \omega_e(X_e) = \omega(X)(e)(\text{常数}).
\end{aligned}$$

反之，若 $\omega(X)$是常数，则

$$\omega_e(X_e) = \omega_x(X_x) = \omega_x[\mathrm{d}L_x(X_e)] = L_x^*(\omega_x)(X_e).$$

由于全体 X_e 张成 $T_e(M)$，因此 $L_x^*(\omega_x) = \omega_e$，$\omega$ 的确是 MC 形式.

李群 M 上的李代数 $\Lambda(M)$ 是与 M 同维数的实线性空间，M 上全体 MC 形式也有类似的结果.

定理 14 m 维李群 M 上所有 MC 形式的集合构成一个与 M 同维数的实线性空间.

证明 将 m 维线性空间 $\Lambda(M)$ 上线性(实)函数的全体组成的 m 维线性空间记为 $\Lambda^*(M)$,取 $\Lambda(M)$ 的一组基为 $X_1, \cdots, X_m$,其对偶基 $\omega_1, \cdots, \omega_m$ 满足 $\omega_i(X_j) = \delta_{ij}$.

在 M 内取包含单位元 e 的坐标图 (U, φ). 在这个坐标图内,设变换函数矩阵 $(\psi_i^j(x))$ 有逆矩阵 $(\tilde\psi_i^j(x))$. 这里

$$\sum_{j=1}^m \psi_i^j(x)\tilde\psi_j^l(x) = \sum_{j=1}^m \tilde\psi_i^j(x)\psi_j^l(x) = \delta_{il}.$$

取 $X_i = \sum_{j=1}^m \psi_i^j(x)\dfrac{\partial}{\partial x_j}$, 令

$$\omega_k^* = \sum_{l=1}^m \tilde\psi_l^k(x)\mathrm{d}x_l \quad (1 \leqslant k \leqslant m), \tag{6.35}$$

那么

$$\omega_k^*(X_i) = \delta_{ik}.$$

所以,在 (U, φ) 内,$\omega_1^*, \cdots, \omega_m^*$ 恰是 $\Lambda^*(M)$ 的一组基,而且,$\omega_1^*, \cdots, \omega_m^*$ 在这坐标图内是 C^∞ 的. 由于对偶基是唯一的,因此在 (U, φ) 内,$\omega_k = \omega_k^* (1 \leqslant k \leqslant m)$.

$\forall x, a \in M$,我们先来证明 $\omega_{kxa} = L_{x^{-1}}^*(\omega_{ka}) \ (1 \leqslant k \leqslant m)$.

$$\omega_{kxa}(X_{jxa}) = \delta_{kj} = \omega_{ka}(X_{ja}) = \omega_{ka}(\mathrm{d}L_{x^{-1}}(X_{jxa}))$$
$$= L_{x^{-1}}^*(\omega_{ka})(X_{jxa}).$$

由于 $X_{1e}, \cdots, X_{me}$ 是 $T_e(M)$ 的一组基,$\mathrm{d}L_{xa}$ 是线性同构,因此 $X_{jxa} = \mathrm{d}L_{xa}(X_{je}) \ (1 \leqslant j \leqslant m)$ 恰为 $T_{xa}(M)$ 的一组基,作为 $T_{xa}(M)$ 上的线性函数,有 $\omega_{kxa} = L_{x^{-1}}^*(\omega_{ka})$. 当 $a \in U$ 时,因为 $L_{x^{-1}}^*$ 把 U 上一个 C^∞ 的线性微分形式映为 xU 上一个 C^∞ 的线性微分形式,所以 ω_k 在 xU 内是 C^∞ 的.

利用定理 13,可以知道 $\omega_1, \cdots, \omega_m$ 是 MC 形式,于是,$\Lambda^*(M)$ 内的任一元素都是 MC 形式.

反之,对任一个 M 上的 MC 形式的 ω,由于 $\omega(X_j)$ 是常数 $(1 \leqslant j \leqslant m)$,令 $\omega^* = \sum_{j=1}^m \omega(X_j)\omega_j$, $\forall x \in M$,有

$$(\omega - \omega^*)_x(X_{ix}) = \omega_x(X_{ix}) - \omega(X_i) = 0 \quad (1 \leqslant i \leqslant m),$$

因此 $(\omega - \omega^*)_x$ 是 $T_x(M)$ 上的零函数. 又由于 x 是 M 内的任意一点, 则 $\omega = \omega^* \in \Lambda^*(M)$.

对于 M 上的一个二次微分形式 ω, 如果 $\forall\, x \in M$, 有 $L_x^*(\omega_x) = \omega_e$, 则称 ω 是 M 上的 Maurer-Cartan2 形式, 简称 MC2 形式.

类似定理 13, 有下述定理.

定理 15 M 是一个 m 维李群, M 上一个二次微分形式 ω 是 M 上 MC2 形式的充要条件是: 对于 $\Lambda(M)$ 内任意两个左不变切向量场 X, Y, $\omega(X, Y)$ 是常数, 即 $\omega_x(X_x, Y_x)$ 与 x 在 M 内的变动无关.

证明 如果 ω 是 M 上的 MC2 形式, 则对于 $\Lambda(M)$ 内的任意两个左不变切向量场 X, Y, 以及 $\forall\, x \in M$, 有

$$\begin{aligned}
\omega_x(X_x, Y_x) &= \omega_x(\mathrm{d}L_x(X_e), \mathrm{d}L_x(Y_e)) \\
&= L_x^*(\omega_x)(X_e, Y_e) \\
&= \omega_e(X_e, Y_e),
\end{aligned}$$

可见 $\omega(X, Y)$ 的确是常数.

反之, 若 $\omega(X, Y)$ 是常数, 则

$$\begin{aligned}
\omega_e(X_e, Y_e) &= \omega_x(X_x, Y_x) \\
&= \omega_x(\mathrm{d}L_x(X_e), \mathrm{d}L_x(Y_e)) \\
&= L_x^*(\omega_x)(X_e, Y_e).
\end{aligned}$$

利用 X, Y 的任意性可以知道: 作为 $T_e(M) \times T_e(M)$ 上的双线性函数, 必有 $\omega_e = L_x^*(\omega_x)$, 又由于 x 可以取 M 内的任意点, 则 ω 是 M 上的 MC2 形式.

下面考虑 M 上 MC2 形式与 MC 形式之间的关系.

设 $\Lambda(M)$ 的基是 $X_1, \cdots, X_m$, $\Lambda^*(M)$ 的对偶基是 $\omega_1, \cdots, \omega_m$, 作所有由 $\omega_i \wedge \omega_j (1 \leqslant i, j \leqslant m)$ 张成的实线性空间, 并记为 $\Lambda^{*2}(M)$, 其维数是 $\dfrac{1}{2} m(m-1)$.

$$\forall\, \omega \in \Lambda^{*2}(M), \text{记}\ \omega = \frac{1}{2} \sum_{i,\,j=1}^{m} a_{ij} \omega_i \wedge \omega_j,$$

这里 $a_{ij} = -a_{ji}$, 且 a_{ij} 是常数.

$\forall\, X, Y \in \Lambda(M)$, 则可以写成

$$X = \sum_{k=1}^{m} a_k X_k, \quad Y = \sum_{l=1}^{m} b_l X_l,$$

这里 $a_k(1 \leqslant k \leqslant m)$, $b_l(1 \leqslant l \leqslant m)$ 是常数.

$$\omega(X, Y) = \sum_{k, l=1}^{m} a_k b_l \omega(X_k, X_l)$$

$$= \frac{1}{2} \sum_{k, l=1}^{m} a_k b_l \sum_{i, j=1}^{m} a_{ij} \begin{vmatrix} \omega_i(X_k) & \omega_i(X_l) \\ \omega_j(X_k) & \omega_j(X_l) \end{vmatrix}$$

$$= \frac{1}{2} \sum_{k, l=1}^{m} a_k b_l \sum_{i, j=1}^{m} a_{ij} (\delta_{ik} \delta_{jl} - \delta_{il} \delta_{jk})$$

$$= \sum_{k, l=1}^{m} a_k b_l a_{kl} \text{(常数)}.$$

由定理 15 可以知道, ω 是 M 上的 MC2 形式.

反之, 若 ω 是 M 上的任一个 MC2 形式, 则 $\omega(X_k, X_l)$ 是常数 $(1 \leqslant k, l \leqslant m)$. 令

$$\omega^* = \frac{1}{2} \sum_{k, l=1}^{m} \omega(X_k, X_l) \omega_k \wedge \omega_l.$$

显然, $\omega^* \in \Lambda^{*2}(M)$. 利用 $\omega(X_k, X_l) = -\omega(X_l, X_k)$, 那么, $\forall x \in M$, 有

$$\omega_x(X_{ix}, X_{jx}) - \omega_x^*(X_{ix}, X_{jx})$$

$$= \omega_x(X_{ix}, X_{jx}) - \frac{1}{2} \sum_{k, l=1}^{m} \omega(X_k, X_l) \omega_{kx} \wedge \omega_{lx}(X_{ix}, X_{jx})$$

$$= \omega_x(X_{ix}, X_{jx}) - \frac{1}{2} \sum_{k, l=1}^{m} \omega(X_k, X_l)(\delta_{ik} \delta_{lj} - \delta_{li} \delta_{kj})$$

$$= \omega_x(X_{ix}, X_{jx}) - \frac{1}{2} [\omega(X_i, X_j) - \omega(X_j, X_i)]$$

$$= 0.$$

这里 $1 \leqslant i, j \leqslant m$, 所以 $\omega_x = \omega_x^*$, 和 $\omega = \omega^*$. 换句话讲, $\omega \in \Lambda^{*2}(M)$. 因此, 实线性空间 $\Lambda^{*2}(M)$ 就是 M 上 MC2 形式全体所组成的集合.

最后, 我们来建立 $\mathrm{d}\omega_k(1 \leqslant k \leqslant m)$ 的一个十分有用的公式, 为此, 先讲述下述定理.

定理 16 M 是一个 m 维李群, $\forall X, Y \in \Lambda(M)$, 则对于 M 上任一个 MC 形式的 ω, 有

$$\mathrm{d}\omega(X, Y) + \omega([X, Y]) = 0.$$

证明 只要在任意一个坐标图内证明就可以了. 设在一个坐标图内, $\omega = \sum\limits_{i=1}^{m} a_i(x)\mathrm{d}x_i$, 那么

$$\omega(X) = \sum_{i=1}^{m} a_i(x)\mathrm{d}x_i(X) = \sum_{i=1}^{m} a_i(x)Xx_i,$$

$$\omega(Y) = \sum_{i=1}^{m} a_i(x)Yx_i.$$

利用 $\omega(X)$ 和 $\omega(Y)$ 都是常数可以得到

$$0 = X\omega(Y) - Y\omega(X)$$

$$= \sum_{i=1}^{m} \left[(Xa_i)(Yx_i) + a_i XYx_i - (Ya_i)(Xx_i) - a_i YXx_i\right]$$

$$= \sum_{i=1}^{m} \left[\mathrm{d}a_i(X)\mathrm{d}x_i(Y) - \mathrm{d}a_i(Y)\mathrm{d}x_i(X)\right] + \sum_{i=1}^{m} a_i(x)[X, Y]x_i$$

$$= \sum_{i=1}^{m} \mathrm{d}a_i \wedge \mathrm{d}x_i(X, Y) + \sum_{i=1}^{m} a_i(x)\mathrm{d}x_i([X, Y])$$

$$= \mathrm{d}\omega(X, Y) + \omega([X, Y]).$$

定理 15 和定理 16 告诉我们, 如果 ω 是 m 维李群 M 上的一个 MC 形式, 则 $\mathrm{d}\omega$ 是 MC2 形式. 因而, 对于 $\Lambda^*(M)$ 内基 ω_k $(1 \leqslant k \leqslant m)$, 可以写出

$$\mathrm{d}\omega_k = \frac{1}{2} \sum_{i,j=1}^{m} \gamma_{ij}^k \omega_i \wedge \omega_j,$$

这里 $\gamma_{ij}^k = -\gamma_{ji}^k$ 是常数. 利用定理 16, 对于 $\Lambda(M)$ 内相应的基 $X_1, \cdots, X_m$, 我们有

$$\mathrm{d}\omega_k(X_s, X_t) + \omega_k([X_s, X_t]) = 0.$$

这里 $1 \leqslant s, t \leqslant m$. 由上式和关系式 $[X_s, X_t] = \sum\limits_{i=1}^{m} c_{st}^i X_i$ 得到

$$\gamma_{st}^k + c_{st}^k = 0,$$

因而有

$$\mathrm{d}\omega_k = -\frac{1}{2} \sum_{i,j=1}^{m} c_{ij}^k \omega_i \wedge \omega_j. \tag{6.36}$$

上式称为李群 M 上的 Maurer-Cartan 关系式.

§7 李群基本定理

本节要解决李群与李代数的关系问题,这是李群理论与李代数理论之间的桥梁.

我们先讲一些偏微分方程的辅助知识.

在 $\mathbf{R}^n$ 的某个开子集 U 上,有 m 个 $(m < n)$ C^∞ 的线性微分形式

$$\omega_i(x, \mathrm{d}x) = \sum_{\alpha=1}^{n} a_{i\alpha}(x) \mathrm{d}x_\alpha \, (1 \leqslant i \leqslant m),$$

这里 $x = (x_1, \cdots, x_n) \in U$. $\omega_i(x, \mathrm{d}x)$ 又称为具 C^∞ 系数的 Pfaff 式,称

$$\omega_i(x, \mathrm{d}x) = \sum_{\alpha=1}^{n} a_{i\alpha}(x) \mathrm{d}x_\alpha = 0 \quad (1 \leqslant i \leqslant m) \tag{7.1}$$

为 Pfaff 方程组. 如果在 U 内每一点 x,矩阵 $(a_{i\alpha}(x))$ 的秩为 m,则称 $\omega_i(x, \mathrm{d}x)$ $(1 \leqslant i \leqslant m)$ 在 U 内是独立的.

如果有一个 C^∞ 函数 F,在 U 的开子集 V 内有定义,而且在 V 内每一点 x(这时 $a_{i\alpha}(x)$ 已经由 x 确定),当 n 个 $\mathrm{d}x_\alpha$ 满足方程组(7.1)时,同时有 $\mathrm{d}F = \sum_{\alpha=1}^{n} \dfrac{\partial F}{\partial x_\alpha} \mathrm{d}x_\alpha = 0$,则称 F 为 Pfaff 方程组(7.1)的一个初积分.

设 V 上的 C^∞ 函数 $F_1, \cdots, F_s$ 为方程组(7.1)的 s 个初积分,如果 $s \times n$ 矩阵 $\left(\dfrac{\partial F_\rho}{\partial x_\alpha}\right)$ $(1 \leqslant \rho \leqslant s, 1 \leqslant \alpha \leqslant n)$ 在 V 的每一点的秩是 s,则称 $F_1, \cdots, F_s$ 是一组独立的初积分.

本节讨论独立的具有 C^∞ 系数的 Pfaff 式及其相应的方程组(7.1). 如无特别说明,本节所出现的函数全是 C^∞ 的.

由于方程组(7.1)中 m 个 Pfaff 式 $\omega_i(x, \mathrm{d}x)$ 是独立的, $\forall x \in V$,不妨设在点 x 处,矩阵 $(a_{ij}(x))$ 的行列式不为 $0(1 \leqslant i, j \leqslant m)$. 于是,存在含 x 的开集 $V_1 \subset V$,在 V_1 上,矩阵 $(a_{ij}(x))$ 有逆矩阵 $(\tilde{a}_{ij}(x))$,在 V_1 上补充 $n-m$ 个 Pfaff 式:

$$\omega_{m+1}(x, \mathrm{d}x) = \mathrm{d}x_{m+1}, \cdots, \omega_n(x, \mathrm{d}x) = \mathrm{d}x_n,$$

那么在 V_1 上,有

$$\mathrm{d}x_\alpha = \sum_{\beta=1}^n b_{\alpha\beta}(x)\omega_\beta(x, \mathrm{d}x) \quad (1 \leqslant \alpha \leqslant n), \tag{7.2}$$

这里,矩阵$(b_{\alpha\beta}(x))$在V_1上是可逆的.

因而,方程组(7.1)的初积分F的微分可写成

$$\mathrm{d}F = \sum_{\alpha,\beta=1}^n \frac{\partial F}{\partial x_\alpha} b_{\alpha\beta}(x)\omega_\beta(x, \mathrm{d}x). \tag{7.3}$$

由初积分的定义,当$\omega_i(x, \mathrm{d}x) = 0 \ (1 \leqslant i \leqslant m)$时,有$\mathrm{d}F = 0$,所以,在$V_1$上有$\displaystyle\sum_{\alpha=1}^n \frac{\partial F}{\partial x_\alpha} b_{\alpha\beta}(x) = 0 \ (m+1 \leqslant \beta \leqslant n)$,和(7.3)式被简化成

$$\mathrm{d}F = \sum_{i=1}^m \sum_{\alpha=1}^n \frac{\partial F}{\partial x_\alpha} b_{\alpha i}(x)\omega_i(x, \mathrm{d}x). \tag{7.4}$$

因而在V_1上,有

$$\frac{\partial F}{\partial x_\beta} = \sum_{i=1}^m \sum_{\alpha=1}^n \frac{\partial F}{\partial x_\alpha} b_{\alpha i}(x)a_{i\beta}(x). \tag{7.5}$$

从(7.5)式可知,在V_1上独立初积分的个数至多是m.

如果$\forall x \in U$,存在含x的U的开子集V,在V上,方程组(7.1)恰有m个独立的初积分,则称方程组(7.1)在U上是完全可积的.

定理 17　对于$\mathbf{R}^n$的某个开集U上的完全可积的 Pfaff 方程组

$$\omega_i(x, \mathrm{d}x) = \sum_{\alpha=1}^n a_{i\alpha}(x)\mathrm{d}x_\alpha = 0 \ (1 \leqslant i \leqslant m < n),$$

任取U内一点x,一定存在包含点x的开集$W \subset U$,在W上,每个$\omega_i(x, \mathrm{d}x)$均可表示为它的某一组独立的初积分的微分的线性组合;而且存在 Pfaff 式$\omega_{il}(x, \mathrm{d}x) \ (1 \leqslant i, l \leqslant m)$,使得

$$\mathrm{d}\omega_i(x, \mathrm{d}x) = \sum_{l=1}^m \omega_{il}(x, \mathrm{d}x) \wedge \omega_l(x, \mathrm{d}x).$$

证明　$\forall x \in U$,存在包含点x的开集$V_1 \subset U$,在V_1上,有一组独立的初积分$F_1, \cdots, F_m$. 由(7.5)式可以知道:

$$\frac{\partial F_j}{\partial x_\beta} = \sum_{i=1}^m \sum_{\alpha=1}^n \frac{\partial F_j}{\partial x_\alpha} b_{\alpha i}(x)a_{i\beta}(x) \quad (1 \leqslant j \leqslant m), \tag{7.6}$$

因为矩阵$(a_{i\beta}(x))$和$\left(\dfrac{\partial F_j}{\partial x_\beta}\right)$的秩都是$m$,所以由元素$\displaystyle\sum_{\alpha=1}^n \frac{\partial F_j}{\partial x_\alpha} b_{\alpha i}(x) \ (1 \leqslant i, j \leqslant$

m) 组成的 $m \times m$ 矩阵非退化,因而存在包含点 x 的 $\mathbf{R}^n$ 的开集 $W \subset V_1$,在 W 上,有

$$a_{i\beta}(x) = \sum_{j=1}^{m} f_{ij}(x) \frac{\partial F_j}{\partial x_\beta}, \tag{7.7}$$

这里,$(f_{ij}(x))$ 是 $m \times m$ 非退化矩阵. 用 $(\tilde{f}_{ij}(x))$ 表示其逆矩阵,于是,在 W 上有

$$\omega_i(x, \mathrm{d}x) = \sum_{\beta=1}^{n} a_{i\beta}(x) \mathrm{d}x_\beta = \sum_{j=1}^{m} f_{ij}(x) \mathrm{d}F_j, \tag{7.8}$$

并且

$$\begin{aligned}
\mathrm{d}\omega_i(x, \mathrm{d}x) &= \sum_{j=1}^{m} \mathrm{d}f_{ij}(x) \wedge \mathrm{d}F_j \\
&= \sum_{j,l=1}^{m} \tilde{f}_{jl}(x) \mathrm{d}f_{ij}(x) \wedge \omega_l(x, \mathrm{d}x) \\
&= \sum_{l=1}^{m} \omega_{il}(x, \mathrm{d}x) \wedge \omega_l(x, \mathrm{d}x).
\end{aligned} \tag{7.9}$$

这里,记 $\omega_{il}(x, \mathrm{d}x) = \sum_{j=1}^{m} \tilde{f}_{jl}(x) \mathrm{d}f_{ij}(x)$.

定理 17 的后一结论表明:对于完全可积的 Pfaff 方程组 $\omega_i(x, \mathrm{d}x) = 0$,必有 $\mathrm{d}\omega_i(x, \mathrm{d}x) = 0$. 我们把这一结论说成 $\mathrm{d}\omega_i(x, \mathrm{d}x) = 0$ 是 $\omega_i(x, \mathrm{d}x) = 0$ 的代数推论. 因而定理 17 的后一结论可以叙述为:对于完全可积的 Pfaff 方程组 $\omega_i(x, \mathrm{d}x) = 0$,$\mathrm{d}\omega_i(x, \mathrm{d}x) = 0$ 是 $\omega_i(x, \mathrm{d}x) = 0$ 的代数推论.

反之,我们有下述著名的 Frobenius 定理.

定理 18 在 $\mathbf{R}^n$ 的某个开集 U 内有 m 个 ($m < n$) 独立的 Pfaff 式 $\omega_i(x, \mathrm{d}x)$ ($1 \leqslant i \leqslant m$),如果 $\mathrm{d}\omega_i(x, \mathrm{d}x) = 0$ 是 $\omega_i(x, \mathrm{d}x) = 0$ 的代数推论,则在 U 上 Pfaff 方程组 $\omega_i(x, \mathrm{d}x) = 0$ 是完全可积的.

证明 记 $\omega_i(x, \mathrm{d}x) = \sum_{\alpha=1}^{n} a_{i\alpha}(x) \mathrm{d}x_\alpha$,对 $n - m$ 进行归纳.

当 $n - m = 1$,即当 $m = n - 1$ 时,由于 $\omega_i(x, \mathrm{d}x) = 0$,则对于 U 内任一点 x_0,一定存在含 x_0 的开集 V_1,在 V_1 上,可唯一地定出 $\mathrm{d}x_1, \cdots, \mathrm{d}x_n$ 之间的比值,即存在 V_1 上不全为零的一组函数 $\lambda_1, \cdots, \lambda_n$,满足

$$\frac{\mathrm{d}x_1}{\lambda_1} = \cdots = \frac{\mathrm{d}x_n}{\lambda_n}. \tag{7.10}$$

由常微分方程组的理论,这样的方程组在含 x_0 的一个开集 $V \subset V_1$ 内有 $n-1$ 个独立的初积分.

假设定理在 $n-m=r-1$ 时成立,考虑 $n-m=r$ 情况,即 $m=n-r$. 由于系数矩阵 $(a_{i\alpha}(x))$ 的秩为 m,不妨设在点 x_0,矩阵 $(a_{ij}(x))$ 的行列式不为 0,则在含点 x_0 的一个开集 $V_2 \subset U$ 上,矩阵 $(a_{ij}(x))$ 有逆矩阵. 令 $\omega_{m+1}(x, \mathrm{d}x) = \mathrm{d}x_{m+1}$. 在 V_2 上考虑新的方程组:

$$\omega_i(x, \mathrm{d}x) = 0 \quad (1 \leqslant i \leqslant m), \omega_{m+1}(x, \mathrm{d}x) = 0. \tag{7.11}$$

(7.11)式满足归纳法假设,因而存在含 x_0 的开集 $V_3 \subset V_2$,在 V_3 上有 $m+1$ 个独立的初积分 $F_1, \cdots, F_{m+1}$. 另外选取 $n-m-1$ 个函数 $F_{m+2}, \cdots, F_n$,使得这 n 个函数 $F_1, \cdots, F_n$ 在含 x_0 的一个开集 $V_4 \subset V_3$ 上是函数独立的.

因此,存在函数 $\Phi_1, \cdots, \Phi_n$,对于 V_4 内的点 $(x_1, \cdots, x_n)$,有

$$x_\alpha = \Phi_\alpha(F_1, \cdots, F_n) \ (1 \leqslant \alpha \leqslant n),$$

Φ_α 的定义域是与 V_4 微分同胚的 $\mathbf{R}^n$ 的一个开集 V_5. 令 $x_\alpha^* = F_\alpha (1 \leqslant \alpha \leqslant n)$,由于(7.11)式是完全可积的,因此,由上一定理可以得到(必要时可适当缩小 V_5 与 V_4)

$$\omega_i(x, \mathrm{d}x) = \sum_{\sigma=1}^{m+1} b_{i\sigma}(x^*) \mathrm{d}x_\sigma^*, \tag{7.12}$$

这里 $x^* = (x_1^*, \cdots, x_n^*)$. 由于 $\omega_1(x, \mathrm{d}x), \cdots, \omega_m(x, \mathrm{d}x)$ 是 m 个独立的 Pfaff 式,因此,矩阵 $(b_{i\sigma}(x^*))$ 的秩是 m. 设 V_5 中的点 x_0^* 是 V_4 中点 x_0 的对应点,不妨设在点 x_0^*,矩阵 $(b_{ij}(x^*))$ 的行列式不为 0,因而在含 x_0^* 的某个开集 $V_6 \subset V_5$ 内,$(b_{ij}(x^*))$ 有逆矩阵 $(\widetilde{b}_{ij}(x^*))$. 那么定义下述

$$\omega_j^*(x^*, \mathrm{d}x^*) = \sum_{i=1}^m \widetilde{b}_{ji}(x^*) \omega_i(x, \mathrm{d}x). \tag{7.13}$$

利用(7.12)式可以得到,在 V_6 内

$$\omega_j^*(x^*, \mathrm{d}x^*) = \mathrm{d}x_j^* - f_j(x^*) \mathrm{d}x_{m+1}^*, \tag{7.14}$$

这里

$$f_j(x^*) = -\sum_{i=1}^m \widetilde{b}_{ji}(x^*) b_{i\,n+1}(x^*), \ 1 \leqslant j \leqslant m.$$

由于已知条件 $\mathrm{d}\omega_i(x, \mathrm{d}x) = 0$ 是 $\omega_i(x, \mathrm{d}x) = 0$ 的代数推论 $(1 \leqslant i \leqslant m)$,

则由(7.13)式可以知道

$$d\omega_j^*(x^*, dx^*) = \sum_{i=1}^m d\widetilde{b}_{ji}(x^*) \wedge \omega_i(x, dx) + \sum_{i=1}^m \widetilde{b}_{ji}(x^*)d\omega_i(x, dx)$$
$$= 0. \tag{7.15}$$

另外,由(7.14)式,可以得到

$$d\omega_j^*(x^*, dx^*) = -\sum_{i=1}^m \frac{\partial f_j(x^*)}{\partial x_i^*} dx_i^* \wedge dx_{m+1}^*$$
$$-\sum_{\rho=m+2}^n \frac{\partial f_j(x^*)}{\partial x_\rho^*} dx_\rho^* \wedge dx_{m+1}^*. \tag{7.16}$$

当$\omega_i(x, dx)=0$时,由(7.13)式可知$\omega_j^*(x^*, dx^*)=0$. 再从(7.14)式,可以知道

$$dx_j^* = f_j(x^*)dx_{m+1}^* \quad (1 \leqslant j \leqslant m). \tag{7.17}$$

将(7.17)式代入(7.16)式,利用(7.15)式,可以看到在V_6内,成立

$$\frac{\partial f_j(x^*)}{\partial x_\rho^*} = 0 \quad (1 \leqslant j \leqslant m, m+2 \leqslant \rho \leqslant n). \tag{7.18}$$

因而(7.14)式简化为下述方程组:

$$\omega_j^*(x^*, dx^*) = dx_j^* - f_j(x_1^*, \cdots, x_{m+1}^*)dx_{m+1}^* = 0, 1 \leqslant j \leqslant m. \tag{7.19}$$

上述方程组是含$m+1$个自变量的m个独立的 Pfaff 方程组,由常微分方程组理论知道(7.19)式在含x_0^*的一个开集$V_7 \subset V_6$内,有m个独立的初积分$G_1(x_1^*, \cdots, x_{m+1}^*), \cdots, G_m(x_1^*, \cdots, x_{m+1}^*)$,显然,这$m$个初积分也是$\omega_i(x, dx)=0 (1 \leqslant i \leqslant m)$的初积分,再利用$x_\tau^* = F_\tau(x)$[①]回复到含$x_0$的某开集$V_8 \subset V_4$上.

Frobenius 定理在一阶偏微分方程组的理论研究中有着重要的应用,下面举一个例子.

例1 在$\mathbf{R}^3$内求微分方程$\omega = P(x, y, z)dx + Q(x, y, z)dy + R(x, y, z)dz = 0$完全可积的充要条件.

解 我们知道这个充要条件是$d\omega=0$是$\omega=0$的代数推论,而

---

① 这里$1 \leqslant \tau \leqslant m+1$.

$$d\omega = dP \wedge dx + dQ \wedge dy + dR \wedge dz$$

$$= \left(\frac{\partial Q}{\partial x} - \frac{\partial P}{\partial y}\right) dx \wedge dy + \left(\frac{\partial R}{\partial y} - \frac{\partial Q}{\partial z}\right) dy \wedge dz$$

$$+ \left(\frac{\partial P}{\partial z} - \frac{\partial R}{\partial x}\right) dz \wedge dx.$$

当 $\omega = 0$ 时,可以知道 $\omega \wedge dx = 0$, $\omega \wedge dy = 0$, 那么有

$$R dz \wedge dx = Q dx \wedge dy, \quad R dy \wedge dz = P dx \wedge dy.$$

所以,利用上面两式及 $d\omega = 0$, 可以看到

$$0 = R d\omega$$

$$= \left[R\left(\frac{\partial Q}{\partial x} - \frac{\partial P}{\partial y}\right) + P\left(\frac{\partial R}{\partial y} - \frac{\partial Q}{\partial z}\right) + Q\left(\frac{\partial P}{\partial z} - \frac{\partial R}{\partial x}\right)\right] dx \wedge dy.$$

于是,我们得到完全可积的充要条件是

$$R\left(\frac{\partial Q}{\partial x} - \frac{\partial P}{\partial y}\right) + P\left(\frac{\partial R}{\partial y} - \frac{\partial Q}{\partial z}\right) + Q\left(\frac{\partial P}{\partial z} - \frac{\partial R}{\partial x}\right) = 0. \tag{7.20}$$

现在我们讲述李群的 3 个基本定理及其逆定理.

定理 19(李群的 3 个基本定理)

(1) m 维李群 M 内存在含单位元 e 的坐标图 (U, φ), $\varphi(e) = (e_1, \cdots, e_m)$, 而且在这个坐标图下,李群的乘法函数 $z_i = \Phi_i(x, y)(1 \leqslant i \leqslant m)$ 满足一组完全可积的 Pfaff 方程组:

$$\begin{cases} \sum_{j=1}^{m} \widetilde{\psi}_j^i(z) dz_j = \sum_{j=1}^{m} \widetilde{\psi}_j^i(y) dy_j, \\ \text{当 } y_i = e_i \text{ 时}, z_i = x_i (1 \leqslant i \leqslant m). \end{cases}$$

这里 $(\widetilde{\psi}_j^i(y))$ 是这坐标图下李群的变换函数矩阵 $(\psi_j^i(y))$ 的逆矩阵, $(\widetilde{\psi}_j^i(z))$ 是 $(\psi_j^i(z))$ 的逆矩阵.

(2) 若 $X_1, \cdots, X_m$ 是李群 M 的李代数 $\Lambda(M)$ 的一组基,则有 $[X_i, X_j] = \sum_{k=1}^{m} c_{ij}^k X_k$, 这里 c_{ij}^k 是李代数结构常数.

(3) 结构常数 c_{ij}^k 满足:

$$c_{ij}^k + c_{ji}^k = 0,$$

$$\sum_{s=1}^{m} (c_{ij}^s c_{sl}^k + c_{jl}^s c_{si}^k + c_{li}^s c_{sj}^k) = 0.$$

证明 (2)、(3)我们已经知道,只要证明(1).

我们任取一个含单位元 e 的可容许坐标图 (U, φ),适当缩小 U,可使在这个坐标图内,变换函数矩阵 $(\psi_j^i(x))$ 有逆矩阵 $(\widetilde{\psi}_j^i(x))$. 在 $\mathbf{R}^m$ 内开集 $\varphi(U)$ 上引入 Pfaff 方程组

$$\theta_i = \omega_i(y, dy) - \omega_i(z, dz) = 0, \tag{7.21}$$

这里 $\omega_i(y, dy) = \sum_{j=1}^m \widetilde{\psi}_j^i(y) dy_j$ 和 $\omega_i(z, dz) = \sum_{j=1}^m \widetilde{\psi}_j^i(z) dz_j$ 是 MC 形式 $(1 \leqslant i \leqslant m)$.

由(7.21)式和 Maurer-Cartan 关系式(6.36),我们有

$$\begin{aligned}
d\theta_i &= d\omega_i(y, dy) - d\omega_i(z, dz) \\
&= -\frac{1}{2} \sum_{j, k=1}^m c_{jk}^i \omega_j(y, dy) \wedge \omega_k(y, dy) \\
&\quad + \frac{1}{2} \sum_{j, k=1}^m c_{jk}^i \omega_j(z, dz) \wedge \omega_k(z, dz) \\
&= 0,
\end{aligned}$$

所以由 Frobenius 定理, $\omega_i(y, dy) = \omega_i(z, dz)$ 是完全可积的,当 $y_i = e_i$ 时,显然 $z_i = x_i$.

李群的 3 个基本定理叙述了已知一个李群必有一个李代数与之对应. 本章不少工作是在李群含单位元 e 的一个坐标图内做的,所以,可以把乘法函数、李代数的(局部)基和结构常数等概念运用到局部李群上.

作为李群的 3 个基本定理之逆,我们有下述定理.

定理 20 L 表示实数域上一个 m 维李代数,那么存在一个 m 维的局部李群,它以 L 为李代数.

证明 我们分 3 步来证明本定理.

(1) 由于 L 是一个已知的 m 维实李代数,因此 L 的结构常数 c_{ij}^k 是已知的,我们写出下述关于线性微分形式 $\omega_k(x, dx)$ 的双线性微分方程:

$$\begin{cases}
d\omega_k(x, dx) = -\frac{1}{2} \sum_{i, j=1}^m c_{ij}^k \omega_j(x, dx) \wedge \omega_j(x, dx), \\
\text{当 } x_k = 0 \text{ 时}, \omega_k(x, dx) = dx_k \quad (1 \leqslant k \leqslant m).
\end{cases} \tag{7.22}$$

我们对 $\omega_k(x, dx)$ 的变量个数用归纳法来求解方程组(7.22).

当 $\omega_k(x, dx) (1 \leqslant k \leqslant m)$ 只含一个变量,例如是 x_1 时,这时候 $x_2, \cdots,$

x_m 是常数, $\mathrm{d}x_2 = \cdots = \mathrm{d}x_m = 0$, 方程组(7.22)简化为

$$\begin{cases} \mathrm{d}\omega_k(x, \mathrm{d}x) = 0 \quad (1 \leqslant k \leqslant m), \\ \text{当 } x_1 = 0 \text{ 时, } \omega_1(x, \mathrm{d}x) = \mathrm{d}x_1, \ \omega_s(x, \mathrm{d}x) = 0 \quad (2 \leqslant s \leqslant m). \end{cases}$$
$$(7.23)$$

方程组(7.23)显然有解 $\omega_1(x, \mathrm{d}x) = \mathrm{d}x_1$, $\omega_s(x, \mathrm{d}x) = 0$ $(2 \leqslant s \leqslant m)$.

用归纳法假设当 $\omega_k(x, \mathrm{d}x)$ 含 $s-1$ 个变量, 不妨设 $x_1, \cdots, x_{s-1}$ 是变量, $x_s, \cdots, x_m$ 是常数, $\mathrm{d}x_s = \cdots = \mathrm{d}x_m = 0$, 方程组(7.22)有 C^∞ 的线性微分形式解 $\omega_k(x, \mathrm{d}x)$ $(1 \leqslant k \leqslant m)$.

考虑 $\omega_k(x, \mathrm{d}x)$ 含有 s 个变量的情况, 不妨设变量是 $x_1, \cdots, x_s$, 先取 x_s 是常数, $\mathrm{d}x_s = 0$, 由归纳法假设, 存在 C^∞ 的线性微分形式

$$\theta_k = \sum_{\sigma=1}^{s-1} f_{k\sigma}(x_1, \cdots, x_{s-1}) \mathrm{d}x_\sigma \quad (1 \leqslant k \leqslant m),$$

满足

$$\begin{cases} \mathrm{d}\theta_k = -\dfrac{1}{2} \sum_{i,j=1}^{m} c_{ij}^k \theta_i \wedge \theta_j, \\ \text{当 } x_\sigma = 0 \text{ 时, } \theta_\sigma = \mathrm{d}x_\sigma, \ \theta_p = 0 \\ (1 \leqslant k \leqslant m, \ 1 \leqslant \sigma \leqslant s-1, \ s \leqslant p \leqslant m). \end{cases}$$
$$(7.24)$$

令

$$\omega_k(x, \mathrm{d}x) = \theta_k + u_k(x_1, \cdots, x_{s-1}) \mathrm{d}x_s \quad (1 \leqslant k \leqslant m), \quad (7.25)$$

这里 u_k 是待定函数, 我们要证明能够找到这 m 个函数 u_k, 使得 $\omega_k(x, \mathrm{d}x)$ 是方程组(7.22)在含变量 $x_1, \cdots, x_s$ 时的一组解.

微分(7.25)式, 有

$$\mathrm{d}\omega_k - \mathrm{d}\theta_k = \mathrm{d}u_k \wedge \mathrm{d}x_s. \tag{7.26}$$

另一方面, 由于要 $\mathrm{d}\omega_k$ 满足方程组(7.22), 则有

$$\begin{aligned} \mathrm{d}u_k \wedge \mathrm{d}x_s &= -\frac{1}{2} \sum_{i,j=1}^{m} c_{ij}^k (\theta_i + u_i \mathrm{d}x_s) \wedge (\theta_j + u_j \mathrm{d}x_s) - \mathrm{d}\theta_k \\ &= \sum_{i,j=1}^{m} c_{ij}^k u_i \theta_j \wedge \mathrm{d}x_s. \end{aligned} \tag{7.27}$$

由于 u_k, θ_j 都不包含变量 x_s, 则从方程组(7.27)可以看到

$$\mathrm{d}u_k - \sum_{i,\,j=1}^{m} c_{ij}^k u_i \theta_j = 0 \quad (1 \leqslant k \leqslant m). \tag{7.28}$$

另外,我们附加初始条件:当 $x_\sigma = 0$ 时,有

$$u_\sigma = 0 \quad (1 \leqslant \sigma \leqslant s-1), \ u_s = 1, \ u_p = 0 \quad (s+1 \leqslant p \leqslant m).$$

方程组(7.28)可以看作 $\mathbf{R}^{m+s-1}$ 内以 $(x_1, \cdots, x_{s-1}, u_1, \cdots, u_m)$ 为变量的 m 个独立的 Pfaff 方程组,如果能证明方程组(7.28)是完全可积的,那么存在包含初始点 $(0, u_0) = (0, \cdots, 0, \cdots, 0, 1, 0, \cdots, 0)$(1 前面有 $2s-2$ 个 0)的 $\mathbf{R}^{m+s-1}$ 内的一个开集 V,在 V 上,有 m 个独立的初积分 $F_1(x, u), \cdots, F_m(x, u)$. 令

$$F_i(x, u) = F_i(0, u_0)(\text{常数}). \tag{7.29}$$

从定理 17 可以看到在包含点 $(0, u_0)$ 的 $\mathbf{R}^{m+s-1}$ 的一个开集 $V_1 \subset V$ 上,有

$$\begin{aligned}
\mathrm{d}u_k - \sum_{i,\,j=1}^{m} c_{ij}^k u_i \theta_j &= \sum_{j=1}^{m} f_{kj}(x, u)\,\mathrm{d}F_j \\
&= \sum_{j=1}^{m} f_{kj}(x, u) \left(\sum_{\sigma=1}^{s-1} \frac{\partial F_j}{\partial x_\sigma} \mathrm{d}x_\sigma + \sum_{i=1}^{m} \frac{\partial F_j}{\partial u_i} \mathrm{d}u_i \right).
\end{aligned} \tag{7.30}$$

θ_j 不包含 $\mathrm{d}u_s$ $(1 \leqslant s \leqslant m)$,所以矩阵 $\left(\dfrac{\partial F_j}{\partial u_i} \right)$ 必定非退化,由隐函数存在定理,从 (7.29)式可以得到 $\mathbf{R}^{s-1}$ 内包含原点 0 的一个开集 V_2,在 V_2 上有 $u_k = u_k(x_1, \cdots, x_{s-1})(1 \leqslant k \leqslant m)$,而且满足:

当 $x_\sigma = 0$ 时, $u_\sigma = 0$, $u_s = 1$,和 $u_p = 0$ $(1 \leqslant \sigma \leqslant s-1, \ s+1 \leqslant p \leqslant m)$. 于是关键在于证明方程组(7.28)是完全可积的.

这里我们再重申一句:上面出现的一切函数全是 C^∞ 的.

依照 Frobenius 定理,在条件(7.28)下,我们要证明 $\mathrm{d}\left(\sum\limits_{i,\,j=1}^{m} c_{ij}^k u_i \theta_j \right) = 0$. 利用方程组(7.24),得到

$$\begin{aligned}
\mathrm{d}\left(\sum_{i,\,j=1}^{m} c_{ij}^k u_i \theta_j \right) &= \sum_{i,\,j=1}^{m} c_{ij}^k (\mathrm{d}u_i \wedge \theta_j + u_i \mathrm{d}\theta_j) \\
&= \sum_{i,\,j,\,l,\,s=1}^{m} c_{ij}^k \left(c_{ls}^i u_l \theta_s \wedge \theta_j - \frac{1}{2} u_i c_{ls}^j \theta_l \wedge \theta_s \right) \\
&= \frac{1}{2} \sum_{i,\,j,\,l,\,s=1}^{m} (c_{ij}^k c_{ls}^i u_l - c_{is}^k c_{lj}^i u_l + c_{il}^k c_{js}^l u_i) \theta_s \wedge \theta_j
\end{aligned}$$

$$= \frac{1}{2} \sum_{l,\,j,\,s=1}^{m} \left[\sum_{i=1}^{m} (c_{ls}^{i} c_{ij}^{k} + c_{sj}^{i} c_{il}^{k} + c_{jl}^{i} c_{is}^{k}) \right] u_{l} \theta_{s} \wedge \theta_{j}$$

（注意上式右端第二大项等于本式右端第三大项，上式
右端第三大项下标 l 与 i 互换等于本式右端第二大项.）

$$= 0. \tag{7.31}$$

因而 m 个 u_k 的确存在. 下面验证由(7.25)式确定的 $\omega_k(x, \mathrm{d}x)$ 一定满足方程组(7.22)在含有 s 个变量 $x_1, \cdots, x_s$ 的情况.

$$\mathrm{d}\omega_k(x, \mathrm{d}x) = \mathrm{d}\theta_k + \mathrm{d}u_k \wedge \mathrm{d}x_s$$

$$= -\frac{1}{2} \sum_{i,\,j=1}^{m} c_{ij}^{k} \theta_i \wedge \theta_j + \sum_{i,\,j=1}^{m} c_{ij}^{k} u_i \theta_j \wedge \mathrm{d}x_s$$

$$= -\frac{1}{2} \sum_{i,\,j=1}^{m} c_{ij}^{k} \omega_i(x, \mathrm{d}x) \wedge \omega_j(x, \mathrm{d}x). \tag{7.32}$$

考虑 θ_k, u_k 的初始条件, 可以知道
当 $x_\sigma = 0 \ (1 \leqslant \sigma \leqslant s-1)$ 时,

$$\omega_\sigma(x, \mathrm{d}x) = \mathrm{d}x_\sigma (1 \leqslant \sigma \leqslant s-1),$$
$$\omega_s(x, \mathrm{d}x) = \mathrm{d}x_s,$$
$$\omega_p(x, \mathrm{d}x) = 0(s+1 \leqslant p \leqslant m),$$

这就证明了方程组(7.22)含 s 个变量的情况. 因而当 $s=m$ 时, 方程组(7.22)在 $\mathbf{R}^m$ 内包含原点 0 的某个开集 V_3 上, 有 C^∞ 的线性微分形式的解 $\omega_1(x, \mathrm{d}x)$, $\cdots$, $\omega_m(x, \mathrm{d}x)$, 我们可以适当缩小 V_3, 使得

$$\omega_k(x, \mathrm{d}x) = \sum_{j=1}^{m} a_j^k(x) \mathrm{d}x_j, \tag{7.33}$$

以及矩阵 $(a_j^k(x))$ 在 V_3 上有逆矩阵 $(\bar{a}_j^k(x))$, $a_j^k(0) = \delta_{kj}$.

(2) 利用上述得到的 $\omega_k(x, \mathrm{d}x)$, 在 V_3 上写出 Pfaff 方程组:

$$\begin{cases} \omega_k(z, \mathrm{d}z) - \omega_k(y, \mathrm{d}y) = 0, \\ \text{当 } y_k = 0 \text{ 时}, z_k = x_k \quad (1 \leqslant k \leqslant m). \end{cases} \tag{7.34}$$

由于上述 ω_k 适合方程组(7.22), 因此方程组(7.34)是完全可积的. 完全类似方程组(7.28)的处理, 可以得到解 $z_k = \Phi_k(x, y)$. 因为 Frobenius 定理的证明利用了常微分方程组的完全可积性, 所以 m 个函数 Φ_k 在 $\mathbf{R}^{2m}$ 内的某个立方体

$$E=\{(x_1,\cdots,x_m,y_1,\cdots,y_m)\in \mathbf{R}^{2m}\ |\ |x_i|<\varepsilon,\ |y_i|<\varepsilon,\ 1\leqslant i\leqslant m\}$$

内关于变量 x_i, $y_i(1\leqslant i\leqslant m)$ 是 C^∞ 的. 这里 ε 是某个固定的正常数.

下面证明这 C^∞ 解

$$z=(z_1,\cdots,z_m)=(\Phi_1(x,y),\cdots,\Phi_m(x,y))=\Phi(x,y)$$

具有下述 3 条性质:

(i) 令 $I^m=\{(x_1,\cdots,x_m)\in \mathbf{R}^m\ |\ |x_i|<\varepsilon,\ 1\leqslant i\leqslant m\}$, $\forall x\in I^m$,有 $\Phi(x,0)=x=\Phi(0,x)$.

(ii) 当 $x,y,z,\Phi(x,y),\Phi(y,z),\Phi(x,\Phi(y,z))$ 和 $\Phi(\Phi(x,y),z)$ 都在上述 I^m 内时,有

$$\Phi(x,\Phi(y,z))=\Phi(\Phi(x,y),z).$$

(iii) 存在 $\mathbf{R}^m$ 内包含原点 0 的开集 $W\subset I^m$, $\forall x\in W$,必定存在 I^m 内唯一的点 $g(x)$,适合

$$\Phi(x,g(x))=\Phi(g(x),x)=0.$$

如果能证明上述 3 条性质,那么就可以知道在 I^m 上定义了一个 m 维的局部李群,它以 $\Phi_k(x,y)$ 为乘法函数 $(1\leqslant k\leqslant m)$, $\mathbf{R}^m$ 内原点 0 为单位元.

首先,由 $z_k=\Phi_k(x,y)$ 是方程组(7.34)的解可以知道, $\Phi(x,0)=x$. 而 $z_k=\Phi_k(0,y)$ 是微分方程组

$$\begin{cases} \omega_k(z,\mathrm{d}z)-\omega_k(y,\mathrm{d}y)=0,\\ \text{当 } y_k=0 \text{ 时},z_k=0 \quad (1\leqslant k\leqslant m) \end{cases} \tag{7.35}$$

的解. 显然 $z_k=y_k$ 也满足方程组(7.35). 由完全可积 Pfaff 方程组 Cauchy 问题解的唯一性,可以得到 $y_k=\Phi_k(0,y)$. 把 y 换成 x,于是有性质(i).

现在来证明性质(ii).

令 $u_k=\Phi_k(x,\Phi(y,z))$, $v_k=\Phi_k(y,z)$ 和 $u_k^*=\Phi_k(\Phi(x,y),z)(1\leqslant k\leqslant m)$.

v_k 是微分方程组

$$\begin{cases} \omega_k(v,\mathrm{d}v)-\omega_k(z,\mathrm{d}z)=0,\\ \text{当 } z_k=0 \text{ 时},v_k=y_k \quad (1\leqslant k\leqslant m) \end{cases} \tag{7.36}$$

的解.

u_k 是微分方程组

$$\begin{cases} \omega_k(u,\,\mathrm{d}u)-\omega_k(v,\,\mathrm{d}v)=0, \\ \text{当 } v_k=0 \text{ 时},\ u_k=x_k \quad (1\leqslant k\leqslant m) \end{cases} \tag{7.37}$$

的解.

利用方程组(7.36)和方程组(7.37),我们看到 u_k 是微分方程组

$$\begin{cases} \omega_k(u,\,\mathrm{d}u)-\omega_k(z,\,\mathrm{d}z)=0, \\ \text{当 } z_k=0 \text{ 时},\ u_k=\Phi_k(x,\,y) \quad (1\leqslant k\leqslant m) \end{cases} \tag{7.38}$$

的解.

而 u_k^* 显然也是方程组(7.38)的解. 由解的唯一性得到 $u_k=u_k^*$ $(1\leqslant k\leqslant m)$,这就是性质(ii).

由于 $\dfrac{\partial\Phi_k(x,\,y)}{\partial y_j}\Big|_{x=0}=\delta_{kj}$,因此存在包含原点 0 的 $\mathbf{R}^m$ 内开集 $W_1\subset I^m$,对于 W_1 内的 x,$\Phi_k(x,\,y)=0$ $(1\leqslant k\leqslant m)$ 有 C^∞ 函数解 $y_k=g_k(x)$,即 $\Phi(x,\,g(x))=0$.

由于 $\Phi(x,\,0)=x$,因此一定存在 $\mathbf{R}^m$ 内含原点 0 的一个开集 $W_2\subset I^m$,当 $y\in W_2$ 时,矩阵 $\left(\dfrac{\partial\Phi_k(x,\,y)}{\partial x_j}\right)$ 非退化,以及对于 W_2 内的 y,有 $x_k=f_k(y)$ $(1\leqslant k\leqslant m)$,满足 $\Phi(f(y),\,y)=0$.

令 $z_k=\Phi_k(g(x),\,x)$,则

$$\begin{aligned} \Phi_k(x,\,z)&=\Phi_k(x,\,\Phi(g(x),\,x))=\Phi_k(\Phi(x,\,g(x)),\,x) \\ &=\Phi_k(0,\,x)=x_k. \end{aligned} \tag{7.39}$$

所以

$$\begin{aligned} 0=\Phi_k(f(x),\,x)&=\Phi_k(f(x),\,\Phi(x,\,z)) \\ &=\Phi_k(\Phi(f(x),\,x),\,z)=\Phi_k(0,\,z)=z_k. \end{aligned} \tag{7.40}$$

于是

$$\Phi(g(x),\,x)=0. \tag{7.41}$$

因而,我们只要选取 $\mathbf{R}^m$ 内含原点 0 的一个开集 $W\subset W_1\bigcap W_2$,使得 $\forall x\in W$,(7.39)式和(7.40)式都有意义就可以了. 显然,$\forall x\in W$,必有一个 $g(x)\in I^m$,使得

$$\Phi(x,\,g(x))=\Phi(g(x),\,x)=0.$$

$g(x)$ 的唯一性是一目了然的. 因而性质(iii)得证.

(3) 最后我们要证明这样得到的局部李群的李代数在李代数同构意义下恰好是 L. 由方程组(7.22),只要证明这个局部李群的 Maurer-Cartan 形式的基就是 $\omega_k(x,\ dx)\ (1 \leqslant k \leqslant m)$.

由于 $z_k = \Phi_k(x,\ y)$ 满足方程组(7.34),而方程组(7.34)等价于下述方程组:

$$dz_k - \sum_{i,\ j=1}^{m} \widetilde{a}_i^k(z) a_j^i(y) dy_j = 0. \tag{7.42}$$

于是,有

$$\frac{\partial \Phi_k(x,\ y)}{\partial y_j} = \sum_{i=1}^{m} \widetilde{a}_i^k(\Phi(x,\ y)) a_j^i(y), \tag{7.43}$$

这个局部李群的变换函数

$$\psi_j^k(x) = \frac{\partial \Phi_k(x,\ y)}{\partial y_j} \bigg|_{y=0} = \widetilde{a}_j^k(x). \tag{7.44}$$

因此,MC 形式的基为

$$
\begin{aligned}
\omega_k^*(x,\ dx) &= \sum_{j=1}^{m} \widetilde{\psi}_j^k(x) dx_j \\
&= \sum_{j=1}^{m} a_j^k(x) dx_j \\
&= \omega_k(x,\ dx).
\end{aligned}
\tag{7.45}
$$

现在我们举两个具体的例子,说明定理 20 的深刻意义.

例 2 已知一个以 X_1,X_2 为基的实二维李代数 L,满足 $[X_1,\ X_2] = aX_1 + bX_2$,这里 a,b 为非零实常数. 求一个局部李群 N,它以 L 为李代数.

解 令 $Y_1 = \dfrac{1}{b}X_1$,$Y_2 = aX_1 + bX_2$,则在新基 Y_1,Y_2 下,

$$[Y_1,\ Y_2] = Y_2.$$

于是,在基 Y_1,Y_2 下,结构常数是 $c_{12}^1 = 0$,$c_{12}^2 = 1$. 列出双线性方程组(参考方程组(7.22)):

$$
\begin{cases}
d\omega_1 = 0, \\
d\omega_2 = -\omega_1 \wedge \omega_2, \\
\text{当 } x_1 = x_2 = 0 \text{ 时},\ \omega_1 = dx_1,\ \omega_2 = dx_2.
\end{cases}
$$

令 $\omega_1 = \mathrm{d}x_1$，$\omega_2 = f(x_1)\mathrm{d}x_2$（解不唯一），则从上面第二个方程可以得到

$$\frac{\mathrm{d}f}{\mathrm{d}x_1} = -f, \quad f = \mathrm{e}^{-x_1}.$$

那么，我们有

$$\omega_1(x, \mathrm{d}x) = \mathrm{d}x_1, \quad \omega_2(x, \mathrm{d}x) = \mathrm{e}^{-x_1}\mathrm{d}x_2.$$

写出相应的 Pfaff 方程组（参考方程组(7.34)）：

$$\begin{cases} \mathrm{d}z_1 = \mathrm{d}y_1, \\ \mathrm{e}^{-z_1}\mathrm{d}z_2 = \mathrm{e}^{-y_1}\mathrm{d}y_2, \\ \text{当 } y_1 = y_2 = 0 \text{ 时}, z_1 = x_1, z_2 = x_2. \end{cases}$$

积分第一个方程，有

$$z_1 = y_1 + x_1,$$

代入第二个方程，得

$$\mathrm{d}z_2 = \mathrm{e}^{x_1}\mathrm{d}y_2,$$

积分，有

$$z_2 = \mathrm{e}^{x_1}y_2 + x_2.$$

所以，所求的局部李群 N 的乘法函数是

$$\begin{cases} z_1 = \varPhi_1((x_1, x_2), (y_1, y_2)) = x_1 + y_1, \\ z_2 = \varPhi_2((x_1, x_2), (y_1, y_2)) = x_2 + \mathrm{e}^{x_1}y_2. \end{cases}$$

例 3 已知一个以 X_1, X_2, X_3 为基的实李代数 L 满足

$$[X_1, X_2] = X_3, \quad [X_2, X_3] = 0, \quad [X_3, X_1] = X_2.$$

求一个局部李群，以 L 为李代数.

解 李代数 L 在基 X_1, X_2, X_3 下，结构常数是

$$c_{12}^3 = -c_{21}^3 = 1, \quad c_{31}^2 = -c_{13}^2 = 1,$$

其余都是 0.

先解双线性方程组：

$$\begin{cases} \mathrm{d}\omega_1 = 0, \\ \mathrm{d}\omega_2 = \omega_1 \wedge \omega_3, \\ \mathrm{d}\omega_3 = -\omega_1 \wedge \omega_2, \\ \text{当 } x_1 = x_2 = x_3 = 0 \text{ 时}, \ \omega_1 = \mathrm{d}x_1, \ \omega_2 = \mathrm{d}x_2, \ \omega_3 = \mathrm{d}x_3. \end{cases}$$

上面方程组有一组解：

$$\omega_1(x, \mathrm{d}x) = \mathrm{d}x_1, \quad \omega_2(x, \mathrm{d}x) = \mathrm{d}x_2 - x_3\mathrm{d}x_1,$$
$$\omega_3(x, \mathrm{d}x) = \mathrm{d}x_3 + x_2\mathrm{d}x_1.$$

列出相应的 Pfaff 方程组：

$$\begin{cases} \mathrm{d}z_1 = \mathrm{d}y_1, \\ \mathrm{d}z_2 - z_3\mathrm{d}z_1 = \mathrm{d}y_2 - y_3\mathrm{d}y_1, \\ \mathrm{d}z_3 + z_2\mathrm{d}z_1 = \mathrm{d}y_3 + y_2\mathrm{d}y_1, \\ \text{当 } y_1 = y_2 = y_3 = 0 \text{ 时}, \ z_1 = x_1, \ z_2 = x_2, \ z_3 = x_3. \end{cases}$$

积分第一个方程,得

$$z_1 = y_1 + x_1,$$

将上式代入第二、第三个方程,得

$$\begin{cases} \mathrm{d}(z_2 - y_2) = (z_3 - y_3)\mathrm{d}y_1, \\ \mathrm{d}(z_3 - y_3) = (y_2 - z_2)\mathrm{d}y_1. \end{cases}$$

令

$$F = (z_2 - y_2) + \mathrm{i}(z_3 - y_3),$$

则由上述方程组有

$$\mathrm{d}F = -\mathrm{i}F\mathrm{d}y_1,$$

于是

$$F = (c_1 + \mathrm{i}c_2)\mathrm{e}^{-\mathrm{i}y_1},$$

c_1, c_2 是待定实数. 分离实部与虚部,有

$$z_2 = y_2 + c_1\cos y_1 + c_2\sin y_1,$$
$$z_3 = y_3 + c_2\cos y_1 - c_1\sin y_1.$$

由初始条件知道, $c_1 = x_2$, $c_2 = x_3$. 上面两式连同 $z_1 = x_1 + y_1$ 给出了所求一个

局部李群的乘法函数.

由于例2、例3比较简单,所以现在得到的是两个李群.

细心的读者会发现,对于同一个李代数L,会有许多局部李群的李代数是L,因为方程组(7.22)的解是不唯一的.以例2、例3为例,读者很容易写出满足同一双线性微分方程组的许多解;而且同一李代数可以进行基变换.那么,具有同一李代数的这许许多多的局部李群或李群有什么关系呢?

我们先引入一个定义.

定义3.6　M, N是两个同维数的李群或局部李群,如果存在分别包含M, N单位元的开集$U \subset M$和$V \subset N$,微分同胚f映U到V上,而且当x, y, $xy \in U$时,有$f(xy) = f(x)f(y)$,则称f为M到N的局部微分同构,或称M, N是局部微分同构的.

现在我们可以讲述定理21.

定理21　M, N是两个同m维的李群或局部李群,如果M, N具有相同的李代数,则M, N是局部微分同构的.

证明　这里M, N具有相同的李代数意味着M, N的李代数是同构的.因而,可以选取李代数基,使得这两个李代数有同一组结构常数.

分别取M, N的含单位元e_M, e_N的坐标图(U, φ)与(V, ψ),设$\varphi(e_M) = (0, \cdots, 0)$, $\psi(e_N) = (0, \cdots, 0)$,在$(U, \varphi)$内,$M$的MC形式的基是$\omega_1(x, \mathrm{d}x)$, $\cdots$, $\omega_m(x, \mathrm{d}x)$,在(V, ψ)内,N的MC形式的基是$\omega_1^*(x^*, \mathrm{d}x^*)$, $\cdots$, $\omega_m^*(x^*, \mathrm{d}x^*)$.由于$M$, N的李代数具有同一结构常数,因此有Maurer-Cartan关系式:

$$\mathrm{d}\omega_k(x, \mathrm{d}x) = -\frac{1}{2} \sum_{i, j=1}^{m} c_{ij}^k \omega_i(x, \mathrm{d}x) \wedge \omega_j(x, \mathrm{d}x),$$

$$\mathrm{d}\omega_k^*(x^*, \mathrm{d}x^*) = -\frac{1}{2} \sum_{i, j=1}^{m} c_{ij}^k \omega_i^*(x^*, \mathrm{d}x^*) \wedge \omega_j^*(x^*, \mathrm{d}x^*).$$

$$(7.46)$$

定义一组独立的Pfaff方程组:

$$\begin{cases} \omega_k^*(x^*, \mathrm{d}x^*) - \omega_k(x, \mathrm{d}x) = 0, \\ \text{当}\,x_k = 0\,\text{时},\, x_k^* = 0 \quad (1 \leqslant k \leqslant m). \end{cases} \quad (7.47)$$

这里$\omega_k(x, \mathrm{d}x) = \sum_{j=1}^{m} \widetilde{\psi}_j^k(x) \mathrm{d}x_j$, $\omega_k^*(x^*, \mathrm{d}x^*) = \sum_{j=1}^{m} \widetilde{\psi}_j^k(x^*) \mathrm{d}x_j^*$.

由(7.46)式,(7.47)式是完全可积的,于是,存在$\mathbf{R}^m$内包含原点0的一个

开集 $W_1 \subset \varphi(U)$，在 W_1 上有 m 个 C^∞ 解

$$x_k^* = f_k(x) \quad (1 \leqslant k \leqslant m). \tag{7.48}$$

从 (7.47) 式以及利用变换函数矩阵在单位元处是单位矩阵这一性质，可以得到

$$\left. \frac{\partial f_k}{\partial x_j} \right|_{x=0} = \delta_{kj}, \tag{7.49}$$

所以由隐函数存在定理，在 $\mathbf{R}^m$ 内存在一个包含原点 0 的开集 $W_2 \subset W_1$，由 $f(x) = (f_1(x), \cdots, f_m(x))$ 定义的映射 f 是 W_2 到 $\mathbf{R}^m$ 内包含原点 0 的开集 $f(W_2) \subset \psi(V)$ 上的一个微分同胚.

令 $F = \varphi^{-1} f^{-1} \psi$，$F$ 是 N 内含 e_N 的开集 $\psi^{-1} f(W_2)$ 到 M 内含 e_M 的开集 $\varphi^{-1}(W_2)$ 上的一个微分同胚. 在映射 F 下，由方程组 (7.47)，有

$$\omega_k^*(x^*, \mathrm{d}x^*) = \omega_k^*(f, \mathrm{d}f) = \omega_k(x, \mathrm{d}x).$$

这说明在映射 F 下，N 的 MC 形式的基恰巧映为 M 的 MC 形式的基，所以，由 Pfaff 方程组 (7.34) 解的唯一性可以知道，在这映射 F 下，N 的乘法函数恰巧映为 M 的乘法函数. 所以，F 是局部微分同构.

§8　李子群和闭子群

本节讨论李群的子群与李代数的子代数两者的关系.

定义 3.7　N 是一个 n 维李群，M 是一个 $m(\leqslant n)$ 维李群，如果 M 是 N 的子群且恒等映射（内射）$I: M \to N$ 是一个浸入，则称 M 是 N 的一个 m 维李子群. 如果 M 的拓扑恰是作为 N 的子空间的拓扑，则称 M 为拓扑李子群.

定理 22　M 是李群 N 的一个 m 维李子群，那么 $\Lambda(M)$ 是 $\Lambda(N)$ 的一个子代数. 反之，$\Lambda(N)$ 的每一个子代数恰是 N 内唯一连通李子群的李代数.

证明　设李群 N 是 n 维，$n \geqslant m$. 对于 $\Lambda(M)$ 内任一固定的 X，$\forall t \in \mathbf{R}$，$\exp tX$ 是 M 内的一个单参数子群（包括退化情况），恒等映射 I 是一个浸入同态，所以，$I(\exp tX)$ 一定是 N 内的一个单参数子群. 我们仔细分析一下第一章定理 4 的证明可知，对于 N 内嵌入子流形 M，一定存在 N 内含 e 的一个坐标图 (W, φ) 和 M 内含 e 的坐标图 (W^*, ψ)，$W^* \subset W \bigcap M$，且

$$\varphi(W) = \{(z_1, \cdots, z_n) | -\varepsilon < z_\alpha < \varepsilon, 1 \leqslant \alpha \leqslant n\},$$
$$\varphi(W^*) = \{(z_1, \cdots, z_m, 0, \cdots, 0) | -\varepsilon < z_i < \varepsilon, 1 \leqslant i \leqslant m\},$$

以及

$$\psi(W^*) = \{(z_1, \cdots, z_m) \mid -\varepsilon < z_i < \varepsilon, \ 1 \leqslant i \leqslant m\}. \qquad (8.1)$$

这里 ε 是某个固定的正常数. 于是,在坐标图(W^*, ψ)内,记 $X_e = \sum_{i=1}^{m} \lambda_i \dfrac{\partial}{\partial z_i}(e)$,
则由第一章§2的公式(2.2),有

$$\mathrm{d}I(X_e) = \sum_{i=1}^{m} \lambda_i \frac{\partial}{\partial z_i}(e). \qquad (8.2)$$

为简便起见,仍用 X_e 表示上式右端,仍用 X 表示由 $X_e \in T_e(N)$ 生成的 $\Lambda(N)$
内的左不变切向量场,则我们有

$$I(\exp tX) = \exp t\,\mathrm{d}I(X) = \exp tX. \qquad (8.3)$$

因此,在现在的记号下,容易明白 $\mathrm{d}I$ 是 $\Lambda(M)$ 到 $\Lambda(N)$ 内的恒等映射,所以
$\Lambda(M)$ 是 $\Lambda(N)$ 的子代数.

　　反之,对于 $\Lambda(N)$ 内任一个 m 维子代数 g,当 $m=0$ 时,显然只需取李子群
$H=e$ 就可以了,如果 H 连通,则只有这一种情况.

　　下面考虑 $m \geqslant 1$ 的情况. 选择 $\Lambda(N)$ 的一组基 $X_1, \cdots, X_n$,使得 $X_1, \cdots,$
X_m 是 g 的一组基. 因而, $\Lambda(N)$ 的结构常数满足:

$$[X_i, X_j] = \sum_{k=1}^{m} c_{ij}^k X_k, \ c_{ij}^\rho = 0 \ (1 \leqslant i, j \leqslant m, \ m+1 \leqslant \rho \leqslant n). \quad (8.4)$$

　　从定理20我们知道,存在一个 m 维局部李群 U,它以 g 为李代数,于是,有
坐标图(U, φ), $\varphi(e) = (0, \cdots, 0)$, 这个局部李群的 MC 形式的基是 $\omega_1^*(u,$
$\mathrm{d}u), \cdots, \omega_m^*(u, \mathrm{d}u)$,并满足:

$$\begin{cases} \mathrm{d}\omega_k^*(u, \mathrm{d}u) = -\dfrac{1}{2} \sum_{i, j=1}^{m} c_{ij}^k \omega_i^*(u, \mathrm{d}u) \wedge \omega_j^*(u, \mathrm{d}u), \\ \text{当 } u_k = 0 \text{ 时,} \ \omega_k^*(u, \mathrm{d}u) = \mathrm{d}u_k \quad (1 \leqslant k \leqslant m). \end{cases} \qquad (8.5)$$

其乘法函数为 $\Phi^*(u, v) = (\Phi_1^*(u, v), \cdots, \Phi_m^*(u, v))$.

　　设 N 内含单位元 e_N 的第一类规范坐标图(U_1, φ_1)里 MC 形式的基是
$\omega_1(x, \mathrm{d}x), \cdots, \omega_n(x, \mathrm{d}x)$,这里, $\varphi_1(e_N) = (0, \cdots, 0)$,

$$\omega_\alpha(x, \mathrm{d}x) = \sum_{\beta=1}^{n} \widetilde{\psi}_\beta^\alpha(x) \mathrm{d}x_\beta \quad (1 \leqslant \alpha \leqslant n). \qquad (8.6)$$

其乘法函数是 $\Phi(x, y) = (\Phi_1(x, y), \cdots, \Phi_n(x, y))$,而且有 MC 关系式:

$$\begin{cases} \mathrm{d}\omega_\alpha(x,\,\mathrm{d}x) = -\dfrac{1}{2}\sum_{\beta,\,\gamma=1}^{n} c_{\beta\gamma}^{\alpha}\omega_\beta(x,\,\mathrm{d}x) \wedge \omega_\gamma(x,\,\mathrm{d}x), \\ \text{当 } x_\alpha = 0 \text{ 时，} \omega_\alpha(x,\,\mathrm{d}x) = \mathrm{d}x_\alpha \quad (1 \leqslant \alpha \leqslant n). \end{cases} \tag{8.7}$$

引入 $n-m$ 个 Pfaff 式 $\omega_\rho^*(u,\,\mathrm{d}u) = 0(m+1 \leqslant \rho \leqslant n)$.

在 $\mathbf{R}^{m+n}$ 内包含原点 0 的开集 $\varphi(U) \times \varphi_1(U_1)$ 上考虑独立的 Pfaff 方程组：

$$\begin{cases} \omega_\alpha(x,\,\mathrm{d}x) - \omega_\alpha^*(u,\,\mathrm{d}u) = 0, \\ \text{当 } u_i = 0 \text{ 时，} x_\alpha = 0 \ (1 \leqslant \alpha \leqslant n, \ 1 \leqslant i \leqslant m). \end{cases} \tag{8.8}$$

我们利用方程组(8.5)、方程组(8.7)、方程组(8.8)和方程组(8.4)，可以知道

$$\mathrm{d}\omega_\alpha(x,\,\mathrm{d}x) - \mathrm{d}\omega_\alpha^*(u,\,\mathrm{d}u) = 0, \ 1 \leqslant \alpha \leqslant n. \tag{8.9}$$

由 Frobenius 定理和方程组(8.6)可以看到，在 $\mathbf{R}^m$ 内包含原点 0 的一个开集 $V \subset \varphi(U)$ 上存在 n 个 C^∞ 函数

$$x_\alpha = f_\alpha(u) \ (1 \leqslant \alpha \leqslant n) \tag{8.10}$$

满足方程组(8.8)，而且矩阵 $\left(\dfrac{\partial f_\alpha}{\partial u_i}\right)$ 的秩是 m.

$$\forall u \in V, \text{令 } f(u) = (f_1(u),\,\cdots,\,f_n(u)) \in \varphi_1(U_1).$$

因为 f 在原点的秩是 m，所以存在 $\mathbf{R}^m$ 内包含原点 0 的一个开集 $V_1 \subset V$，使得 $f: V_1 \to f(V_1)$ 是 1—1 的. 如果我们能证明 $f(\Phi^*(u,\,v)) = \Phi(f(u),\,f(v))$，那么在 N 的包含单位元 e_N 的点集 $U_2 = \varphi_1^{-1}(f(V_1))$ 上可以定义一个与 V_1 局部微分同构的 m 维局部李群，而且可适当缩小 U_2，使得 $U_2^{-1} = U_2$ 及 U_2 同胚于 $\mathbf{R}^m$ 内以原点为中心的开立方体. U_2 的李代数显然是 g.

令 $x = f(u)$，$y = f(v)$，由方程组(8.8)我们知道，$y = f(v)$ 满足：

$$\begin{cases} \omega_\alpha(y,\,\mathrm{d}y) - \omega_\alpha^*(v,\,\mathrm{d}v) = 0, \\ \text{当 } v_i = 0 \text{ 时，} y_\alpha = 0 \ (1 \leqslant \alpha \leqslant n, \ 1 \leqslant i \leqslant m). \end{cases} \tag{8.11}$$

而 $\Phi^*(u,\,v)$ 满足方程组：

$$\begin{cases} \omega_\alpha^*(\Phi^*,\,\mathrm{d}\Phi^*) - \omega_\alpha^*(v,\,\mathrm{d}v) = 0, \\ \text{当 } v_i = 0 \text{ 时，} \Phi_i^*(u,\,v) = u_i(1 \leqslant \alpha \leqslant n, \ 1 \leqslant i \leqslant m). \end{cases} \tag{8.12}$$

$\Phi(x,\,y)$ 满足方程组：

$$\begin{cases} \omega_\alpha(\Phi,\,\mathrm{d}\Phi) - \omega_\alpha(y,\,\mathrm{d}y) = 0, \\ \text{当 } y_\alpha = 0 \text{ 时，} \Phi_\alpha(x,\,y) = x_\alpha(1 \leqslant \alpha \leqslant n). \end{cases} \tag{8.13}$$

由方程组(8.11)、方程组(8.12)和方程组(8.13)可以看到:

$$\omega_a(\Phi, \mathrm{d}\Phi) - \omega_a^*(\Phi^*, \mathrm{d}\Phi^*) = 0. \tag{8.14}$$

以及由方程组(8.11)、方程组(8.12)和方程组(8.13)的 3 个初始条件可以得到:当 $\Phi^* = u$ 时,对应地有 $\Phi = x = f(u)$,再由方程组(8.8),取 $u = 0$,则 $x = 0$,所以,利用方程组(8.8)解的唯一性有

$$\Phi(x, y) = f(\Phi^*(u, v)). \tag{8.15}$$

由(8.15)式可以知道 U_2 是一个 m 维局部李群,而且 U_2 上点与点的乘法恰巧是李群 N 的乘法.

利用点集 U_2 可以在 N 内生成一个子群 H,下面证明可确定 H 为一个连通拓扑群. 如果能证明这点,则由第三章定理 1 可知 H 是一个 m 维连通李群. 再利用矩阵 $\left(\dfrac{\partial f_a}{\partial u_i}\right)$ 的秩是 m,和利用李群的左、右移动是微分同胚可以知道,内射 $I: H \to N$ 是一个浸入,那么,H 是 N 的一个李子群,它以 g 为李代数.

取 m 维局部李群 U_2 内含单位元 e_N 的全部开集族 $\{O\}$,$\forall a \in H$,定义 H 内集合 aO 作为含 a 的开集,这里 $O \in \{O\}$,如果能证明当 $a_1O_1 \bigcap a_2O_2 \neq \varnothing$ 时,$\forall a_3 \in a_1O_1 \bigcap a_2O_2$,有 $a_3O_3 \subset a_1O_1 \bigcap a_2O_2$,这里 O_1, O_2, O_3 都取自 $\{O\}$,那么,就可以由全体 $\{aO \mid a \in H, O \in \{O\}\}$ 作基,使得 H 是一个拓扑空间.

首先,存在 $v_1 \in O_1 \subset U_2$,$v_2 \in O_2 \subset U_2$,满足 $a_3 = a_1v_1 = a_2v_2$. 由于 U_2 是局部李群,因此,有含 e_N 的开集 $O_3 \in \{O\}$,使得 $v_1O_3 \subset O_1$,$v_2O_3 \subset O_2$,因而 $a_3O_3 = a_1v_1O_3 \subset a_1O_1$ 和 $a_3O_3 = a_2v_2O_3 \subset a_2O_2$,可见,的确有

$$a_3O_3 \subset a_1O_1 \bigcap a_2O_2.$$

对于 H 内任意两个不同的点 a_1^*,a_2^*,由于 $a_2^{*-1}a_1^* \neq e_N$,则存在含 e_N 的开集 $O_4 \subset U_2$,使得 $a_2^{*-1}a_1^*$ 不在 O_4 内. 取含 e_N 的开集 $O_5 \subset U_2$,满足 $O_5O_5^{-1} \subset O_4$,那么,$a_1^*O_5 \bigcap a_2^*O_5 = \varnothing$,$H$ 是 Hausdorff 空间. 如能证 H 是拓扑群,则由于 U_2 连通,以及 $H = \bigcup_{p=1}^{\infty} U_2^p$,每个 U_2^p 是含 e_N 的连通开集,那么 H 连通.

设 $F: H \times H \to H$,$F(b_1, b_2) = b_1b_2^{-1}$,对于含 $b_1b_2^{-1}$ 的任一开集 $b_1b_2^{-1}O_6$,这里 $O_6 \in \{O\}$,一定存在 $O_7 \in \{O\}$,满足 $b_2O_7b_2^{-1} \subset O_6$($b_2$ 可写成 U_2 内元素的乘积),又能找到 $O_8 \in \{O\}$,使得 $O_8O_8^{-1} \subset O_7$,则

$$F(b_1O_8, b_2O_8) = b_1O_8(b_2O_8)^{-1} = b_1O_8O_8^{-1}b_2^{-1} \subset b_1b_2^{-1}(b_2O_7b_2^{-1}) \subset b_1b_2^{-1}O_6,$$

即 F 连续,因而 H 是拓扑群.

对于内射 $I: H \to N$, $\mathrm{d}I(\Lambda(H)) = \Lambda(H) = g$ 是 $\Lambda(N)$ 的子代数,由(8.3)式可以知道: $\forall X \in g$, $\exp tX$ 既可看作 H 内的一个单参数子群,又可看作 n 维李群 N 内的一个单参数子群. 所以, N 的指数映射 $\exp$ 限制在 g 上,即有 $\exp g \subset H$, 因此, $\exp g$ 生成的子群 $H_1 \subset H$. 但 $\exp g$ 包含 H 内的一个开核 $\left\{\exp \sum_{i=1}^{m} \lambda_i X_i \mid -\varepsilon < \lambda_i < \varepsilon \right\}$, 这里 $X_1, \cdots, X_m$ 是 g 的一组基,所以,由 H 的连通性可以知道 $H_1 = H$. 也就是说,满足条件的李子群只有一个.

李群的代数闭子群是另一类很重要的研究对象. 我们先证明一个引理.

引理 M 是一个 m 维李群,对于 $\Lambda(M)$ 内任意两个固定左不变切向量场 X, Y,一定存在 $\varepsilon > 0$,对 $-\varepsilon < t < \varepsilon$, 有

(1) $\exp tX \exp tY = \exp \left\{t(X+Y) + \dfrac{t^2}{2}[X, Y] + o(t^2)\right\}$;

(2) $\exp tX \exp tY \exp(-tX) \exp(-tY) = \exp\{t^2[X, Y] + o(t^2)\}$. 这里

$$\lim_{t \to 0} \frac{o(t^2)}{t^2} = 0.$$

证明 由于当 $\Lambda(M)$ 内左不变切向量场 X, Y 固定时,利用 $\exp$ 在含 0 的一个开集 $V \subset \Lambda(M)$ 内是微分同胚,因此,存在正常数 ε,当 $-\varepsilon < t < \varepsilon$ 时,有 $tX \in V$, $tY \in V$ 和

$$\exp tX \exp tY \in \exp V. \tag{8.16}$$

那么,存在唯一 $Z(t) \in V$, 满足

$$\exp tX \exp tY = \exp Z(t). \tag{8.17}$$

这里 $Z(t)$ 是 $\Lambda(M)$ 内变量为 t 的 C^∞ 函数(每个 t 对应向量场),显然 $Z(0) = 0$. 令 $U = \exp V$, 取定 M 内含单位元的坐标图 (U, φ).

令 $Y_e = \sum_{i=1}^{m} \lambda_i \dfrac{\partial}{\partial x_i}(e)$, 由于 Y 生成的单参数子群的局部坐标 $(x_1(t), \cdots, x_m(t))$ 满足:

$$\frac{\mathrm{d}x_k}{\mathrm{d}t} = \sum_{i=1}^{m} \lambda_i \psi_i^k(x) \ (1 \leqslant k \leqslant m), \tag{8.18}$$

因此, $\forall f \in C^\infty(U)$, 有

$$\frac{\mathrm{d}}{\mathrm{d}t} f(\exp tY) = \sum_{k=1}^{m} \frac{\partial f \varphi^{-1}(x)}{\partial x_k} \frac{\mathrm{d}x_k}{\mathrm{d}t} = Yf, \tag{8.19}$$

和

$$\frac{\mathrm{d}^2}{\mathrm{d}t^2}f(\exp tY)=\frac{\mathrm{d}}{\mathrm{d}t}(Yf)=\sum_{k=1}^{m}\frac{\partial(Yf)\varphi^{-1}(x)}{\partial x_k}\frac{\mathrm{d}x_k}{\mathrm{d}t}=Y(Yf). \quad (8.20)$$

令 $F(t)=f(\exp tY)$，由于 F 关于 t 是 C^∞ 的，因此，有

$$F(t)=F(0)+t\frac{\mathrm{d}F(t)}{\mathrm{d}t}\Big|_{t=0}+\frac{1}{2}t^2\frac{\mathrm{d}^2F(t)}{\mathrm{d}t^2}\Big|_{t=0}+o(t^2), \quad (8.21)$$

这里 $o(t^2)$ 是含 t^3 的项，$\lim_{t\to 0}\dfrac{1}{t^2}o(t^2)=0$，以及

$$f(\exp tY)=f(e)+tY_ef+\frac{1}{2}t^2Y_e(Yf)+o(t^2). \quad (8.22)$$

用 L_a^*f 代替上述 f，有

$$f(a\exp tY)=f(a)+tY_af+\frac{1}{2}t^2Y_e(YL_a^*f)+o(t^2). \quad (8.23)$$

因为当 a，x 和 ax 都在 U 内时，有

$$\begin{aligned}L_a^*(Yf)(x)&=Yf(ax)=Y_{ax}f=\mathrm{d}L_a(Y_x)f\\&=Y_x(L_a^*f)=Y(L_a^*f)(x),\end{aligned} \quad (8.24)$$

所以，对于 U 内的 a，(8.23)式可以改写为

$$f(a\exp tY)=f(a)+tY_af+\frac{1}{2}t^2Y_a(Yf)+o(t^2). \quad (8.25)$$

令 $a=\exp tX$，类似(8.22)式，我们有

$$\begin{aligned}tY_af&=tYf(\exp tX)\\&=tYf(e)+t^2X_e(Yf)+o(t^2),\end{aligned} \quad (8.26)$$

$$\begin{aligned}\frac{1}{2}t^2Y_a(Yf)&=\frac{1}{2}t^2Y(Yf)(\exp tX)\\&=\frac{1}{2}t^2Y_e(Yf)+o(t^2),\end{aligned} \quad (8.27)$$

$$f(a)=f(\exp tX)=f(e)+tX_ef+\frac{1}{2}t^2X_e(Xf)+o(t^2). \quad (8.28)$$

将(8.26)式、(8.27)式和(8.28)式代入(8.25)式，可以看到

$$f(\exp tX\exp tY)=f(e)+t(X_e+Y_e)f+\frac{1}{2}t^2[X_e(Xf)$$
$$+2X_e(Yf)+Y_e(Yf)]+o(t^2). \qquad (8.29)$$

令

$$Z(t)=tZ_1+t^2Z_2+o(t^2), \qquad (8.30)$$

那么

$$f(\exp Z(t))=f(\exp(tZ_1+t^2Z_2+o(t^2)))$$
$$=f(e)+t(Z_1+tZ_2)_ef+\frac{1}{2}t^2Z_{1e}(Z_1f)+o(t^2) \qquad (8.31)$$
$$=f(e)+tZ_{1e}f+\frac{1}{2}t^2[Z_{1e}(Z_1f)+2Z_{2e}f]+o(t^2). \qquad (8.32)$$

从(8.17)式,再比较(8.29)式与(8.32)式,有

$$Z_{1e}=X_e+Y_e,\text{即}\ Z_1=X+Y, \qquad (8.33)$$

那么

$$Z_{2e}=\frac{1}{2}[X,Y]_e,\text{和}\ Z_2=\frac{1}{2}[X,Y]. \qquad (8.34)$$

因此,证明了(1). 由此,就比较容易证明(2)(要适当缩小 ε):

$$\exp tX\exp tY\exp(-tX)\exp(-tY)$$
$$=\exp\Big\{t(X+Y)+\frac{t^2}{2}[X,Y]+o(t^2)\Big\}\exp\Big\{-t(X+Y)+\frac{t^2}{2}[X,Y]+o(t^2)\Big\}$$
$$=\exp\{t^2[X,Y]+o(t^2)\}. \qquad (8.35)$$

我们以前讲过李群的(含单位元 e 的)第一、第二类规范坐标图,现在引入(含单位元 e 的)第三类规范坐标图的概念.

设 M 是一个 m 维李群,$\Lambda(M)$ 有一组基 $X_1,\cdots,X_m$,固定整数 $s,1\leqslant s\leqslant m-1$,定义映射

$$F_1:\Lambda(M)\to M,\ F_1\Big(\sum_{i=1}^m\lambda_iX_i\Big)=\exp\Big(\sum_{\rho=1}^s\lambda_\rho X_\rho\Big)\exp\Big(\sum_{\tau=s+1}^m\lambda_\tau X_\tau\Big),$$

在第一类规范坐标图内,映射 F_1 导出局部坐标之间的映射:

$$\widetilde{F}_1(\lambda_1,\cdots,\lambda_m)=(\Phi_1((\lambda_1,\cdots,\lambda_s,0,\cdots,0),(0,\cdots,0,\lambda_{s+1},\cdots,$$

$\lambda_m))$, $\cdots$, $\Phi_m((\lambda_1, \cdots, \lambda_s, 0, \cdots, 0), (0, \cdots, 0, \lambda_{s+1}, \cdots, \lambda_m)))$, (8.36)

这里 $\Phi_i(1 \leqslant i \leqslant m)$ 是李群 M 的乘法函数.

映射 $\tilde{F}_1$ 在 $\Lambda(M)$ 的 0 处(即全部 λ_i 都为 0)的 Jacobi 矩阵是单位矩阵,所以,一定存在 $\Lambda(M)$ 内含 0 的一个开集 V,使得 F_1 是 V 到 M 内开核 $F_1(V)$ 上的一个微分同胚,因而,李群 M 上有一个含单位元 e 的坐标图 (U, φ), U 上的点可以写成 $\exp(\sum_{\rho=1}^{s}\lambda_\rho X_\rho)\exp(\sum_{\tau=s+1}^{m}\lambda_\tau X_\tau)$, 和这点在映射 φ 下的局部坐标是 $(\lambda_1, \cdots, \lambda_m)$. (U, φ) 称为李群 M 上(含单位元 e 的)第三类规范坐标图.

现在我们可以建立下述定理.

定理 23(Cartan) m 维李群 M 的闭子群 H 是 M 的一个拓扑李子群.

证明 首先 H 作为 M 的子群和子空间是一个拓扑群. 令

$$K = \{X \in \Lambda(M) \,|\, \exp tX \in H, \,\forall t \in \mathbf{R}\}. \tag{8.37}$$

下面我们证明 K 是 $\Lambda(M)$ 内的一个子代数.

$\forall X \in K$,对于 $\mathbf{R}$ 内任一固定数 s 和 $\forall t \in \mathbf{R}$,

$$\exp t(sX) = \exp(ts)X \in H, \tag{8.38}$$

则 $sX \in K$.

$\forall X, Y \in K$,和 $\forall t \in \mathbf{R}$,应有 $\exp tX \in H$, $\exp tY \in H$, $\exp tX \exp tY \in H$. 由于存在正常数 ε,当 $-\varepsilon < t < \varepsilon$ 时,由上述引理的(1),有

$$\exp t[(X+Y)+O(t)] = \exp tZ_t \in H, \tag{8.39}$$

这里 $Z_t = X+Y+O(t)$, $O(t)$ 是含 t 的项, $\lim_{t \to 0} O(t) = 0$.

$\forall \delta \in \mathbf{R}$, 用 $\left[\dfrac{\delta}{t}\right]$ 表示不超过 $\dfrac{\delta}{t}$ 的最大整数,这里 $t \neq 0$. $\dfrac{\delta}{t} = \left[\dfrac{\delta}{t}\right] + \lambda$,这里 $0 \leqslant \lambda < 1$, 则

$$\delta = \left[\frac{\delta}{t}\right]t + \lambda t, \ \exp\left[\frac{\delta}{t}\right]tZ_t = (\exp tZ_t)^{\left[\frac{\delta}{t}\right]} \in H.$$

由于 $\lim_{t \to 0}\left[\dfrac{\delta}{t}\right]tZ_t = \delta(X+Y)$,利用 H 是闭集可以得到 $\exp \delta(X+Y) \in H$,那么, $X+Y \in K$.

又可看到 $\exp tX \exp tY \exp(-tX)\exp(-tY) \in H$, 由于存在正常数 ε,当 $-\varepsilon < t < \varepsilon$ 时,由上述引理的(2),有 $\exp\{t^2[X, Y]+o(t^2)\} \in H$. 令 $Z_t^* = [X, Y]+O(t)$,从 $\exp t^2 Z_t^* \in H$, 完全类似上述可以得到 $[X, Y] \in K$. 所以,

K 是 $\Lambda(M)$ 内的一个子代数. 由定理 22, $\exp X$（这里 $X \in K$）生成 M 内的一个连通李子群 N, $N \subset H$. 现在证明 H 的含单位元 e 的连通分支 $H_0 = N$. 显然 $N \subset H_0$.

实际上,我们只要证明对于 N 的含 e 的任一个邻域 V, V 必定是 H 的含 e 的一个邻域就可以了,因为从这可以推出 $H_0 \subset N$,而且作为拓扑群 $H_0 = N$, H_0 就是一个 s 维连通李子群,这里 s 是 K 的维数. 证明的关键在于考虑 $1 \leqslant s \leqslant m-1$ 的情况,用反证法. 如果存在 N 的含 e 的一个邻域 V, V 不是 H 内含 e 的一个邻域,那么存在 H 内的一个点列 $\{c_n \mid n \in \mathbf{Z}_+\} \subset H - V$,而且在 H 的拓扑下, $\{c_n \mid n \in \mathbf{Z}_+\}$ 收敛于 e,记作 $\lim\limits_{n \to \infty} c_n = e$.

$\Lambda(M)$ 可以分解成两个线性子空间 K 与 K_1 的直和, $\Lambda(M) = K_1 \oplus K$,取 M 的第三类规范坐标图,即存在 K_1 内含 0 的一个开集 V_1 和 K 内含 0 的一个开集 V_2,使得 $\exp V_1 \exp V_2$ 是 M 内含 e 的一个开核,以及 $\exp V_2 \subset V$. 设 $\bar{V}_1$ 是紧集.

假定全部 c_n 落在这个开核内,那么对于任一固定 c_n,存在唯一 $A_n \in V_1$ 和 $B_n \in V_2$,满足

$$c_n = \exp A_n \exp B_n. \tag{8.40}$$

$\exp A_n = c_n (\exp B_n)^{-1} \in H$,显然 $A_n \neq 0$. 由于 $\lim\limits_{n \to \infty} c_n = e$,由(8.40)式分解的唯一性,可以得到 $\lim\limits_{n \to \infty} A_n = 0$.

因为 $A_n \neq 0$,则存在一个整数 $r_n > 0$,使得 $r_n A_n \in V_1$,和 $(r_n + 1) A_n \in K_1 - V_1$,那么序列 $\{r_n A_n \mid n \in \mathbf{Z}_+\}$ 在紧集 $\bar{V}_1$ 内,且应有收敛子序列. 为简便,仍用 $\{r_n A_n \mid n \in \mathbf{Z}_+\}$ 表示这个收敛子序列,那么它的极限点 A 在 V_1 的边界上, $A \neq 0$, A 不在 K 内.

$\forall p, q \in \mathbf{Z}$,这里 $q > 0$,则一定有整数 s_n, t_n 满足 $p r_n = q s_n + t_n$, $0 \leqslant t_n < q$, $\lim\limits_{n \to \infty} \dfrac{t_n}{q} A_n = 0$. 由于 $\dfrac{p}{q} A = \dfrac{p}{q} \lim\limits_{n \to \infty} r_n A_n = \lim\limits_{n \to \infty} s_n A_n$,利用 H 是闭子群和 $\exp A_n \in H$,有

$$\exp \frac{p}{q} A = \lim_{n \to \infty} \exp s_n A_n = \lim_{n \to \infty} (\exp A_n)^{s_n} \in H.$$

再利用全体有理数在 $\mathbf{R}$ 上稠密可以得到, $\forall t \in \mathbf{R}$, $\exp t A \in H$,那么, $A \in K$,于是,得一矛盾.

拓扑群 H 的单位元连通分支 H_0 是 M 的一个拓扑李子群,现在证明 H 是 M 的拓扑李子群. 设 (U, φ) 是 H_0 内含单位元 e 的一个坐标图,取 H_0 内的开核

V,使得 $V=V^{-1}$,而且 $VV \subset U$. $\forall x \in H$,构造坐标图(Vx, φ_x),则 $\forall y \in Vx$,有唯一的 $v \in V$,使得 $y=vx$. 令 $\varphi_x(y)=\varphi(v)$,H 是一个流形.

当 $Va \bigcap Vb \neq \varnothing$ 时,$\forall z \in Va \bigcap Vb$,有 v_1,$v_2 \in V$,使得 $z=v_1a=v_2b$,$ab^{-1}=v_1^{-1}v_2 \in VV \subset U \subset H_0$. 类似地,有 $ba^{-1} \in U \subset H_0$. 因为 $v_1=v_2(ba^{-1})$,$v_2=v_1(ab^{-1})$,所以,v,v_2 互为 C^∞. 又 $\varphi_a(z)=\varphi(v_1)$,$\varphi_b(z)=\varphi(v_2)$,因而两坐标图$(Va, \varphi_a)$与$(Vb, \varphi_b)$是 C^∞ 相关的.

设 $F: H \times H \to H$,$F(x, y)=xy^{-1}$,取固定的 $b \in H$,使得 y 的变化范围限制在 $b^{-1}y \in V$ 和 $yb^{-1} \in V$,即考虑 $bV \bigcap Vb$ 内的 y,首先存在 v_3,$v_4 \in V$,使得 $y=v_3b=bv_4$. 在坐标图(Vb, φ_b)内,$\varphi_b(y)=\varphi(v_3)$,而 $f(v_4)=bv_4b^{-1}=v_3$ 是李群 H_0 到 H_0 上的内自同构映射,因此,必是微分同构的映射,所以,y 的局部坐标与 v_4 的局部坐标互为 C^∞. 取固定 a,使得 x 在 a 附近变化,满足 $x \in Va$,y 在 b 附近变化,$y \in bV \bigcap Vb$ 和 $xy^{-1} \in Vab^{-1}$. 于是,有

$$v_5, v_6 \in V, \quad x=v_5a, \quad xy^{-1}=v_6ab^{-1}.$$

利用 $y=bv_4$,可得 $v_6=v_5av_4^{-1}a^{-1}$. 记 $h(v_4^{-1})=av_4^{-1}a^{-1} \in H_0$,$h$ 也是 H_0 到 H_0 上的微分同构映射,因而容易看到 v_6 关于 v_5 和 v_4 是 C^∞ 的,这导致 xy^{-1} 关于 x,y 是 C^∞ 的.

综上所述,H 是一个李群. $\dim K=m$,0 的情况留给读者作练习.

利用定理 23,实单模群 $SL(n, \mathbf{R})$ 和实正交群 $O(n, \mathbf{R})$ 显然都是李群 $GL(n, \mathbf{R})$ 的拓扑李子群,复正交群 $O(n, \mathbf{C})$、酉群 $U(n)$ 和复单模群 $SL(n, \mathbf{C})$ 是 $GL(n, \mathbf{C})$ 的拓扑李子群.

我们知道李群 $GL(n, \mathbf{R})$ 的李代数是 $gl(n, \mathbf{R})$,那么 $SL(n, \mathbf{R})$ 和 $O(n, \mathbf{R})$ 的李代数是什么呢?

$\forall X \in \Lambda(SL(n, \mathbf{R}))$,可写 $X=(a_{ij})$,如果矩阵 X 的复特征值是 λ_1,$\cdots$,λ_n,则由 X 生成的单参数子群 e^{tX} 的特征值是 $e^{t\lambda_1}$,$\cdots$,$e^{t\lambda_n}$. 由于 $\det e^{tX}=1$,和 $\det e^{tX}=e^{t\lambda_1} \cdots e^{t\lambda_n}=e^{t(\lambda_1+\cdots+\lambda_n)}$,这里 $t \in \mathbf{R}$,那么必有 $\lambda_1+\cdots+\lambda_n=0$,这导致 $\sum_{i=1}^{n} a_{ii}=0$. 反之,容易得到:对于满足 $\sum_{i=1}^{n} a_{ii}=0$ 的矩阵 $X=(a_{ij})$,必有 $e^{tX} \in SL(n, \mathbf{R})$,于是,$SL(n, \mathbf{R})$ 的李代数就是 $gl(n, \mathbf{R})$ 内追迹为零的矩阵全体组成的子代数.

$\forall X \in \Lambda(O(n, \mathbf{R}))$,$X=(a_{ij})$,记 $(a_{ij}(t))=e^{tX}$,$a_{ij}(0)=\delta_{ij}$,利用 $a_{ij}(t)$ 的展开式,并将其逐项微分,有 $\dfrac{\mathrm{d}a_{ij}(t)}{\mathrm{d}t}=\sum_{l=1}^{n} a_{il}a_{lj}(t)$. 由于

$\sum\limits_{j=1}^{n} a_{ij}(t) a_{lj}(t) = \delta_{il}$,两端对 t 在 $t=0$ 处微分,有 $a_{il} + a_{li} = 0$. 反之,对于任一个实 $n \times n$ 反对称矩阵 X, $X^T = -X$, $\forall s \in \mathbf{R}$, $\mathrm{e}^{sX}(\mathrm{e}^{sX})^T = \mathrm{e}^{sX}\mathrm{e}^{sX^T} = \mathrm{e}^{s(X+X^T)} = I_n$,则 $\mathrm{e}^{sX} \in O(N, \mathbf{R})$. 于是,$O(n, \mathbf{R})$ 的李代数是 $gl(n, \mathbf{R})$ 内所有反对称矩阵组成的子代数.

§9 同态和商群

F 是 m 维李群 M 到 n 维李群 N 内的一个 C^∞ 同态,对于 M 内任一个单参数子群 $\exp tX$,利用 §5 定理 7,有

$$F(\exp tX) = \exp t\,\mathrm{d}F(X). \tag{9.1}$$

这里 $\mathrm{d}F(X)$ 是 $\Lambda(N)$ 内由 $\mathrm{d}F(X_{e_M})$ 生成的左不变切向量场.

定理 24 F 是 m 维李群 M 到 n 维李群 N 内的一个连续同态,则

(1) $\mathrm{d}F$ 是 $\Lambda(M)$ 到 $\Lambda(N)$ 内的同态.

(2) F 的核的李代数等于 $\mathrm{d}F$ 的核.

(3) 当 M 连通时,$F(M)$ 是 N 内一个连通的李子群,且

$$\Lambda(F(M)) = \mathrm{d}F(\Lambda(M)).$$

证明 (1) 我们首先证明:

$\forall \alpha, \beta \in \mathbf{R}$, $\forall X, Y \in \Lambda(M)$,有

$$\mathrm{d}F(\alpha X + \beta Y) = \alpha\,\mathrm{d}F(X) + \beta\,\mathrm{d}F(Y). \tag{9.2}$$

也就是说,要证明

$$[\mathrm{d}F(\alpha X + \beta Y)]_{e_N} = [\alpha\,\mathrm{d}F(X) + \beta\,\mathrm{d}F(Y)]_{e_N}.$$

由公式 (5.3),上式即为

$$\mathrm{d}F(\alpha X_{e_M} + \beta Y_{e_M}) = \alpha\,\mathrm{d}F(X_{e_M}) + \beta\,\mathrm{d}F(Y_{e_M}). \tag{9.3}$$

(9.3) 式中的 $\mathrm{d}F$ 的确是线性的,所以,(9.3) 式是显然成立的.因而有 (9.2) 式.

再证明

$$[\mathrm{d}F(X), \mathrm{d}F(Y)] = \mathrm{d}F([X, Y]). \tag{9.4}$$

从 §8 我们知道,存在 $\varepsilon > 0$,对于 $-\varepsilon < t < \varepsilon$,有

$$F(\exp t^2[X, Y]\exp tY\exp tX\exp(-tY)\exp(-tX))$$
$$=F(\exp t^2[X, Y])F(\exp tY)F(\exp tX)F(\exp(-tY))F(\exp(-tX))$$
$$=\exp t^2 dF([X, Y])\exp t dF(Y)\exp t dF(X)\exp(-t dF(Y))\exp(-t dF(X))$$
$$=\exp t^2 dF([X, Y])\exp\{t^2[dF(Y), dF(X)]+o(t^2)\}$$
$$=\exp\{t^2 dF([X, Y])+t^2[dF(Y), dF(X)]+o(t^2)\},$$

另一方面,有

$$F(\exp t^2[X, Y]\exp tY\exp tX\exp(-tY)\exp(-tX))$$
$$=F(\exp t^2[X, Y]\exp\{t^2[Y, X]+o(t^2)\})$$
$$=F(\exp o(t^2))=\exp o(t^2).$$

利用 exp 在含 0 的一个开集内是微分同胚,因而对于 $-\varepsilon < t < \varepsilon$, 有

$$t^2 dF([X, Y])+t^2[dF(Y), dF(X)]=o(t^2),$$

那么,对于 $t \neq 0$, 有

$$dF([X, Y])+[dF(Y), dF(X)]=\frac{1}{t^2}o(t^2),$$

这里 $\lim\limits_{t \to 0}\dfrac{1}{t^2}o(t^2)=0$, 于是有 (9.4) 式. $dF(\Lambda(M))$ 是 $\Lambda(N)$ 的一个子代数.

(2) F 的核 $F^{-1}(e_N)$ 是 M 的一个闭的不变子群,利用定理 23,它是 M 的一个拓扑李子群, $\Lambda(F^{-1}(e_N))$ 是 $\Lambda(M)$ 的一个子代数.

$\forall X \in \Lambda(F^{-1}(e_N))$,则 $\forall t \in \mathbf{R}$, $\exp tX \in F^{-1}(e_N)$, $F(\exp tX) \in e_N$,即 $\exp t dF(X)=e_N$,所以,有 $dF(X)=0$, $X \in dF$ 的核.

反之, $\forall X \in dF$ 的核,则 $dF(X)=0$,那么, $\forall t \in \mathbf{R}$, $\exp t dF(X)=e_N$, $F(\exp tX)=e_N$, $\exp tX \in F^{-1}(e_N)$, $X \in \Lambda(F^{-1}(e_N))$, 因而有 (2).

(3) $\exp dF(\Lambda(M))$ 生成 N 内一个以 $dF(\Lambda(M))$ 为李代数的连通李子群 G, $\forall X \in \Lambda(M)$,利用 $\exp dF(X)=F(\exp X)$ 可知, G 是由 $F(\exp \Lambda(M))$ 生成的,由于 M 是连通的, M 必定由 $\exp \Lambda(M)$ 生成,因而 $F(M)$ 也由 $F(\exp \Lambda(M))$ 生成,所以 $G=F(M)$.

设 g 是实(或复)李代数, g_1 是 g 的一个子代数,如果 $\forall X \in g_1$, $\forall Y \in g$,有 $[X, Y] \in g_1$,则称 g_1 是 g 的一个理想(子代数). 上面定理中 dF 的核就是 $\Lambda(M)$ 的一个理想.

从理想 g_1,可以构造商空间 g/g_1,在 g/g_1 内, $X^*=Y^*$ 当且仅当 $X-Y \in g_1$,定义 $(\alpha X+\beta Y)^*=\alpha X^*+\beta Y^*$,这里 $\alpha, \beta \in \mathbf{R}$(或 $\mathbf{C}$), $X, Y \in g$, g/g_1 是

一个线性空间. 当 $X_1^* = Y_1^*$, $X_2^* = Y_2^*$ 时, 利用 g_1 是理想, 容易看到 $[X_1, X_2]$ $-[Y_1, Y_2] \in g_1$, 因而可以定义 g/g_1 内的换位运算 $[X_1^*, X_2^*] = [X_1, X_2]^*$. 读者不难证明 g/g_1 是一个实(或复)李代数, 我们称它为 g 除以 g_1 (或 g_1 除 g) 的商代数. 自然映射 $\pi: g \to g/g_1$, $\pi(X) = X^*$ 是同态映射.

定理 25 M 是一个 m 维李群, N 为 M 的一个闭子群, 则右旁集空间 M/N 是一个微分流形. 特别, 当 N 为 M 的闭的不变子群时, M/N 是一个李群, $\Lambda(N)$ 是 $\Lambda(M)$ 的一个理想, 而且 $\Lambda(M/N) = \Lambda(M)/\Lambda(N)$.

证明 由定理 23, N 是 M 的一个拓扑李子群, $\Lambda(N)$ 是 $\Lambda(M)$ 的子代数. 因而我们可以把 $\Lambda(M)$ 分解为两个线性子空间 $\Lambda(N)$ 和 g 的直和:

$$\Lambda(M) = \Lambda(N) \oplus g. \tag{9.5}$$

选择 $\Lambda(M)$ 的一组基 $X_1, \cdots, X_m$, 使得 $X_1, \cdots, X_n$ 是 $\Lambda(N)$ 的基. 取李群 M 的第三类规范坐标图[①], 即存在 $\Lambda(M)$ 内含 0 的一个开集 V, $(\exp(V \cap \Lambda(N))\exp(V \cap g), \psi)$ 是 M 内含单位元 e 的一个坐标图,

$$\psi\left(\exp\sum_{\alpha=1}^{n} \lambda_\alpha X_\alpha \exp\sum_{\rho=n+1}^{m} \lambda_\rho X_\rho\right) = (\lambda_1, \cdots, \lambda_m),$$

显然

$$\psi\left(\exp\sum_{\rho=n+1}^{m} \lambda_\rho X_\rho\right) = (0, \cdots, 0, \lambda_{n+1}, \cdots, \lambda_m).$$

另外, 我们要求 V 满足 $(\exp V) \cap N = \exp(V \cap \Lambda(N))$. (当 $X \in V$, V 很小, 且 $\exp X \in N$ 时, $\exp X$ 属于 M 内某开核与 N 的交, 即 $\exp X$ 属于 N 内某开核.) 选择 $\Lambda(M)$ 内含 0 的开集 $V_1 \subset V$, 使得 $\exp V_1 \exp(-V_1) \subset \exp V$, 对于 $\exp(V_1 \cap g)$ 内不同的 x, y, 我们要证明 $\pi(x) \neq \pi(y)$, 这里 $\pi: M \to M/N$ 是自然映射. 用反证法. 若 $\pi(x) = \pi(y)$, 则 $xy^{-1} \in N \cap \exp V \subset \exp(V \cap \Lambda(N))$, 因此, 有 $Y, Z \in V_1 \cap g$ 和 $X \in V \cap \Lambda(N)$ 满足 $x = \exp Y$, $y = \exp Z$ 和

$$\exp Y \exp(-Z) = \exp X, \tag{9.6}$$

即 $\exp Y = \exp X \exp Z$. 由 ψ 的定义可以得到 $Y = Z$, $X = 0$. 所以 π 限制在含 e 的点集 $\exp(V_1 \cap g)$ 上是 1—1 的. 又利用 π 的定义, 可以看见

$$\pi(\exp(V_1 \cap g)) = \pi(\exp(V_1 \cap \Lambda(N))\exp(V_1 \cap g)). \tag{9.7}$$

---

① 当 $m = n$ 时, 定理是显然的; 当 $n = 0$ 时, N 拓扑离散, 定理也成立.

所以, $\pi(\exp(V_1 \bigcap g))$ 是右旁集空间 M/N 内含 $[e] = \pi(e)$ 的一个开集. 可定义 M/N 内含 $[e]$ 的一个坐标图 $(\pi(\exp(V_1 \bigcap g)), \varphi)$,

$$\varphi\left(\pi \exp \sum_{\rho=n+1}^{m} \lambda_\rho X_\rho\right) = (\lambda_{n+1}, \cdots, \lambda_m), \quad \varphi^{-1}(\lambda_{n+1}, \cdots, \lambda_m) = \pi \exp \sum_{\rho=n+1}^{m} \lambda_\rho X_\rho,$$

容易明白 φ^{-1} 和 φ 是连续的, φ 是一同胚.

对于 M/N 内的点 $[a] = \pi(a)$, 我们构造含 $[a]$ 的坐标图 $(\pi((\exp(V_1 \bigcap g))a), \varphi_a)$, 对于 $\pi((\exp(V_1 \bigcap g))a)$ 内的任一点 $\pi((\exp Y)a)$, 定义 $\varphi_a(\pi((\exp Y)a)) = \varphi(\pi(\exp Y))$, 因而 M/N 是一个 $m - n$ 维流形.

当 $\pi((\exp(V_1 \bigcap g))a) \bigcap \pi((\exp(V_1 \bigcap g))b) \neq \varnothing$ 时, 在上述交集内任取一点 z, 则有 $Y, Z \in V_1 \bigcap g$ 且满足

$$z = \pi((\exp Y)a) = \pi((\exp Z)b). \tag{9.8}$$

这里,

$$Y = \sum_{\rho=n+1}^{m} y_\rho X_\rho, \quad Z = \sum_{\rho=n+1}^{m} z_\rho X_\rho,$$

$$\varphi_a(z) = (y_{n+1}, \cdots, y_m), \quad \varphi_b(z) = (z_{n+1}, \cdots, z_m).$$

从 (9.8) 式知道, 存在 $h \in N$, 使得 $(\exp Y)a = h(\exp Z)b$. 固定 h, 由于 $\exp Z \in h^{-1}\exp(V_1 \bigcap \Lambda(N))\exp(V_1 \bigcap g)ab^{-1}$ (含 $h^{-1}ab^{-1}$ 的开集), 因此, 有 $\Lambda(M)$ 内含 0 的开集 $V^* \subset V_1$ 和含 Z 的开集 $W^* \subset V_1$, 使得

$$\exp(V^* \bigcap \Lambda(N))\exp(W^* \bigcap g) \subset h^{-1}\exp(V_1 \bigcap \Lambda(N))\exp(V_1 \bigcap g)ab^{-1}.$$

$\forall X \in V^* \bigcap \Lambda(N)$, $\forall Z^* \in W^* \bigcap g$, 存在 $X^* \in V_1 \bigcap \Lambda(N)$, $Y^* \in V_1 \bigcap g$, 使得

$$\exp X \exp Z^* = h^{-1}(\exp X^* \exp Y^*)ab^{-1}.$$

因为 $h^{-1}(\exp X^* \exp Y^*)ab^{-1}$ 与 $\exp X^* \exp Y^*$ 的局部坐标是互为 C^∞ 的, 所以, $\exp X \exp Z^*$ 与 $\exp X^* \exp Y^*$ 的局部坐标应当互为 C^∞, 特别, 当 $X = 0$, $Z^* = Z$, $X^* = 0$ 和 $Y^* = Y$ 时, 再利用第三类规范坐标图, 可以看到 $y_{n+1}, \cdots, y_m$ 关于 $z_{n+1}, \cdots, z_m$ 是 C^∞ 的. 类似地, 可得 $z_{n+1}, \cdots, z_m$ 关于 $y_{n+1}, \cdots, y_m$ 是 C^∞ 的. M/N 是 $m - n$ 维微分流形.

当 N 是 M 的闭的不变子群时, M/N 是拓扑群, 在 M/N 的开核 $\pi(\exp(V_1 \bigcap g))$ 内点 $[x]$, $[y]$, $[xy^{-1}]$, 这里 x, y, $xy^{-1} \in \exp(V_1 \bigcap g)$, 由于 $V_1 \subset V$, 在坐标图 $(\exp(V \bigcap \Lambda(N))\exp(V \bigcap g), \psi)$ 内,

$$\psi(x) = (0, \cdots, 0, x_{n+1}, \cdots, x_m),$$

$$\psi(y) = (0, \cdots, 0, y_{n+1}, \cdots, y_m),$$

$$\psi(xy^{-1}) = (0, \cdots, 0, \Phi_{n+1}(\psi(x), \psi(y)), \cdots, \Phi_m(\psi(x), \psi(y))).$$

在 $(\pi(\exp(V_1 \cap g)), \varphi)$ 内,$\varphi[x] = (x_{n+1}, \cdots, x_m)$,$\varphi[y] = (y_{n+1}, \cdots, y_m)$. 记

$$\Phi_\rho^*(\varphi[x], \varphi[y]) = \Phi_\rho(\psi(x), \psi(y))(n+1 \leqslant \rho \leqslant m),$$

那么,

$$\varphi[xy^{-1}] = (\Phi_{n+1}^*(\varphi[x], \varphi[y]), \cdots, \Phi_m^*(\varphi[x], \varphi[y])).$$

从而容易明白 $\pi(\exp(V_1 \cap g))$ 是一个 $m-n$ 维局部李群,利用本章定理 1 可以知道 M/N 的含单位元 $[e]$ 的连通分支 K 是一个 $m-n$ 维连通李群,而且 K 的微分结构在 M/N 的微分结构内. 最后证明映射 $F: M/N \times M/N \to M/N$,$F([x], [y]) = [xy^{-1}]$ 是 C^∞ 的. 由于 $[x] \in K[a]$,$[y] \in K[b] = [b]K$,$[xy^{-1}] = [x][y]^{-1} \in K[a]K[b^{-1}] \subset K[ab^{-1}]$,因此,存在 $[u]$, $[v]$, $[w] \in K$,满足 $[x] = [u][a]$,$[y] = [b][v]$,$[xy^{-1}] = [w][ab^{-1}]$,即有 $[u][a][v]^{-1}[a]^{-1} = [w]$. 令

$$[v^*] = [a][v][a]^{-1}, [v^*], [v^*]^{-1} \in K, [w] = [u][v^*]^{-1},$$

利用 K 是李群,以及 $[x]$ 与 $[u]$,$[y]$ 与 $[v]$,$[xy^{-1}]$ 与 $[w]$ 可以拥有同一局部坐标知道,F 是 C^∞ 的,M/N 是一个李群.

现在我们来证明当 N 为 M 的闭的不变子群时,$\Lambda(N)$ 是 $\Lambda(M)$ 的一个理想子代数.

对于 $\Lambda(N)$ 内固定的 X 和 $\Lambda(M)$ 内固定的 Y,存在常数 $\varepsilon > 0$,对于 $-\varepsilon < t < \varepsilon$,有

$$\exp tX \exp tY \exp(-tX) \exp(-tY) = \exp\{t^2[X, Y] + o(t^2)\}. \tag{9.9}$$

由于 N 是不变子群,则有 $\exp\{t^2[X, Y] + o(t^2)\} \in N$. 对于 $\mathbf{R}$ 内任一固定的非零 s,用 $\left[\dfrac{s}{t^2}\right]$(这里 t 是 $(-\varepsilon, \varepsilon)$ 内任一固定的非零数)表示不超过 $\dfrac{s}{t^2}$ 的最大整数,那么 $\dfrac{s}{t^2} = \left[\dfrac{s}{t^2}\right] + \lambda$,$0 \leqslant \lambda < 1$,$s = \left[\dfrac{s}{t^2}\right]t^2 + \lambda t^2$,利用 N 是闭子群,可以得到

$$\exp\left\{\left[\frac{s}{t^2}\right]t^2[X, Y] + \left[\frac{s}{t^2}\right]o(t^2)\right\} \in N.$$

于是

$$\exp s\left\{[X,Y]-\frac{\lambda t^2}{s}[X,Y]+\frac{1}{s}\left[\frac{s}{t^2}\right]o(t^2)\right\}\in N.$$

令 $t\to 0$，$\left[\dfrac{s}{t^2}\right]o(t^2)=\left[\dfrac{s}{t^2}\right]t^2\dfrac{1}{t^2}o(t^2)\to 0$，可以得到 $\exp s[X,Y]\in N$，和 $[X,Y]\in\Lambda(N)$. 因此，$\Lambda(N)$ 是 $\Lambda(M)$ 的一个理想.

李群 M 到李群 M/N 的自然同态 $\pi: M\to M/N$ 导出李代数 $\Lambda(M)$ 到 $\Lambda(M/N)$ 上的一个同态 $\mathrm{d}\pi$（这里到上的理由请读者给出）. 利用定理 24 的(2)，$\mathrm{d}\pi$ 同态的核就是 π 的核 N 的李代数，因而商代数 $\Lambda(M)/\Lambda(N)$ 同构于李代数 $\Lambda(M/N)$.

§10　伴　随　表　示

设 M 是一个 m 维李群，F 是 M 到 $GL(n,\mathbf{R})$（或 $GL(n,\mathbf{C})$）内的一个连续同态，则称 F 是 M 的 n 次实（或复）表示，显然，F 是 C^∞ 的.

对于 M 内任一固定的点 x，我们定义 $F(x): M\to M$，$F(x)(y)=xyx^{-1}$，$F(x)$ 是 M 的内自同构映射，容易明白 $F(x)$ 是 M 到 M 上的一个微分同构，$\mathrm{d}F(x)$ 是李代数 $\Lambda(M)$ 到 $\Lambda(M)$ 上的一个同构，一般记 $\mathrm{d}F(x)$ 为 $\mathrm{Ad}(x)$，因而对于 M 内的任一单参数子群 $\exp tX$，有

$$F(x)(\exp tX)=\exp t\,\mathrm{Ad}(x)X. \tag{10.1}$$

而对 $\Lambda(M)$ 内固定的一组基 $X_1,\cdots,X_m$，$\Lambda(M)$ 到自身的可逆线性变换的全体组成的集合等同于 $GL(n,\mathbf{R})$. 对于固定的 x，$\mathrm{Ad}(x)$ 是 $\Lambda(M)$ 上的一个可逆线性变换，$\mathrm{Ad}(x)\in GL(m,\mathbf{R})$.

于是，我们有映射 $\mathrm{Ad}: M\to GL(m,\mathbf{R})$，$\mathrm{Ad}$ 称为李群 M 上的伴随表示.

定理 26　伴随表示是 m 维李群 M 的 m 次实表示.

证明　由于 $F(xy)=F(x)F(y)$，由 (10.1) 式，有 $\mathrm{Ad}(xy)=\mathrm{Ad}(x)\mathrm{Ad}(y)$，特别，有 $\mathrm{Ad}(e)=I_m$（$\Lambda(M)$ 上的恒等映射）.

对于 M 内固定的 x，由于在 M 上存在含 e 的一个开核 U，在 U 上指数映射 $\exp$ 是微分同胚，利用李群 M 上乘积映射和求逆映射的连续性，存在开核 V 以及含 x 的开集 V_1，使得 $V_1 V V_1^{-1}\subset U$. 当 $\exp X\in V$ 时，可以知道 $V_1(\exp X)V_1^{-1}\subset U$. 由于 $\exp\mathrm{Ad}(x)X=F(x)\exp X=x\exp X x^{-1}\in U$，$F(x)\exp X$ 关于 x 是 C^∞ 的，又由于在 U 内 $\exp$ 是一个微分同胚，因此，

$\mathrm{Ad}(x)X$ 关于 x 也是 C^∞ 的.

对于 $\Lambda(M)$ 内任一固定的 X,有 $N \in \mathbf{Z}_+$,使得 $\exp \dfrac{1}{N}X \in V$,而 $\mathrm{Ad}(x)$ 是 $\Lambda(M)$ 上的一个线性映射,则有 $\mathrm{Ad}(x)X = N\mathrm{Ad}(x)\left(\dfrac{1}{N}X\right)$,右端关于 x 是 C^∞ 的,所以 $\mathrm{Ad}(x)$ 关于 x 是 C^∞ 的.

伴随表示导出 $\Lambda(M)$ 到 $gl(m, \mathbf{R})$ 内的线性映射 $\mathrm{d}(\mathrm{Ad})$,一般记 $\mathrm{d}(\mathrm{Ad})$ 为 ad,这里 $gl(m, \mathbf{R})$ 也可以看作 $\Lambda(M)$ 上的线性变换全体.

定理 27 $\forall X, Y \in \Lambda(M)$,$\mathrm{ad}X(Y) = [X, Y]$.

证明 对于 M 内任一单参数子群 $\exp tX$,$\mathrm{Ad}(\exp tX) = \exp t\mathrm{ad}(X)$ 是 $GL(m, \mathbf{R})$ 内的一个单参数子群(包括退化情形).

由(10.1)式知道,对于固定的 t,令 $x = \exp tX$,有

$$F(\exp tX)(\exp tY) = \exp t\mathrm{Ad}(\exp tX)Y. \tag{10.2}$$

由于存在正常数 $\varepsilon > 0$,则对于 $-\varepsilon < t < \varepsilon$, 有

$$
\begin{aligned}
F(\exp tX)(\exp tY) &= \exp tX \exp tY \exp(-tX) \\
&= \exp\left\{t(X+Y) + \frac{1}{2}t^2[X, Y] + o(t^2)\right\}\exp(-tX) \\
&= \exp\{tY + t^2[X, Y] + o(t^2)\}.
\end{aligned} \tag{10.3}
$$

利用 $\exp$ 在含 0 的一个开集内是微分同胚可以知道,对于充分接近于 0 的 t,有

$$\mathrm{Ad}(\exp tX)Y = Y + t[X, Y] + \frac{1}{t}o(t^2). \tag{10.4}$$

而

$$
\begin{aligned}
\mathrm{Ad}(\exp tX)Y &= (\exp t\mathrm{ad}X)Y \\
&= (e^{t\mathrm{ad}X})Y \\
&= (I_m + t\mathrm{ad}X + o(t))Y,
\end{aligned} \tag{10.5}
$$

这里 $\lim\limits_{t \to 0} \dfrac{1}{t}o(t) = 0$.

从(10.4)式和(10.5)式,有

$$\mathrm{ad}X(Y) = [X, Y]. \tag{10.6}$$

$\forall X \in \Lambda(M)$,$\mathrm{ad}X$ 称为由 X 导出的内微分.

g 是一个实(或复)李代数, $\forall X, Y \in g$, 我们定义 $\mathrm{ad}X(Y) = [X, Y]$, 那么由 X 导出的内微分 $\mathrm{ad}X$ 有下列简单性质.

性质 1 $\mathrm{ad}[X, Y] = [\mathrm{ad}X, \mathrm{ad}Y]$.

证明 $\forall Z \in g$, 有

$$
\begin{aligned}
\mathrm{ad}[X, Y](Z) &= [[X, Y], Z] \\
&= -[[Y, Z], X] - [[Z, X], Y] \\
&= -[\mathrm{ad}Y(Z), X] + [\mathrm{ad}X(Z), Y] \\
&= \mathrm{ad}X(\mathrm{ad}Y(Z)) - \mathrm{ad}Y(\mathrm{ad}X(Z)) \\
&= [\mathrm{ad}X, \mathrm{ad}Y](Z),
\end{aligned}
$$

因而, 作为 g 上的线性变换, 有性质 1.

性质 2 内微分 ad 的核是集合 $\{X \in g \mid \forall Y \in g, [X, Y] = 0\}$, 称为 g 的中心, 它是 g 的一个理想子代数.

性质 2 的证明较容易, 留给读者作一练习.

$\forall X, Y \in g$, 定义

$$(X, Y) = \mathrm{Tr}(\mathrm{ad}X \, \mathrm{ad}Y), \tag{10.7}$$

这里 Tr 表示追迹.

(X, Y) 称为 g 的 Killing 型, 或称为 g 上的 Cartan 内积. 显然, $(X, Y) = (Y, X)$, 和 $\forall \alpha, \beta \in \mathbf{R}$(或 $\mathbf{C}$), $(\alpha X + \beta Y, Z) = \alpha(X, Z) + \beta(Y, Z)$.

性质 3 $(\mathrm{ad}X(Y), Z) + (Y, \mathrm{ad}X(Z)) = 0$.

证明 这是因为

$$
\begin{aligned}
&(\mathrm{ad}X(Y), Z) + (Y, \mathrm{ad}X(Z)) \\
={}& ([X, Y], Z) + (Y, [X, Z]) \\
={}& \mathrm{Tr}(\mathrm{ad}[X, Y]\mathrm{ad}Z) + \mathrm{Tr}(\mathrm{ad}Y\mathrm{ad}[X, Z]) \\
={}& \mathrm{Tr}([\mathrm{ad}X, \mathrm{ad}Y]\mathrm{ad}Z) + \mathrm{Tr}(\mathrm{ad}Y[\mathrm{ad}X, \mathrm{ad}Z]) \\
={}& \mathrm{Tr}((\mathrm{ad}X\mathrm{ad}Y - \mathrm{ad}Y\mathrm{ad}X)\mathrm{ad}Z) + \mathrm{Tr}(\mathrm{ad}Y(\mathrm{ad}X\mathrm{ad}Z - \mathrm{ad}Z\mathrm{ad}X)) \\
={}& \mathrm{Tr}((\mathrm{ad}X\mathrm{ad}Y\mathrm{ad}Z) - \mathrm{Tr}(\mathrm{ad}Y\mathrm{ad}X\mathrm{ad}Z) + \mathrm{Tr}(\mathrm{ad}Y\mathrm{ad}X\mathrm{ad}Z) \\
&- \mathrm{Tr}(\mathrm{ad}Y\mathrm{ad}Z\mathrm{ad}X)) \\
={}& 0.
\end{aligned}
$$

如果 ρ 是 g 到 g 自身上的一个(李代数)同构, 则有下面的性质 4.

性质 4 $(\rho(X), \rho(Y)) = (X, Y)$.

证明 设 $X_1, \cdots, X_m$ 是李代数 g 的一组基, 则 $\rho(X_1), \cdots, \rho(X_m)$ 也是李代数 g 的一组基.

设 $\mathrm{ad}X(X_i) = \sum\limits_{j=1}^{m} a_{ij}X_j$ ，则

$$\mathrm{ad}\rho(X)(\rho(X_i)) = [\rho(X), \rho(X_i)] = \rho[X, X_i] = \sum_{j=1}^{m} a_{ij}\rho(X_j).$$

因为求追迹的运算不依赖于 g 的基的选择，所以， $\mathrm{ad}X$ 相对于基 $X_1, \cdots, X_m$ 的矩阵就是 $\mathrm{ad}\rho(X)$ 相对于基 $\rho(X_1), \cdots, \rho(X_m)$ 的矩阵，当然，用 Y 代替 X 也有类似的情况,因此证得性质 4.

我们知道李群的闭的不变子群的李代数是李群李代数的一个理想子代数. 反之,利用伴随表示,有下述定理.

定理 28 M 是一个 m 维连通李群, g 是 $\varLambda(M)$ 的一个理想子代数,则 $\exp g$ 生成 M 内一个不变子群 H.

证明 $\forall X \in \varLambda(M), \forall Y \in g, \forall t \in \mathbf{R},$ 有

$$\begin{aligned}
\exp X\exp tY\exp(-X) &= F(\exp X)(\exp tY)\\
&= \exp t\,\mathrm{Ad}(\exp X)Y\\
&= \exp t(\exp \mathrm{ad}X)Y\\
&= \exp(t\mathrm{e}^{\mathrm{ad}X}Y).
\end{aligned} \tag{10.8}$$

因为 g 是 $\varLambda(M)$ 的一个理想子代数,所以

$$\mathrm{e}^{\mathrm{ad}X}Y = \left(I_m + \sum_{k=1}^{\infty} \frac{1}{k!}(\mathrm{ad}X)^k\right)Y \in g,$$

于是, $\exp(t\mathrm{e}^{\mathrm{ad}X}Y) \in H.$ 这里 H 是 $\exp g$ 生成的 M 内一个连通子群.

由于 M 连通,则 $\forall x \in M$,存在 $X_1, \cdots, X_s \in \varLambda(M)$,使得 $x = \exp X_1 \cdots \exp X_s.$ 反复利用上述结果,可以得到

$$x\exp tYx^{-1} = \exp(t\mathrm{e}^{\mathrm{ad}X_1}\cdots\mathrm{e}^{\mathrm{ad}X_s}Y) \in H.$$

特别,有 $x\exp Yx^{-1} \in H.$ 又由于 H 连通,故 $\forall y \in H,$ 有 $Y_1, \cdots, Y_t \in g,$ 使得 $y = \exp Y_1 \cdots \exp Y_t,$ $xyx^{-1} = (x\exp Y_1 x^{-1})\cdots(x\exp Y_t x^{-1}) \in H,$ 因此, H 是 M 的不变子群.

§11 覆 盖 群

M 是道路连通空间, N 是连通而且是局部道路连通空间, $P: M \rightarrow N$ 是连

续映射. 如果 $\forall x \in N$, 存在 N 内道路连通的开邻域 U, 使得对 $P^{-1}(U)$ 的每个道路连通分支 V, $P|_V: V \to U$ 是同胚, 则称 M 是 N 的覆盖空间, P 为覆盖射影, N 为底空间, U 为 N 的基本邻域, P 是一个开映射, N 具商拓扑.

如果 M, N 本身是两连通李群, 而且 M 到 N 上的覆盖射影 P 又是一个同态, 则我们称 P 为覆盖同态. $P^{-1}(e_N)$ 是 M 内离散的不变子群, 称为覆盖群 M 关于 N 的 Poincaré 群, Poincaré 群元素的个数称为覆盖叶数. 覆盖同态 P 是 C^∞ 的. 由于 M 局部微分同构于 N, 因此, M, N 具有同一李代数.

N 是一个连通李群, 如果 N 的覆盖群 M 是一个单连通的李群, 则称 M 是 N 的万有覆盖群或通用覆盖群, 这里, 单连通空间是具有平凡的基本群的道路连通空间.

同以前一样, 如果两个李群是微分同构的, 则认为是同一个李群.

现在我们来证明万有覆盖群的存在定理.

定理 29　N 是一个连通李群, 则存在唯一的单连通李群 M 是 N 的覆盖群.

证明　由拓扑学的覆盖空间的理论知识知道, N 作为一个连通流形, 存在单连通流形 M 是 N 的覆盖空间, $P: M \to N$ 是覆盖射影.

对于 N 内任一条以 e_N 为起点的道路 $x: [0, 1] \to N$, $x(0) = e_N$, x 所属的道路类 $[x]$ 作为 M 内的一点, 而且覆盖射影 $P[x] = x(1)$. (参见李元熹与张国梁编写的《拓扑学》一书的第 136—139 页.)

对于 N 内两条以 e_N 为起点的道路 x, y, 定义 $z: [0, 1] \to N$, $z(t) = x(t)y(t)$, 在 M 内定义点的乘法 $[x][y] = [z]$, 或写成 $[x][y] = [xy]$, 这个定义是有确定意义的, 因为当 $[x^*] = [x]$, $[y^*] = [y]$ 时, 有 H_1 是道路 x 与 x^* 的定端同伦, H_2 是道路 y 与 y^* 的定端同伦, 定义 $H(t, s) = H_1(t, s)H_2(t, s)$, H 是道路 xy 与 x^*y^* 的定端同伦, 即 $[xy] = [x^*y^*]$. $[e_N]$(N 内常值道路 e_N 的道路类) $= e_M$ 是 M 内的单位元, 在 M 内点 $[x]$ 的逆元为 $[x]^{-1} = [x^{-1}]$, 这里 $x^{-1}(t) = (x(t))^{-1}$. 在定义了上述乘法后, M 显然是一个群. 覆盖射影 $P([x][y]) = P[xy] = x(1)y(1) = P[x]P[y]$, P 是一群同态.

由于 M 内存在一开核 V^* 同胚于 N 内一开核 $P(V^*)$, 因此, 可以在 M 上赋予一个微分结构, 使得 M 成为一个李群, 而且, M 与 N 是局部微分同构的, $\Lambda(M)$ 就是 $\Lambda(N)$.

下面证明唯一性. 如果两个单连通李群 M_1, M_2 是同一个连通李群 N 的覆盖群, 我们要证明 M_1 微分同构于 M_2.

首先 M_1 与 M_2 是局部微分同构的. 也就是讲, 存在 M_1 内的一个开核 U, F_1 微分同胚地映 U 到 M_2 内的开核 $F_1(U)$ 上, 而且当 x, y, $xy \in U$ 时, 有

$$F_1(xy) = F_1(x)F_1(y).$$

不妨设 U 是一个连通开核,而且满足 $U = U^{-1}$,这只要适当缩小 U 即可. 令 V 是 M_1 内另一个连通开核,满足 $V^{-1}V \subset U$.

$\forall x \in M_1$,一定有一个与 x 有关的连通开核 W_x,使得 $x^{-1}W_x^{-1}W_x x \subset U$,所有 $W_x x$ 之并覆盖 M_1. 对于连接 M_1 的单位元 e_{M_1} 与 M_1 内任一点 x 的道路 α: $[0, 1] \to M_1$,由于 $[0, 1]$ 是 $\mathbf{R}$ 内的有界闭集,则一定存在 Lebesgue 数 $\delta > 0$,即当 $[0, 1]$ 分割为 n 个小区间 $[0, t_1], \cdots, [t_{n-1}, 1]$ 时,记 $t_0 = 0, t_n = 1$,只要每个小区间 $I_k = [t_{k-1}, t_k]$ 的长度小于 δ,就有 $\alpha(I_k)$ 落在某个 $W_x x$ 内. 于是,对于 I_k 内的任两点 s_1, s_2,有 $(\alpha(s_1))^{-1}\alpha(s_2) \in x^{-1}W_x^{-1}W_x x \subset U$. 这样一个分割称为道路 α 的一个细致的分割.

对于一个固定的细致的分割,令 $\alpha_k = (\alpha(t_{k-1}))^{-1}\alpha(t_k)$. 定义 $F(\alpha) = F_1(\alpha_1) \cdots F_1(\alpha_n)$. 我们要证明 $F(\alpha)$ 不依赖于 I 的分割,而只依赖于道路 α 的道路类.

如果在这个分割里加一个点 Q,就得到一个新的分割,称这个新的分割为一个加细的细致分割. 考虑区间 $[t_{k-1}, t_k]$ 由区间 $[t_{k-1}, Q]$ 和 $[Q, t_k]$ 所代替,令 $\alpha_{k_1} = (\alpha(t_{k-1}))^{-1}\alpha(Q)$, $\alpha_{k_2} = (\alpha(Q))^{-1}\alpha(t_k)$,那么, $\alpha_k = \alpha_{k_1}\alpha_{k_2}$. 利用 α_{k_1}, α_{k_2}, α_k 都在 U 内,和 F_1 有同态性质可得, $F_1(\alpha_k) = F_1(\alpha_{k_1})F_1(\alpha_{k_2})$. 因此,利用这个加细的细致分割可见, $F(\alpha)$ 的定义的右端并未因添加一点 Q 而改变. 那么对于一个固定的细致的分割,任意添加有限个点组成的加细的细致分割, $F(\alpha)$ 的定义右端并未改变.

因为任何两个细致的分割有一个共同的加细的细致分割,所以, $F(\alpha)$ 的定义不依赖于 $[0, 1]$ 的分割.

接着我们来证明 $F(\alpha)$ 只依赖于道路类 $[\alpha]$.

如果 M_1 内的道路 f, g 都在 $[\alpha]$ 里,因此,有定端伦移 $H: [0, 1] \times [0, 1] \to M_1$, $H(t, 0) = f(t)$, $H(t, 1) = g(t)$. 固定 $s_0 \in [0, 1]$,令 $0 = t_0 < t_1 < \cdots < t_n = 1$ 是对于道路 $H(t, s_0)$ 的一个细致的分割. 由 H 的连续性,能够选择充分接近于零的固定正数 δ,当 $s \in [s_0 - \delta, s_0 + \delta]$ 时,上述 $\{t_0, t_1, \cdots, t_n\}$ 是对于道路 $H(t, s)$ 的一个细致的分割,那么 $H(t_{k-1}, s)^{-1}H(t_k, s) \in U$. 另外可缩小上述 δ,满足:

$$\begin{aligned}
&H(t_{k-1}, s)^{-1}H(t_k, s_0) \in U, \\
&H(t_k, s)^{-1}H(t_k, s_0) \in U, \\
&H(t_{k-1}, s_0)^{-1}H(t_k, s) \in U \ (1 \leqslant k \leqslant n),
\end{aligned} \tag{11.1}$$

由于 $U = U^{-1}$，则 $H(t_k, s_0)^{-1} H(t_k, s) \in U$.

下面用归纳法证明：对于 $1 \leqslant k \leqslant n$，有

$$F_1[H(t_0, s_0)^{-1} H(t_1, s_0)] \cdots F_1[H(t_{k-1}, s_0)^{-1} H(t_k, s_0)]$$
$$= F_1[H(t_0, s_0)^{-1} H(t_1, s)] \cdots F_1[H(t_{k-1}, s)^{-1} H(t_k, s)] F_1[H(t_k, s)^{-1} \cdot$$
$$H(t_k, s_0)]. \tag{11.2}$$

当 $k = 1$ 时，利用 H 是定端同伦，有 $H(t_0, s_0) = H(t_0, s)$，那么

$$F_1[H(t_0, s_0)^{-1} H(t_1, s_0)]$$
$$= F_1[H(t_0, s)^{-1} H(t_1, s) H(t_1, s)^{-1} H(t_1, s_0)]$$
$$= F_1[H(t_0, s)^{-1} H(t_1, s)] F_1[H(t_1, s)^{-1} H(t_1, s_0)].$$

设当 $[0, 1]$ 被分割成 k $(k \leqslant n-1)$ 个小区间时，有(11.2)式，考虑 $k+1$ 个小区间的情况，利用

$$F_1[H(t_k, s_0)^{-1} H(t_{k+1}, s_0)]$$
$$= F_1[H(t_k, s_0)^{-1} H(t_k, s)] F_1[H(t_k, s)^{-1} H(t_{k+1}, s)] F_1[H(t_{k+1}, s)^{-1} \cdot$$
$$H(t_{k+1}, s_0)].$$

把上式两端乘到(11.2)式的两端，可知对于 $k+1$ 的情况，(11.2)式仍然成立. 于是，令

$$\alpha_{s_0}(t) = H(t, s_0), \quad \alpha_s(t) = H(t, s),$$

有 $F(\alpha_{s_0}) = F(\alpha_s)$，因而容易看到 $F(f) = F(g)$.

由此定义映射 $F_2: M_1 \to M_2$，这里先只要求 M_2 是一个连通李群，$F_2(x) = F(\alpha)$，这里 α 是 M_1 内连接单位元 e_{M_1} 与 x 的任一条道路.

$\forall x \in V$，在 V 内取一条道路 α 连接 M_1 内单位元与 x，令 $0 = t_0 < t_1 = 1$ 是 $[0, 1]$ 的一个细致的分割，和

$$F_2(x) = F(\alpha) = F_1[(\alpha(t_0))^{-1} \alpha(t_1)] = F_1(x),$$

那么 $F_2|_V = F_1$.

下面证明 F_2 是一个同态.

$\forall x, y \in M_1$，对于连接 e_{M_1} 到点 y 的道路 β 和连接 e_{M_1} 到点 x 的道路 α，$x\beta$ 是连接点 x 到点 xy 的一条道路. 乘积道路 $\alpha * (x\beta)$ 是连接 e_{M_1} 到 xy 的一条道路. 因为

$$F_2(xy) = F(\alpha * (x\beta))$$
$$= F_1((\alpha(t_0))^{-1}\alpha(t_1))\cdots F_1((\alpha(t_{n-1}))^{-1}\alpha(t_n)) \cdot$$
$$\quad F_1((x\beta(t_0))^{-1}(x\beta(t_1)))\cdots F_1((x\beta(t_{n-1}))^{-1}(x\beta(t_n)))$$
$$= F(\alpha)F(\beta)$$
$$= F_2(x)F_2(y),$$

(这里$\{t_0, t_1, \cdots, t_n\}$是$\alpha$和$\beta$的细致分割.)所以$F_2$是一个群同态. F_2是单连通李群M_1到连通李群M_2的一个C^∞同态. 又F_2是开映射, $F_2(M_1)$是M_2内的一个开子群,也是M_2内闭子群. 由于M_2连通,则F_2是到上的. $\forall u \in M_2$,容易证明$F_2(V)u = F_1(V)u$是含u的基本邻域,所以F_2是覆盖同态.

现在, M_2也是单连通李群. 同样,存在M_2到M_1的覆盖同态F_3,它被限制在V上, F_3F_2是恒等映射,所以由覆盖映射的唯一性定理,可以得到F_3F_2在M_1上是恒等映射. 同样, F_2F_3是M_2上的一个恒等映射,因而$F_3 = F_2^{-1}$, M_1与M_2微分同构.

从定理29,立刻可以得到下述推论.

推论 两个单连通李群如果具有同一李代数,则必微分同构.

所以单连通李群可以由李代数来分类.

从定理29的证明可以看出:要寻找连通李群的万有覆盖群,只需找一个具有同样李代数的单连通李群就可以了.

下面我们举些例子.

在本章§1的例4中,我们知道$S^3(1)$是一个三维的单连通李群. 我们先求其李代数.

三维李群$S^3(1)$的单位元e在$\mathbf{R}^4$内的坐标是$(1, 0, 0, 0)$,北极$p = (0, 0, 0, 1)$,同第一章§1的例2一样,令$U(p) = S^3(1) - \{p\}$, $(U(p), \varphi)$是含e的一个坐标图,这里φ是北极p到平面$x_4 = 0$的球极投影. 于是

$$\varphi(x_1, x_2, x_3, x_4) = (x_1^*, x_2^*, x_3^*) = \left(\frac{x_1}{1-x_4}, \frac{x_2}{1-x_4}, \frac{x_3}{1-x_4}\right),$$

$$\varphi(e) = (1, 0, 0),$$

$$\varphi(y_1, y_2, y_3, y_4) = (y_1^*, y_2^*, y_3^*) = \left(\frac{y_1}{1-y_4}, \frac{y_2}{1-y_4}, \frac{y_3}{1-y_4}\right),$$

$$\varphi((x_1, x_2, x_3, x_4)(y_1, y_2, y_3, y_4))$$
$$= (\Phi_1(x^*, y^*), \Phi_2(x^*, y^*), \Phi_3(x^*, y^*)).$$

由本章§1例4中$S^3(1)$的乘法可知:

$$\Phi_1(x^*, y^*) = \frac{x_1 y_1 - x_2 y_2 - x_3 y_3 - x_4 y_4}{1 - (x_1 y_4 + x_4 y_1 + x_2 y_3 - x_3 y_2)}$$

$$= \Big[\big(1 + \sum_{i=1}^{3} x_i^{*2}\big) \big(1 + \sum_{i=1}^{3} y_i^{*2}\big)$$

$$- 2x_1^* \big(\sum_{i=1}^{3} y_i^{*2} - 1\big) - 2\big(\sum_{i=1}^{3} x_i^{*2} - 1\big) y_1^*$$

$$- 4x_2^* y_3^* + 4x_3^* y_2^* \Big]^{-1} \Big[4x_1^* y_1^* - 4x_2^* y_2^*$$

$$- 4x_3^* y_3^* - \big(\sum_{i=1}^{3} x_i^{*2} - 1\big) \big(\sum_{i=1}^{3} y_i^{*2} - 1\big) \Big],$$

$$\Phi_2(x^*, y^*) = \frac{x_1 y_2 + x_2 y_1 + x_3 y_4 - x_4 y_3}{1 - (x_1 y_4 + x_4 y_1 + x_2 y_3 - x_3 y_2)}$$

$$= \Big[\big(1 + \sum_{i=1}^{3} x_i^{*2}\big) \big(1 + \sum_{i=1}^{3} y_i^{*2}\big)$$

$$- 2x_1^* \big(\sum_{i=1}^{3} y_i^{*2} - 1\big) - 2\big(\sum_{i=1}^{3} x_i^{*2} - 1\big) y_1^*$$

$$- 4x_2^* y_3^* + 4x_3^* y_2^* \Big]^{-1} \Big[4x_1^* y_2^* + 4x_2^* y_1^*$$

$$+ 2x_3^* \big(\sum_{i=1}^{3} y_i^{*2} - 1\big) - 2\big(\sum_{i=1}^{3} x_i^{*2} - 1\big) y_3^* \Big],$$

$$\Phi_3(x^*, y^*) = \frac{x_1 y_3 + x_3 y_1 + x_4 y_2 - x_2 y_4}{1 - (x_1 y_4 + x_4 y_1 + x_2 y_3 - x_3 y_2)}$$

$$= \Big[\big(1 + \sum_{i=1}^{3} x_i^{*2}\big) \big(1 + \sum_{i=1}^{3} y_i^{*2}\big)$$

$$- 2x_1^* \big(\sum_{i=1}^{3} y_i^{*2} - 1\big) - 2\big(\sum_{i=1}^{3} x_i^{*2} - 1\big) y_1^* - 4x_2^* y_3^*$$

$$+ 4x_3^* y_2^* \Big]^{-1} \Big[4x_1^* y_3^* + 4x_3^* y_1^*$$

$$+ 2\big(\sum_{i=1}^{3} x_i^{*2} - 1\big) y_2^* - 2\big(\sum_{i=1}^{3} y_i^{*2} - 1\big) x_2^* \Big].$$

因而群的变换函数为

$$\psi_1^1(x^*) = \frac{1}{2}(x_1^{*2} - x_2^{*2} - x_3^{*2} + 1),$$

$$\psi_2^1(x^*) = -x_2^* - x_1^* x_3^*,$$

$$\psi_3^1(x^*) = -x_3^* + x_1^* x_2^*,$$

$$\psi_1^2(x^*) = x_1^* x_2^* + x_3^*,$$

$$\psi_2^2(x^*) = x_1^* - x_2^* x_3^*,$$

$$\psi_3^2(x^*) = \frac{1}{2}(1 + x_2^{*2} - x_1^{*2} - x_3^{*2}),$$

$$\psi_1^3(x^*) = -x_2^* + x_1^* x_3^*,$$

$$\psi_2^3(x^*) = \frac{1}{2}(x_1^{*2} + x_2^{*2} - 1 - x_3^{*2}),$$

$$\psi_3^3(x^*) = x_1^* + x_2^* x_3^*.$$

于是, $S^3(1)$ 的李代数的基是

$$X_1 = \frac{1}{2}(x_1^{*2} + 1 - x_2^{*2} - x_3^{*2}) \frac{\partial}{\partial x_1^*}$$
$$+ (x_1^* x_2^* + x_3^*) \frac{\partial}{\partial x_2^*} + (x_1^* x_3^* - x_2^*) \frac{\partial}{\partial x_3^*},$$

$$X_2 = -(x_2^* + x_1^* x_3^*) \frac{\partial}{\partial x_1^*} + (x_1^* - x_2^* x_3^*) \frac{\partial}{\partial x_2^*}$$
$$+ \frac{1}{2}(x_1^{*2} + x_2^{*2} - 1 - x_3^{*2}) \frac{\partial}{\partial x_3^*},$$

$$X_3 = (x_1^* x_2^* - x_3^*) \frac{\partial}{\partial x_1^*}$$
$$+ \frac{1}{2}(1 + x_2^{*2} - x_1^{*2} - x_3^{*2}) \frac{\partial}{\partial x_2^*} + (x_1^* + x_2^* x_3^*) \frac{\partial}{\partial x_3^*},$$

因而由直接计算可得

$$[X_1, X_2] = 2X_3, \quad [X_2, X_3] = 2X_1,$$
$$[X_3, X_1] = 2X_2.$$

令 $Y_1 = \frac{1}{2}X_1$, $Y_2 = \frac{1}{2}X_2$, $Y_3 = \frac{1}{2}X_3$, 在新基 Y_1, Y_2, Y_3 下, 有

$$[Y_1, Y_2] = Y_3, \quad [Y_2, Y_3] = Y_1, \quad [Y_3, Y_1] = Y_2.$$

从本章§2的例5和§8可以看出, $\Lambda(S^3(1))$ 同构于 $\Lambda(O(3, \mathbf{R}))$.

现在我们开始讨论酉群 $U(n)$. 从第二章§1知道 $U(n) = \{A \in GL(n,$ $\mathbf{C}) \mid \bar{A}^{\mathrm{T}} A = I_n\}$, 同实矩阵情况一样, $U(n)$ 内的单参数子群仍有形式 e^{sA}, 这里

$A \in \Lambda(U(n))$ 和 $s \in \mathbf{R}$, 每个矩阵 $A = \begin{bmatrix} x_{11}+\mathrm{i}y_{11} & \cdots & x_{1n}+\mathrm{i}y_{1n} \\ \vdots & & \vdots \\ x_{n1}+\mathrm{i}y_{n1} & \cdots & x_{nn}+\mathrm{i}y_{nn} \end{bmatrix}$ 等同于

$\mathbf{R}^{2n^2}$ 内的一点 $(x_{11}, y_{11}, \cdots, x_{1n}, y_{1n}, \cdots, x_{n1}, y_{n1}, \cdots, x_{nn}, y_{nn})$. 由于 $\mathrm{e}^{s\bar{A}^{\mathrm{T}}}\mathrm{e}^{sA}=I_n$, 则 $(I_n+s\bar{A}^{\mathrm{T}}+o(s))(I_n+sA+o(s))=I_n$, 那么 $s(\bar{A}^{\mathrm{T}}+A)+o(s)=0$, 于是, $\bar{A}^{\mathrm{T}}+A+\dfrac{1}{s}o(s)=0$, 这里 $\lim\limits_{s\to 0}\dfrac{1}{s}o(s)=0$. 所以, $\bar{A}^{\mathrm{T}}+A=0$. 反之,

容易证明:对于任一满足 $\bar{A}^{\mathrm{T}}+A=0$ 的复 $n\times n$ 矩阵 A, e^{sA} 是 $U(n)$ 内的一个单参数子群. 因此, $U(n)$ 的李代数是

$$\Lambda(U(n))=\{A \in gl(n, \mathbf{C}) \mid \bar{A}^{\mathrm{T}}+A=0\},$$

这里 $gl(n, \mathbf{C})$ 是 $GL(n, \mathbf{C})$ 的李代数. $U(n)$ 是 n^2 维李群.

$SU(n)$ 是 $U(n)$ 内所有行列式为 1 的矩阵全体组成的闭子群, $SU(n)$ 是一个 n^2-1 维李群. 特别地,我们来考虑三维李群 $SU(2)$.

我们知道,三维李群 $S^3(1)$ 上的点可看作模长为 1 的四元数. 定义 $S^3(1)$ 上的映射 F 为

$$F(x_1+x_2\mathrm{i}+x_3\mathrm{j}+x_4\mathrm{k})=\begin{bmatrix} x_1-\mathrm{i}x_2 & x_3-\mathrm{i}x_4 \\ -x_3-\mathrm{i}x_4 & x_1+\mathrm{i}x_2 \end{bmatrix},$$

记 $x=x_1+x_2\mathrm{i}+x_3\mathrm{j}+x_4\mathrm{k}$, 利用 $x_1^2+x_2^2+x_3^2+x_4^2=1$, 可知 $\det F(x)=1$, 和 $\overline{F(x)}^{\mathrm{T}}F(x)=\begin{bmatrix} 1 & 0 \\ 0 & 1 \end{bmatrix}$, 因而 $F(x) \in SU(2)$. 令 $y=y_1+y_2\mathrm{i}+y_3\mathrm{j}+y_4\mathrm{k}$, 则

$$\begin{aligned}
F(xy)=&F((x_1y_1-x_2y_2-x_3y_3-x_4y_4)+(x_1y_2+x_2y_1+x_3y_4\\
&-x_4y_3)\mathrm{i}+(x_1y_3+x_3y_1+x_4y_2-x_2y_4)\mathrm{j}+(x_1y_4+x_4y_1\\
&+x_2y_3-x_3y_2)\mathrm{k})\\
=&\begin{bmatrix} x_1-\mathrm{i}x_2 & x_3-\mathrm{i}x_4 \\ -x_3-\mathrm{i}x_4 & x_1+\mathrm{i}x_2 \end{bmatrix}\begin{bmatrix} y_1-\mathrm{i}y_2 & y_3-\mathrm{i}y_4 \\ -y_3-\mathrm{i}y_4 & y_1+\mathrm{i}y_2 \end{bmatrix}\\
=&F(x)F(y).
\end{aligned}$$

容易知道 F 是 1—1 的,且是连续的. 对于 $SU(2)$ 内任一矩阵 $B=\begin{bmatrix} \alpha & \beta \\ \gamma & \delta \end{bmatrix}$, 利用 $\det B=1$ 和 $\bar{B}^{\mathrm{T}}B=I_2$, 可得到 $\beta=-\bar{\gamma}$, $\delta=\bar{\alpha}$. 记 $\alpha=x_1-\mathrm{i}x_2$, $\beta=x_3-\mathrm{i}x_4$, 并

令 $x = x_1 + x_2 \mathrm{i} + x_3 \mathrm{j} + x_4 \mathrm{k}$，则 $F(x) = \begin{bmatrix} \alpha & \beta \\ -\bar{\beta} & \bar{\alpha} \end{bmatrix} = \begin{bmatrix} \alpha & \beta \\ \gamma & \delta \end{bmatrix}$，$F$ 是到上的，F 是 $S^3(1)$ 到 $SU(2)$ 上的拓扑同构映射，因而 $S^3(1)$ 和 $SU(2)$ 是微分同构的. 所以，$SU(2)$ 单连通，以及 $\Lambda(SU(2))$ 同构于 $\Lambda(O(3, \mathbf{R}))$.

设 $SO(n, \mathbf{R})$ 是 $O(n, \mathbf{R})$ 内行列式为 1 的闭子群. 我们有定理 30.

定理 30　(1) $SU(2)$ 是 $SO(3, \mathbf{R})$ 的万有覆盖群.

(2) $SU(2) \times SU(2)$ 是 $SO(4, \mathbf{R})$ 的万有覆盖群.

首先我们给出 3 个引理.

引理 1　G 是一个拓扑群，H 是 G 的连通子群，如果右旁集空间 G/H 是连通的，则 G 一定是连通的.

证明　用反证法. 若 G 不连通，则存在 G 内两个非空开集 U, V, $G = U \bigcup V$, $U \bigcap V = \varnothing$, $\pi: G \to G/H$ 是自然映射，$\pi(U)$ 和 $\pi(V)$ 是 G/H 内的两个非空开集，$G/H = \pi(U) \bigcup \pi(V)$. 由于 G/H 连通，则 $\pi(U) \bigcap \pi(V) \neq \varnothing$，因此，有 $u \in U$, $v \in V$ 和 $h \in H$，使得 $u = hv$，那么 $Hv \bigcap U \neq \varnothing$, $Hv \bigcap V \neq \varnothing$. 显然，$Hv = (Hv \bigcap U) \bigcup (Hv \bigcap V)$，$Hv$ 分解为两个互不相交的非空开集之并，而 Hv 同胚于 H，Hv 连通，这是不可能的，所以 G 连通.

引理 2　$SO(n, \mathbf{R})/SO(n-1, \mathbf{R})$ 同胚于 $n-1$ 维单位球面 $S^{n-1}(1)$.

证明　作一个映射 $T: S^{n-1}(1) \times SO(n, \mathbf{R}) \to S^{n-1}(1)$, $T(x, A) = xA$，这里 $x = (x_1, x_2, \cdots, x_n)$, $\sum\limits_{i=1}^{n} x_i^2 = 1$, A 是行列式为 1 的 $n \times n$ 的实正交矩阵. 对于北极 $p = (0, 0, \cdots, 0, 1)$，令 $G(p) = \{A \in SO(n, \mathbf{R}) \mid pA = p\}$. 我们称 $G(p)$ 为 $SO(n, \mathbf{R})$ 在点 p 的迷向群，$G(p)$ 是 $SO(n, \mathbf{R})$ 内的闭子群. 显然，$A \in G(p)$ 当且仅当 $A = \begin{bmatrix} B & 0 \\ 0 & 1 \end{bmatrix}$，这里 $B \in SO(n-1, \mathbf{R})$. $G(p)$ 微分同构于 $SO(n-1, \mathbf{R})$ (拓扑同构是极容易证明的)，所以，微分流形 $SO(n, \mathbf{R})/G(p)$ 微分同胚于 $SO(n, \mathbf{R})/SO(n-1, \mathbf{R})$. 将映射 T 限制在 $\{p\} \times SO(n, \mathbf{R})$ 上，先令映射 $\pi: \{p\} \times SO(n, \mathbf{R}) \to SO(n, \mathbf{R})/G(p)$, $\pi(p, A) = [A]$ (A 的右旁集类)，再定义 $F: SO(n, \mathbf{R})/G(p) \to S^{n-1}(1)$, $F[A] = T(p, A) = pA$, $SO(n, \mathbf{R})$ 是 $\mathbf{R}^{n^2}$ 内一有界闭集，$SO(n, \mathbf{R})$ 是紧致的. 容易看到 F 是一个同胚.

引理 3　$SO(n, \mathbf{R})$ 是连通的.

证明　对 n 用数学归纳法. 当 $n = 1$ 时，$SO(1, \mathbf{R}) = \{1\}$, $SO(1, \mathbf{R})$ 仅有一个元素，显然是连通的. 假设 $SO(n-1, \mathbf{R})$ 连通，由引理 2，$SO(n, \mathbf{R})/SO(n-1, \mathbf{R})$ 同胚于 $S^{n-1}(1)$，当然也是连通的. 再利用引理 1，可以知道 $SO(n, \mathbf{R})$ 是连通的.

我们来证明定理 30.

证明 (1) 由引理 3 知道李群 $SO(3, \mathbf{R})$ 是连通的,而 $SU(2)$ 是单连通的三维李群,$\Lambda(SU(2))$ 同构于 $\Lambda(O(3, \mathbf{R}))$,$\Lambda(SO(3, \mathbf{R})) = \Lambda(O(3, \mathbf{R}))$,那么 $SU(2)$ 是 $SO(3, \mathbf{R})$ 的万有覆盖群.

(2) $SU(2) \times SU(2)$ 是单连通的六维李群,我们要证明 $SU(2) \times SU(2)$ 是 $SO(4, \mathbf{R})$ 的万有覆盖群,关键要证明 $\Lambda(O(4, \mathbf{R})) = g_1 \oplus g_2$,这里 g_1,g_2 都同构于 $\Lambda(O(3, \mathbf{R}))$.

$\Lambda(O(4, \mathbf{R}))$ 是由 4×4 的实反称矩阵全体组成的 $gl(4, \mathbf{R})$ 的子代数. 令 E_{ij} 表示第 i 行、第 j 列元素是 1,其余元素皆为 0 的 4×4 矩阵. 记

$$X_1 = E_{12} - E_{21},\ X_2 = E_{13} - E_{31},\ X_3 = E_{14} - E_{41},$$
$$X_4 = E_{23} - E_{32},\ X_5 = E_{24} - E_{42},\ X_6 = E_{34} - E_{43}. \tag{11.3}$$

X_1,X_2,X_3,X_4,X_5 和 X_6 组成 $\Lambda(O(4, \mathbf{R}))$ 的一组基.

令

$$Y_1 = \frac{1}{2}(X_1 - X_6),\ Y_2 = \frac{1}{2}(X_2 + X_5),\ Y_3 = \frac{1}{2}(X_3 - X_4),$$
$$Z_1 = -\frac{1}{2}(X_1 + X_6),\ Z_2 = \frac{1}{2}(X_2 - X_5),\ Z_3 = \frac{1}{2}(X_3 + X_4).$$
$$\tag{11.4}$$

Y_1,Y_2,Y_3,Z_1,Z_2,Z_3 也组成 $\Lambda(O(4, \mathbf{R}))$ 的一组基. 由直接计算可以得到

$$[Y_1, Y_2] = Y_3,\ [Y_3, Y_1] = Y_2,\ [Y_2, Y_3] = Y_1,$$
$$[Z_1, Z_2] = Z_3,\ [Z_3, Z_1] = Z_2,\ [Z_2, Z_3] = Z_1, \tag{11.5}$$

和 $[Y_i, Z_j] = 0\ (1 \leqslant i, j \leqslant 3)$. Y_1,Y_2,Y_3 和 Z_1,Z_2,Z_3 分别张成 $\Lambda(O(4, \mathbf{R}))$ 内两个理想子代数 g_1,g_2,而且有 $\Lambda(O(4, \mathbf{R}) = g_1 \oplus g_2$,第三章 §2 例 5 和 §8 告诉我们,$g_1$,$g_2$ 都同构于 $O(3, \mathbf{R})$ 的李代数.

$SU(2) \times SU(2)$ 的李代数恰同构于 $\Lambda(O(3, \mathbf{R})) \oplus \Lambda(O(3, \mathbf{R}))$,即同构于 $g_1 \oplus g_2$,所以单连通李群 $SU(2) \times SU(2)$ 是连通李群 $SO(4, \mathbf{R})$ 的万有覆盖群.

顺便说一下,由引理 3,$SO(n, \mathbf{R})$ 是连通的,$O(n, \mathbf{R})$ 是由行列式为 1 和 -1 的两部分正交矩阵组成,因此李群 $O(n, \mathbf{R})$ 恰有两个连通分支,一个是包含单位矩阵的连通分支 $SO(n, \mathbf{R})$,另一个是行列式为 -1 的正交矩阵组成的连通分支.

§12 Riemann 流形

设 M 是一个 m 维的微分流形, $\forall\, p \in M$, 有含 p 的可容许坐标图 (U, φ), 记其局部坐标为 $(x_1, \cdots, x_m)$. 给定一个对称、正定和双线性映射 $g_p: T_p(M) \times T_p(M) \to \mathbf{R}$, 记 $g_p\left(\dfrac{\partial}{\partial x_i}(p), \dfrac{\partial}{\partial x_j}(p)\right) = g_{ij}(\varphi(p))\ (1 \leqslant i, j \leqslant m)$, 即 $g_{ij}(\varphi(p)) = g_{ji}(\varphi(p))$, 而且矩阵 $(g_{ij}(\varphi(p)))$ 是正定的, 称 g_p 为切空间 $T_p(M)$ 上的内积. 如果 $\dfrac{1}{2}m(m+1)$ 个函数 $g_{ij}(\varphi(p))$ 在 $\varphi(U)$ 上是 C^∞ 函数(当 p 在 U 内变化时), 则记 $x = \varphi(p)$, 并令

$$g = \mathrm{d}s^2 = \sum_{i, j=1}^m g_{ij}(x)\,\mathrm{d}x_i\,\mathrm{d}x_j, \tag{12.1}$$

对于另一个含 p 的坐标图 (V, ψ), 记其局部坐标为 $(y_1, \cdots, y_m)$, 并记 $\psi(p) = y$. 置 $g_{ij}^*(y) = g_p\left(\dfrac{\partial}{\partial y_i}(p), \dfrac{\partial}{\partial y_j}(p)\right)$, 由于

$$
\begin{aligned}
g_{ij}(x) &= g_p\left(\sum_{k=1}^m \frac{\partial y_k}{\partial x_i}\bigg|_{x=\varphi(p)} \frac{\partial}{\partial y_k}(p), \sum_{l=1}^m \frac{\partial y_l}{\partial x_j}\bigg|_{x=\varphi(p)} \frac{\partial}{\partial y_l}(p)\right) \\
&= \sum_{k, l=1}^m \frac{\partial y_k}{\partial x_i}\bigg|_{x=\varphi(p)} \frac{\partial y_l}{\partial x_j}\bigg|_{x=\varphi(p)} g_{kl}^*(y),
\end{aligned}
\tag{12.2}
$$

利用 (12.2) 式, 可以看到

$$
\begin{aligned}
\mathrm{d}s^2 &= \sum_{i, j=1}^m g_{ij}(x)\,\mathrm{d}x_i\,\mathrm{d}x_j \\
&= \sum_{k, l=1}^m g_{kl}^*(y)\,\mathrm{d}y_k\,\mathrm{d}y_l,
\end{aligned}
\tag{12.3}
$$

因而 $\mathrm{d}s^2$ 的定义与坐标图的选择无关. $\mathrm{d}s^2$ 称为 U 内第一基本形式或 Riemann 度量. 如果微分流形 M 在任一个坐标邻域 U 内都有一个 Riemann 度量 $\mathrm{d}s^2$, 那么称 M 为一个 Riemann 流形, 有时记作 Riemann 流形 (M, g). 如果 M 又是一个李群, $\forall\, x, y \in M$, $\forall\, X_x, Y_x \in T_x(M)$ 和 $\forall\, X_y, Y_y \in T_y(M)$, 如果 Riemann 度量 g 满足:

$$
\begin{aligned}
g_{xy}(\mathrm{d}L_x(X_y), \mathrm{d}L_x(Y_y)) &= g_y(X_y, Y_y)(L_x\ \text{是左移动}), \\
g_{xy}(\mathrm{d}R_y(X_x), \mathrm{d}R_y(Y_x)) &= g_x(X_x, Y_x)(R_y\ \text{是右移动}),
\end{aligned}
\tag{12.4}
$$

则称 g 为李群 M 上的双不变 Riemann 度量.

我们举两个简单的 Riemann 流形的例子.

例如, $H = \{(x, y) \in \mathbf{R}^2 \mid y > 0\}$, 我们等同 $T_{(x, y)}(H)$ 与 $\mathbf{R}^2$, 即像第一章 §2 例子一样, 将 $\frac{\partial}{\partial x}(x, y)$ 与 $e_1 = (1, 0)$, $\frac{\partial}{\partial y}(x, y)$ 与 $e_2 = (0, 1)$ 叠合, $\forall X_1, X_2 \in T_{(x, y)}(H)$, 令 $g_{(x, y)}(X_1, X_2) = \frac{1}{y^2}\langle X_1, X_2 \rangle$, 这里"$\langle, \rangle$"是 $\mathbf{R}^2$ 内两向量的内积, 则

$$g_{(x, y)}\left(\frac{\partial}{\partial x}(x, y), \frac{\partial}{\partial x}(x, y)\right) = \frac{1}{y^2} = g_{(x, y)}\left(\frac{\partial}{\partial y}(x, y), \frac{\partial}{\partial y}(x, y)\right),$$

和 $g_{(x, y)}\left(\frac{\partial}{\partial x}(x, y), \frac{\partial}{\partial y}(x, y)\right) = 0$. 因而 Riemann 度量

$$g = \mathrm{d}s^2 = \frac{1}{y^2}(\mathrm{d}x^2 + \mathrm{d}y^2).$$

H 的 Gauss 曲率为

$$K = -y^2\left(\frac{\partial^2}{\partial x^2} + \frac{\partial^2}{\partial y^2}\right)\ln\frac{1}{y} = -1.$$

H 称为 Poincaré 上半平面, 具有负常 Gauss 曲率.

又如, $S^n(1) \subset \mathbf{R}^{n+1}$ 是 n 维球面, $S^n(1)$ 是 $\mathbf{R}^{n+1}$ 内一个嵌入子流形. $\forall p \in S^n(1)$, 可选取 $\mathbf{R}^{n+1}$ 内含 p 的一个坐标图 (U, φ), 在 U 内, $\frac{\partial}{\partial x_1}(p), \cdots,$ $\frac{\partial}{\partial x_{n+1}}(p)$ 是 $T_p(\mathbf{R}^{n+1})$ 内的一组基, 限制于 $U \bigcap S^n(1)$ 内, $\frac{\partial}{\partial x_1}(p), \cdots, \frac{\partial}{\partial x_n}(p)$ 切于 $T_p(S^n(1))$. 用 g 记 $\mathbf{R}^{n+1}$ 内的 Riemann 度量, 定义 $\bar{g}_p$:

$$T_p(S^n(1)) \times T_p(S^n(1)) \to \mathbf{R},$$

$$\bar{g}_p\left(\frac{\partial}{\partial x_i}(p), \frac{\partial}{\partial x_j}(p)\right) = g_p\left(\frac{\partial}{\partial x_i}(p), \frac{\partial}{\partial x_j}(p)\right) \ (1 \leqslant i, j \leqslant n),$$

我们讲 $S^n(1)$ 具有 $\mathbf{R}^{n+1}$ 的诱导(Riemann)度量(这里 g_p 即为 $\mathbf{R}^{n+1}$ 的内积).

设 (N, g) 是一个 n 维 Riemann 流形, M 是 N 的一个 m 维 $(m < n)$ 嵌入子流形, 因为 $T_p(M)$ 是 $T_p(N)$ 的线性子空间, 因而 N 的 Riemann 度量在 M 上的限制给出了 M 的 Riemann 度量, 仍用同一个 g 表示, 称 (M, g) 为 (N, g) 的 Riemann 嵌入子流形. 上述 $S^n(1)$ 是 $\mathbf{R}^{n+1}$ 的 Riemann 嵌入子流形.

设 N 是任意一个 n 维 Riemann 流形,则 $\forall p \in N$,有含 p 的坐标图 (U, φ),记其局部坐标为 $(x_1, \cdots, x_n)$ 和

$$g_{ij}(\varphi(p)) = g_p\left(\frac{\partial}{\partial x_i}(p), \frac{\partial}{\partial x_j}(p)\right) \ (1 \leqslant i, j \leqslant n),$$

采用线性代数方法,可得标准正交基 $e_1(p), \cdots, e_n(p) \in T_p(N)$. 即有 $g_p(e_i(p), e_j(p)) = \delta_{ij}$,这里 $e_i(p) = \sum\limits_{l=1}^{n} a_{il}(p)\frac{\partial}{\partial x_l}(p)$,而且 $a_{il}(p)$ 是 C^∞ 函数 $(1 \leqslant i, l \leqslant n)$.

关于上述事实,我们经常讲在 U 内有 C^∞ 正交标架场 $e_1, \cdots, e_n$,或者讲 Riemann 流形 N 有 (C^∞) 局部正交标架场 $e_1, \cdots, e_n$.

现在我们来讨论李群.

设 M 是一个 m 维连通李群,$\omega_1, \cdots, \omega_m$ 是 M 的 Maurer-Cartan 形式的基,显然在 M 的任一点 x 处,有

$$\omega_{1x} \wedge \cdots \wedge \omega_{mx} \neq 0. \tag{12.5}$$

$\forall x \in M, L_x^*(\omega_{1x} \wedge \cdots \wedge \omega_{mx}) = \omega_{1e} \wedge \cdots \wedge \omega_{me}$,这里称 $\omega_1 \wedge \cdots \wedge \omega_m$ 为李群 M 上的左不变体积元素. 对于任意右移动 R_x,如果左不变体积元素 $\omega_1 \wedge \cdots \wedge \omega_m$ 满足 $R_x^*(\omega_{1x} \wedge \cdots \wedge \omega_{mx}) = \omega_{1e} \wedge \cdots \wedge \omega_{me}$,则称 $\omega_1 \wedge \cdots \wedge \omega_m$ 是双不变体积元素.

定理 31 一个紧致连通李群有一个双不变体积元素.

证明 我们知道由 m 维李群 M 的 MC 形式的基 $\omega_1, \cdots, \omega_m$ 张成的 $\omega_1 \wedge \cdots \wedge \omega_m$ 是左不变体积元素. 要证明 $\omega_1 \wedge \cdots \wedge \omega_m$ 是双不变体积元素,实际上只要证明 $\forall x \in M, R_{x^{-1}}^*(\omega_{1e} \wedge \cdots \wedge \omega_{me}) = L_{x^{-1}}^*(\omega_{1e} \wedge \cdots \wedge \omega_{me})$ 就可以了.

对于 $\Lambda(M)$ 内的一组基 $X_1, \cdots, X_m$,这里 $\omega_j(X_i) = \delta_{ij}$,

$$L_x^* R_{x^{-1}}^*[\omega_{1e} \wedge \cdots \wedge \omega_{me}](X_{1e}, \cdots, X_{me})$$
$$= \omega_{1e} \wedge \cdots \wedge \omega_{me}(\mathrm{d}L_x \mathrm{d}R_{x^{-1}}(X_{1e}), \cdots, \mathrm{d}L_x \mathrm{d}R_{x^{-1}}(X_{me}))$$
$$= \omega_{1e} \wedge \cdots \wedge \omega_{me}(\mathrm{d}F(x)(X_{1e}), \cdots, \mathrm{d}F(x)(X_{me})),$$

这里,$F(x)(y) = xyx^{-1}$ 是由 x 确定的内自同构映射.

我们知道 $\mathrm{d}F(x) = \mathrm{Ad}(x)$,设

$$\mathrm{d}F(x)(X_{je}) = \sum_{l=1}^{m} a_{jl}(x) X_{le} (1 \leqslant j \leqslant m), \tag{12.6}$$

那么

$$L_x^* R_{x^{-1}}^* [\omega_{1e} \wedge \cdots \wedge \omega_{me}](X_{1e}, \cdots, X_{me}) = \det(a_{ij}(x)), \quad (12.7)$$

利用 $\mathrm{Ad}(xy) = \mathrm{Ad}(x)\mathrm{Ad}(y)$，可以知道

$$a_{ij}(xy) = \sum_{s=1}^m a_{is}(y)a_{sj}(x). \quad (12.8)$$

定义 $f: M \to \mathbf{R} - \{0\}$，$f(x) = \det(a_{ij}(x))$，$f$ 显然连续，利用(12.8)式可以知道，$f(xy) = f(x)f(y)$. 把 $\mathbf{R} - \{0\}$ 看作非零实数的乘法群，而 $f(M)$ 是 $\mathbf{R} - \{0\}$ 内的紧致连通子群，则只可能是 $f(M) = 1$，因而(12.7)式的右端是 1，以及

$$L_x^* R_{x^{-1}}^* [\omega_{1e} \wedge \cdots \wedge \omega_{me}] = \omega_{1e} \wedge \cdots \wedge \omega_{me}, \quad (12.9)$$

那么，$\omega_1 \wedge \cdots \wedge \omega_m$ 是双不变体积元素.

从定理 31 的证明过程可以得到下述推论.

推论 紧致连通李群的伴随表示是单模的，即对应矩阵的行列式全是 1.

为了建立紧致连通 m 维李群 M 上的积分，我们先建立下述引理.

引理 对于紧致连通 m 维微分流形 M，存在 M 上有限个 C^∞ 函数 $f_i \geqslant 0$ $(1 \leqslant i \leqslant n)$，对于 M 上任一点 x，$\sum_{i=1}^n f_i(x) = 1$，和 $\bigcup_{i=1}^n \mathrm{supp}\, f_i = M$，这里 $\mathrm{supp}\, f_i = \overline{f_i^{-1}(\mathbf{R} - \{0\})}$（集合 $f_i^{-1}(\mathbf{R} - \{0\})$ 的闭包）.

证明 $\forall x \in M$，M 内有含 x 的坐标图(U_x, φ_x)，不妨设 $\varphi_x(x)$ 是 $\mathbf{R}^m$ 内的原点，用 $B_r(0)$ 表示 $\mathbf{R}^m$ 内以原点为中心、以 r 为半径的开球，显然存在常数 $r_1 > r_2 > 0$，使得 $x \in \varphi_x^{-1}(B_{r_2}(0)) \subset \varphi_x^{-1}(B_{r_1}(0)) \subset U_x$. 令 $\mathbf{R}^m$ 内的函数

$$F(\bar{x}) = \begin{cases} \mathrm{e}^{\frac{1}{\|\bar{x}\|^2 - r_2^2}}, & \text{当 } \|\bar{x}\| < r_2 \text{ 时}, \\ 0, & \text{当 } \|\bar{x}\| \geqslant r_2 \text{ 时}. \end{cases} \quad (12.10)$$

这里 $\|\bar{x}\|$ 是点 $\bar{x}$ 与 $\mathbf{R}^m$ 的原点的距离. F 是 $\mathbf{R}^m$ 内非负的 C^∞ 函数.

定义 M 上的函数

$$g_x(y) = \begin{cases} F(\varphi_x(y)), & \text{当 } y \in \varphi_x^{-1}(B_{r_1}(0)) \text{ 时}, \\ 0, & \text{当 } y \in M - \varphi_x^{-1}(B_{r_2}(0)) \text{ 时}. \end{cases} \quad (12.11)$$

g_x 是 M 上的 C^∞ 非负函数. 显然，$\varphi_x^{-1}(B_{r_2}(0)) \subset \mathrm{supp}\, g_x$，由于 M 紧致，有有限个形状为 $\varphi_x^{-1}(B_{r_2}(0))$ 的开集，其并集覆盖 M，这有限个开集的每一个都相应地有一个 M 上的 C^∞ 非负函数 g_x 与之对应，$\forall y \in \varphi_x^{-1}(B_{r_2}(0))$，对于同一个

x 而言,$g_x(y) > 0$,把这有限个 g_x 函数分别记为 $g_1, \cdots, g_n$,则 $\bigcup\limits_{i=1}^{n} \mathrm{supp}\, g_i = M$. $\forall y \in M$. 令

$$f_i(y) = \frac{g_i(y)}{\sum\limits_{j=1}^{n} g_j(y)} \ (1 \leqslant i \leqslant n), \tag{12.12}$$

这 n 个函数 $f_1, \cdots, f_n$ 即为所求.

上述引理称为单位分割定理.

设 M 是一个 m 维紧致连通的李群,对于 M 上任意连续或可微函数 F,我们定义

$$\int_M F\omega_1 \wedge \cdots \wedge \omega_m = \sum_{i=1}^{n} \int_{U_i} F f_i \omega_1 \wedge \cdots \wedge \omega_m. \tag{12.13}$$

这里,$\omega_1 \wedge \cdots \omega_m$ 是 M 上的双不变体积元素. $f_1, \cdots, f_n$ 是上述单位分割定理内的 M 上的 C^∞ 非负函数,$\forall x \in M$,$\sum\limits_{i=1}^{n} f_i(x) = 1$,$(U_i, \varphi_i)$ 是坐标图,$\mathrm{supp}\, f_i \subset U_i$. 在每个坐标图 (U_i, φ_i) 内,我们将 U_i 与 $\varphi_i(U_i)$ 叠合,关于这 $\mathbf{R}^m$ 内某开集上的积分是可以计算的.

现在来说明(12.13)式的右端与单位分割内函数的选择无关. 如果另有一个单位分割 $\{g_j \mid 1 \leqslant j \leqslant k\}$,$\mathrm{supp}\, g_j \subset V_j$,$(V_j, \psi_j)$ 是相应的坐标图. $\forall x \in M$,$\sum\limits_{j=1}^{k} g_j(x) = 1$,

$$\sum_{i=1}^{n} \int_{U_i} F f_i \omega_1 \wedge \cdots \wedge \omega_m = \sum_{i=1}^{n} \sum_{j=1}^{k} \int_{U_i \cap V_j} F f_i g_j \omega_1 \wedge \cdots \wedge \omega_m$$

$$= \sum_{j=1}^{k} \int_{V_j} F g_j \omega_1 \wedge \cdots \wedge \omega_m.$$

现在再来谈李群的双不变体积元素.

对于紧致连通的 m 维李群 M,$\omega_1, \cdots, \omega_m$ 是 M 上的 MC 形式的一组基,则 $\omega_1 \wedge \cdots \wedge \omega_m$ 是 M 上的 m 次微分形式的一个基,$\omega_1 \wedge \cdots \wedge \omega_m$ 是双不变体积元素,如果 M 上有一个 m 次非零的微分形式 Ω,且如果它也是双不变的,即 $\forall x \in M$,满足 $L_x^*(\Omega_x) = \Omega_e$,$R_x^*(\Omega_x) = \Omega_e$,我们要证明必有 $\lambda \in \mathbf{R} - \{0\}$,使得 $\Omega = \lambda \omega_1 \wedge \cdots \wedge \omega_m$,由于 $\Omega_x = g(x)\omega_{1x} \wedge \cdots \wedge \omega_{mx}$,利用 $L_x^*(\Omega_x) = \Omega_e$,则对于固定的 x,$\Omega_e = L_x^*[g(x)\omega_{1x} \wedge \cdots \wedge \omega_{mx}] = g(x)\omega_{1e} \wedge \cdots \wedge \omega_{me}$,因此

$g(x) = g(e)$ 是常数,和 $\Omega = \lambda \omega_1 \wedge \cdots \wedge \omega_m$, $\lambda \in \mathbf{R} - \{0\}$. 这里也称 Ω 为双不变体积元素. 在上述证明中,只用到左不变这一性质,这个结果下面要用到.

为了保证计算结果的唯一性,我们规定选择这样的双不变体积元素 $\Omega = \lambda \omega_1 \wedge \cdots \wedge \omega_m$,使得 M 的体积 $\mathrm{Vol} M = \lambda \int_M \omega_1 \wedge \cdots \wedge \omega_m = 1$. 下面谈到的紧致连通李群的双不变体积元素就是指这一个 Ω,这个 Ω 又被称为李群 M 的 Haar 测度.

定理 32 在一个紧致连通 m 维李群 M 上可定义一个双不变 Riemann 度量,和 M 的伴随表示像 $\mathrm{Ad}(M)$ 是实正交群 $O(m, \mathbf{R})$ 的子群.

证明 令 g_e 是 $T_e(M)$ 上的一个内积,对于 $T_e(M)$ 内任意两个固定的 X_e, Y_e,定义 M 上的一个函数 f, $\forall x \in M$, $f(x) = g_e(\mathrm{Ad}(x)X_e, \mathrm{Ad}(x)Y_e)$,$f$ 是 M 上的一个 C^∞ 函数,令 $\Phi_e(X_e, Y_e) = \int_M f(x)\Omega_x$,这里 Ω 是 M 上的一个 Haar 测度. $\forall x \in M$, $\forall X_x, Y_x \in T_x(M)$,定义 $\Phi_x(X_x, Y_x) = \Phi_e(\mathrm{d}L_{x^{-1}}(X_x), \mathrm{d}L_{x^{-1}}(Y_x))$,下面验证 Φ 是 M 上的一个双不变的 Riemann 度量. 利用 Φ_e 的对称、正定和双线性性质可知,Φ_x 是 $T_x(M)$ 上的一个内积. Φ 的可微性从 $L_{x^{-1}}$ 是微分同胚可以知道. 要证明关于 Φ 的类似(12.4)式的两个等式,只需对相应的切空间的基证明就可以了. 设 $\Lambda(M)$ 的基为 $X_1, \cdots, X_m$,和 $\forall x, y \in M$,有

$$\Phi_{xy}(\mathrm{d}L_x(X_{iy}), \mathrm{d}L_x(X_{jy})) = \Phi_{xy}(X_{ixy}, X_{jxy})$$
$$= \Phi_e(\mathrm{d}L_{(xy)^{-1}}(X_{ixy}), \mathrm{d}L_{(xy)^{-1}}(X_{jxy}))$$
$$= \Phi_e(X_{ie}, X_{je}) = \Phi_y(X_{iy}, X_{jy}).$$
$$\Phi_{xy}(\mathrm{d}R_y(X_{ix}), \mathrm{d}R_y(X_{jx}))$$
$$= \Phi_e(\mathrm{d}L_{(xy)^{-1}}\mathrm{d}R_y(X_{ix}), \mathrm{d}L_{(xy)^{-1}}\mathrm{d}R_y(X_{jx}))$$
$$= \Phi_e(\mathrm{d}L_{y^{-1}}\mathrm{d}L_{x^{-1}}\mathrm{d}R_y(X_{ix}), \mathrm{d}L_{y^{-1}}\mathrm{d}L_{x^{-1}}\mathrm{d}R_y(X_{jx}))$$
$$= \Phi_e(\mathrm{Ad}(y^{-1})X_{ie}, \mathrm{Ad}(y^{-1})X_{je})$$
$$= \int_M g_e(\mathrm{Ad}(\tilde{x})\mathrm{Ad}(y^{-1})X_{ie}, \mathrm{Ad}(\tilde{x})\mathrm{Ad}(y^{-1})X_{je})\Omega_{\tilde{x}}$$
$$= \int_M g_e(\mathrm{Ad}(\tilde{x}y^{-1})X_{ie}, \mathrm{Ad}(\tilde{x}y^{-1})X_{je})\Omega_{\tilde{x}}$$
$$= \int_M g_e(\mathrm{Ad}(z)X_{ie}, \mathrm{Ad}(z)X_{je})\Omega_z$$
$$= \Phi_e(X_{ie}, X_{je}) = \Phi_x(X_{ix}, X_{jx}).$$

这里,我们已经利用了对于固定的 y,$\Omega_{\bar{x}} = \Omega_{\bar{x}y^{-1}}$ 这一事实,令 $\Omega_{\bar{x}}^* = \Omega_{\bar{x}y^{-1}}$,$L_{\bar{x}}^*(\Omega_{\bar{x}}^*) = \Omega_e^*$,$\Omega^*$ 是左不变体积元素,所以,必有非零实常数 λ,使得 $\Omega_{\bar{x}}^* = \lambda\Omega_{\bar{x}}$,由于 $\int_M \Omega_{\bar{x}}^* = \int_M \Omega_{\bar{x}y^{-1}} = 1$,因此 $\lambda = 1$.

令 Φ 是 $\Lambda(M)$ 上的一个 Euclid 内积. $\forall X, Y \in \Lambda(M)$,定义

$$\langle X, Y \rangle = \int_M \Phi(\mathrm{Ad}(x)X, \mathrm{Ad}(x)Y)\Omega_x, \qquad (12.14)$$

容易证明 $\langle, \rangle$ 是 $\Lambda(M)$ 上的一个 Euclid 内积(具有对称、正定和双线性性质). $\forall y \in M$,成立

$$
\begin{aligned}
\langle \mathrm{Ad}(y)X, \mathrm{Ad}(y)Y \rangle &= \int_M \Phi(\mathrm{Ad}(x)\mathrm{Ad}(y)X, \mathrm{Ad}(x)\mathrm{Ad}(y)Y)\Omega_x \\
&= \int_M \Phi(\mathrm{Ad}(xy)X, \mathrm{Ad}(xy)Y)\Omega_x \\
&= \int_M \Phi(\mathrm{Ad}(z)X, \mathrm{Ad}(z)Y)\Omega_z \\
&= \langle X, Y \rangle,
\end{aligned}
$$

则 $\mathrm{Ad}(y) \in O(m, \mathbf{R})$. 这里,我们又一次应用了 $\Omega_x = \Omega_{xy}$ 这一事实,并且注意到 $\langle, \rangle$ 可等同于 $\mathbf{R}^m$ 的内积.

习　　题

1. 在 $\mathbf{R}^2$ 内已知两点坐标 (x_1, x_2) 和 (y_1, y_2) 的乘法 $*$ 由下面的式子定义:$(x_1, x_2) * (y_1, y_2) = (x_1 + y_1, x_2 + e^{x_1}y_2)$.

(1) 求证:在这乘法下,可确定 $\mathbf{R}^2$ 为一个二维李群.

(2) 求这李群的所有单参数子群.

2. 已知 $M = \{(x, y) \in \mathbf{R}^2, x > 0\}$,$M$ 内两点 (x_1, x_2) 和 (y_1, y_2) 的乘法 $*$ 由下式定义:

$$(x_1, x_2) * (y_1, y_2) = (x_1 y_1, x_2 y_1 + y_2).$$

(1) 求证:在这乘法下,M 为一个二维李群.

(2) 求证:任一非交换的二维李群必局部微分同构于上述李群 M.

3. 求证:所有实矩阵 $\begin{bmatrix} 1 & x & y \\ 0 & 1 & z \\ 0 & 0 & 1 \end{bmatrix}$ 可确定为一个三维李群. 在某个含单位元的

坐标图内,写出这个李群的 Maurer-Cartan 关系式.

4. 集合 $M = \left\{ \begin{bmatrix} \cos\theta & -\sin\theta & x \\ \sin\theta & \cos\theta & y \\ 0 & 0 & 1 \end{bmatrix}, x, y, \theta \in \mathbf{R} \right\}.$

(1) 求证:在矩阵乘法意义下,可确定 M 为一个三维李群.

(2) 在含单位元的某个坐标图内,求这个李群的变换函数、李代数的基及结构常数.

(3) 求这个李群的所有单参数子群.

5. 集合 $G = \left\{ \begin{bmatrix} \cos\theta & \sin\theta & 0 & a \\ -\sin\theta & \cos\theta & 0 & b \\ 0 & 0 & 1 & \theta \\ 0 & 0 & 0 & 1 \end{bmatrix}, a, b, \theta \in \mathbf{R} \right\}.$

(1) 在矩阵乘法下,求证:可确定 G 为一个三维李群.

(2) 在含单位元的某个坐标图内,写出这李群的变换函数、李代数的基和结构常数.

(3) 求这个李群的所有单参数子群.

6. 在 $\mathbf{C} \times \mathbf{R}$ 上定义乘法 $*$:

$$(z, t) * (z_1, t_1) = (z + z_1, t + t_1 + 2\mathrm{Im}(zz_1)).$$

这里 $\mathbf{C}$ 是复数全体, $\mathbf{R}$ 是实数全体, $\mathrm{Im}(zz_1)$ 是复数 zz_1 的虚部.

(1) 求证:在上述乘法 $*$ 定义下, $\mathbf{C} \times \mathbf{R}$ 为一个三维李群.

(2) 求这个李群的所有单参数子群.

7. 设 $\mathbf{C}$ 是全体复数组成的集合, $\mathbf{R}$ 是全体实数组成的集合. h 是一个固定的无理数,在 $G = \mathbf{C} \times \mathbf{C} \times \mathbf{R}$ 上定义一个乘法 $*$:

$$(C_1, C_2, r) * (C_1^*, C_2^*, r^*) = (C_1 + \mathrm{e}^{2\pi i r}C_1^*, C_2 + \mathrm{e}^{2\pi i h r}C_2^*, r + r^*).$$

(1) 求证:G 是一个五维李群;

(2) 求 G 的所有单参数子群.

8. 设 $G = \left\{ \begin{bmatrix} a & b \\ \bar{b} & \bar{a} \end{bmatrix} \middle| a, b \in \mathbf{C}, \text{且 } a\bar{a} - b\bar{b} = 1 \right\}$, 这里 $\mathbf{C}$ 是全体复数组成的

集合. 求证:G 是一个三维李群.

9. (1) 求证:所有 2×2 实矩阵 $\begin{bmatrix} u & v \\ 0 & 0 \end{bmatrix}$ 组成的集合 K 构成一个李代数;

(2) 求 $GL(2, \mathbf{R})$ 内的一个连通李子群 H,以 K 为李代数;

(3) 求证:$GL(2, \mathbf{R})$ 内任一非 Abel 的二维连通李子群的李代数都同构于 K.

10. 已知矩阵

$$A = \begin{bmatrix} 2 & 1 & 0 \\ 0 & 2 & 0 \\ 0 & 0 & 1 \end{bmatrix}.$$

用最简洁的形式写出 $GL(3, \mathbf{R})$ 内单参数子群 e^{tA},这里 $t \in \mathbf{R}$.

11. (1) 求证:$2n^2$ 维李群 $GL(n, \mathbf{C})$ 内所有单参数子群都可以写成 e^{tX} 的形式,这里 $t \in \mathbf{R}$ 和非零矩阵 $X \in gl(n, \mathbf{C})$ (参考第三章 §4 例2);

(2) 求证:$GL(n, \mathbf{C})$ 的李代数同构于 $gl(n, \mathbf{C})$.

12. 已知 F 是 m 维李群 M 到 n 维李群 N 内的连续同态,F 在包含 M 的单位元 e_M 的一个开核 U 上是 C^∞ 的,求证:F 是 M 到 N 内的一个 C^∞ 映射.

13. 已知 F 是一个李群到另一个李群的 1—1 的连续同态,求证:F 一定是一个浸入.

14. 已知 $g_i(t)$ $(i=1, 2)$ 是李群 M 内由 $X_i \in \Lambda(M)$ 所确定的单参数子群,令 $F(t) = g_1(t) g_2(-t)$ $(t \in \mathbf{R})$,求出 $F(\mathbf{R})$ 是 M 内单参数子群的充要条件.

15. M 是一个连通李群,已知 M 的李代数的结构常数全为零,求证:M 是一个 Abel 李群.

16. 如果李群 M 的子群 H 是 M 的一个拓扑李子群,求证:H 是 M 的闭子群.

17. 求证:任意一个李群必有一个开核 U,在 U 内无非平凡的代数子群.

18. 已知一个拓扑群的单位元连通分支是一个 m 维李群,求证:这个拓扑群也是一个 m 维李群.

19. M 是一个 m 维李群,N 是一个 n 维李群,求证:$M \times N$ 的李代数是 $\Lambda(M) \bigoplus \Lambda(N)$.

20. 设 M 是一个连通李群,k 是一个正整数,任取 $\Lambda(M)$ 内 $X_1, X_2, \cdots, X_k$,求证:

$$\exp tX_1 \exp tX_2 \cdots \exp tX_k = \exp \left\{ t \sum_{j=1}^{k} X_j + \frac{t^2}{2} \sum_{1 \leqslant i < j \leqslant k} [X_i, X_j] + o(t^2) \right\},$$

这里 ε 是一个正小数，$-\varepsilon < t < \varepsilon$，和 $\lim\limits_{t \to 0} \dfrac{1}{t^2} o(t^2) = 0$.

21. 设 M 是一个连通李群，$\forall X, Y \in \Lambda(M)$，已知

$$\exp tX \exp tY = \exp\left\{t(X+Y) + \frac{1}{2}t^2[X, Y] + t^3 A(X, Y) + o(t^3)\right\},$$

这里 ε 是一个正小数，$-\varepsilon < t < \varepsilon$，和 $\lim\limits_{t \to 0} \dfrac{1}{t^3} o(t^3) = 0$. 写出只依赖于 X, Y 的（向量场）$A(X, Y)$.

22. 设 $\mathbf{R}^k$ 是 n 维欧氏空间 $\mathbf{R}^n$ 的一个子空间，$1 \leqslant k < n$. 记 $G = \{A \in GL(n, \mathbf{R}) \mid A\mathbf{R}^k \subset \mathbf{R}^k\}$.

(1) 求证：G 是 $GL(n, \mathbf{R})$ 内一个闭子群；

(2)（在 $\mathbf{R}^n$ 的一组适当基下）写出 G 的李代数.

23. 已知映射 $F: \mathbf{R} \to \mathbf{R}^p \times T^q$（这里 p, q 都是正整数，T^q 是 q 维环面），$F(t) = (a_1 t, \cdots, a_p t, \mathrm{e}^{\mathrm{i}b_1 t}, \cdots, \mathrm{e}^{\mathrm{i}b_q t})$，这里 $a_1, \cdots, a_p, b_1, \cdots, b_q$ 是不全为零的常数. 求证：

(1) $F(\mathbf{R})$ 是 $\mathbf{R}^p \times T^q$ 内的一个单参数子群.

(2) $\mathbf{R}^p \times T^q$ 内任一单参数子群都可表示成上述 $F(\mathbf{R})$ 的形状.

24. 求连通李群 M 的中心 $K = \{x \in M \mid xy = yx, \ \forall y \in M\}$ 的李代数.

25. M 是一个连通李群，求证：M 的伴随表示的核是李群 M 的中心.

26. F 是李群 M 到李群 N 内的一个连续同态.

(1) 如果 F 是 1—1 的，求证：dF 是 $\Lambda(M)$ 到 $\Lambda(N)$ 内一个 1—1 的映射. 逆命题是否成立，为什么？

(2) 如果 F 是到上的，而且 N_1 是 N 的一个闭的不变子群，$M_1 = F^{-1}(N_1)$. 求证：李群 M/M_1 微分同构于李群 N/N_1.

27. 在定理 23 中，证明：在 $\dim K = m, 0$ 这两种特殊情况时，定理仍然成立.

28. 求证：连通李群 M 内离散不变子群 N 一定在 M 的中心内.

29. 求证：复正交群 $O(n, \mathbf{C})$ 的李代数是 $gl(n, \mathbf{C})$ 内所有反对称矩阵组成的子代数.

30. M 为 $GL(n, \mathbf{R})$ 内行列式值为正的矩阵全体，求证：M 是道路连通的.

31. 求证：单模群 $SL(2, \mathbf{R})$ 内以不相等的负实数作为特征值的矩阵不能写成 e^X 的形式，这里 X 是 $SL(2, \mathbf{R})$ 的李代数内的元素.

32. 已知一个以 X_1, X_2, X_3 为基的三维实李代数 L，满足 $[X_1, X_2] =$

aX_3，$[X_1, X_3]=0$，$[X_2, X_3]=0$，这里 a 是一个非零常数. 求一个局部李群，以 L 为李代数.

33. (1) 求证:一维连通李群微分同构于 $\mathbf{R}$ 或 $S^1(1)$.

(2) M 是一个紧致李群，H 是 M 内的一个单参数子群，如果 H 不是 M 内的闭集，问 H 的闭包 $\bar{H}$ 微分同构于什么? 为什么?

34. 求 n 维环面 T^n 的万有覆盖群.

35. (1) 求证:由 $f(x)=\mathrm{e}^{2\pi i x}$ 所定义的 $\mathbf{R}$ 到 $S^1(1)$ 的映射 f 是一个覆盖同态映射.

(2) 求证:一维李群 $S^1(1)$ 的指数映射是一个满映射,但不是 1—1 的.

36. $\mathbf{R}^n$ 内有 s 个 $(s \leqslant n)$ 独立的 Pfaff 式 $\omega_1, \cdots, \omega_s$,如果另外有 s 个 Pfaff 式 $\theta_1, \cdots, \theta_s$,满足 $\sum\limits_{i=1}^{s} \omega_i \wedge \theta_i = 0$,求证:$\theta_i = \sum\limits_{k=1}^{s} c_{ik} \omega_k$,这里,$c_{ik} = c_{ki}$.

37. 已知在以 x, y, z 为坐标的 $\mathbf{R}^3$ 内,

$$\alpha = yz\,\mathrm{d}x + xz\,\mathrm{d}y + xy\,\mathrm{d}z,$$
$$\beta = (2x + 3y + 5z)(\mathrm{d}x \wedge \mathrm{d}z - \mathrm{d}y \wedge \mathrm{d}z + \mathrm{d}x \wedge \mathrm{d}y).$$

(1) 求 $\mathrm{d}\alpha$ 和 $\mathrm{d}\beta$.

(2) 下列命题是否正确,并说明理由(正确的要找出解):

(i) 存在函数 f,使 $\mathrm{d}f = \alpha$.

(ii) 存在 Pfaff 式 ω,使 $\mathrm{d}\omega = \beta$.

38. 设 $\omega = \dfrac{-x_2\,\mathrm{d}x_1 + x_1\,\mathrm{d}x_2}{(x_1)^2 + (x_2)^2}$ 是 $\mathbf{R}^2 - \{(0, 0)\}$ 上的一个 Pfaff 式,求证:

(1) $\mathrm{d}\omega = 0$.

(2) 不存在 $\mathbf{R}^2 - \{(0, 0)\}$ 上的 C^∞ 函数 f,满足 $\mathrm{d}f = \omega$.

(3) 在 $\mathbf{R}^2 - \{(x_1, 0) \in \mathbf{R}^2 \mid x_1 \geqslant 0\}$ 上存在 C^∞ 函数 f,满足 $\mathrm{d}f = \omega$.

39. 设 $G = \left\{ \begin{bmatrix} y & x \\ 0 & 1 \end{bmatrix} \middle| x, y \in \mathbf{R}, 但\ y > 0 \right\}$.

(1) 求证:在矩阵乘法意义下,G 是一个二维连通李群;

(2) 求证:G 的左不变体积元素是 $y^{-2}\,\mathrm{d}x \wedge \mathrm{d}y$;

(3) 求 G 的右不变体积元素.

40. 设 M 是一个 m 维 $(m \geqslant 2)$ 连通微分流形,$\omega_1, \omega_2, \cdots, \omega_m$ 是 M 的局部余切空间的基. 定义线性映射

$$* \ (\omega_j) = (-1)^{j-1} \omega_1 \wedge \cdots \wedge \omega_{j-1} \wedge \omega_{j+1} \wedge \cdots \wedge \omega_m.$$

设 f 是 M 上一个光滑函数. 定义

$$\mathrm{d}f = \sum_{j=1}^{m} f_j \omega_j, \ \mathrm{d}f_j = \sum_{k=1}^{m} f_{jk} \omega_k + \sum_{k=1}^{m} f_k \omega_{jk},$$

这里 ω_{jk} 满足 $\mathrm{d}\omega_j = \sum_{k=1}^{m} \omega_k \wedge \omega_{kj}$，已知 $\omega_{jk} = -\omega_{kj}$，上述 j，$k = 1, 2, \cdots, m$. 计算 $\mathrm{d}(\sum_{j=1}^{m} f_j * (\omega_j))$.

第四章　半单纯李代数的结构

§1　可解李代数和可解李群

g 是一个 m 维实(或复)的李代数,令 $g^{(1)}$ 表示由所有 $[X,Y]$($\forall X,Y\in g$)生成的 g 的线性子空间,为简便,写 $g^{(1)}=[g,g]$,容易看到 $g^{(1)}$ 是 g 的一个理想子代数.由归纳法定义 $g^{(k+1)}=[g^{(k)},g^{(k)}]$($k\in\mathbf{Z}_+$),利用数学归纳法和 Jacobi 恒等式可以证明:每个 $g^{(k)}$ 都是 g 的理想子代数,而且 $g^{(k+1)}\subset g^{(k)}$.记 $g^{(0)}=g$,如果存在正整数 k,使得 $g^{(k)}=0$,但 $g^{(k-1)}\neq 0$,则称李代数 g 是可解李代数,称 k 为可解李代数 g 的长度.

下面来看两个例子.

例如, g 是由 $gl(n,\mathbf{C})$ 内所有上三角矩阵全体组成的 $\frac{1}{2}n(n+1)$ 维复李代数.令

$$A=\begin{bmatrix} a_{11} & & * \\ & \ddots & \\ & & a_{nn} \end{bmatrix},\quad B=\begin{bmatrix} b_{11} & & * \\ & \ddots & \\ & & b_{nn} \end{bmatrix}$$

(上面矩阵中的空白部分全为零,今后同),由于

$$[A,B]=AB-BA$$

$$=\begin{bmatrix} 0 & c_{12} & \cdots & c_{1n} \\ & \ddots & \ddots & \vdots \\ & & \ddots & c_{n-1\,n} \\ & & & 0 \end{bmatrix},$$

当然这里的 c_{ij}($i<j$)依赖于 a_{ij} 与 b_{ij}($i\leqslant j$),因此有

$$g^{(1)} = [g, g] = \left\{ \begin{pmatrix} 0 & c_{12} & \cdots & & c_{1n} \\ & \ddots & \ddots & & \vdots \\ & & \ddots & & c_{n-1\,n} \\ & & & & 0 \end{pmatrix}, c_{ij} \in \mathbf{C}, i < j \right\}.$$

由直接计算可得:

$$g^{(2)} = [g^{(1)}, g^{(1)}] = \left\{ \begin{pmatrix} 0 & 0 & c_{13} & \cdots & c_{1n} \\ & \ddots & \ddots & \ddots & \vdots \\ & & \ddots & \ddots & c_{n-2\,n} \\ & & & \ddots & 0 \\ & & & & 0 \end{pmatrix}, c_{ij} \in \mathbf{C}, i < j-1 \right\}.$$

用归纳法容易得到 $g^{(n)} = 0$(零矩阵),所以 g 可解.

又如,一个三维李代数 g 的基 X_1, X_2, X_3 满足:

$$[X_1, X_2] = X_3, \quad [X_1, X_3] = -X_2, \quad [X_2, X_3] = 0,$$

$g^{(1)} = [g, g]$ 是由 X_2, X_3 张成的 g 的一个理想子代数, $[g^{(1)}, g^{(1)}] = 0$. g 是一个可解李代数.

并不是所有的李代数都是可解的,例如 $\Lambda(O(3, \mathbf{R}))$ 有基 X_1, X_2, X_3,满足 $[X_1, X_2] = X_3$, $[X_2, X_3] = X_1$, $[X_3, X_1] = X_2$,它显然不是可解的,因为 $g^{(1)} = g$.

可解李代数有下列两个简单的性质.

性质 1 若李代数 g 可解,则 g 的任何子代数以及到另一李代数内的同态像都是可解的,特别 g 的任一商代数都是可解的.

证明 设 g_1 是 g 的一个子代数,则用归纳法可以看到 $g_1^{(i)} \subset g^{(i)}$. 由于 $g^{(k)} = 0$,则 $g_1^{(k)} = 0$, g_1 可解. 如果 π 是李代数 g 到李代数 g^* 上的一个同态,则用归纳法容易证明 $\pi(g^{(i)}) = g^{*(i)}$,因而由 g 可解可推出 g^* 可解.

性质 2 若 g_1 是 g 的可解理想子代数,如果商代数 g/g_1 是可解的,则 g 一定可解.

证明 若 $(g/g_1)^{(k)} = 0$, π 是 g 到 g/g_1 上的自然映射. $g^{(1)} = [g, g]$, $\pi g^{(1)} = [\pi g, \pi g] = (g/g_1)^{(1)}$,不难明白 $\pi g^{(i)} = (g/g_1)^{(i)}$,因而 $\pi g^{(k)} = 0$ 和 $g^{(k)} \subset g_1$, g_1 可解,有 $m \in \mathbf{Z}_+$, $g_1^{(m)} = 0$,则 $g^{(k+m)} = 0$, g 可解.

对一个 n 维复(或实)的线性空间 V,若 V 上的线性变换全体依照 $[A, B] = AB - BA$ 组成一个李代数 $gl(V)$,则称它为 V 上的一般线性李代数. 当在 V 内固定一组基时, $gl(V)$ 同构于 $gl(n, \mathbf{C})$(或 $gl(n, \mathbf{R})$).

下面的定理是可解李代数的基本定理.

定理 1(李定理) V 是一个复 n 维线性空间 $(n \geqslant 1)$, 如果 g 是 $gl(V)$ 内的一个可解子代数, 则 g 内的所有线性变换在 V 中必有一公共特征向量.

证明 对 g 的维数 m 用归纳法.

当 $m = 1$ 时, 取 g 内的基(变换)为 A, $\forall B \in g$, 必有 $B = \lambda A$, 这里 $\lambda \in \mathbf{C}$, 由于 $AV \subset V$, 则必有与 A 有关的复数 $\varphi(A)$, 以及 V 内一非零(特征)向量 e, 使得 $Ae = \varphi(A)e$. 那么 $Be = \lambda \varphi(A)e$, e 是公共特征向量.

设当 g 的维数是 $m-1$ 时定理成立. 我们考虑 g 的维数是 m 的情况. 由于 g 可解, 则 $g^{(1)} = [g, g] \neq g$, 否则不会有 $g^{(k)} = 0$. 于是在 g 内一定存在一个包含 $g^{(1)}$ 的 $m-1$ 维子空间 N, g 可分解为 N 与另一个一维子空间 N_1 的直和. 由于 $[N, g] \subset [g, g] = g^{(1)} \subset N$, 这里 $[N, g]$ 表示由所有的 $[A, X]$ $(A \in N, X \in g)$ 张成的线性子空间, 因此, N 是 g 的一个理想子代数, N 也是可解的. 依照归纳法假设, 存在 V 内一个固定的非零向量 ξ, $\forall A \in N$, $A\xi = \varphi(A)\xi$. 令

$$K = \{\xi \in V \mid A\xi = \varphi(A)\xi, \ \forall A \in N\}, \tag{1.1}$$

显然 K 是 V 的一个线性子空间.

$\forall A \in N$, $\forall X \in g$, 则 $[A, X] \in N$. $\forall \xi \in K$, 但 $\xi \neq 0$, 固定这个 ξ, 则

$$AX\xi = [A, X]\xi + XA\xi = \varphi([A, X])\xi + \varphi(A)X\xi. \tag{1.2}$$

用 L 表示由 $\{\xi_k = X^k\xi \mid k \in \mathbf{Z}_+\}$ 和 ξ 张成的 V 的一个线性子空间, 这里 X 是 g 内任一固定的非零元素.

$\forall A \in N$, $A\xi = \varphi(A)\xi$, 记 $\xi_0 = \xi$, 设

$$A\xi_k = \varphi(A)\xi_k \bmod(\xi, \xi_1, \cdots, \xi_{k-1}), \tag{1.3}$$

即 $A\xi_k$ 是 $\xi, \xi_1, \cdots, \xi_{k-1}$ 和 ξ_k 的线性组合, ξ_k 前面的系数是 $\varphi(A)$. 那么

$$\begin{aligned}
A\xi_{k+1} &= AX\xi_k = [A, X]\xi_k + XA\xi_k \\
&= \varphi([A, X])\xi_k \bmod(\xi, \xi_1, \cdots, \xi_{k-1}) + \varphi(A)X\xi_k \bmod(\xi_1, \xi_2, \cdots, \xi_k) \\
&= \varphi(A)\xi_{k+1} \bmod(\xi, \xi_1, \cdots, \xi_k).
\end{aligned}$$

所以, 对于任意的正整数 k, (1.3)式成立.

$\forall A \in N$, $\forall \eta \in L$, 由(1.3)式可知, $A\eta \in L$, 即 L 是 N 的不变子空间.

设 L 的基是 $\xi, \xi_1, \cdots, \xi_s$, 由(1.3)式可以知道

$$[A, X](\xi, \xi_1, \cdots, \xi_s)$$

$$= (\xi, \xi_1, \cdots, \xi_s) \begin{bmatrix} \varphi([A, X]) & & & * \\ & \ddots & \\ & & \varphi([A, X]) \end{bmatrix},$$

但是线性变换 $[A, X] = AX - XA$ 对应矩阵的追迹一定是零,所以,$(s+1)\varphi([A, X]) = 0$,$\varphi([A, X]) = 0$,那么由(1.2)式可以知道 $X\xi \in K$,特别,$\forall C \in N_1$,$C\xi \in K$,C 在 K 内有一个特征向量 ξ_0. 又 ξ_0 是 N 内任一线性变换的特征向量,所以 ξ_0 是 g 内所有变换的公共特征向量.

定理 1 有个重要的推论.

推论 设 g 是 $gl(V)$ 的可解子代数,则在 V 内可选取适当的基,使得 g 对应的矩阵都是上三角矩阵.

证明 对 V 的维数 n 用归纳法.

当 $n = 1$ 时,推论显然成立.

设当 $n = k - 1$ 时,推论成立,考虑 $n = k$ 的情况.

由定理 1,存在 V 内非零向量 e_1,它是 g 内所有线性变换的公共特征向量. 记由 e_1 张成的 V 的一维线性子空间为 E_1,π 是 V 到商空间 V/E_1 上的自然映射,如果 $e_1, e_2, \cdots, e_k$ 是 V 的基,$\pi(\sum_{i=1}^{k} \lambda_i e_i) = \sum_{i=2}^{k} \lambda_i [e_i]$,$\pi$ 是一个线性映射,和 $[e_2], \cdots, [e_k]$ 是 V/E_1 的基,这里 $\pi(e_i) = [e_i]$ $(2 \leqslant i \leqslant k)$.

V 到 V 的线性变换 A 导出 V/E_1 到 V/E_1 的线性变换 $\pi_1(A)$,即 $\forall \xi \in V$,定义 $\pi_1(A)\pi(\xi) = \pi(A\xi)$.

容易看到 π_1 是 $gl(V)$ 到 $gl(V/E_1)$ 上的一个线性映射,由于 $\forall A, B \in gl(V)$,有

$$\begin{aligned} \pi_1([A, B])\pi(\xi) &= \pi([A, B]\xi) \\ &= \pi((AB - BA)\xi) \\ &= \pi(AB\xi) - \pi(BA\xi) \\ &= \pi_1(A)\pi_1(B)\pi(\xi) - \pi_1(B)\pi_1(A)\pi(\xi) \\ &= [\pi_1(A), \pi_1(B)]\pi(\xi), \end{aligned}$$

因此,$\pi_1([A, B]) = [\pi_1(A), \pi_1(B)]$. π_1 是李代数 $gl(V)$ 到 $gl(V/E_1)$ 上的一个同态,因而 $\pi_1(g)$ 可解.

由归纳法假设,在 V/E_1 内一定能找到基 $[e_2], \cdots, [e_k]$,使得这个 $\pi_1(g)$ 在基 $[e_2], \cdots, [e_k]$ 下对应的矩阵全是上三角矩阵,即 $\forall A \in g$,可得到

$$\pi_1(A)([e_2], \cdots, [e_k]) = ([e_2], \cdots, [e_k]) \begin{bmatrix} a_{22} & & * \\ & \ddots & \\ & & a_{kk} \end{bmatrix},$$

由于 $e_1, e_2, \cdots, e_k$ 是 V 的一组基,和 $\pi_1(A)([e_j]) = \pi(Ae_j)$, $2 \leqslant j \leqslant k$, 因而

$$A(e_1, e_2, \cdots, e_k) = (e_1, e_2, \cdots, e_k) \begin{bmatrix} a_{11} & & & * \\ & a_{22} & & \\ & & \ddots & \\ & & & a_{kk} \end{bmatrix}.$$

所以推论成立.

现在讨论相应的李群.

设 M 是一个 m 维 $(m \geqslant 1)$ 李群, A, B 是 M 的两个子群,记 (A, B) 是由所有的 $\{xyx^{-1}y^{-1} \mid x \in A, y \in B\}$ 生成的 M 的子群. 如果 A, B 是 M 的不变子群,则 (A, B) 也是 M 的一个不变子群. (A, B) 的闭包用 $(\overline{A, B})$ 表示.

令 $M^{(1)} = (\overline{M, M})$,用归纳法定义 $M^{(k+1)} = (\overline{M^{(k)}, M^{(k)}})(k \in \mathbf{Z}_+)$. 记 $M^{(0)} = M$,如果存在正整数 k,使得 $M^{(k)} = e$,则称李群 M 是可解的. 这里,每个 $M^{(k)}$ 都是 M 的闭的不变子群.

例如,任一个 Abel 李群都是可解李群.

又如,矩阵集合

$$M = \left\{ \begin{bmatrix} \cos\theta & -\sin\theta & a \\ \sin\theta & \cos\theta & b \\ 0 & 0 & 1 \end{bmatrix} \middle| (\theta, a, b) \in \mathbf{R}^3 \right\},$$

$$A = \begin{bmatrix} \cos\theta_1 & -\sin\theta_1 & a_1 \\ \sin\theta_1 & \cos\theta_1 & b_1 \\ 0 & 0 & 1 \end{bmatrix}, \quad B = \begin{bmatrix} \cos\theta_2 & -\sin\theta_2 & a_2 \\ \sin\theta_2 & \cos\theta_2 & b_2 \\ 0 & 0 & 1 \end{bmatrix},$$

$$AB = \begin{bmatrix} \cos(\theta_1+\theta_2) & -\sin(\theta_1+\theta_2) & a_2\cos\theta_1 - b_2\sin\theta_1 + a_1 \\ \sin(\theta_1+\theta_2) & \cos(\theta_1+\theta_2) & a_2\sin\theta_1 + b_2\cos\theta_1 + b_1 \\ 0 & 0 & 1 \end{bmatrix},$$

$$A^{-1} = \begin{bmatrix} \cos\theta_1 & \sin\theta_1 & -(a_1\cos\theta_1 + b_1\sin\theta_1) \\ -\sin\theta_1 & \cos\theta_1 & a_1\sin\theta_1 - b_1\cos\theta_1 \\ 0 & 0 & 1 \end{bmatrix},$$

则 M 在矩阵乘法下成一个群.

定义映射 $\varphi: M \to \mathbf{R}^2 \times S^1(1)$, $\varphi(A) = (a_1, b_1, e^{i\theta_1})$, φ 是 1—1 到上的, 在 M 上赋予拓扑和微分结构, 使得 φ 是 M 到 $\mathbf{R}^2 \times S^1(1)$ 上的一个微分同胚, M 是一个三维李群.

由计算可知

$$M^{(1)} = \left\{ \begin{bmatrix} 1 & 0 & z_1 \\ 0 & 1 & z_2 \\ 0 & 0 & 1 \end{bmatrix} \middle| z_1, z_2 \in \mathbf{R} \right\},$$

$M^{(2)} = (\overline{M^{(1)}, M^{(1)}}) = I_3 (3 \times 3$ 单位矩阵$)$, 则 M 是一个可解李群.

可解李群与可解李代数之间有密切关系.

定理 2 M 是一个 m 维连通李群, M 是可解的当且仅当 M 的李代数 $\Lambda(M)$ 是可解的.

证明 如果 M 是可解李群, 那么存在 M 的不变子群的有限序列 $M \supset M^{(1)} \supset M^{(2)} \supset \cdots \supset M^{(k)} = e$. 这里 $M^{(s)} (1 \leqslant s \leqslant k-1)$ 是 M 的闭的不变子群, 由第三章 §9 定理 25 可知, $\Lambda(M^{(s)})$ 是 $\Lambda(M)$ 的理想子代数, 由于 $M^{(k)} = e$, 则 $\Lambda(M^{(k)}) = 0$.

对于 M 内任一个闭的不变子群 M_1, $\forall X, Y \in \Lambda(M_1)$, 利用公式

$$\exp tX \exp tY \exp(-tX) \exp(-tY) = \exp\{t^2[X, Y] + o(t^2)\}$$

$$\text{(参见第三章 §8 引理和定理 23 的证明)},$$

可以得到 $[X, Y] \in \Lambda((\overline{M_1, M_1}))$, 于是有

$$[\Lambda(M_1), \Lambda(M_1)] \subset \Lambda((\overline{M_1, M_1})), \tag{1.4}$$

那么

$$(\Lambda(M))^{(1)} = [\Lambda(M), \Lambda(M)] \subset \Lambda(M^{(1)}).$$

设 $(\Lambda(M))^{(s-1)} \subset \Lambda(M^{(s-1)})$, 则

$$\begin{aligned}
(\Lambda(M))^{(s)} &= [(\Lambda(M))^{(s-1)}, (\Lambda(M))^{(s-1)}] \\
&\subset [\Lambda(M^{(s-1)}), \Lambda(M^{(s-1)})] \\
&\subset \Lambda((\overline{M^{(s-1)}, M^{(s-1)}})) \\
&= \Lambda(M^{(s)}),
\end{aligned}$$

所以, 对于任意 $s \in \mathbf{Z}_+$, 有

$$(\Lambda(M))^{(s)} \subset \Lambda(M^{(s)}). \tag{1.5}$$

因此,$(\Lambda(M))^{(k)} = 0$,$\Lambda(M)$是可解的.

反之,如果$\Lambda(M)$是可解的,则一定有某个$k \in \mathbf{Z}_+$,使得$(\Lambda(M))^{(k)} = 0$.

现对上述k用数学归纳法来证明M可解.

当$k = 1$时,$(\Lambda(M))^{(1)} = 0$,$\Lambda(M)$的结构常数全是 0,M是 Abel 李群,$M^{(1)} = e$,M可解.

假设当可解李代数$\Lambda(M^*)$的长度$k \leqslant n - 1$时,相应的连通李群M^*是可解的.

考虑$k = n$的情况. 因为$[(\Lambda(M))^{(n-1)}, (\Lambda(M))^{(n-1)}] = (\Lambda(M))^{(n)} = 0$, 所以,用$H$表示由$\exp(\Lambda(M))^{(n-1)}$生成的$M$内的连通李子群,$H$是$M$内的不变子群,$H$本身是 Abel 李群. 从而$\overline{H}$是$M$内闭的 Abel 不变子群,$\overline{H}$可解,由可解李代数的商代数是可解的知道,$\Lambda(M)/\Lambda(\overline{H})$是可解的. 由于$\Lambda(M/\overline{H}) = \Lambda(M)/\Lambda(\overline{H})$,则$\Lambda(M/\overline{H})$可解,商代数$\Lambda(M)/\Lambda(H) = \Lambda(M)/(\Lambda(M))^{(n-1)}$是可解的,而且长度是$n - 1$. 又由于

$$\Lambda(M)/\Lambda(\overline{H}) = \Lambda(M)/\Lambda(H)/\Lambda(\overline{H})/\Lambda(H),$$

则可以知道可解李代数$\Lambda(M/\overline{H})$长度$\leqslant n - 1$. 因此,由归纳法假设可知,由$\exp\Lambda(M/\overline{H})$生成的连通李群$M/\overline{H}$是可解的.

记π是M到$M/\overline{H}$上的自然同态. 首先可以证明有$s \in \mathbf{Z}_+$,使得$(M/\overline{H})^{(s)} = \pi(e)$.

$$\pi(M, M) = (\pi(M), \pi(M)) \subset (M/\overline{H})^{(1)}.$$
$$(M, M) \subset \pi^{-1}((M/\overline{H})^{(1)})(M\text{ 内的闭集}),$$

则
$$M^{(1)} = \overline{(M, M)} \subset \pi^{-1}((M/\overline{H})^{(1)}).$$
$$\pi(M^{(1)}, M^{(1)}) \subset \pi(\pi^{-1}((M/\overline{H})^{(1)}), \pi^{-1}((M/\overline{H})^{(1)}))$$
$$= ((M/\overline{H})^{(1)}, (M/\overline{H})^{(1)}) \subset (M/\overline{H})^{(2)}.$$

即有$M^{(2)} = \overline{(M^{(1)}, M^{(1)})} \subset \pi^{-1}((M/\overline{H})^{(2)})$($M$内的闭集). 这样一直作下去,直到第$s$步,有$M^{(s)} \subset \pi^{-1}((M/\overline{H})^{(s)}) = \pi^{-1}(\pi(e)) = \overline{H}$. 又$\overline{H}$是 Abel 李群,则有$\overline{H}^{(1)} = e$,容易明白$M^{(s+1)} \subset \overline{H}^{(1)}$. 所以,$M^{(s+1)} = e$,$M$是可解的.

§2 幂零李代数和幂零李群

g是一个m维实(或复)李代数,记$g_1 = [g, g]$,用归纳法定义$g_{k+1} = [g,$

$g_k](k \in \mathbf{Z}_+)$. 记 $g_0 = g$, 如果存在 $k \in \mathbf{Z}_+$, 使得 $g_k = 0$, 但 $g_{k-1} \neq 0$, 则称 g 是一个幂零李代数, 称 k 为幂零李代数 g 的长度.

由于 $g_1 = g^{(1)}$, $g^{(k)} \subset g_k (k \geqslant 2)$, 则幂零李代数一定是可解李代数. 幂零李代数 g 的任何子代数和 g 到另一李代数的同态像都是幂零的.

下面我们举一个例子. 设 g 是所有主对角线元素皆相同的复 $n \times n$ 上三角矩阵组成的 $gl(n, \mathbf{C})$ 的子代数.

$$g_1 = [g, g] = g^{(1)} = \left\{ \begin{pmatrix} 0 & a_{12} & \cdots & a_{1n} \\ & \ddots & \ddots & \vdots \\ & & \ddots & a_{n-1\,n} \\ & & & 0 \end{pmatrix}, a_{ij} \in \mathbf{C}, i < j \right\},$$

用归纳法通过直接计算可得, $g_k = [g_{k-1}, g] = g^{(k)}$, 所以, $g_n = g^{(n)} = 0$, g 是幂零的. 如果 $n \times n$ 矩阵的主对角线元素全是 λ, 则记这矩阵为 $A^{(n, \lambda)}$. 固定正整数 $n_1, \cdots, n_k$, 令 g 是所有 $\begin{pmatrix} A^{(n_1, \lambda_1)} & & \\ & \ddots & \\ & & A^{(n_k, \lambda_k)} \end{pmatrix}$ 组成的 $gl(n_1 + \cdots + n_k, \mathbf{C})$ 的子代数. 令 $n^* = \max(n_1, \cdots, n_k)$, 从前面的叙述可见 $g_{n^*} = 0$, g 也是幂零李代数.

由于 g 是幂零李代数, 则存在 $n \in \mathbf{Z}_+$, 使得 $g_n = 0$, 因而 $\forall X_1, \cdots, X_n$, $Y \in g$, 必有 $\mathrm{ad}X_1 \mathrm{ad}X_2 \cdots \mathrm{ad}X_n(Y) = 0$, 取 $X_1, \cdots, X_n$ 全相等, 上述记成 $(\mathrm{ad}X_1)^n(Y) = 0$. 换句话讲, $(\mathrm{ad}X_1)^n = 0$ (g 上的零变换).

对于李代数 g 内某元素 X, 如果存在 $n \in \mathbf{Z}_+$, 使得 $(\mathrm{ad}X)^n = 0$, 则称 X 为 ad 幂零的. 因而, 由 g 是幂零的可知, g 内所有元素都是 ad 幂零的. 反之, 我们有定理 3.

定理 3(Engel 定理)　若 m 维李代数 g 内的所有元素是 ad 幂零的, 则 g 是幂零的.

在证 Engel 定理之前, 先作些准备工作.

如果 V 是一个 m 维实(或复)线性空间, 对于 $gl(V)$ 内的 A, 如果存在正整数 n, 使得 $A^n = 0$(V 上的零变换), 则称 A 是幂零的(线性变换).

引理　设 V 是 m 维实(或复)线性空间, g 是 $gl(V)$ 的子代数, 如果 g 中每个元素都是幂零的, 则有 V 中非零向量 x 存在, $\forall A \in g$, $Ax = 0$.

证明　对 g 的维数 k 进行归纳.

当 $k = 1$ 时, 取 g 内的一非零元素 A 作基, g 中任一元素皆成 λA 形式($\lambda \in$

R 或 **C**). 由于存在 $n \in \mathbf{Z}_+$,使得 $A^n = 0$,则 A 是一个退化的线性变换,所以必有 V 中非零向量 x 存在,满足 $Ax = 0$,因此, $(\lambda A)x = 0$.

设 $k \leqslant s - 1$ 时,引理成立.

当 g 的维数 $k = s$ 时,首先取 g 的一个维数 m_1 的子代数 g^* ($1 \leqslant m_1 \leqslant s - 1$),商空间 g/g^* 是一个 $s - m_1$ 维的线性空间, $\pi: g \to g/g^*$ 是自然映射. $\forall X \in g^*$, $\mathrm{ad}X$ 映 g 到 g 内,映 g^* 到 g^* 内,定义 $f(X): g/g^* \to g/g^*$, $\forall Y \in g$, $f(X)\pi(Y) = \pi(\mathrm{ad}X(Y)) = \pi([X, Y])$, $f(X) \in gl(g/g^*)$. 可见, f 关于 X 也是线性的,而且 $\forall X_1, X_2 \in g^*$, $\forall Y \in g$,有

$$
\begin{aligned}
f([X_1, X_2])\pi(Y) &= \pi(\mathrm{ad}[X_1, X_2](Y)) = \pi([\mathrm{ad}X_1, \mathrm{ad}X_2]Y) \\
&= \pi(\mathrm{ad}X_1\mathrm{ad}X_2(Y)) - \pi(\mathrm{ad}X_2\mathrm{ad}X_1(Y)) \\
&= f(X_1)\pi(\mathrm{ad}X_2(Y)) - f(X_2)\pi(\mathrm{ad}X_1(Y)) \\
&= f(X_1)f(X_2)\pi(Y) - f(X_2)f(X_1)\pi(Y) \\
&= [f(X_1), f(X_2)]\pi(Y).
\end{aligned}
$$

这说明 f 是李代数 g^* 到李代数 $gl(g/g^*)$ 内的一个同态. 由于 $g^* \subset g$,则 g^* 内的任一元素是幂零的. 又由于 $\forall t \in \mathbf{Z}_+$,

$$
(\mathrm{ad}X)^t(Y) = \sum_{i+j=t} c_{ij}X^i Y X^j \ (c_{ij} \in \mathbf{Z}), \tag{2.1}
$$

则 $X^l = 0$ 导致 $(\mathrm{ad}X)^{2l-1} = 0$,所以 X 是 ad 幂零的. 而且,由于

$$
(f(X))^t \pi(Y) = (f(X))^{t-1}\pi(\mathrm{ad}X(Y)) = \cdots = \pi((\mathrm{ad}X)^t(Y)),
$$

那么, $\forall X \in g^*$, $f(X)$ 是幂零的. 因为 $gl(g/g^*)$ 内子代数 $f(g^*)$ 的维数小于等于 $s - 1$,所以,由归纳法假设,有 g/g^* 内非零元素 $\pi(Y)$ 存在,这里 Y 不在 g^* 内, $\forall X \in g^*$, $f(X)\pi(Y) = \pi([X, Y]) = \pi(0)$,因而 $[X, Y] \in g^*$,所以, g^* 和 Y 就生成 g 的一个 $m_1 + 1$ 维的子代数,而且以 g^* 为理想子代数.

从 g 的一个一维子代数出发,即可知道 g 内有一个 $s - 1$ 维理想子代数 g^{**},根据归纳法,有 V 内一个非零向量 x 存在, $\forall A \in g^{**}$, $Ax = 0$. 令 $g = g^{**} \oplus g_1$,和

$$
U = \{y \in V | Ay = 0, \ \forall A \in g^{**}\}, \tag{2.2}
$$

$U \neq 0$. $\forall X \in g_1 (\dim g_1 = 1)$, $\forall A \in g^{**}$, $\forall y \in U$,有

$$
AXy = XAy + [A, X]y = 0, \tag{2.3}
$$

因而 $Xy \in U$, U 是 X 的不变子空间. 因为 X 是幂零的,故有 U 内非零 y,使得

$Xy=0$,因此,$\forall X \in g$,$Xy=0$.

现在来证明 Engel 定理.

证明　adX 是作用在 g 上的线性变换,由上述引理,存在 g 内的非零元素 Y,$\forall X \in g$,$adX(Y)=0$. 令

$$g^* = \{Y \in g \mid adX(Y)=0, \ \forall X \in g\}, \tag{2.4}$$

g^* 非零,g^* 是 g 的理想子代数,π 是 $g \to g/g^*$ 上的自然同态.

由于 $\forall X \in g$,存在 $n \in \mathbf{Z}_+$,使得 $(adX)^n=0$,即 $\forall Y \in g$,$(adX)^n(Y)=0$,因此,$(ad\pi(X))^n(\pi(Y))=\pi(0)$. 对 g 的维数进行归纳,当 g 的维数是 1 时,Engel 定理显然成立. 由于 g/g^* 的维数小于 g 的维数,由归纳法假设,g/g^* 是幂零的,故有正整数 T 存在,$\forall X_1, \cdots, X_T \in g$,

$$[\pi(X_T), [\cdots [\pi(X_2), \pi(X_1)] \cdots]] = \pi(0), \tag{2.5}$$

也即 $[X_T, [\cdots [X_2, X_1] \cdots]] \in g^*$. 所以,$\forall X_1, \cdots, X_T, X_{T+1} \in g$,有

$$[X_{T+1}, [X_T, [\cdots [X_2, X_1] \cdots]]] = 0, \tag{2.6}$$

即 g 是幂零的.

设 g 是 $gl(V)$ 的子代数,若 g 内的元素都是幂零的,则称 g 为作用于 V 的幂零线性李代数,关于幂零线性李代数,我们有下述定理.

定理 4　如果 g 是作用于 m 维实(或复)线性空间 V 的幂零线性李代数,则可选择 V 的一组基,使得 g 内任一线性变换 A 关于这组基所对应的矩阵是严格上三角矩阵 (a_{ij})(当 $i \geqslant j$ 时,$a_{ij}=0$).

证明　利用定理 3 内的引理知道,V 内有一非零向量 e_1 存在,$\forall A \in g$,$Ae_1=0$. 用 E_1 表示由 e_1 张成的 V 的一维线性子空间,我们考虑商空间 V/E_1. 完全类似§1 定理 1 推论的证明,即可得本定理. 这留给读者作为一个练习.

对应于幂零李代数,我们引入幂零李群.

M 是一个 m 维 $(m \geqslant 1)$ 李群,令 $M_1 = \overline{(M, M)}$,用归纳法定义 $M_{k+1} = \overline{(M, M_k)}(k \in \mathbf{Z}_+)$. 记 $M_0 = M$,如果存在自然数 s,使得 $M_s = e$,但 $M_{s-1} \neq e$,则称 M 为一个长度为 s 的幂零李群. 幂零李群显然是可解李群. 类似于可解的情况,我们有定理 5.

定理 5　M 是一个连通李群,M 是幂零的,当且仅当 $\Lambda(M)$ 是幂零的.

证明　如果 M 是一个幂零李群,则存在 $M_T = e$,和 $M_k(1 \leqslant k \leqslant T-1)$ 是 M 的闭的不变子群,由第三章§9 中的定理 25 可以知道,$\Lambda(M_k)$ 是 $\Lambda(M)$ 的理想子代数.

对于 M 内任一个闭的不变子群 M^*，和 $\forall X \in \Lambda(M)$，$\forall Y \in \Lambda(M^*)$，利用公式(参考第三章 §8 中的引理和定理 23 的证明)：

$$\exp tX \exp tY \exp(-tX) \exp(-tY)$$
$$= \exp\{t^2[X, Y] + o(t^2)\} \tag{2.7}$$

可以得到，$[X, Y] \in \Lambda(\overline{M, M^*})$，那么 $[\Lambda(M), \Lambda(M^*)] \subset \Lambda(\overline{M, M^*})$，于是有

$$(\Lambda(M))_1 = [\Lambda(M), \Lambda(M)] \subset \Lambda(M_1). \tag{2.8}$$

设 $(\Lambda(M))_{s-1} \subset \Lambda(M_{s-1})$，那么

$$\begin{aligned}
(\Lambda(M))_s &= [\Lambda(M), (\Lambda(M))_{s-1}] \\
&\subset [\Lambda(M), \Lambda(M_{s-1})] \\
&\subset \Lambda(\overline{M, M_{s-1}}) \\
&\subset \Lambda(M_s),
\end{aligned} \tag{2.9}$$

所以 $(\Lambda(M))_T = 0$. $\Lambda(M)$ 是幂零李代数.

反之，如果 $\Lambda(M)$ 是幂零李代数，则一定有某个自然数 T，使得 $(\Lambda(M))_T = 0$，对长度 T 用归纳法，我们来证明 M 是幂零的.

当 $T = 1$ 时，$(\Lambda(M))_1 = 0$，$\Lambda(M)$ 的结构常数全是 0，M 是一个 Abel 李群，则 $M_1 = e$，M 是幂零的.

假设当幂零李代数 $\Lambda(M^*)$ 的长度 $T \leqslant n-1$ 时，相应连通李群 M^* 是幂零的.

考虑 $T = n$ 的情况. 由于 $[\Lambda(M), (\Lambda(M))_{n-1}] = (\Lambda(M))_n = 0$，用 H 表示由 $\exp(\Lambda(M))_{n-1}$ 生成的 M 内的连通李子群，H 是 M 内的 Abel 不变子群，而且 $(M, H) = e$，$\overline{H}$ 是 M 内闭的 Abel 不变子群，$(M, \overline{H}) = e$，商代数 $\Lambda(M)/\Lambda(\overline{H})$ 也是幂零李代数. 由于 $\Lambda(M/\overline{H}) = \Lambda(M)/\Lambda(\overline{H})$，则 $\Lambda(M/\overline{H})$ 是长度小于等于 $n-1$ 的幂零李代数. 由归纳法假设，由 $\exp \Lambda(M/\overline{H})$ 生成的连通李群 $M/\overline{H}$ 是幂零的，则有 $s \in \mathbf{Z}_+$，使得 $(M/\overline{H})_s = \pi(e)$. 这里 π 是 M 到 $M/\overline{H}$ 上的自然同态.

$$\pi(M, M) = (\pi(M), \pi(M)) \subset (M/\overline{H})_1,$$
$$M_1 = (\overline{M, M}) \subset \pi^{-1}((M/\overline{H})_1)(M \text{ 内的闭集}).$$

完全类似于本章 §1 定理 2 的情况，可以证明：对于任何自然数 k，有 $M_k \subset \pi^{-1}((M/\overline{H})_k)$. 那么，$M_{s+1} = (\overline{M, M_s}) \subset (\overline{M, \overline{H}}) = e$，$M$ 是幂零李群.

§3　半单纯李代数和紧致李群的分解

g 是一个 m 维 $(m \geqslant 2)$ 实(或复)的李代数,从第三章 §10 有 g 上的 Killing 型 $(X, Y) = \mathrm{Tr}(\mathrm{ad}X\mathrm{ad}Y)$,如果这 Killing 型非退化,即不存在非零的 $X \in g$,使得 $\forall Y \in g$,满足 $(X, Y) = 0$,则称 g 是一个 m 维实(或复)半单纯李代数,简称 m 维半单李代数.

如果一个 m 维 $(m \geqslant 2)$ 半单纯李代数 g 不包含非平凡的理想子代数,即 g 的理想子代数只有零和 g 本身,则称 g 是一个单纯李代数.

如果 g 是一维李代数,为方便,也称 g 是单纯李代数.

如果李代数 g 的一个子代数 g_1 作为李代数是半单纯或单纯的,则称 g_1 是 g 的半单纯子代数或单纯子代数.

在第三章 §2 例 4 中,我们证明了对于某个固定的 $n \times n$ 矩阵 M,适合条件 $XM + MX^{\mathrm{T}} = 0$ 的一切复 $n \times n$ 矩阵 X 组成一个李代数 g. 如果有另一个固定的 $n \times n$ 矩阵 M^*, M^* 与 M 是合同的,即存在可逆的复 $n \times n$ 矩阵 A,使得 $M = AM^*A^{\mathrm{T}}$,那么满足 $YM^* + M^*Y^{\mathrm{T}} = 0$ 的一切复 $n \times n$ 矩阵 Y 组成的李代数 g^* 必与上述李代数 g 是同构的. 因为可以定义 g 上的映射 $F: F(X) = A^{-1}XA$,由于 $XM + MX^{\mathrm{T}} = 0$, 则

$$(A^{-1}XA)M^* + M^*(A^{-1}XA)^{\mathrm{T}} = A^{-1}XM(A^{-1})^{\mathrm{T}} + A^{-1}MX^{\mathrm{T}}(A^{-1})^{\mathrm{T}}$$
$$= A^{-1}(XM + MX^{\mathrm{T}})(A^{-1})^{\mathrm{T}} = 0,$$

即 F 是 g 到 g^* 内的映射,读者很容易证明 F 是李代数 g 到李代数 g^* 上的同构.

由于 $2m \times 2m$ 的单位矩阵 $I_{2m} = \begin{bmatrix} I_m & \\ & I_m \end{bmatrix}$ 在复数域内合同于 $\begin{bmatrix} & I_m \\ I_m & \end{bmatrix}$,

这里,I_m 同以前一样,表示 $m \times m$ 单位矩阵,$I_{2m+1} = \begin{bmatrix} 1 & & \\ & I_m & \\ & & I_m \end{bmatrix}$ $((2m+1) \times$

$(2m+1)$ 单位矩阵,空白部分表示全是零)在复数域内合同于 $\begin{bmatrix} 1 & 0 & 0 \\ 0 & 0 & I_m \\ 0 & I_m & 0 \end{bmatrix}$,因此

在李代数同构意义下,典型李代数 B_m, D_m 的确分别是 $O(2m+1, \mathbf{C})$ 和 $O(2m, \mathbf{C})$ 的李代数(见第三章习题 29). 而 A_n 是 $SL(n+1, \mathbf{C})$ 的李代数,C_n

是 $SP(n, \mathbf{C})$ 的李代数[①]. 下面我们来仔细研究典型李代数 A_n, B_n, C_n 和 D_n.

首先,我们来研究 A_n. 它是全体追迹为零的复 $(n+1) \times (n+1)$ 矩阵组成的 $n(n+2)$ 维李代数. 类似以前的记法,用 $E_{ik}^{(n+1)}$ 表示第 i 行、第 k 列位置上的元素是 1,而其余位置上的元素皆为零的 $(n+1) \times (n+1)$ 矩阵. 令

$$H_{\lambda_1 \lambda_2 \cdots \lambda_{n+1}} = \lambda_1 E_{11}^{(n+1)} + \lambda_2 E_{22}^{(n+1)} + \cdots + \lambda_{n+1} E_{n+1\, n+1}^{(n+1)}, \tag{3.1}$$

这里 $\sum_{i=1}^{n+1} \lambda_i = 0$,所以 $H_{\lambda_1 \lambda_2 \cdots \lambda_{n+1}}$ 的集合组成一个 n 维的子代数 H. 再令

$$H_{ik} = E_{ii}^{(n+1)} - E_{kk}^{(n+1)} \quad (i \neq k,\ 1 \leqslant i,\ k \leqslant n+1). \tag{3.2}$$

显然,H 是 $H_{ik}(i \neq k,\ 1 \leqslant i,\ k \leqslant n+1)$ 的线性组合,H 与所有 $E_{ik}^{(n+1)}(i \neq k)$ 的线性组合就是 A_n.

$\forall H_{\lambda_1 \lambda_2 \cdots \lambda_{n+1}}$, $H_{\mu_1 \mu_2 \cdots \mu_{n+1}} \in H$,显然有

$$[H_{\lambda_1 \lambda_2 \cdots \lambda_{n+1}},\ H_{\mu_1 \mu_2 \cdots \mu_{n+1}}] = 0. \tag{3.3}$$

结构常数全是零的李代数称作可交换的李代数. 因此,H 是一个可交换的李代数. 由直接计算可以得到

$$[H_{\lambda_1 \lambda_2 \cdots \lambda_{n+1}},\ E_{ik}^{(n+1)}] = (\lambda_i - \lambda_k) E_{ik}^{(n+1)} \quad (i \neq k,\ 1 \leqslant i,\ k \leqslant n+1). \tag{3.4}$$

$\lambda_i - \lambda_k (i \neq k,\ 1 \leqslant i,\ k \leqslant n+1)$ 是线性变换 $\mathrm{ad} H_{\lambda_1 \lambda_2 \cdots \lambda_{n+1}}$ 的一个特征值,简称为 A_n 的(一个)根. $E_{ik}^{(n+1)}$ 称为相应的特征向量,$E_{ik}^{(n+1)}$ 可改写为 $E_{\lambda_i - \lambda_k}$. 当 $n \geqslant 2$ 时,利用

$$\lambda_i - \lambda_k = (\lambda_i - \lambda_p) + (\lambda_p - \lambda_j) + (\lambda_j - \lambda_l) + (\lambda_l - \lambda_q) + (\lambda_q - \lambda_k),$$

这里 $p \neq i, j$; $j \neq l$; $q \neq l, k$,可以知道 A_n 的任意一个根 $\lambda_i - \lambda_k$ 皆可以 A_n 的任一固定根 $\lambda_j - \lambda_l$ 逐次添加 A_n 的根而得到. 明显地,可得到

$$[E_{ik}^{(n+1)},\ E_{ki}^{(n+1)}] = H_{ik} \quad (i \neq k,\ 1 \leqslant i,\ k \leqslant n+1). \tag{3.5}$$

由直接计算可以知道,当 $i \neq l$, $j \neq k$ 时,有

$$[E_{ik}^{(n+1)},\ E_{jl}^{(n+1)}] = 0, \tag{3.6}$$

$$[E_{ik}^{(n+1)},\ E_{ji}^{(n+1)}] = -E_{jk}^{(n+1)}, \tag{3.7}$$

---

① 请读者自己证明.

$$[E_{ik}^{(n+1)}, E_{kl}^{(n+1)}] = E_{il}^{(n+1)}. \tag{3.8}$$

接下来我们研究 B_n. 令

$$M = \begin{bmatrix} 1 & 0 & 0 \\ 0 & 0 & I_n \\ 0 & I_n & 0 \end{bmatrix},$$

于是,一切满足 $XM + MX^{\mathrm{T}} = 0$ 的复 $(2n+1) \times (2n+1)$ 矩阵 X 的全体组成李代数 B_n.

把 B_n 内矩阵 X 作与 M 同样的分块,并且利用关系式 $XM + MX^{\mathrm{T}} = 0$ 可以得到,B_n 由一切形如 $\begin{bmatrix} 0 & u & v \\ -v^{\mathrm{T}} & A_{11} & A_{12} \\ -u^{\mathrm{T}} & A_{21} & -A_{11}^{\mathrm{T}} \end{bmatrix}$ 的复矩阵组成,这里,$A_{12}^{\mathrm{T}} = -A_{12}$,

$A_{21}^{\mathrm{T}} = -A_{21}$. u, v 分别是 n 维行向量,A_{11}, A_{12}, A_{21} 分别是 $n \times n$ 复矩阵.

类似上述,令

$$\begin{aligned} H_{\lambda_1 \lambda_2 \cdots \lambda_n} &= \lambda_1 (E_{22}^{(2n+1)} - E_{n+2\,n+2}^{(2n+1)}) + \lambda_2 (E_{33}^{(2n+1)} - E_{n+3\,n+3}^{(2n+1)}) \\ &\quad + \cdots + \lambda_n (E_{n+1\,n+1}^{(2n+1)} - E_{2n+1\,2n+1}^{(2n+1)}), \end{aligned} \tag{3.9}$$

则所有 $H_{\lambda_1 \lambda_2 \cdots \lambda_n}$ 的集合组成 B_n 的一个 n 维可交换子代数 H,即 H 既是一个 n 维可交换的李代数,又是 B_n 的一个子代数.

容易明白 H 和 $E_{i+1\,k+1}^{(2n+1)} - E_{n+1+k\,n+1+i}^{(2n+1)}$, $E_{k+1\,i+1}^{(2n+1)} - E_{n+1+i\,n+1+k}^{(2n+1)}$, $E_{i+1\,n+1+k}^{(2n+1)} - E_{k+1\,n+1+i}^{(2n+1)}$, $E_{n+1+k\,i+1}^{(2n+1)} - E_{n+1+i\,k+1}^{(2n+1)}$ (这里 $1 \leqslant i < k \leqslant n$),$E_{1\,n+1+i}^{(2n+1)} - E_{i+1\,1}^{(2n+1)}$, $E_{n+1+i\,1}^{(2n+1)} - E_{1\,i+1}^{(2n+1)}$ (这里 $1 \leqslant i \leqslant n$) 的线性组合即是 B_n.

由直接计算,得

$$\begin{aligned} &\forall H_{\lambda_1 \lambda_2 \cdots \lambda_n}, H_{\mu_1 \mu_2 \cdots \mu_n} \in H, [H_{\lambda_1 \lambda_2 \cdots \lambda_n}, H_{\mu_1 \mu_2 \cdots \mu_n}] = 0, \\ &[H_{\lambda_1 \lambda_2 \cdots \lambda_n}, E_{i+1\,1+k}^{(2n+1)} - E_{n+1+k\,n+1+i}^{(2n+1)}] \\ &= (\lambda_i - \lambda_k)(E_{i+1\,k+1}^{(2n+1)} - E_{n+1+k\,n+1+i}^{(2n+1)}), \\ &[H_{\lambda_1 \lambda_2 \cdots \lambda_n}, E_{k+1\,i+1}^{(2n+1)} - E_{n+1+i\,n+1+k}^{(2n+1)}] \\ &= (\lambda_k - \lambda_i)(E_{k+1\,i+1}^{(2n+1)} - E_{n+1+i\,n+1+k}^{(2n+1)}), \\ &[H_{\lambda_1 \lambda_2 \cdots \lambda_n}, E_{i+1\,n+1+k}^{(2n+1)} - E_{k+1\,n+1+i}^{(2n+1)}] \\ &= (\lambda_i + \lambda_k)(E_{i+1\,n+1+k}^{(2n+1)} - E_{k+1\,n+1+i}^{(2n+1)}), \\ &[H_{\lambda_1 \lambda_2 \cdots \lambda_n}, E_{n+1+k\,i+1}^{(2n+1)} - E_{n+1+i\,k+1}^{(2n+1)}] \\ &= (-\lambda_i - \lambda_k)(E_{n+1+k\,i+1}^{(2n+1)} - E_{n+1+i\,k+1}^{(2n+1)}), \end{aligned}$$

$$[H_{\lambda_1\lambda_2\cdots\lambda_n}, E_{1\,n+1+i}^{(2n+1)} - E_{i+1\,1}^{(2n+1)}] = \lambda_i(E_{1\,n+1+i}^{(2n+1)} - E_{i+1\,1}^{(2n+1)}),$$

$$[H_{\lambda_1\lambda_2\cdots\lambda_n}, E_{n+1+i\,1}^{(2n+1)} - E_{1\,i+1}^{(2n+1)}] = -\lambda_i(E_{n+1+i\,1}^{(2n+1)} - E_{1\,i+1}^{(2n+1)}). \qquad (3.10)$$

因此，$\lambda_i - \lambda_k$，$\lambda_k - \lambda_i$，$\lambda_i + \lambda_k$，$-\lambda_i - \lambda_k (1 \leqslant i < k \leqslant n)$，$\lambda_i$，$-\lambda_i$ 是 B_n 上线性变换 $\mathrm{ad}H_{\lambda_1\lambda_2\cdots\lambda_n}$ 的特征值. 为了简洁，记 B_n 上相应的特征向量为 $E_{\lambda_i - \lambda_k}$，$E_{\lambda_k - \lambda_i}$，$E_{\lambda_i + \lambda_k}$ 等等，因而，上述 (3.10) 内的 6 个公式可以统一为下述一个公式：

$$[H_{\lambda_1\lambda_2\cdots\lambda_n}, E_\alpha] = \alpha E_\alpha. \qquad (3.11)$$

当然，这些特征值也可称为 B_n 的根. 当 $n \geqslant 2$ 时，B_n 的任一根也可以从 B_n 的任一固定根经逐步添加 B_n 的一些根而得到.

令

$$H_{\lambda_i - \lambda_k} = E_{i+1\,i+1}^{(2n+1)} - E_{k+1\,k+1}^{(2n+1)} - E_{n+1+i\,n+1+i}^{(2n+1)} + E_{n+1+k\,n+1+k}^{(2n+1)},$$

$$H_{\lambda_i + \lambda_k} = E_{i+1\,i+1}^{(2n+1)} + E_{k+1\,k+1}^{(2n+1)} - E_{n+1+i\,n+1+i}^{(2n+1)} - E_{n+1+k\,n+1+k}^{(2n+1)} (1 \leqslant i < k \leqslant n),$$

$$H_{\lambda_i} = E_{i+1\,i+1}^{(2n+1)} - E_{n+1+i\,n+1+i}^{(2n+1)} (1 \leqslant i \leqslant n),$$

由直接计算可以得到，对 B_n 的任一根 α，有

$$[E_\alpha, E_{-\alpha}] = H_\alpha. \qquad (3.12)$$

例如 $[E_{\lambda_i - \lambda_k}, E_{\lambda_k - \lambda_i}] = H_{\lambda_i - \lambda_k}$ 等.

对于 B_n 内的任意两个根 α，β，若 $\alpha + \beta$ 不是根（这里的根是对固定的线性变换 $\mathrm{ad}H_{\lambda_1\lambda_2\cdots\lambda_n}$ 而言的），则通过计算可以得到

$$[E_\alpha, E_\beta] = 0. \qquad (3.13)$$

若 $\alpha + \beta$ 是根，则

$$[E_\alpha, E_\beta] = E_{\alpha+\beta}(\text{或} -E_{\alpha+\beta}). \qquad (3.14)$$

例如，$[E_{\lambda_i - \lambda_k}, E_{\lambda_j - \lambda_l}]$，当 $i \neq l$，$j \neq k$ 时，等于零；当 $j = k$，$i \neq l$ 时，等于 $E_{\lambda_i - \lambda_l}$；当 $i = l$，$j \neq k$ 时，等于 $-E_{\lambda_j - \lambda_k}$.

我们再来研究 C_n. 从 C_n 的定义容易明白，C_n 由所有形如 $\begin{bmatrix} A_{11} & A_{12} \\ A_{21} & -A_{11}^{\mathrm{T}} \end{bmatrix}$ 的矩阵组成，这里，$A_{12}^{\mathrm{T}} = A_{12}$，$A_{21}^{\mathrm{T}} = A_{21}$，$A_{ij} (1 \leqslant i, j \leqslant n)$ 是复 $n \times n$ 矩阵. 令

$$H_{\lambda_1\lambda_2\cdots\lambda_n} = \lambda_1(E_{11}^{(2n)} - E_{n+1\,n+1}^{(2n)}) + \lambda_2(E_{22}^{(2n)} - E_{n+2\,n+2}^{(2n)})$$

$$+ \cdots + \lambda_n(E_{nn}^{(2n)} - E_{2n\,2n}^{(2n)}), \qquad (3.15)$$

那么，所有 $H_{\lambda_1\lambda_2\cdots\lambda_n}$ 也组成一个 n 维可交换子代数 H. 再令

$$E_{\lambda_i - \lambda_k} = E_{ik}^{(2n)} - E_{n+k\,n+i}^{(2n)},$$

$$E_{\lambda_k - \lambda_i} = E_{ki}^{(2n)} - E_{n+i\,n+k}^{(2n)},$$

$$E_{\lambda_i + \lambda_k} = E_{i\,n+k}^{(2n)} + E_{k\,n+i}^{(2n)},$$

$$E_{-\lambda_i - \lambda_k} = E_{n+i\,k}^{(2n)} + E_{n+k\,i}^{(2n)},$$

$$E_{2\lambda_i} = E_{i\,n+i}^{(2n)}, \quad E_{-2\lambda_i} = E_{n+i\,i}^{(2n)},$$

$$H_{\lambda_i - \lambda_k} = E_{ii}^{(2n)} - E_{kk}^{(2n)} - E_{n+i\,n+i}^{(2n)} + E_{n+k\,n+k}^{(2n)},$$

$$H_{\lambda_i + \lambda_k} = E_{ii}^{(2n)} + E_{kk}^{(2n)} - E_{n+i\,n+i}^{(2n)} - E_{n+k\,n+k}^{(2n)} \quad (1 \leqslant i < k \leqslant n),$$

$$H_{2\lambda_i} = E_{ii}^{(2n)} - E_{n+i\,n+i}^{(2n)} (1 \leqslant i \leqslant n). \tag{3.16}$$

H 和 $E_{\lambda_i - \lambda_k}$，$E_{\lambda_k - \lambda_i}$，$E_{\lambda_i + \lambda_k}$，$E_{-\lambda_i - \lambda_k}$，$E_{2\lambda_i}$，$E_{-2\lambda_i}$ 的线性组合就组成 C_n. $\lambda_i - \lambda_k$，$\lambda_k - \lambda_i$，$\lambda_i + \lambda_k$，$-\lambda_i - \lambda_k$，$2\lambda_i$，$-2\lambda_i$ 是 C_n 上线性变换 $\mathrm{ad}H_{\lambda_1\lambda_2\cdots\lambda_n}$ 的特征根,简称为 C_n 的根. 如果 $n \geqslant 2$，C_n 的任意一个根也可以从 C_n 的任一固定根经逐步添加 C_n 的一些根而得到,对于 C_n 内的任一根 α，由计算可以得到完全类似于 B_n 的公式(称为结构公式):

$$[H_{\lambda_1\lambda_2\cdots\lambda_n}, E_\alpha] = \alpha E_\alpha, \quad [E_\alpha, E_{-\alpha}] = H_\alpha,$$

当 $\alpha + \beta$ 不是根时，$[E_\alpha, E_\beta] = 0$；当 $\alpha + \beta$ 是根时，$[E_\alpha, E_\beta] = E_{\alpha+\beta}$(或 $-E_{\alpha+\beta}$).

$$\tag{3.17}$$

最后,我们来研究 D_n. 从 D_n 的定义容易明白，D_n 由所有形如 $\begin{bmatrix} A_{11} & A_{12} \\ A_{21} & -A_{11}^{\mathrm{T}} \end{bmatrix}$ 的复 $2n \times 2n$ 矩阵组成,这里 $A_{12}^{\mathrm{T}} = -A_{12}$，$A_{21}^{\mathrm{T}} = -A_{21}$. 令

$$H_{\lambda_1\lambda_2\cdots\lambda_n} = \lambda_1(E_{11}^{(2n)} - E_{n+1\,n+1}^{(2n)}) + \lambda_2(E_{22}^{(2n)} - E_{n+2\,n+2}^{(2n)})$$
$$+ \cdots + \lambda_n(E_{nn}^{(2n)} - E_{2n\,2n}^{(2n)}), \tag{3.18}$$

所有矩阵 $H_{\lambda_1\lambda_2\cdots\lambda_n}$ 组成 D_n 的一个 n 维可交换子代数 H. 再令(下面限制 $n \geqslant 2$)

$$E_{\lambda_i - \lambda_k} = E_{ik}^{(2n)} - E_{n+k\,n+i}^{(2n)},$$

$$E_{\lambda_k - \lambda_i} = E_{ki}^{(2n)} - E_{n+i\,n+k}^{(2n)},$$

$$E_{\lambda_i + \lambda_k} = E_{i\,n+k}^{(2n)} - E_{k\,n+i}^{(2n)},$$

$$E_{-\lambda_i - \lambda_k} = E_{n+k\,i}^{(2n)} - E_{n+i\,k}^{(2n)},$$

$$H_{\lambda_i - \lambda_k} = E_{ii}^{(2n)} - E_{kk}^{(2n)} - E_{n+i\,n+i}^{(2n)} + E_{n+k\,n+k}^{(2n)},$$

$$H_{\lambda_i + \lambda_k} = E_{ii}^{(2n)} + E_{kk}^{(2n)} - E_{n+i\,n+i}^{(2n)} - E_{n+k\,n+k}^{(2n)} (1 \leqslant i < k \leqslant n).$$

$$\tag{3.19}$$

容易明白 H 和 $E_{\lambda_i-\lambda_k}$，$E_{\lambda_k-\lambda_i}$，$E_{\lambda_i+\lambda_k}$，$E_{-\lambda_i-\lambda_k}$ 的线性组合即是 D_n，而 $\lambda_i-\lambda_k$，$\lambda_k-\lambda_i$，$\lambda_i+\lambda_k$，$-\lambda_i-\lambda_k$ 是 D_n 上线性变换 $\mathrm{ad}H_{\lambda_1\lambda_2\cdots\lambda_n}$ 的特征根，称为 D_n 的根. 如 $n\geqslant3$，D_n 的任一根可由 D_n 的任一固定根添加一些根而得到.（3.17）式对 D_n 完全适用.

有了上面的准备工作,现在可以来证明下述定理了.

定理 6 典型李代数 $A_n(n\geqslant1)$，$B_n(n\geqslant1)$，$C_n(n\geqslant1)$ 和 $D_n(n\geqslant3)$ 是单纯李代数.

证明 首先,我们证明 $A_n(n\geqslant1)$，$B_n(n\geqslant1)$，$C_n(n\geqslant1)$ 及 $D_n(n\geqslant3)$ 不包含非平凡的理想子代数.

用 g 表示上述 4 个典型李代数之一. 采用反证法. 若 g_1 是 g 的一个非零理想子代数,下面证明 $g_1=g$. 在 g_1 内任取一个非零元素 A.

$$A=H_0+\sum_{\alpha\in\Sigma^*}\mu_\alpha E_\alpha. \tag{3.20}$$

这里 $H_0\in H$，而 Σ^* 表示 g 的所有根的集合，μ_α 是一些复数(不是根). E_α 是特征向量. 从关系式 $[H_0,E_\alpha]=\alpha_0 E_\alpha$，这里 α_0 是线性变换 $\mathrm{ad}H_0$ 的一个特征值,如果 $A=H_0\neq0$，则必有一个 E_α 存在,使得上述 $\alpha_0\neq0$. 事实上从(3.4)式、(3.11)式、(3.17)式和典型李代数根的表达式可以知道:对于任一线性变换 $\mathrm{ad}H_{\mu_1\mu_2\cdots\mu_n}$ 或 $\mathrm{ad}H_{\mu_1\mu_2\cdots\mu_{n+1}}$，这里 $H_0=H_{\mu_1\mu_2\cdots\mu_n}$ 或 $H_{\mu_1\mu_2\cdots\mu_{n+1}}$，特征值不可能全是零. 这样,利用 g_1 是理想,可以知道这个 $E_\alpha\in g_1$，而对于 A_n，B_n，C_n（$n\geqslant2$）和 D_n（$n\geqslant3$），它们的任一根皆可由一些根陆续添加到上述 α 上而得到. 这里要注意,每适当添加一个根后仍为一个根,利用 $[E_\alpha,E_\beta]=\pm E_{\alpha+\beta}$（由于 $\alpha+\beta$ 是根）,可以知道对于所有的根 β，$E_\beta\in g_1$，再利用 $[E_\beta,E_{-\beta}]=H_\beta$，可得 $H_\beta\in g_1$，所以交换子代数 $H\subset g_1$. 因此，$g_1=g$.

接着,不妨假定有 s（$s\geqslant1$）个 μ_{α_1}，$\cdots$，μ_{α_s} 不等于零. 由于 $A\in g_1$，可令 $H^*=H_{\lambda_1\lambda_2\cdots\lambda_n}$ 或 $H_{\lambda_1\lambda_2\cdots\lambda_{n+1}}$，这里,选择 λ_1，λ_2，$\cdots$，λ_n 或 λ_1，λ_2，$\cdots$，λ_{n+1}，使得线性变换 $\mathrm{ad}H^*$ 的特征值无两个相同,利用 $[H^*,E_{\alpha_t}]=\alpha_t E_{\alpha_t}$（$1\leqslant t\leqslant s$），这里 α_1，$\cdots$，α_s 无两个相同. 由于 g_1 是理想子代数,可以知道 $(\mathrm{ad}H^*)^r A=\sum_{t=1}^{s}\mu_{\alpha_t}\alpha_t^r E_{\alpha_t}\in g_1$，这里，$r$ 是任一正整数. 把 $\mu_{\alpha_t}E_{\alpha_t}$ 视为一个未知量. 列出线性方程组:

$$\begin{cases}\alpha_1(\mu_{\alpha_1}E_{\alpha_1})+\alpha_2(\mu_{\alpha_2}E_{\alpha_2})+\cdots+\alpha_s(\mu_{\alpha_s}E_{\alpha_s})=b_1, \\ \alpha_1^2(\mu_{\alpha_1}E_{\alpha_1})+\alpha_2^2(\mu_{\alpha_2}E_{\alpha_2})+\cdots+\alpha_s^2(\mu_{\alpha_s}E_{\alpha_s})=b_2, \\ \cdots\cdots\cdots\cdots \\ \alpha_1^s(\mu_{\alpha_1}E_{\alpha_1})+\alpha_2^s(\mu_{\alpha_2}E_{\alpha_2})+\cdots+\alpha_s^s(\mu_{\alpha_s}E_{\alpha_s})=b_s.\end{cases} \tag{3.21}$$

由 $\begin{vmatrix} \alpha_1 & \cdots & \alpha_s \\ \alpha_1^2 & \cdots & \alpha_s^2 \\ \vdots & & \vdots \\ \alpha_1^s & \cdots & \alpha_s^s \end{vmatrix} \neq 0$, 和 $b_1, b_2, \cdots, b_s \in g_1$,可以知道 $\mu_{\alpha_t} E_{\alpha_t} \in g_1$. 由 $\mu_{\alpha_t} \neq$

0,可知 $E_{\alpha_t} \in g_1$. 类似上面的讨论,可以得到 $g_1 = g$.

如果考虑的是 A_1, B_1, C_1(全是三维),相应地,交换子代数 H 的维数都是 1,如果有 $\mu_{\alpha_1} \neq 0$,则从上面的叙述可以得到 $E_{\alpha_1} \in g_1$,从 $[E_{\alpha_1}, E_{-\alpha_1}] = H_{\alpha_1} \in g_1$,有一维子代数 $H \subset g_1$,和由 $[H^*, E_{-\alpha_1}] = -\alpha_1 E_{-\alpha_1} \in g_1$,得 $g_1 = g$. 当 $H \subset g_1$ 已知时,更容易证明 $g_1 = g$.

由于 $$g^* = \{X \in g \mid (X, Y) = 0, \ \forall Y \in g\} \tag{3.22}$$

是 g 的线性子空间,和 $\forall Y, Z \in g$, $\forall X \in g^*$,因此由

$$([X, Y], Z) = -([Y, X], Z) = (X, [Y, Z]) = 0 \tag{3.23}$$

可以知道,$[X, Y] \in g^*$, g^* 是 g 的一个理想子代数. 由上述,只有 $g^* = 0$ 或 $g^* = g$,而 $g^* = g$ 是不可能的. 请读者自己证明 $(H_{\lambda_1 \lambda_2 \cdots \lambda_n}, H_{\lambda_1 \lambda_2 \cdots \lambda_n}) > 0$ 或者 $(H_{\lambda_1 \lambda_2 \cdots \lambda_{n+1}}, H_{\lambda_1 \lambda_2 \cdots \lambda_{n+1}}) > 0$,这里 λ_i 是不全为零的实数. 因而有定理 6.

设 g 是一个半单纯李代数,如果 g 不是单纯李代数,则 g 内一定有一个真理想子代数 g_1. 有趣的是,我们有下列定理.

定理 7 g 是一个半单纯李代数,g_1 是 g 内的一个真理想子代数,如果 $g_2 = \{X \in g \mid (X, Y) = 0, \ \forall Y \in g_1\}$,则 g_2 是 g 的一个理想子代数,且

$$g = g_1 \oplus g_2 (李代数直和).[①]$$

证明 首先容易明白, g_2 是 g 的一个线性子空间. $\forall X \in g_2$, $\forall Y \in g$, $\forall Z \in g_1$, $[Y, Z] \in g_1$, $([X, Y], Z) = -([Y, X], Z) = (X, [Y, Z]) = 0$ (见第 3 章 §10 性质3). 所以 $[X, Y] \in g_2$, g_2 是 g 的一个理想子代数. $\forall X$, $Y \in g_1 \cap g_2$, $\forall Z \in g$.

$$([X, Y], Z) = -(Y, [X, Z]) = 0.$$

由于 g 是半单纯李代数,因此我们有 $[X, Y] = 0$. 设 g 内线性子空间 $g_1 \cap g_2$ 的直交补空间是 g_3, $\forall X \in g_1 \cap g_2$, $\forall Z \in g$, g 上的线性变换 $\mathrm{ad} X \mathrm{ad} Z$ 映 $g_1 \cap g_2$ 为零,映 g_3 为 $g_1 \cap g_2$,所以 $\mathrm{ad} X \mathrm{ad} Z$ 在 $g = (g_1 \cap g_2) \oplus g_3$ 的一组基下对应矩阵的主对角线上的元素全是零,即有 $(X, Z) = \mathrm{Tr}(\mathrm{ad} X \mathrm{ad} Z) = 0$. 由于 g 半

---

① 李代数直和是向量空间直和以及 $[g_1, g_2] = 0$.

单纯,则 $X=0$, $g_1 \cap g_2 = 0$.

用 g^* 表示 g 上线性函数全体组成的对偶空间,定义线性映射 $f: g \to g^*$, $f(X)(Y) = (X, Y)$. 由于 g 是半单纯的,因此 $f(X) = 0$(g 上的零函数)当且仅当 $X = 0$,那么,f 是线性空间 g 到 g^* 上的一个线性同构. 作 g 关于线性子空间 g_1 的直和分解,则有 $g = g_1 \oplus g_4$,使得 $g_2 \subset g_4$. 由于 $g_1 \cap g_4 = 0$,可知 $f(g_1) \cap f(g_4) = 0$. 限制在 g_1 上, $f(g_1)$ 是 g_1 上线性函数的全体,因此,将 $f(g_4)$ 看作 g_1 上的线性函数集合,它必是零函数. 所以 $g_4 \subset g_2$, $g = g_1 \oplus g_2$,当然, $[g_1, g_2] = 0$. g_1, g_2 都是半单纯的李代数.

推论 一个半单纯李代数 g 有直和分解 $g = g_1 \oplus g_2 \oplus \cdots \oplus g_s$,这里 $g_i (1 \leqslant i \leqslant s)$ 是 g 内全部单纯理想子代数. 而 g 的每个真理想子代数是上述一部分单纯理想子代数 g_i 的直和,且 $[g_i, g_j] = 0 (i \neq j)$.

证明 利用上述定理,如果半单纯李代数 g 不是单纯的,则必有一真理想子代数 g_1, $g = g_1 \oplus g_2$,这里 $g_2 = \{X \in g \mid (X, Y) = 0, \forall Y \in g_1\}$, g_2 也是 g 的一个理想子代数,而且 $[g_1, g_2] = 0$. 如果 g_1 或 g_2 不是单纯的,则利用定理 7,还可以作直和分解,由于 g 的维数有限,因此必有

$$g = g_1 \oplus g_2 \oplus \cdots \oplus g_s, [g_i, g_j] = 0 (i \neq j), \tag{3.24}$$

每个 $g_i (1 \leqslant i \leqslant s)$ 都是 g 的单纯理想子代数. 现在证明上述全部 g_i 是 g 内所有单纯理想子代数. 用反证法. 如果另外有一个 g 的非零单纯理想 g_{s+1},它不等同于上述 $g_i (1 \leqslant i \leqslant s)$ 中的任一个,由(3.24)式,必存在一个 $g_i (1 \leqslant i \leqslant s)$,使得 $g_{s+1} \cap g_i \neq 0$. 用反证法,如果 $g_{s+1} \cap g_i = 0 (1 \leqslant i \leqslant s)$,那么 $\forall X \in g_{s+1}$, $\forall Y_i \in g_i$,由于 $[X, Y_i] \in g_{s+1} \cap g_i$,则 $[X, Y_i] = 0$,因此,利用(3.24)式, $\forall Y \in g$, $[X, Y] = 0$, $\mathrm{ad} X = 0$, g 是半单纯的,则 $X = 0$,矛盾. 所以,有一个 $g_i (1 \leqslant i \leqslant s)$, $g_{s+1} \cap g_i \neq 0$, $g_{s+1} \cap g_i$ 是 g_{s+1} 和 g_i 内的单纯理想, $g_{s+1} = g_i$.

如果 $\tilde{g}$ 是 g 的任意一个真理想子代数,由(3.24)式,可以知道:必存在 $\tilde{g} \subset g_{i_1} \oplus \cdots \oplus g_{i_j} (1 \leqslant i_1 < \cdots < i_j \leqslant s)$,和 $g_{i_t} \cap \tilde{g} \neq 0 (1 \leqslant t \leqslant j)$, $\tilde{g} \cap g_{i_t}$ 是单纯理想 g_{i_t} 中的一个非零理想子代数,则必有 $g_{i_t} \subset \tilde{g}$,因此,有 $\tilde{g} = g_{i_1} \oplus \cdots \oplus g_{i_j}$.

现在,我们要用上述理论来研究紧致李群的分解.

定理 8 M 是一个 m 维 $(m \geqslant 2)$ 紧致连通李群,则 M 的李代数 $\Lambda(m) = g_0 \oplus g_1$,这里 g_0 是 $\Lambda(M)$ 的中心, g_1 是 $\Lambda(M)$ 的一个半单纯理想子代数,而且在 g_1 上的 Killing 型严格负定.

证明 利用第三章 §12 中的定理 32 可以知道, $\mathrm{Ad}(M)$ 是实正交群 $O(m, \mathbf{R})$ 的一个子群,且在 $\Lambda(M)$ 上存在一个 Euclid 内积 $\langle , \rangle$, $\forall y \in M$,有

$$\langle \mathrm{Ad}(y)X,\ \mathrm{Ad}(y)Y\rangle = \langle X,\ Y\rangle.$$

对于 $\Lambda(M)$ 内任意的固定 Z，令 $y = \exp tZ$，这里 $t \in \mathbf{R}$，从第三章 §10 知道，

$$
\begin{aligned}
\mathrm{Ad}(y) &= \mathrm{Ad}(\exp tZ) = \exp t(\mathrm{ad}Z) \\
&= e^{t\,\mathrm{ad}Z} = I + t\,\mathrm{ad}Z + \frac{1}{2!}t^2(\mathrm{ad}Z)^2 + \cdots,
\end{aligned}
\tag{3.25}
$$

于是，有

$$
\begin{aligned}
0 &= \langle \mathrm{Ad}(y)X,\ \mathrm{Ad}(y)Y\rangle - \langle X,\ Y\rangle \\
&= t\langle X,\ \mathrm{ad}Z(Y)\rangle + t\langle \mathrm{ad}Z(X),\ Y\rangle + o(t).
\end{aligned}
\tag{3.26}
$$

这里，$\lim\limits_{t\to 0}\dfrac{1}{t}o(t)=0.$

将上式两边除以 t（取 $t \neq 0$），并且令 $t\to 0$，则得

$$\langle X,\ \mathrm{ad}Z(Y)\rangle + \langle \mathrm{ad}Z(X),\ Y\rangle = 0. \tag{3.27}$$

设 g_0 是 $\Lambda(M)$ 的中心，取 $\Lambda(M)$ 内关于上述 Euclid 内积的 g_0 的正交补空间 g_1，则 $\Lambda(M) = g_0 \oplus g_1$，$\forall X \in g_0$，$\forall Y \in g_1$，和 $\forall Z \in \Lambda(M)$，由 (3.27) 式可以知道，$\langle X,\ \mathrm{ad}Z(Y)\rangle = 0$，即 $\mathrm{ad}Z(Y) \in g_1$，g_1 是 $\Lambda(M)$ 的一个理想子代数.

由于 ad 是 $\Lambda(M)$ 到 $\Lambda(O(m,\ \mathbf{R}))$ 内的一个同态，因此从第三章 §2 例 2 和 §3 例 2 知道：$gl(m,\ \mathbf{R})$ 的基是矩阵 E_{ij} ($1 \leqslant i,\ j \leqslant m$)，且在李代数同构意义下，

$$\mathrm{ad}X = \sum_{i,\ j=1}^{m} a_{ij}(X)E_{ij},\quad a_{ij}(X) + a_{ji}(X) = 0,$$

这里 $a_{ij}(X)$ 表示由 X 确定的实数.

$$\forall X, Y \in g_1,\ (X,\ Y) = \sum_{i,\ j=1}^{m} a_{ij}(X)a_{ji}(Y),\ (X,\ X) = -\sum_{i,\ j=1}^{m} a_{ij}^2(X) \leqslant 0,$$

$(X,\ Y) = 0$ 当且仅当 $a_{ij}(X) = 0$ ($1 \leqslant i,\ j \leqslant m$)，于是，$\mathrm{ad}X = 0$，$X \in g_0$. 那么，$X \in g_0 \bigcap g_1$，$X = 0$，所以，$g_1$ 上的 Killing 型严格负定，g_1 是 $\Lambda(M)$ 的一个半单纯理想子代数.

推论　紧致连通李群 M 的李代数 $\Lambda(M) = g_0 \oplus g_1 \oplus \cdots \oplus g_s$，这里 g_0 是 $\Lambda(M)$ 的中心，$g_1,\ \cdots,\ g_s$ 是 $\Lambda(M)$ 的单纯理想子代数，而且 g_i ($1 \leqslant i \leqslant s$) 的李代数的结构常数不全为零.

证明　从定理 8 以及定理 7 的推论可以知道本推论的分解式. 如果有一个

g_i 的结构常数全是零,则 $g_0 \oplus g_i$ 就是 $\Lambda(M)$ 的中心了,这与 g_0 是 $\Lambda(M)$ 的中心矛盾.

李群 N 称为单纯(或半单纯)的,如果 $\Lambda(N)$ 是单纯(或半单纯)的. 定义李群 M 的中心 $C_0 = \{x \in M \mid xy = yx, \ \forall y \in M\}$. C_0 是 M 内闭 Abel 子群.

定理9 每个紧致连通李群 $M = C_0 M_1 \cdots M_s$,记 $M^* = M_1 \cdots M_s$,M^* 为连通半单纯不变子群,C_0 为 M 的中心,$M_i (1 \leqslant i \leqslant s)$ 是 M 的连通单纯不变子群[①].

证明 由上一定理的推论 $\Lambda(M) = g_0 \oplus g_1 \oplus \cdots \oplus g_s$,这里 g_0 是 $\Lambda(M)$ 的中心,$g_1, \cdots, g_s$ 是 $\Lambda(M)$ 的单纯理想子代数,而且 g_i 的结构常数不全为零.

$\forall X \in \Lambda(M)$, $X = X_0 + X_1 + \cdots + X_s$,这里 $X_0 \in g_0$, $X_i \in g_i (1 \leqslant i \leqslant s)$,由于 $[X_i, Y_j] = 0 \ (0 \leqslant i < j \leqslant s)$,从第三章公式(10.8)可以知道:$\forall t \in \mathbf{R}$,有

$$\exp X_i \exp t X_j \exp(-X_i) = \exp(t e^{\mathrm{ad} X_i} X_j). \tag{3.28}$$

由于 $[X_i, X_j] = 0$,即 $\mathrm{ad} X_i (X_j) = 0$,则有

$$e^{\mathrm{ad} X_i} X_j = X_j. \tag{3.29}$$

于是,有

$$\exp X_i \exp t X_j \exp(-X_i) = \exp t X_j. \tag{3.30}$$

令 $t = 1$,则有

$$\exp X_i \exp X_j = \exp X_j \exp X_i, \tag{3.31}$$

因此,利用第三章 §5 的定理 10,有

$$\exp X_i \exp X_j = \exp(X_i + X_j). \tag{3.32}$$

容易明白

$$\exp X = \exp X_0 \exp X_1 \cdots \exp X_s, \tag{3.33}$$

而 $\exp X_0$ 生成 M 的中心的单位元连通分支,因而在 C_0 内. $\forall X_i \in g_i (1 \leqslant i \leqslant s)$,$\exp X_i$ 生成 M 的连通单纯不变子群 M_i,$\forall X \in \Lambda(M)$,$\exp X$ 生成 M,于是,有

$$M = C_0 M_1 \cdots M_s. \tag{3.34}$$

---

① $\Lambda(C_0) = g_0$(第三章习题 24). M_i 是李群,$\Lambda(M_i)$ 是单纯的.

由于 $g_1 \oplus \cdots \oplus g_s$ 是半单纯的理想子代数,则 $M^* = M_1 \cdots M_s$ 为连通半单纯不变子群. 定理 9 得证.

§4 紧致连通李群的极大子环群

设 M 是一个 m 维 $(m \geqslant 2)$ 紧致连通李群, M 内一个连通 Abel 闭子群是紧致的, 利用第三章定理 10, 必微分同构于一个 r 维环面 $(1 \leqslant r \leqslant m)$. 由于 M 内任一个单参数子群都是 M 内一维连通 Abel 子群, 这个单参数子群的闭包就是 M 内一个连通 Abel 闭子群, 因此, 利用第三章定理 23 可以知道, 这个闭子群是 M 的一个拓扑李子群. 由于微分同构的两个李群不加以区别, 因而任一个 m 维 $(m \geqslant 2)$ 紧致连通李群 M 内必至少有一个 r 维环面 T $(1 \leqslant r \leqslant m)$. T 称为 M 内子环群.

定义 4.1 设 M 是一个 m 维紧致连通李群, M 内一个 r 维环面 T 称为 M 内一个极大子环群, 如果 M 内不存在包含这个 T 的另一 s 维 $(r < s)$ 子环群 T^*.

定义 4.2 设 T 是 m 维 $(m \geqslant 2)$ 紧致连通李群 M 内一个 r 维极大子环群, M 内 T 的正规化子

$$N(T) = \{g \in M \mid gTg^{-1} = T\}.$$

明显地, $N(T)$ 是 M 内的一个子群. 由于 T 是一个 Abel 群, 则 $T \subset N(T)$; 又由于 T 是 M 内闭子群, 则 $N(T)$ 也是 M 内一个闭子群. 由 $N(T)$ 的定义知道, T 是 $N(T)$ 内一个闭正规子群 (即闭不变子群). 因而有商群 $W = N(T)/T$. W 称为紧致连通李群 M 内伴随于这个极大子环群 T 的 Weyl 群.

定理 10 设 M 是一个 m 维 $(m \geqslant 2)$ 紧致连通李群, T 是 M 内一个 r 维极大子环群, 则 T 的正规化子 $N(T)$ 的单位元连通分支 $(N(T))_e$ 就是 T.

证明 先定义一个映射 $F: N(T) \times T \to T$, $F(g, \beta) = g\beta g^{-1}$, 这里 $g \in N(T)$, $\beta \in T$. 从 $N(T)$ 的定义知道上述映射的像的确在 T 内, 这个映射 F 是一个光滑映射. 令 $\varphi(g)(\beta) = F(g, \beta)$, 映射 $\varphi(g)$ 是 T 到 T 上的一个微分同构映射.

$\forall X \in \Lambda(T)$ (T 的李代数) $\subset \Lambda(M)$, 用 exp 表示 $\Lambda(M)$ 到 M 内的指数映射.

$\varphi(g)(\exp tX) = g(\exp tX)g^{-1}$ $(\forall t \in \mathbf{R}, \forall g \in N(T))$ 依然是 T 内一个单参数子群, 当然也是 M 内一个单参数子群. 利用第三章 §10, 有

$$\varphi(g)(\exp tX) = \exp t \operatorname{Ad}(g)X. \tag{4.1}$$

对于固定的 r 个不全为零的实数 $\lambda_1, \lambda_2, \cdots, \lambda_r$, 令

$$F(t) = (e^{2\pi i\lambda_1 t}, e^{2\pi i\lambda_2 t}, \cdots, e^{2\pi i\lambda_r t}), \ \forall t \in \mathbf{R}. \tag{4.2}$$

明显地, $F(\mathbf{R})$ 是 T 内一个单参数子群. 取 T 的含单位元 $e = (1, 1, \cdots, 1)$ (r 个 1)的一个坐标图 (U, ψ), $(x_1, x_2, \cdots, x_r)$ 是局部坐标, 设上述 $F(t) \subset U$, 这里 $-\varepsilon < t < \varepsilon$, ε 是一个正常数, 以及可设上述 U 内 $F(t)$ 的局部坐标是 $(\lambda_1 t, \lambda_2 t, \cdots, \lambda_r t)$, 那么在 $t = 0$ 处的这单参数子群的切向量

$$X_e = \sum_{j=1}^{r} \lambda_j \frac{\partial}{\partial x_j}(e).$$

由于 T 内任一单参数子群由 X_e 唯一确定(见第三章 §4), 则 T 内所有单参数子群都是上述 $F(t)$ 形式(通过适当选取 r 个不全为零的实数 $\lambda_1, \lambda_2, \cdots, \lambda_r$), 用 $X_1, X_2, \cdots, X_r$ 表示上述坐标图内 $\Lambda(T)$ 的一组(局部)基, 因而有

$$\exp t \sum_{j=1}^{r} \lambda_j X_j = F(t) = (e^{2\pi i\lambda_1 t}, e^{2\pi i\lambda_2 t}, \cdots, e^{2\pi i\lambda_r t}). \tag{4.3}$$

这里 $X_{je} = \dfrac{\partial}{\partial x_j}(e)$. 由于上式左、右两端关于变元 t 都具同态性质, 从而公式 (4.3)对于 $\forall t \in \mathbf{R}$ 成立.

在公式(4.1)中, 记 $\operatorname{Ad}(g)X = \sum_{j=1}^{r} \lambda_j X_j$. 当 $\exp \operatorname{Ad}(g)X = e$ 时, 在公式 (4.3)中令 $t = 1$, 可以看到此时 $\lambda_1, \lambda_2, \cdots, \lambda_r$ 都是整数. 反之, 当 $\lambda_1, \lambda_2, \cdots, \lambda_r$ 都是整数时, 由公式(4.3), 有 $\exp \sum_{j=1}^{r} \lambda_j X_j = e$. 于是在固定 $\Lambda(T)$ 的某组基时, $\exp^{-1}(e)$ 等同于 $\mathbf{Z}^r$. 由于 $\operatorname{Ad}(g)$ 是 $\Lambda(T)$ 到 $\Lambda(T)$ 上的可逆线性变换, $\forall X \in \exp^{-1}(e)$, $X = \sum_{j=1}^{r} \lambda_j X_j$, 这里 $\lambda_1, \lambda_2, \cdots, \lambda_r$ 都是整数, 利用公式(4.1), 有

$$\exp \operatorname{Ad}(g)X = \varphi(g)(\exp X) = \varphi(g)(e) = e, \tag{4.4}$$

即 $\operatorname{Ad}(g)X \in \exp^{-1}(e)$. 于是 $\forall g \in N(T)$, $\operatorname{Ad}(g)$ 映 $\exp^{-1}(e)$ 到 $\exp^{-1}(e)$ 上, 换句话讲, $\operatorname{Ad}(g)$ 映 $\mathbf{Z}^r$ 到 $\mathbf{Z}^r$ 上. 于是可以认为 $\operatorname{Ad}(g) \in GL(r, \mathbf{Z})$, 这里 $GL(r, \mathbf{Z})$ 是 $r \times r$ 整数可逆矩阵全体生成的乘法群. 由于 $(N(T))_e$ 是含单位元 e 的连通分支, 则 $\operatorname{Ad}((N(T))_e)$ 是 $GL(r, \mathbf{Z})$ 内紧致连通子集. 由于 $GL(r, \mathbf{Z})$

拓扑离散,则 $\mathrm{Ad}((N(T))_e)$ 仅是 $GL(r, \mathbf{Z})$ 内一个元素. 由于 $\varphi(e)$ 是恒等映射, $\mathrm{Ad}(e)$ 是 $\Lambda(T)$ 上一个恒等映射,和 $e \in (N(T))_e$,则 $\mathrm{Ad}((N(T))_e)$ 是 $r \times r$ 单位矩阵,这里 $GL(r, \mathbf{Z})$ 等同于 $\mathbf{Z}^r$ 到 $\mathbf{Z}^r$ 上可逆线性映射全体组成的集合,从而有

$$\forall g \in (N(T))_e, \; \forall X \in \Lambda(T),$$
$$\varphi(g)(\exp X) = \exp \mathrm{Ad}(g) X = \exp X, \qquad (4.5)$$
$$g \exp X = \exp X g. \qquad (4.6)$$

因而 $(N(T))_e$ 内任一元素必与 T 内任一元素乘积可交换.

对定理 10 的结论用反证法. 如果 $(N(T))_e \neq T$,由于 $T \subset (N(T))_e$,紧致连通李群 $(N(T))_e$ 内有一个单参数子群 $\exp tX$,这里 $X \in \Lambda(N(T))$,但 X 不在 $\Lambda(T)$ 内,和 $t \in \mathbf{R}$. 由于 $\forall g^* \in T$,利用公式 (4.6),应有

$$(\exp tX) g^* = g^* \exp tX, \qquad (4.7)$$

则集合 $\{(\exp tX) g^* \mid \forall g^* \in T, \; \forall t \in \mathbf{R}\}$ 内任两个元素乘积可交换. 由这个集合可生成 M 内包含 T 的连通 Abel 闭子群(先生成群,可取闭包),这与 T 是极大子环群矛盾. 因此,有 $(N(T))_e = T$.

由于 $N(T)$ 是紧致的,$(N(T))_e$ 是 $N(T)$ 内一个既开又闭的子群,利用第二章定理 3 知道,$(N(T))_e$ 的旁集仅为有限个,从而相应的 Weyl 群 $W = N(T)/(N(T))_e$ 是由有限个元素组成的群.

由于全体有理数集合是一个可列集,记为 $\mathbf{Q}$,很容易明白,对于两个非零实数 k_1, k_2,集合 $k_1\mathbf{Q}$ 与 $k_2\mathbf{Q}$ 或者重合,或者只有一个公共元素 0. 由于全体实数组成的集合 $\mathbf{R}$ 是一个不可列集,因而对于任一个固定的正整数 r,一定存在 r 个无理数 $k_1, k_2, \cdots, k_r$,使得 $1, k_1, k_2, \cdots, k_r$ 这 $r+1$ 个实数关于有理数是线性独立的. 换句话讲,如果存在 $r+1$ 个有理数 $t_1, t_2, \cdots, t_{r+1}$,使得

$$\sum_{j=1}^{r} t_j k_j + t_{r+1} = 0, \qquad (4.8)$$

则这 $r+1$ 个有理数 $t_1, t_2, \cdots, t_{r+1}$ 全部是零.

在 r 维环面 T 内取一元素 $\beta = (\mathrm{e}^{2\pi i k_1}, \mathrm{e}^{2\pi i k_2}, \cdots, \mathrm{e}^{2\pi i k_r})$. 群 $H = \{\beta^n \mid \forall n \in \mathbf{Z}\}$ 称为由元素 β 生成的 T 的子群.

定理 11(Kronecker) r 维环面 T 内由元素 $\beta = (\mathrm{e}^{2\pi i k_1}, \mathrm{e}^{2\pi i k_2}, \cdots, \mathrm{e}^{2\pi i k_r})$ 生成的子群 H 的闭包 $\overline{H}$ 就是 T. 这里 $r+1$ 个实数 $1, k_1, k_2, \cdots, k_r$ 关于有理数是线性独立的.

证明 采用定理 10 一样的坐标图及表示. 先考虑 T 到 $S^1(1)$ 上一个连续同态 f, f 是一个光滑映射(见第三章定理 9), f 诱导出李代数 $\Lambda(T)$ 到 $\Lambda(S^1(1))$ 上一个同态映射 $\mathrm{d}f$(见第三章定理 24), 对于任意 r 个不全为零的实数 $\lambda_1, \lambda_2, \cdots, \lambda_r$, 有

$$f\left(\exp\sum_{j=1}^r \lambda_j X_j\right) = \exp\sum_{j=1}^r \lambda_j \mathrm{d}f(X_j). \tag{4.9}$$

上式右端 $\mathrm{d}f(X_j) \in \Lambda(S^1(1))$. 由于 $\Lambda(S^1(1))$ 仅一维, 那么, 有

$$\mathrm{d}f(X_j) = a_j E, \ 1 \leqslant j \leqslant r, \tag{4.10}$$

这里 E 是 $\Lambda(S^1(1))$ 内一个(局部)基. 和公式(4.3)对于 $r=1$ 仍然成立. 有

$$\exp\sum_{j=1}^r \lambda_j \mathrm{d}f(X_j) = \mathrm{e}^{2\pi\mathrm{i}\sum_{j=1}^r a_j\lambda_j}. \tag{4.11}$$

由公式(4.3)知道, 对于任意 r 个整数 $m_1, m_2, \cdots, m_r$, 有

$$\exp\left(\sum_{j=1}^r (\lambda_j + m_j)X_j\right) = \exp\sum_{j=1}^r \lambda_j X_j. \tag{4.12}$$

在(4.12)式两端作用映射 f, 并且利用(4.11)式, 有

$$\mathrm{e}^{2\pi\mathrm{i}\sum_{j=1}^r \lambda_j a_j} = \mathrm{e}^{2\pi\mathrm{i}\sum_{j=1}^r (\lambda_j + m_j)a_j}. \tag{4.13}$$

于是, 有 $\sum_{j=1}^r m_j a_j \in \mathbf{Z}$. 由于整数 $m_1, m_2, \cdots, m_r$ 可以任意选取, 则 $a_1, a_2, \cdots, a_r$ 全是整数.

从上述证明, 得到下述结论:

对于 r 维环面 T 到 $S^1(1)$ 上一个连续同态 f, 一定有

$$f(\mathrm{e}^{2\pi\mathrm{i}\lambda_1}, \mathrm{e}^{2\pi\mathrm{i}\lambda_2}, \cdots, \mathrm{e}^{2\pi\mathrm{i}\lambda_r}) = \mathrm{e}^{2\pi\mathrm{i}\sum_{j=1}^r a_j\lambda_j}, \tag{4.14}$$

这里 $a_1, a_2, \cdots, a_r$ 是与映射 f 有关的 r 个整数. $\lambda_1, \lambda_2, \cdots, \lambda_r$ 是任意 r 个实数.

现在可以证明定理 11 了. 用反证法, 假定子群 H 的闭包 $\overline{H}$ 是 T 内一个真子群, 则商群 $T/\overline{H}$ 非平凡, 且是一个紧致连通 Abel 李群(见第三章定理 25), 它微分同构于一个 k 维环面 T^*, $1 \leqslant k \leqslant r$. 因此, 有一个非平凡的连续同态 f^*: $T^* \to S^1(1)$. 记自然同态 π: $T \to T/\overline{H}$. 和 $f^*\pi$ 是 T 到 $S^1(1)$ 上的一个连续同

态,它映子群 H 内任一元素为 $S^1(1)$ 内单位元 1. 利用公式(4.14),有

$$f^*\pi(\beta) = f^*\pi(e^{2\pi i k_1}, e^{2\pi i k_2}, \cdots, e^{2\pi i k_r})$$
$$= e^{2\pi i \sum_{j=1}^{r} a_j k_j}. \tag{4.15}$$

上式右端 $a_1, a_2, \cdots, a_r$ 是与 $f^*\pi$ 有关的 r 个不全为零的整数. 那么,$\sum_{j=1}^{r} a_j k_j$ 应当是一个整数,这与 $1, k_1, k_2, \cdots, k_r$ 是有理数线性独立这一条件矛盾.

从定理 11 知道,元素 β 生成的 T 内子群 H 的闭包就是 T,称这个元素 β 为 T 的一个生成元,显然 T 内生成元有很多个.

定理 12　设 M 是一个 m 维 $(m \geqslant 2)$ 紧致连通李群,则指数映射 exp: $\Lambda(M) \longrightarrow M$ 是一个满映射.

证明　先考虑 M 内 r 维极大子环群 T. 由于 T 是一个连通 Abel 李群,设 (U, φ) 是 T 内含单位元的第一类规范坐标图,U 内任一元素都可以写成 $\exp X$,这里 $X \in \Lambda(T)$. T 由 U 内元素生成,即 T 内任一元素一定可以写成 $\exp X_1 \exp X_2 \cdots \exp X_s$,这里 $X_j \in \Lambda(T), 1 \leqslant j \leqslant s$. 由于 $\Lambda(T)$ 的结构常数全为零,则 $[X_j, X_k] = 0, 1 \leqslant j, k \leqslant s$. 从而可以知道

$$\exp X_1 \exp X_2 \cdots \exp X_s = \exp(X_1 + X_2 + \cdots + X_s), \tag{4.16}$$

即对于 M 内极大子环群 T,指数映射 exp: $\Lambda(T) \rightarrow T$ 是一个满映射.

对于非 Abel 的紧致连通李群 M,先证明下述属于 Hopf 的一个定理.

定理 13(Hopf)　设 M 是一个 m 维 $(m \geqslant 2)$ 紧致连通李群,k 是某个正整数,对于 M 内任意一点 y,必有 M 内相应一点 x,满足 $x^k = y$.

证明　$\forall x \in M$,定义一个映射 $f_k: M \rightarrow M, f_k(x) = x^k$. 显然 f_k 是一个光滑映射. 由于 M 紧致,则 $f_k(M)$ 是 M 内一个紧致集,当然也是 M 内一个闭集.

取 M 的李代数 $\Lambda(M)$ 内含 0 的开凸集 W,使得指数映射 exp 是 W 到 M 内开核 U 上的一个微分同胚. $\forall x \in \exp W$,存在唯一的 $X \in W$,满足 $x = \exp X$. 在 $\exp \dfrac{1}{k} W$ 内有唯一的元素 $y = \exp \dfrac{1}{k} X$,满足 $y^k = x$. 换句话讲,在 M 的含单位元 e 的一个开核 $\exp \dfrac{1}{k} W$ 内,上述映射 f_k 的逆映射 f_k^{-1} 存在,且 $f_k^{-1}(\exp X) = \exp \dfrac{1}{k} X$. 显然 f_k^{-1} 在开核 $\exp W$ 上也是光滑的. 对 k 用归纳法. 由于 $f_1(x) = x, f_1$ 显然是一个开映射. 当 U 是 M 内一个集合时,记集合 $f_k(U) =$

$\{y^k \mid \forall y \in U\}$ (这里 k 是任意固定正整数). 对于 M 内(任意)固定元素 x, 显然存在 $\Lambda(M)$ 内含 0 的开凸集 $V \subset \frac{1}{k}W$, 满足 $f_{k-1}(x\exp V) \subset x^{k-1}\exp W$, $f_k(x\exp V) \subset x^k \exp W$, 以及 $x^{-1}\exp Vx \subset \exp W$. 于是, $\forall v \in \exp V$, 存在 $\exp W$ 内对应的元素 u 及 w, 满足 $x^k w = f_k(xv) = (xv)^k = (xv)^{k-1}(xv) = (x^{k-1}u)(xv)$. 记 $f(u) = x^{-1}ux$, 有 $w = f(u)v$. 设对某个固定正整数 $k \geqslant 2$, f_{k-1} 是一个开映射, 而且 f_{k-1} 限制在 $x\exp V$ 上是微分同胚映射. 显然 $x^{k-1}u$ 与 u, xv 与 v, $x^k w$ 与 w 分别可以取相同的局部坐标. 而 $f(u)$ 是 u 的一个微分同胚对应. 利用归纳法假设, v 与 u 也是一个微分同胚对应. 因此, 在 $\exp W$ 内, v^2 的局部坐标可作为 w 的局部坐标. 利用 $f_2(\exp V)$ 是一个开集, 则 w 的像集是一个开集. 显然, f_k 限制在 $x\exp V$ 上也是微分同胚映射. 从而 $f_k(x\exp V)$ 是 M 内含 x^k 的一个开集. f_k 是一个开映射. 因此 $f_k(M)$ 是 M 内一个开集. 又 $f_k(M)$ 是 M 内一个闭集, 则 $f_k(M)$ 是 M 内既开又闭的非空子集, M 连通, 则 $f_k(M) = M$. 映射 f_k 是一个满映射.

现在可以证明定理 12 了. 设 (U, φ) 是李群 M 内含单位元 e 的第一类规范坐标图, 且 $\forall x \in U$, 存在 $\Lambda(M)$ 内含 0 的开凸集 W 内 X, 满足 $\exp X = x$. 由于 W 是 $\Lambda(M)$ 内含 0 的一个凸集, 则 $\forall t \in [0, 1]$, $tX \in W$, 于是 $\exp tX \subset U$. 由于

$$f_k(\exp tX) = \exp tkX, \tag{4.17}$$

这里 tk 取值是整个闭区间 $[0, k]$, 以及 $[0, 1] \subset [0, k]$, 则 $x \in f_k(U)$, 即 $U \subset f_k(U)$.

$\forall x \in M$, 考虑可列点集 $\{x^n \mid \forall n \in \mathbf{Z}_+\}$, 这里 $\mathbf{Z}_+$ 是全体正整数组成的集合. 因为 M 是紧致的, 有正整数的子序列 $m_1 < m_2 < \cdots < m_j < \cdots$, 使得 $\lim\limits_{j\to\infty} x^{m_j} = x_0$, 这里 x_0 是 M 内一点, 且当 $j \to \infty$ 时, $x^{m_j - m_{j-1}}$ 收敛于单位元 e. 那么存在某个正整数 k, 使得 $x^k \in U$. 由于 U 是开集, 对于这个正整数 k, 存在含 x 的一个开邻域 $V(x)$, 满足 $f_k(V(x)) \subset U$, 于是 $M = \bigcup\limits_{\forall x \in M} V(x)$. 因为 M 紧致, 在全部 $V(x)$ 中能找到有限个 $V(x_1)$, $V(x_2)$, $\cdots$, $V(x_n)$, 满足 $M = \bigcup\limits_{j=1}^{n} V(x_j)$. 简记 $V(x_j)$ 为 V_j, $1 \leqslant j \leqslant n$. 对于每个 V_j, 有相应的一个正整数 k_j, 满足 $f_{k_j}(V_j) \subset U$. 令 $k^* = k_1 k_2 \cdots k_n$, 记 $\bar{k}_j = \dfrac{k^*}{k_j}$, $j = 1, 2, \cdots, n$. $\bar{k}_j$ 也是一个正整数, 明显地,

$$f_{k^*}(V_j) \subset f_{\bar{k}_j}(U), \tag{4.18}$$

这里 $j \in \{1, 2, \cdots, n\}$. 利用 $U \subset f_{k_j}(U)$, 有

$$f_{\bar{k}_j}(U) \subset f_{\bar{k}_j} f_{k_j}(U) = f_{k^*}(U). \tag{4.19}$$

利用(4.18)式和(4.19)式, 有

$$f_{k^*}(V_j) \subset f_{k^*}(U), \ 1 \leqslant j \leqslant n. \tag{4.20}$$

因为 $M = \bigcup\limits_{j=1}^{n} V_j$, 有

$$f_{k^*}(M) = \bigcup\limits_{j=1}^{n} f_{k^*}(V_j) \subset f_{k^*}(U). \tag{4.21}$$

利用定理 13, 有 $f_{k^*}(M) = M$. 再由公式(4.21), 有

$$f_{k^*}(U) = M. \tag{4.22}$$

这意味着 $\forall y \in M$, 存在 $x \in U$, 及一个固定的正整数 k^*(与点 y 无关), 满足

$$x^{k^*} = y. \tag{4.23}$$

由于 $x \in U$, 存在 $X \in W \subset \Lambda(M)$, 使得 $\exp X = x$. 于是,

$$y = \exp k^* X. \tag{4.24}$$

这表明指数映射 $\exp$ 是 $\Lambda(M)$ 到 M 的一个满映射.

有了定理 12, 可以证明下述定理.

定理 14 设 M 是 m 维 $(m \geqslant 2)$ 紧致连通李群, T 是 M 内一个 r 维极大子环群, 则对于 M 内任一元素 x, 一定有 T 内一个元素 β^* 及 M 内一元素 g, 满足 $g\beta^* g^{-1} = x$.

证明 设 β 是 T 的生成元. $\forall x \in M$, 利用定理 12, 存在 $H_0 \in \Lambda(T)$, $X \in \Lambda(M)$, 满足

$$\exp H_0 = \beta, \ \exp X = x. \tag{4.25}$$

利用第三章定理 32 知道, 在 $\Lambda(M)$ 上可以定义一个 Euclid 内积. 且满足 $\forall y \in M$, 有

$$\langle \mathrm{Ad}(y)X, \ \mathrm{Ad}(y)Y \rangle = \langle X, \ Y \rangle, \tag{4.26}$$

这里 $X, Y \in \Lambda(M)$.

$\forall y \in M$, 令

$$f(y) = \langle X, \ \mathrm{Ad}(y)H_0 \rangle, \tag{4.27}$$

$f(y)$是M上一个光滑函数(利用第三章§10知道$\text{Ad}(y)$关于y是光滑的). 由于M是紧致的,因此必有M内一点g,使得$\langle X, \text{Ad}(g)H_0\rangle$取到函数$f(y)$的最大值. 记

$$H = \text{Ad}(g)H_0, \tag{4.28}$$

那么,

$$\exp H = \exp \text{Ad}(g)H_0 = g(\exp H_0)g^{-1} = g\beta g^{-1}. \tag{4.29}$$

由于β是T的一个生成元,则$g\beta g^{-1}$是M的子群gTg^{-1}的一个生成元,即$\exp H$是gTg^{-1}的一个生成元.

$\forall Y \in \Lambda(M)$,定义函数

$$F(t) = \langle X, \text{Ad}(\exp tY)H\rangle, \ \forall t \in \mathbf{R}, \tag{4.30}$$

$F(0) = \langle X, H\rangle$是函数$f(y)$的最大值. 当然也是光滑函数$F(t)$的最大值(利用$F(\mathbf{R}) \subset$集合$\{f(y) \mid \forall y \in M\}$). 那么应当有

$$\left.\frac{\mathrm{d}F(t)}{\mathrm{d}t}\right|_{t=0} = 0. \tag{4.31}$$

从公式(4.30)和公式(4.31),有

$$\left.\frac{\mathrm{d}}{\mathrm{d}t}\langle X, \text{Ad}(\exp tY)H\rangle\right|_{t=0} = 0. \tag{4.32}$$

利用第三章§10公式(10.6)和定理8,有

$$\begin{aligned}
\left.\frac{\mathrm{d}}{\mathrm{d}t}\langle X, \text{Ad}(\exp tY)H\rangle\right|_{t=0} &= \left.\frac{\mathrm{d}}{\mathrm{d}t}\langle X, (\exp t\,\text{ad}Y)H\rangle\right|_{t=0} \\
&= \left.\frac{\mathrm{d}}{\mathrm{d}t}\langle X, e^{t\,\text{ad}Y}H\rangle\right|_{t=0} = \langle X, \text{ad}Y(H)\rangle \\
&= \langle X, [Y, H]\rangle = -\langle X, [H, Y]\rangle \\
&= -\langle X, \text{ad}H(Y)\rangle \\
&= \langle \text{ad}H(X), Y\rangle = \langle [H, X], Y\rangle.
\end{aligned} \tag{4.33}$$

因为上述内积是$\Lambda(M)$上的 Euclid 内积,则

$$[H, X] = 0. \tag{4.34}$$

利用第三章§10公式(10.8)可以知道

$$\exp tX \exp H = \exp H \exp tX, \quad \forall t \in \mathbf{R}. \tag{4.35}$$

由于 $\exp H$ 是 gTg^{-1} 的一个生成元,而 gTg^{-1} 是 M 内一个 Abel 子群(很容易直接证明),则这 Abel 子群微分同构于 T. 记 $T^* = gTg^{-1}$. 当然 T^* 也是 M 内一个极大子环群(利用 $T = g^{-1}T^* g$,如果 T^* 不是一个极大子环群,则 T 也不会是一个极大子环群). 于是,单参数子群 $\exp tX$ 与 T^* 内任一元素乘积可交换. $\exp tX$ 在 T^* 的正规化子 $N(T^*)$ 内,利用定理 10,有 $\exp tX \subset T^*$. 特别令 $t = 1$,有 $x \in gTg^{-1}$,即存在 $\beta^* \in T$,满足 $g\beta^* g^{-1} = x$.

有了上述这些深入的铺垫,可以证明紧致连通李群的极大子环群的著名的 Cartan 定理了.

设 T,T^* 是紧致连通李群 M 内两个极大子环群,如果存在 M 内一个元素 g,满足 $T^* = gTg^{-1}$,则称 T 与 T^* 是共轭的.

定理 15(Cartan) 设 M 是一个 m 维 $(m \geq 2)$ 紧致连通李群,M 内任何两个极大子环群都是共轭的. 设 T 是 M 内某一个极大子环群,对于 M 内任一元素 x,x 必属于 T 的某一共轭类 gTg^{-1},这里 g 是 M 内与 x 有关的一个元素.

证明 设 T,T^* 是 M 内两个极大子环群,设 β^* 是 T^* 的一个生成元(定理 11). 利用定理 14,有一个元素 $g \in M$,使得 $\beta^* \in gTg^{-1}$. 由于 gTg^{-1} 是 M 内一个闭的 Abel 子群,则 $T^* \subset gTg^{-1}$. 又由于 T^* 是 M 内极大子环群,则 $T^* = gTg^{-1}$. 所以 T 与 T^* 共轭.

本定理的第二个结论就是定理 14.

本节的内容很重要,有广泛的应用.

§5 半单纯李代数的根系

在本节中,g 是一个 m 维 $(m \geq 2)$ 复李代数. $\forall H \in g (H \neq 0)$,设 $\lambda_0 = 0$,$\lambda_1, \cdots, \lambda_s$ 是 $\mathrm{ad}H$ 的不同的全部特征值,由线性代数 Jordan 标准型知识知道:记

$$g(H, \lambda) = \{X \in g \mid (\mathrm{ad}H - \lambda I)^k X = 0, \text{对某个 } k \in \mathbf{Z}_+\}, \tag{5.1}$$

这里 I 表示 g 上的恒等变换. $g(H, \lambda_i)$ 是 g 的一个非零线性子空间,且利用线性代数知识,可以知道

$$g = g(H, 0) \oplus g(H, \lambda_1) \oplus \cdots \oplus g(H, \lambda_s). \tag{5.2}$$

由于 $\mathrm{ad}H(H) = [H, H] = 0$,则 $g(H, 0)$ 至少是一维的,即 $\dim g(H, 0) \geq 1$.

对于其他的非特征值 $\lambda \in \mathbf{C}$, $g(H, \lambda) = 0$.

定义 4.3 复李代数 g 内元素 H_0 称为 g 的正则元素,如果 $\dim g(H_0, 0) = \min\limits_{X \in g}(\dim g(X, 0))$.

显然,对于任意复李代数 g,正则元素始终存在.

$\forall X \in g(H, \lambda_i)$, $\forall Y \in g(H, \lambda_j)$,那么,存在 $k_1, k_2 \in \mathbf{Z}_+$,使得

$$(\mathrm{ad}H - \lambda_i I)^{k_1} X = 0, \quad (\mathrm{ad}H - \lambda_j I)^{k_2} Y = 0.$$

显然,利用 Jacobi 恒等式,可以得到

$$(\mathrm{ad}H - (\lambda_i + \lambda_j)I)[X, Y] = [(\mathrm{ad}H - \lambda_i I)X, Y] + [X, (\mathrm{ad}H - \lambda_j I)Y]. \tag{5.3}$$

由数学归纳法很容易证明:对于任意正整数 n,

$$(\mathrm{ad}H - (\lambda_i + \lambda_j)I)^n[X, Y] = \sum_{k=0}^{n} C_n^k [(\mathrm{ad}H - \lambda_i I)^k X, (\mathrm{ad}H - \lambda_j I)^{n-k} Y]. \tag{5.4}$$

取 $n = 2(k_1 + k_2)$,则 $\max(k, n-k) > \max(k_1, k_2)$,所以(5.4)式右端的每一项都是零. 因而 $[X, Y] \in g(H, \lambda_i + \lambda_j)$. 那么,我们有

$$[g(H, \lambda_i), g(H, \lambda_j)] \subset g(H, \lambda_i + \lambda_j). \tag{5.5}$$

定理 16 H_0 是复 m 维李代数 g $(m \geqslant 2)$ 内的正则元素,则 $g(H_0, 0)$ 是一个幂零李代数. 如果 g 又是半单纯的,那么,$g(H_0, 0)$ 是可交换的子代数.

证明 如果 $g(H_0, 0)$ 是 m 维,定理第一个结论当然成立. 下面对 $g(H_0, 0)$ 小于 m 维进行证明. 利用(5.5)式可以知道,$g(H_0, 0)$ 是 g 内的 k 维 $(k \geqslant 1)$ 子代数,记 $\lambda_0 = 0, \lambda_1, \cdots, \lambda_s$ 是 g 上线性变换 $\mathrm{ad}H_0$ 的全部不同的特征值,令

$$g_1 = g(H_0, \lambda_1) \oplus \cdots \oplus g(H_0, \lambda_s),$$

则 $g = g(H_0, 0) \oplus g_1$. 由(5.5)式可以知道 $\forall H \in g(H_0, 0)$, $\forall Y \in g_1$, $[H, Y] \in g_1$. 对每个 $H \in g(H_0, 0)$,用 H' 表示线性变换 $\mathrm{ad}H$ 在 g_1 上的限制,定义 $d(H) = \det H'$ (线性变换 H' 对应矩阵的行列式),如果 $\mathrm{ad}H$ 对应的矩阵是 $(a_{ij})(1 \leqslant i, j \leqslant m)$,则 H' 对应的矩阵是 $(a_{ij})(k+1 \leqslant i, j \leqslant m)$,因而 $\det H'$ 是以 $a_{ij}(k+1 \leqslant i, j \leqslant m)$ 为变量的一个多项式函数. 显然,$g(H_0, 0)$ 上的复值函数 d 是一个连续函数. 这是因为上述 a_{ij} 依赖于 H,可记为 $a_{ij}(H)$,而 $a_{ij}(H)$ 关于 H 是线性的 $(1 \leqslant i, j \leqslant m)$.

由于线性变换 $\mathrm{ad}H_0$ 在 g_1 上只有非零特征值 $\lambda_1, \cdots, \lambda_s$,则 $d(H_0) \neq$

0. 令

$$S^* = \{H \in g(H_0, 0) \mid d(H) \neq 0\}, \tag{5.6}$$

如果多项式函数 $d(H)$ 在 $g(H_0, 0)$ 内某一个非空开集上恒为零, 可以推出这个多项式函数在整个 $g(H_0, 0)$ 上一定是零函数, 利用这一事实, 立即可以得到 S^* 在 $g(H_0, 0)$ 内稠密.

$\forall H \in S^*$, 由于 $d(H) \neq 0$, 则 $\mathrm{ad}H$ 在 g_1 上的限制的所有特征值都非零, 因此, $\mathrm{ad}H$ 的由所有非零特征值对应的特征子空间的直和一定包含 g_1, 那么 $g(H, 0) \subset g(H_0, 0)$. 由于 H_0 是正则元素, 故 $g(H, 0) = g(H_0, 0)$, 因此, 限制在 $g(H_0, 0)$ 上, $\mathrm{ad}H$ 是幂零的, 这个限制记为 $(\mathrm{ad}H)_{g(H_0, 0)}$. 由于 k 表示线性空间 $g(H_0, 0)$ 的维数, 则 $\forall H \in S^*$, 可以看到 $((\mathrm{ad}H)_{g(H_0, 0)})^k = 0$, 这里, 我们利用了主对角线元素全为零的严格上三角形 $k \times k$ 矩阵的 k 次幂必为零矩阵这一事实. 因为 S^* 在 $g(H_0, 0)$ 内稠密, 那么, 可知 $g(H_0, 0)$ 内任一元素是 ad 幂零的. 由 Engel 定理可以知道, 李代数 $g(H_0, 0)$ 是幂零的.

如果 g 又是半单纯的李代数, $\forall X \in g(H_0, \lambda_i)$ $(1 \leqslant i \leqslant s)$, $\forall H \in g(H_0, 0)$, 那么, 由 (5.5) 式可以知道: $\mathrm{ad}X\,\mathrm{ad}H$ 映子空间 $g(H_0, \lambda_j)$ 到 $g(H_0, \lambda_i + \lambda_j)$ 内 $(1 \leqslant j \leqslant s)$, 于是

$$(X, H) = \mathrm{Tr}(\mathrm{ad}X\,\mathrm{ad}H) = 0. \tag{5.7}$$

因而 $\forall X \in g_1$, $(X, H) = 0$.

因为 $g(H_0, 0)$ 是幂零的, 则 $g(H_0, 0)$ 是可解的, 由定理 1 的推论可以知道: 一定存在 g 的一组基, 使得 $\mathrm{ad}H (\forall H \in g(H_0, 0))$ 在这组基下对应的矩阵全是上三角矩阵. 因而由计算可以看到: $\forall H_1, H_2, H \in g(H_0, 0)$, 有

$$\begin{aligned}
([H_1, H_2], H) &= \mathrm{Tr}(\mathrm{ad}[H_1, H_2]\mathrm{ad}H) \\
&= \mathrm{Tr}(\mathrm{ad}H_1\mathrm{ad}H_2\mathrm{ad}H) - \mathrm{Tr}(\mathrm{ad}H_2\mathrm{ad}H_1\mathrm{ad}H) \\
&= 0.
\end{aligned} \tag{5.8}$$

结合 (5.7) 式和 (5.8) 式, 可以得到: $\forall X \in g$,

$$([H_1, H_2], X) = 0. \tag{5.9}$$

由于 g 是半单纯李代数, 则 $[H_1, H_2] = 0$, 这表明 $g(H_0, 0)$ 是 g 内可交换的子代数 (结构常数全为零的子代数称为可交换的子代数).

如果 g_2 是包含 $g(H_0, 0)$ 的 g 内可交换的子代数, 则 $\forall X \in g_2$, $\mathrm{ad}H_0(X) = 0$, 利用 $g(H_0, 0)$ 的定义, 可以知道 $X \in g(H_0, 0)$, 所以必有 $g_2 = g(H_0, 0)$. 我们称 $g(H_0, 0)$ 为 g 内极大可交换子代数, 又称它为半单纯李代

数 g 的 Cartan 子代数,或极大环面子代数.

$\forall H \in g(H_0, 0)$,$\mathrm{ad}H$ 映 $g(H_0, \lambda_i)$ 到自身 $g(H_0, \lambda_i)$ 内,由于 $\{\mathrm{ad}H \mid H \in g(H_0, 0)\}$ 是 $gl(g)$ 内可交换的子代数(利用第 3 章 §10 性质 1),故一定存在 $g(H_0, \lambda_i)$ $(0 \leqslant i \leqslant s)$ 内一组基,使得 $\mathrm{ad}H$ 在 $g(H_0, \lambda_i)$ 上的限制对应于某一个上三角矩阵

$$\begin{pmatrix} \beta_1(H) & & & & * \\ & \beta_2(H) & & \\ & & \ddots & \\ & & & \beta_t(H) \end{pmatrix},$$

这里 $\beta_1(H)$,$\beta_2(H)$,$\cdots$,$\beta_t(H)$ 关于 H 是线性的,而且是 $\mathrm{ad}H$ 的全部特征值(函数),$\beta_1(H_0)$,$\beta_2(H_0)$,$\cdots$,$\beta_t(H_0)$ 都等于 λ_i. 这里我们设 $\dim g(H_0, \lambda_i) = t$.

如果 $\beta_1(H)$,$\beta_2(H)$,$\cdots$,$\beta_t(H)$ 中不相同的线性函数是 $\beta_{i_1}(H)$,$\beta_{i_2}(H)$,$\cdots$,$\beta_{i_k}(H)$,这里 $1 = i_1 < i_2 < \cdots < i_k \leqslant t$,$\beta_{i_a}$ $(1 \leqslant a \leqslant k)$ 称为在 $g(H_0, \lambda_i)$ 中的权. $\Delta_i = \{\beta_{i_1}, \beta_{i_2}, \cdots, \beta_{i_k}\}$ 是在 $g(H_0, \lambda_i)$ 中所有权的集合. 为书写简便,令 $T = g(H_0, 0)$.

定义

$$V_{\beta_{i_a}} = \{X \in g \mid (\mathrm{ad}H - \beta_{i_a}(H)I)^n X = 0, \ \forall H \in T, \text{对某个 } n \in \mathbf{Z}_+),$$

(5.10)

令 $H = H_0$,可以知道 $V_{\beta_{i_a}} \subset g(H_0, \lambda_i)$. 首先我们要注意:

$$V_0 = \{X \in g \mid (\mathrm{ad}H)^n X = 0, \ \forall H \in T, \text{对某个 } n \in \mathbf{Z}_+\}. \quad (5.11)$$

显然,$V_0 \subset g(H_0, 0)$,但是 $g(H_0, 0)$ 是可交换的李代数,那么 $g(H_0, 0) \subset V_0$,于是 $V_0 = g(H_0, 0)$.

下面考虑 $i \geqslant 1$. 第一步,我们要证明 $\dim V_{\beta_{i_a}} \geqslant 1$. 如果 $k = 1$,即所有的 $\beta_1(H)$,$\cdots$,$\beta_t(H)$ 是同一个线性函数,则 $g(H_0, \lambda_i) = V_{\beta_1}$. 因此,只需考虑 $k \geqslant 2$ 的情况.

因为 $\bigcup\limits_{a=1}^{k} \{H \in T \mid \beta_{i_a}(H) = 0\} \bigcup \bigcup\limits_{a \neq b} \{H \in T \mid \beta_{i_a}(H) = \beta_{i_b}(H)\}$ 是有限个维数小于等于 $\dim T - 1$ 的线性子空间的并集,所以,这并集在 T 内的余集非空,我们能选择某个非零的 $H_1 \in T$,使得 $\beta_{i_a}(H_1) \neq 0$,和 $\beta_{i_1}(H_1)$,$\cdots$,$\beta_{i_k}(H_1)$ 这 k 个复数之间无两个相同.

对于 $g(H_0, \lambda_i)$ 内的线性变换 $\mathrm{ad}H_1$,$\beta_{i_a}(H_1)$ 是特征值,因此,有特征子空

间 $W_{i_a} = \{X \in g(H_0, \lambda_i) \mid (\mathrm{ad}H_1 - \beta_{i_a}(H_1)I)^n X = 0,$ 对某个 $n \in \mathbf{Z}_+\}$. 然而 $g(H_0, 0)$ 是可交换的,则 W_{i_a} 在 $\mathrm{ad}H$ ($\forall H \in T$) 的作用下不变,由李定理,必存在特征向量 $e \in W_{i_a}$, $\forall H \in g(H_0, 0)$,有 $\mathrm{ad}He = \alpha(H)e$. $\alpha(H)$ 既然是 $g(H_0, \lambda_i)$ 的特征值函数,则必是 $\beta_{i_1}(H)$, $\cdots$, $\beta_{i_k}(H)$ 中的某一个,由于 $\alpha(H_1) = \beta_{i_a}(H_1)$,则只能是 $\alpha(H) = \beta_{i_a}(H)$,这表明 $e \in V_{\beta_{i_a}}$, $V_{\beta_{i_a}}$ 称为权子空间.

有了上面的叙述,对 $g(H_0, \lambda_i)$ 的维数进行归纳,容易证明:

$$g(H_0, \lambda_i) = V_{\beta_{i_1}} \oplus V_{\beta_{i_2}} \oplus \cdots \oplus V_{\beta_{i_k}},$$

这留给读者证明. 令 $\Delta = \Delta_1 \bigcup \Delta_2 \bigcup \cdots \bigcup \Delta_s$, Δ_1, Δ_2, $\cdots$, Δ_s 之中无两个相同的权,则

$$g = V_0 \oplus \sum_{\beta \in \Delta} V_\beta. \tag{5.12}$$

这里每个权子空间的和都是直和.

另外,完全类似于(5.5)式的证明,有

$$[V_{\beta_j}, V_{\beta_l}] \subset V_{\beta_j + \beta_l}, \tag{5.13}$$

这里 β_j, $\beta_l \in \Delta$,当 β_j 是零函数时, (5.13)式也成立. 当 $\beta_j + \beta_l$ 不是权时,

$$V_{\beta_j + \beta_l} = 0.$$

$\forall H_1$, $H_2 \in T$,

$$(H_1, H_2) = \mathrm{Tr}(\mathrm{ad}H_1 \mathrm{ad}H_2) = \sum_{\beta \in \Delta} \beta(H_1)\beta(H_2)\dim V_\beta. \tag{5.14}$$

我们知道 $\forall H \in g(H_0, 0)$,可以选择 g 的一组基,使得 $\mathrm{ad}H$ 对应的矩阵全是上三角矩阵. 而每个上三角矩阵可以分解为一个对角矩阵和一个严格上三角矩阵之和,因此,对应地, $\mathrm{ad}H$ 也有分解(分解为两个线性变换):

$$\mathrm{ad}H = S + N, \tag{5.15}$$

这里 S 的对应矩阵是对角矩阵, N 对应于严格上三角矩阵.

由于 S 对应于对角矩阵,因此, $\forall X \in V_{\beta_j}$, $SX = \beta_j(H)X$, $\forall Y \in V_{\beta_l}$,又 $[X, Y] \in V_{\beta_j + \beta_l}$,所以

$$\begin{aligned}
S[X, Y] &= (\beta_j + \beta_l)(H)[X, Y] \\
&= \beta_j(H)[X, Y] + \beta_l(H)[X, Y] \\
&= [SX, Y] + [X, SY].
\end{aligned} \tag{5.16}$$

(如果 $[X, Y]=0$, 则(5.16)式仍然成立.)利用换位运算的双线性性质和(5.12)式,可以知道: $\forall X, Y \in g$, 有

$$S[X, Y]=[SX, Y]+[X, SY]. \tag{5.17}$$

对李代数 g 上的线性变换 A, 如果满足:

$$A[X, Y]=[AX, Y]+[X, AY], \tag{5.18}$$

则称 A 为 g 的一个导子, g 上导子的全体是 $gl(g)$ 内的一个线性子空间, 记为 $\partial(g)$.

$\forall A, B \in \partial(g)$, 有

$$
\begin{aligned}
[A, B][X, Y]&=(AB-BA)[X, Y]\\
&=A([BX, Y]+[X, BY])-B([AX, Y]+[X, AY])\\
&=[ABX, Y]+[BX, AY]+[AX, BY]+[X, ABY]\\
&\quad-[BAX, Y]-[AX, BY]-[BX, AY]-[X, BAY]\\
&=[[A, B]X, Y]+[X, [A, B]Y]. \tag{5.19}
\end{aligned}
$$

由(5.19)式可以知道 $[A, B] \in \partial(g)$, $\partial(g)$ 是 $gl(g)$ 内的一个子代数.

由 Jacobi 恒等式可以看到: $adg \subset \partial(g)$, 这里 $adg=\{adX \mid X \in g\}$.

$\forall A \in \partial(g)$, $\forall X, Y \in g$,

$$
\begin{aligned}
[A, adX]Y&=(A\,adX-adXA)Y\\
&=A[X, Y]-adX(AY)\\
&=[AX, Y]+[X, AY]-[X, AY]\\
&=[AX, Y]\\
&=ad(AX)Y, \tag{5.20}
\end{aligned}
$$

于是, 我们有

$$[A, adX]=ad(AX). \tag{5.21}$$

这表明 adg 是 $\partial(g)$ 内的一个理想子代数.

由于 g 是半单纯的, ad 是 g 到 adg 上的一个李代数同构, 因此 adg 也是一个半单纯李代数. 我们断言:

$$\partial(g)=adg. \tag{5.22}$$

首先, $P=\{A \in \partial(g) \mid (A, adX)_{\partial(g)}=0, \ \forall X \in g\}$ 是 $\partial(g)$ 的一个理想子代数, 这里 Cartan 内积在 $\partial(g)$ 上计算. 这是由于 $\forall K \in \partial(g)$, $\forall X \in g$, $[K, adX] \in adg$, $\forall A \in P$, $([A, K], adX)_{\partial(g)}=(A, [K, adX])_{\partial(g)}=0$, 导致

$[A, K] \in P$.

用 $\partial^*(g)$ 表示 $\partial(g)$ 的对偶空间,定义线性映射 $F: \partial(g) \to \partial^*(g)$, $F(X)(Y)=(X, Y)_{\partial(g)}$,这里 $Y \in \partial(g)$. $\forall Z \in g$, $\forall X \in \partial(g)$, $F(X)(\mathrm{ad}Z)$ $=(X, \mathrm{ad}Z)_{\partial(g)}$, $F(X)$ 是 $\mathrm{ad}g$ 上的线性函数,而 $\mathrm{ad}g$ 是半单纯的,则一定存在 $T_1 \in g$,使得

$$F(X)(\mathrm{ad}Z)=(\mathrm{ad}T_1, \mathrm{ad}Z)_{\mathrm{ad}g}. \tag{5.23}$$

但是 $\mathrm{ad}g$ 是 $\partial(g)$ 的理想子代数,必有

$$(\mathrm{ad}T_1, \mathrm{ad}Z)_{\mathrm{ad}g}=(\mathrm{ad}T_1, \mathrm{ad}Z)_{\partial(g)}. \tag{5.24}$$

因而 $X-\mathrm{ad}T_1 \in P$,这表示 $\dim \mathrm{ad}g + \dim P \geqslant \dim \partial(g)$. 同样,利用 $\mathrm{ad}g$ 的半单纯性,有

$P \bigcap \mathrm{ad}g =0$($\forall X \in P \bigcap \mathrm{ad}g$, $\forall Y \in g$, $(X, \mathrm{ad}Y)_{\partial(g)}=0$,则 $(X, \mathrm{ad}Y)_{\mathrm{ad}g}$ $=0$,从而推出 $X=0$). 因而 $\forall Y \in g$, $\forall D \in P$, $[D, \mathrm{ad}Y] \in P \bigcap \mathrm{ad}g$,则 $[D, \mathrm{ad}Y]=0$,那么, $\mathrm{ad}(DY)=0$(由公式(5.21)). 由于 g 是半单纯的,故 ad 是 1—1 的, $DY=0$,因而 $D=0$, $P=0$, (5.22)式成立.

现在,对于(5.15)分解式中的 S,从(5.17)式和(5.22)式可以知道,存在 $Z \in g$,使得 $S=\mathrm{ad}Z$. 下面证明 $Z \in T$.

$\forall X \in V_\beta (\beta \in \Delta)$, $\forall H_1 \in T$,

$$\mathrm{ad}H_1(S(X))=\mathrm{ad}H_1(\beta(H)X)=\beta(H)\mathrm{ad}H_1(X).$$

由于 $\mathrm{ad}H_1(X)=[H_1, X] \in V_\beta$,故 $\mathrm{ad}H_1(S(X))=S(\mathrm{ad}H_1(X))$. 那么, 由(5.12)式可以知道

$$\mathrm{ad}H_1 S=S\mathrm{ad}H_1, \ \mathrm{ad}[H_1, Z]=0, \ [H_1, Z]=0.$$

由于 $T=g(H_0, 0)$ 是 Cartan 子代数,则 $Z \in T$.

最后,我们来证明 $\mathrm{ad}H=S$,换句话讲,证明 $N=0$.

$\forall X \in V_\beta$, $\mathrm{ad}Z(X)=\beta(Z)X$,那么,对于 Δ 内的每个权 β, $\beta(H)=\beta(Z)$, $\beta(H-Z)=0$. $\forall H_1 \in T$,由(5.14)式可以知道 $(H-Z, H_1)=0$. 又由(5.12) 式和(5.13)式不难知道:当 $\beta_j + \beta_l \neq 0$ 时(β_j, $\beta_l \in \Delta$ 或为零), $\forall X \in V_{\beta_l}$, $\forall Y \in V_{\beta_j}$, $(X, Y)=0$. 那么,容易明白 $\forall X \in g$, $(H-Z, X)=0$, g 是半单纯的,则 $Z=H$,这导致 $N=0$, $\mathrm{ad}H=S$, 称 S 为半单纯的.

设 g 是一个 m 维 ($m \geqslant 3$) 复半单纯李代数,同上面一样,记 $T=g(H_0, 0)$ 是 g 的一个 Cartan 子代数. 令

$$g^\beta =\{X \in g \mid \mathrm{ad}H(X)=\beta(H)X, \ \forall H \in T\}, \tag{5.25}$$

这里 $\beta(H)$ 是 H 上的线性函数. 由于 T 是一个 Cartan 子代数, 故 $g^0 = T$. 当 $\beta(H)$ 不是 T 上的零函数时, 如果 $\dim g^\beta \geqslant 1$, 则 $\beta \in \Delta$, β 是权, 也称 β 为根.

实际上, 由于存在 g 的一组基, 使得 $\forall H \in T$, $\mathrm{ad}H$ 能同时对应对角矩阵, 故 $g^\beta = V_\beta (\forall \beta \in \Delta)$. 这里, 称 g^β 为权子空间, 也称为根子空间, 称 Δ 为 g 关于 T 的根系或权系, 简称为根系. 零函数不属于 Δ. 零函数是一个特殊的根.

下面我们介绍有关根子空间的一系列有趣的性质.

从 V_β 的性质, 我们首先有下述性质.

性质 1　$[g^\alpha, g^\beta] \subset g^{\alpha+\beta}$.

性质 2　$g = g^0 \oplus \sum_{\beta \in \Delta} g^\beta$ (直和分解). $\quad\quad$ (5.26)

上式也称为复半单纯李代数 g 的 Cartan 分解.

性质 3　如果 α, β 是 T 上任意两个满足 $\alpha + \beta \neq 0$ 条件的根, 且允许 α, β 之一为 0, 则

$$\forall X \in g^\alpha, \ \forall Y \in g^\beta, \ (X, Y) = 0.$$

性质 4　Cartan 内积限制在 $T \times T$ 上是非退化的, 并且对于 T 上任一线性函数 φ, 存在 T 内的唯一元素 H_φ, 满足 $\varphi(H) = (H_\varphi, H)$, $\forall H \in T$. 我们称 H_φ 为 φ 在 T 内的嵌入.

证明　性质 1、性质 2 和性质 3 的证明较简单, 留给读者. 对于性质 4, Cartan 内积限制在 $T \times T$ 上是非退化的这一断言, 前面已简略地证明过了, 严格的证明也留给读者作练习.

$\forall H \in T$, 由 $f(H)(H_1) = (H, H_1) (\forall H_1 \in T)$ 定义的 f 是 T 到 T 的对偶空间 T^* 上的一个线性同构, 所以, $\forall \varphi \in T^*$, 一定有唯一的 $H_\varphi \in T$, 满足 $f(H_\varphi) = \varphi$, 即 $\varphi(H) = (H_\varphi, H)$.

性质 5　如果 $\alpha \in \Delta$, 则 $-\alpha \in \Delta$. $\forall X_\alpha \in g^\alpha$, $\forall X_{-\alpha} \in g^{-\alpha}$, $[X_\alpha, X_{-\alpha}] = (X_\alpha, X_{-\alpha}) H_\alpha$, 这里 H_α 是 α 在 T 内的嵌入.

证明　当 $\alpha \in \Delta$ 时, 如果 $g^{-\alpha} = 0$, 那么 $\forall X_\alpha \in g^\alpha$, 这里 $X_\alpha \neq 0$, $\forall X \in g$, 有 $X = H + \sum_{\beta \neq -\alpha} X_\beta$, $X_\beta \in g^\beta$, $\beta \in \Delta$, 利用性质 3 可以知道: $(X_\alpha, X) = 0$, 这与 g 是半单纯李代数相矛盾. 因而 $g^{-\alpha} \neq 0$, 即 $-\alpha \in \Delta$. $\forall H \in T$, 由于

$$[X_{-\alpha}, H] = -\mathrm{ad}H(X_{-\alpha}) = \alpha(H)X_{-\alpha}, \quad\quad (5.27)$$

故有

$$([X_\alpha, X_{-\alpha}], H) = (X_\alpha, [X_{-\alpha}, H]) = (X_\alpha, \alpha(H)X_{-\alpha})$$
$$= (H_\alpha, H)(X_\alpha, X_{-\alpha}). \quad\quad (5.28)$$

所以，T 内元素 $[X_\alpha, X_{-\alpha}] - (X_\alpha, X_{-\alpha})H_\alpha$ 与 T 在 Cartan 内积意义下正交，于是

$$[X_\alpha, X_{-\alpha}] = (X_\alpha, X_{-\alpha})H_\alpha. \tag{5.29}$$

性质 6　T 上全部根在 T 内的嵌入生成 T.

证明　用反证法. 若 T 上全部根在 T 内的嵌入生成 T 的真子空间 T_1，则 T 内有非零元素 H，对于 T 上任一根 α 在 T 内的嵌入 H_α，有 $(H, H_\alpha) = 0$，则 $\forall H_1 \in T$，

$$(H, H_1) = \sum_{\alpha \in \Delta} \alpha(H)\alpha(H_1)\dim V_\alpha = \sum_{\alpha \in \Delta} (H_\alpha, H)(H_\alpha, H_1)\dim V_\alpha = 0.$$

显然这与 Cartan 内积在 $T \times T$ 上非退化相矛盾.

性质 7　$\forall \alpha \in \Delta,\ \alpha(H_\alpha) = (H_\alpha, H_\alpha) \neq 0.$ \hfill (5.30)

证明　在 g^α 内取非零元素 e_α，从性质 5 的证明必有 $g^{-\alpha}$ 内非零元素 $e_{-\alpha}$，使得 $(e_\alpha, e_{-\alpha}) = 1$.

取 $\beta \in \Delta$，令 $g_1 = \sum_{n \in N} g^{\beta + n\alpha}$，这里 N 是使得 $\beta + n\alpha$ 是一个根(包括零)的所有整数的集合. g_1 在线性变换 $\mathrm{ad}e_{-\alpha}$，$\mathrm{ad}e_\alpha$，$\mathrm{ad}H_\alpha$ 下是不变的，从 $[e_\alpha, e_{-\alpha}] = (e_\alpha, e_{-\alpha})H_\alpha = H_\alpha$ 可以知道：

$$\begin{aligned}
\mathrm{ad}H_\alpha &= \mathrm{ad}[e_\alpha, e_{-\alpha}] = [\mathrm{ad}e_\alpha, \mathrm{ad}e_{-\alpha}] \\
&= \mathrm{ad}e_\alpha \mathrm{ad}e_{-\alpha} - \mathrm{ad}e_{-\alpha} \mathrm{ad}e_\alpha,
\end{aligned}$$

因此，线性变换 $\mathrm{ad}H_\alpha$ 限制在 g_1 上的对应矩阵的追迹 $\mathrm{Tr}_{g_1}\mathrm{ad}H_\alpha = 0$. 另一方面，

$$\mathrm{Tr}_{g_1}\mathrm{ad}H_\alpha = \sum_{n \in N} (\beta + n\alpha)(H_\alpha)\dim g^{\beta + n\alpha}, \tag{5.31}$$

于是，有

$$\beta(H_\alpha)\sum_{n \in N}\dim g^{\beta + n\alpha} = -\alpha(H_\alpha)\sum_{n \in N} n \dim g^{\beta + n\alpha}, \tag{5.32}$$

对每个根 $\beta \in \Delta$.

用反证法. 若有 $\alpha \in \Delta$，使得 $\alpha(H_\alpha) = 0$，则因为 $\dim g^\beta > 0$，可得 $\forall \beta \in \Delta$，$\beta(H_\alpha) = 0$，这导致$(H_\alpha, H_\beta) = 0$，由性质 6 可知 $(H_\alpha, H) = 0$，$\forall H \in T$. 这与性质 4 相矛盾.

性质 8　$\forall \alpha \in \Delta,\ \dim g^\alpha = 1.$

证明　用反证法. 如果有 $\alpha \in \Delta$，使得 $\dim g^\alpha > 1$. 对于 $g^{-\alpha}$ 内某一个固定的非零向量 $e_{-\alpha}$，一定有 g^α 内的一个向量 e_α，使得 $(e_\alpha, e_{-\alpha}) = 1$. 另外，在 g^α 内

存在一个非零向量 e_α^*，使得 $(e_\alpha^*, e_{-\alpha})=0$. 置 $e_{-1}^*=0$，$e_n^*=(\mathrm{ad}e_\alpha)^n e_\alpha^*$ $(n=0, 1,$ $2, \cdots)$，$e_n^* \in g^{(n+1)\alpha}$，和

$$[e_{-\alpha}, e_n^*]=-\frac{1}{2}n(n+1)\alpha(H_\alpha)e_{n-1}^*. \tag{5.33}$$

对 n 用归纳法证明(5.33)式. 当 $n=0$ 时，利用(5.29)式，有

$$[e_{-\alpha}, e_0^*]=[e_{-\alpha}, e_\alpha^*]=-(e_{-\alpha}, e_\alpha^*)H_\alpha=0.$$

用数学归纳法的假设，当 $n=k$ 时，(5.33)式成立. 当 $n=k+1$ 时，

$$\begin{aligned}
[e_{-\alpha}, e_{k+1}^*]&=[e_{-\alpha}, (\mathrm{ad}e_\alpha)^{k+1}e_\alpha^*]\\
&=[e_{-\alpha}, \mathrm{ad}e_\alpha e_k^*]\\
&=[e_{-\alpha}, [e_\alpha, e_k^*]]\\
&=-[e_\alpha, [e_k^*, e_{-\alpha}]]-[e_k^*, [e_{-\alpha}, e_\alpha]]\\
&=-\frac{1}{2}k(k+1)\alpha(H_\alpha)[e_\alpha, e_{k-1}^*]+[e_k^*, H_\alpha]\\
&=-\frac{1}{2}k(k+1)\alpha(H_\alpha)e_k^*-(k+1)\alpha(H_\alpha)e_k^*\\
&=-\frac{1}{2}(k+1)(k+2)\alpha(H_\alpha)e_k^*.
\end{aligned}$$

所以(5.33)式成立.

因为 $e_0^*=e_\alpha^* \neq 0$，所以从上式知道:对于任意的自然数 n，$e_n^* \neq 0$. 这表明对于任意自然数 n，$g^{(n+1)\alpha} \neq 0$，但 g 是有限维的，这显然是不可能的.

从性质 8 立刻可以看出:$\forall H_1, H_2 \in T$，

$$(H_1, H_2)=\sum_{\alpha \in \Delta}(H_\alpha, H_1)(H_\alpha, H_2). \tag{5.34}$$

定义 4.4 β 是一个根，$\alpha \in \Delta$，如果序列 $\beta-p\alpha$，$\beta-(p-1)\alpha$，$\cdots$，$\beta-\alpha$，β，$\beta+\alpha$，$\cdots$，$\beta+q\alpha$ 是根，这里 p，q 是非负整数，但 $\beta-(p+1)\alpha$ 和 $\beta+(q+1)\alpha$ 都不是根，则称这根序列为 β 关于 α 的根链，简称为根链.

性质 9 对于 β 关于 α 的根链 $\beta-p\alpha$，$\beta-(p-1)\alpha$，$\cdots$，$\beta-\alpha$，β，$\beta+\alpha$，$\cdots$，$\beta+q\alpha$，有

$$-2\frac{(H_\beta, H_\alpha)}{(H_\alpha, H_\alpha)}=q-p.$$

证明 取 $e_\alpha \in g^\alpha$ 和 $e_{-\alpha} \in g^{-\alpha}$，使得 $(e_\alpha, e_{-\alpha})=1$. 令 $g^*=\sum_{n=-p}^{q} g^{\beta+n\alpha}$，它在

线性变换 $\mathrm{ad}e_{-\alpha}$, $\mathrm{ad}e_{\alpha}$, $\mathrm{ad}H_{\alpha}$ 下是不变的.

一方面,线性变换 $\mathrm{ad}H_{\alpha}$ 限制在 g^* 上对应矩阵的追迹为

$$\mathrm{Tr}_{g^*}(\mathrm{ad}H_{\alpha}) = \sum_{n=-p}^{q}(\beta+n\alpha)(H_{\alpha})$$

$$= (q+p+1)\left[\beta(H_{\alpha}) + \frac{1}{2}(q-p)\alpha(H_{\alpha})\right]$$

$$= (p+q+1)\left[(H_{\beta}, H_{\alpha}) + \frac{1}{2}(q-p)(H_{\alpha}, H_{\alpha})\right];$$

另一方面,由于 $H_{\alpha}=[e_{\alpha}, e_{-\alpha}]$,则

$$\mathrm{Tr}_{g^*}(\mathrm{ad}H_{\alpha}) = \mathrm{Tr}_{g^*}(\mathrm{ad}[e_{\alpha}, e_{-\alpha}])$$

$$= \mathrm{Tr}_{g^*}([\mathrm{ad}e_{\alpha}, \mathrm{ad}e_{-\alpha}])$$

$$= \mathrm{Tr}_{g^*}(\mathrm{ad}e_{\alpha}\mathrm{ad}e_{-\alpha}) - \mathrm{Tr}_{g^*}(\mathrm{ad}e_{-\alpha}\mathrm{ad}e_{\alpha}) = 0.$$

所以

$$-2\frac{(H_{\beta}, H_{\alpha})}{(H_{\alpha}, H_{\alpha})} = q-p. \tag{5.35}$$

性质 10 $\alpha \in \Delta$, $k\alpha$ 是根,当且仅当 $k=-1, 0, 1$.

证明 当 $\alpha \in \Delta$ 时,显然 $-\alpha \in \Delta$. 由于 0 也是根,因此根链 $n\alpha$ ($-p \leqslant n \leqslant q$), $p \geqslant 1$, $q \geqslant 1$. 令 $g^* = \sum_{n=-1}^{q}g^{n\alpha}$, g^* 在线性变换 $\mathrm{ad}e_{-\alpha}$(注意 $\mathrm{ad}e_{-\alpha}(e_{-\alpha})=0$), $\mathrm{ad}e_{\alpha}$, $\mathrm{ad}H_{\alpha}$ 下是不变的,类似性质 9 的计算,有

$$0 = \mathrm{Tr}_{g^*}\mathrm{ad}H_{\alpha} = \sum_{n=-1}^{q}n\alpha(H_{\alpha}). \tag{5.36}$$

因此,必有 $q=1$,利用性质 5 可以知道 $p=1$.

性质 11 如果根 α, β 满足 $\alpha+\beta \neq 0$,那么有 $[g^{\alpha}, g^{\beta}] = g^{\alpha+\beta}$.

证明 如果 $[g^{\alpha}, g^{\beta}] \neq 0$,则由 $[g^{\alpha}, g^{\beta}] \subset g^{\alpha+\beta}$ 可以知道,$g^{\alpha+\beta} \neq 0$,由于 $g^{\alpha+\beta}$ 是 g 的一维线性子空间,和 $[g^{\alpha}, g^{\beta}]$ 是 $g^{\alpha+\beta}$ 的非零线性子空间,故

$$[g^{\alpha}, g^{\beta}] = g^{\alpha+\beta}.$$

下面考虑 $[g^{\alpha}, g^{\beta}]=0$ 的情况. 如果 $g^{\alpha+\beta} \neq 0$,令 $g^* = \sum_{n=-p}^{0}g^{\beta+n\alpha}$,这里 $\beta-p\alpha$ 是根,$\beta-(p+1)\alpha$ 不是根,p 是非负整数. g^* 在线性变换 $\mathrm{ad}e_{-\alpha}$, $\mathrm{ad}H_{\alpha}$, $\mathrm{ad}e_{\alpha}$(利用 $[g^{\alpha}, g^{\beta}]=0$)下不变,于是类似前面的叙述,有

$$0 = \mathrm{Tr}_{g^*} \mathrm{ad} H_\alpha = \sum_{n=-p}^{0} (\beta + n\alpha)(H_\alpha)$$
$$= (p+1)\beta(H_\alpha) - \frac{1}{2} p(p+1)\alpha(H_\alpha). \tag{5.37}$$

从而有

$$p = \frac{2\beta(H_\alpha)}{\alpha(H_\alpha)} = \frac{2(H_\beta, H_\alpha)}{(H_\alpha, H_\alpha)}. \tag{5.38}$$

比较(5.35)式可以知道 $q = 0$，但是这与 $\beta + \alpha$ 是根相矛盾. 因此，有性质 11.

性质 12 $\forall X_\alpha \in g^\alpha$，$\forall X_{-\alpha} \in g^{-\alpha}$，$X_\beta \in g^\beta$，这里 β，$\alpha \neq 0$，则

$$[X_{-\alpha}, [X_\alpha, X_\beta]] = \frac{1}{2}(p+1)q\alpha(H_\alpha)(X_\alpha, X_{-\alpha})X_\beta. \tag{5.39}$$

这里 p，q 的意义同性质 9.

证明 当 $\beta - p\alpha \neq 0$ 时，选择 $g^{\beta - p\alpha}$ 内的一个非零向量 e_{-p}，对于大于等于 $-p$ 的整数 n，置 $e_n = (\mathrm{ad} e_\alpha)^{n+p} e_{-p}$，显然，$e_n \in g^{\beta + n\alpha}$，和 $e_{n+1} = [e_\alpha, e_n]$. 当 $n > q$ 时，$e_n = 0$. 由于 $-p \leqslant n \leqslant q$，$e_n \neq 0$，则取 $e_\alpha \in g^\alpha$，$e_{-\alpha} \in g^{-\alpha}$，而且满足 $[e_\alpha, e_{-\alpha}] = H_\alpha$. 我们现在证明：当 $n \geqslant -p$ 时，

$$[e_{-\alpha}, [e_\alpha, e_n]] = \frac{1}{2}(q-n)(1+p+n)\alpha(H_\alpha)e_n. \tag{5.40}$$

如果上式成立，令 $n = 0$，利用 $e_0 \in g^\beta$，和 g^α，g^β 都是一维的可以知道(5.39)式成立.

为了证明(5.40)式，对 n 用归纳法.

当 $n = -p$ 时，由于 $g^{\beta - (p+1)\alpha} = 0$，则可知 $[e_{-\alpha}, e_{-p}] = 0$，所以，由 Jacobi 恒等式，得到

$$[e_{-\alpha}, [e_\alpha, e_{-p}]] = -[e_{-p}, [e_{-\alpha}, e_\alpha]]$$
$$= [e_{-p}, H_\alpha]$$
$$= -[H_\alpha, e_{-p}] = -(\beta - p\alpha)(H_\alpha)e_{-p}.$$

由公式(5.35)，有 $\beta(H_\alpha) = -\frac{1}{2}(q-p)\alpha(H_\alpha)$，则

$$[e_{-\alpha}, [e_\alpha, e_{-p}]] = \frac{1}{2}(p+q)\alpha(H_\alpha)e_{-p}. \tag{5.41}$$

现在假设(5.40)式成立，则对于 $n+1$，有

$$[e_{-\alpha},[e_{\alpha},e_{n+1}]]=-[e_{\alpha},[e_{n+1},e_{-\alpha}]]-[e_{n+1},[e_{-\alpha},e_{\alpha}]]$$

$$=[e_{\alpha},[e_{-\alpha},[e_{\alpha},e_{n}]]]+[e_{n+1},H_{\alpha}]$$

$$=\frac{1}{2}(q-n)(1+p+n)\alpha(H_{\alpha})[e_{\alpha},e_{n}]$$

$$-(\beta+(n+1)\alpha)(H_{\alpha})e_{n+1}$$

$$=\frac{1}{2}(q-n-1)(2+p+n)\alpha(H_{\alpha})e_{n+1}. \quad (5.42)$$

这里再一次应用了 $\beta(H_{\alpha})=-\frac{1}{2}(q-p)\alpha(H_{\alpha})$. 因而(5.40)式成立.

当 $\beta-p\alpha=0$ 时,由于 $p\geqslant0$ 和 $\beta\neq0$,从性质 10 可以知道: β 只有一种可能,即 β 等于 α. $p=1$. 当 $\beta=\alpha$ 时,在 β 关于 α 的根链中 $p=2$,但现在 $p=1$,就得到一个矛盾,这表明 $\beta-p\alpha=0$ 是不可能出现的.

§6　半单纯李代数的素根系

g 是复 m 维 $(m\geqslant3)$ 半单纯李代数, T 是 g 的一个 Cartan 子代数, Δ 是 g 关于 T 的根系, $H_{\alpha}(\alpha\in\Delta)$ 是根 α 在 T 内的嵌入. 令 $T_{\mathbf{R}}=\sum\limits_{\alpha\in\Delta}\mathbf{R}H_{\alpha}$, 即 $T_{\mathbf{R}}$ 是以全部非零根在 T 内的嵌入张成的实线性空间.

首先,我们有以下性质.

性质 1 限制在 $T_{\mathbf{R}}$ 上的 Killing 型是严格正定的.

证明 从上节公式(5.34)知道:

$$(H_{\alpha},H_{\alpha})=\sum_{\beta\in\Delta}(H_{\beta},H_{\alpha})^{2}. \quad (6.1)$$

由公式(5.35), $(H_{\beta},H_{\alpha})=-\frac{1}{2}(q-p)(H_{\alpha},H_{\alpha})$,这里 p, q 依赖于根 α, β, 因而可以用 $p_{\alpha\beta}$, $q_{\alpha\beta}$ 代替 p, q,那么,从(6.1)式可以得到

$$(H_{\alpha},H_{\alpha})=\frac{4}{\sum\limits_{\beta\in\Delta}(q_{\alpha\beta}-p_{\alpha\beta})^{2}}. \quad (6.2)$$

由于 $(H_{\alpha},H_{\alpha})\neq0$(见(5.30)式),上式的分母不为零. 利用(6.2)式,因此可知

$$(H_{\beta},H_{\alpha})=\frac{-2(q_{\alpha\beta}-p_{\alpha\beta})}{\sum\limits_{\gamma\in\Delta}(q_{\alpha\gamma}-p_{\alpha\gamma})^{2}}. \quad (6.3)$$

从(6.3)式知道(H_β, H_α)是有理数.

$$\forall\, x \in T_{\mathbf{R}},\; x = \sum_{\beta \in \Delta} \alpha_\beta H_\beta,\; \text{这里}\; \alpha_\beta \in \mathbf{R},\; x \in T,$$

$$(x, x) = \sum_{\alpha \in \Delta}(x, H_\alpha)^2 = \sum_{\alpha \in \Delta}\left[\sum_{\beta \in \Delta}\alpha_\beta \frac{2(q_{\alpha\beta} - p_{\alpha\beta})}{\sum_{\gamma \in \Delta}(q_{\alpha\gamma} - p_{\alpha\gamma})^2}\right]^2 \geqslant 0.$$

当$(x, x) = 0$时,$\forall\, \alpha \in \Delta$,$(x, H_\alpha) = 0$,这必导致$x = 0$,因而 Cartan 内积限制在$T_{\mathbf{R}}$上严格正定.

在实线性空间$T_{\mathbf{R}}$内固定一组基$e_1, \cdots, e_n$,如果$X = a_{j_1}e_{j_1} + \cdots + a_{j_k}e_{j_k}$,这里$1 \leqslant j_1 < \cdots < j_k \leqslant n$,$a_{j_1} > 0$. 我们称$X$为$T_{\mathbf{R}}$内一个正向量,用$X > 0$表示. 如果$X - Y > 0$,则称$X > Y$或$Y < X$.

显然,对$T_{\mathbf{R}}$内任意两个向量X和Y,$X > Y$,$X < Y$和$X = Y$三者之中必有一种而且仅有一种情况出现.

设$X > Y$,那么$\forall\, \lambda > 0$,有$\lambda X > \lambda Y$;$\forall\, \lambda < 0$,有$\lambda X < \lambda Y$. 如果$X > Y$,$Y > Z$,则有$X > Z$. 如果$X > Y$,$Z > W$,则有$X + Z > Y + W$.

除了上述一些显而易见的性质之外,正向量还有下述性质.

性质 2 如果$T_{\mathbf{R}}$中s个向量$X_1, \cdots, X_s$都是正向量,而且当$i \neq k$时,$(X_i, X_k) \leqslant 0(1 \leqslant i, k \leqslant s)$,则$X_1, \cdots, X_s$是线性无关的.

证明 用反证法. 若正向量$X_1, \cdots, X_s$是线性相关的,不失一般性,设$X_s = \sum_{i=1}^{s-1}\lambda_i X_i$,把其中具正系数$\lambda_i$的项归入和$\sum_1$内,把其中具负系数$\lambda_i$的项归入和$\sum_2$内,那么,有$X_s = \sum_1 \lambda_i X_i + \sum_2 \lambda_i X_i$. 令$Y = \sum_1 \lambda_i X_i$,$Z = \sum_2 \lambda_i X_i$,因为$X_s > 0$,$Z < 0$,所以$Y \neq 0$,由于$(X_i, X_k) \leqslant 0(i \neq k)$,故$(Y, Z) \geqslant 0$,因此

$$(X_s, Y) = (Y, Y) + (Y, Z) > 0. \tag{6.4}$$

但是,另一方面

$$(X_s, Y) = \sum_1 \lambda_i (X_s, X_i) \leqslant 0, \tag{6.5}$$

这是一个矛盾. 因此,$X_1, \cdots, X_s$一定线性无关.

$\forall\, \alpha \in \Delta$,如果$\alpha$在$T$内的嵌入$H_\alpha$是一个正向量,则称$\alpha$为一个正根. 简记为$\alpha > 0$. 若$-\alpha$是正根,则称$\alpha$为负根.

定义 4.5 一个正根α称为一个素根(或单根),如果它不可能写成两个正根之和.

关于素根,有以下一些性质.

性质 3 α,β 是素根,$\alpha \neq \beta$,则 $\beta - \alpha$ 不是一个根,和 $(H_\alpha,H_\beta) \leqslant 0$.

证明 用反证法. 若 $\beta - \alpha$ 是一个根,记 $\beta - \alpha = \gamma$,$\gamma \in \Delta$. 如果 $\gamma > 0$,则 $\beta = \alpha + \gamma$,这与 β 是素根矛盾. 如果 $\gamma < 0$,则 $\alpha = \beta - \gamma$,这与 α 是素根矛盾.

由于 $\beta - \alpha$ 不是一个根,故在 β 关于 α 的根链中,$p = 0$,$q \geqslant 0$,因而由公式 (5.35),有

$$-2(H_\alpha,H_\beta) = q(H_\alpha,H_\alpha) \geqslant 0, \tag{6.6}$$

则 $(H_\alpha,H_\beta) \leqslant 0$.

性质 4 $\alpha_1,\cdots,\alpha_s$ 是所有不同素根的集合,则 $H_{\alpha_1},\cdots,H_{\alpha_s}$ 是 $T_{\mathbf{R}}$ 的一组基. $\forall \beta \in \Delta$,$\beta = \sum_{i=1}^{s} n_i \alpha_i$,这里 n_i 或者全部非负,或者全部非正.

证明 由性质 3,$(H_{\alpha_i},H_{\alpha_j}) \leqslant 0 (i \neq j)$. 又利用性质 2,可以知道,$H_{\alpha_1}$,$\cdots$,$H_{\alpha_s}$ 是线性无关的.

$\forall \beta \in \Delta$,当 $\beta > 0$ 时,如果 β 不是素根,则有分解 $\beta = \gamma + \delta$,这里 $\gamma > 0$ 和 $\delta > 0$,γ,δ 中有不是素根者,还可以分解. 最后,有 $\beta = \sum_{i=1}^{s} n_i \alpha_i$,这里 n_i 全是非负整数.[①]当 $\beta < 0$ 时,$-\beta > 0$,则 $-\beta = \sum_{i=1}^{s} n_i^* \alpha$,这里,$n_i^*$ 全是非负整数,$\beta = \sum_{i=1}^{s} (-n_i^*) \alpha_i$,而 $-n_i^*$ 全是非正整数. 因此,$\forall \beta \in \Delta$,$\beta = \sum_{i=1}^{s} n_i \alpha_i$,这里 n_i 或者全部非负,或者全部非正. $H_\beta = \sum_{i=1}^{s} n_i H_{\alpha_i}$,这表明 $H_{\alpha_i},\cdots,H_{\alpha_s}$ 恰为 $T_{\mathbf{R}}$ 的一组基.

由性质 4,我们可以给出全部正根的构造过程.

g 内所有不同的素根 $\alpha_1,\cdots,\alpha_s$ 组成的集合称为 g 的素根系,记为 $\Pi = \{\alpha_1,\cdots,\alpha_s\}$. 称素根 $\alpha_1,\cdots,\alpha_s$ 为长度是 1 的正根. 任取两个素根 α_i,α_j. 如果 $\alpha_i + \alpha_j$ 不是根,则舍去;如果 $\alpha_i + \alpha_j$ 是根,则必为正根,称其为长度是 2 的正根. 对长度是 2 的正根,再添加素根……依次作下去,便得到一切正根. 显然,长度不同的正根中不会有相同根.

在全部正根的前面加一负号可得到全部负根,因而根系 Δ 就得到了.

那么,怎样判断两个素根之和 $\alpha_i + \alpha_j$ 是不是根呢? 这可利用

---

① 分解不可能无限次进行下去,否则会得到一个比一个小的无限正根序列,这是不可能的.

$$q = -2 \frac{(H_{\alpha_i}, H_{\alpha_j})}{(H_{\alpha_j}, H_{\alpha_j})}.$$

如果 $q \geqslant 1$，则 $\alpha_i + \alpha_j$ 是根；如果 $q = 0$，则 $\alpha_i + \alpha_j$ 不是根.

对于长度是 2 的正根 α，和某一固定的素根 α_j，因为 $\alpha - k\alpha_j$（只需取 $k = 1$）是否为根的问题已经清楚了，如果它是根，则必为正根，且必在 $\{\alpha_1, \cdots, \alpha_s\}$ 中出现. 因此，可求出 α 关于 α_j 的根链中的非负整数 p. 再利用

$$q = p - 2 \frac{(H_{\alpha}, H_{\alpha_j})}{(H_{\alpha_j}, H_{\alpha_j})},$$

如果 $q \geqslant 1$，则 $\alpha + \alpha_j$ 是根；如果 $q = 0$，则 $\alpha + \alpha_j$ 不是根.

其他长度的情况可作同样讨论.

因此，由素根系 Π 和 Cartan 内积可以定出根系 Δ.

如果 g 和 g^* 是两个复半单纯李代数，T, T^* 各自是 g, g^* 的 Cartan 子代数，Δ, Δ^* 分别是 g, g^* 的根系，$\Pi = \{\alpha_1, \cdots, \alpha_s\}$，$\Pi^* = \{\alpha_1^*, \cdots, \alpha_s^*\}$ 分别是 g, g^* 的素根系，从性质 4 可知道

$$T_{\mathbf{R}} = \sum_{i=1}^{s} \mathbf{R} H_{\alpha_i}, \quad T_{\mathbf{R}}^* = \sum_{i=1}^{s} \mathbf{R} H_{\alpha_i^*},$$

这里 H_{α_i} 是素根 α_i 在 T 内的嵌入，$H_{\alpha_i^*}$ 是素根 α_i^* 在 T^* 内的嵌入.

现在，我们来建立下述重要的定理.

定理 17　如果存在线性空间 $T_{\mathbf{R}}$ 到线性空间 $T_{\mathbf{R}}^*$ 上的线性同构映射 φ，使得 φ 映全部根的嵌入到全部根的嵌入，那么，复半单纯李代数 g 和 g^* 是同构的.

证明　我们首先证明 $\forall H_1, H_2 \in T_{\mathbf{R}}$，有

$$(H_1, H_2)_g = (\varphi(H_1), \varphi(H_2))_{g^*}. \tag{6.7}$$

这里 $(,)_g$ 和 $(,)_{g^*}$ 分别表示 g 和 g^* 上的 Killing 型.

由于映射 φ 的线性性质和 Cartan 内积的双线性性质，我们只要证明 $\forall \alpha$, $\beta \in \Delta$，有

$$(H_{\alpha}, H_{\beta})_g = (\varphi(H_{\alpha}), \varphi(H_{\beta}))_{g^*} = (H_{\alpha^*}, H_{\beta^*})_{g^*}. \tag{6.8}$$

这里 $\alpha^*, \beta^* \in \Delta^*$.

线性同构 φ 映全部根的嵌入到全部根的嵌入，所以在 Δ 内，根 β 关于根 α 的根链中的非负整数 p, q 和对应于 Δ^* 内的根 β^* 关于根 α^* 的根链中的非负整

数 p^*, q^* 是对应相等的, 即 $p=p^*$, $q=q^*$. 于是有

$$\frac{(H_\beta, H_\alpha)_g}{(H_\alpha, H_\alpha)_g} = \frac{(H_{\beta^*}, H_{\alpha^*})_{g^*}}{(H_{\alpha^*}, H_{\alpha^*})_{g^*}}. \tag{6.9}$$

因此, 对于固定的根 α, 和 $\forall \beta \in \Delta$, 有

$$(H_\beta, H_\alpha)_g = c_\alpha (H_{\beta^*}, H_{\alpha^*})_{g^*}, \tag{6.10}$$

这里 c_α 是依赖于根 α 的非零常数.

交换 α, β 的位置, 类似地, 对于固定的根 β, 和 $\forall \alpha \in \Delta$, 有

$$(H_\alpha, H_\beta)_g = c_\beta (H_{\alpha^*}, H_{\beta^*})_{g^*}. \tag{6.11}$$

显然, (6.10)式中的常数 c_α 与根 α 无关, 可以用非零常数 c 表示, 即

$$(H_\beta, H_\alpha)_g = c(H_{\beta^*}, H_{\alpha^*})_{g^*}.$$

而

$$\begin{aligned}
(H_\beta, H_\alpha)_g &= \sum_{\gamma \in \Delta} (H_\gamma, H_\beta)_g (H_\gamma, H_\alpha)_g \\
&= c^2 \sum_{\gamma^* \in \Delta^*} (H_{\gamma^*}, H_{\beta^*})_{g^*} (H_{\gamma^*}, H_{\alpha^*})_{g^*} \\
&= c^2 (H_{\beta^*}, H_{\alpha^*})_{g^*},
\end{aligned} \tag{6.12}$$

则 $c^2 = c$, 和 $c=1$. (6.8)式的确成立.

$\forall \alpha \in \Delta$, 选择 $e_\alpha \in g^\alpha$ 和 $e_{-\alpha} \in g^{-\alpha}$, 使得 $(e_\alpha, e_{-\alpha})_g = 1$. 对于 $g^{\alpha^*} \subset g^*$ 内的任意非零向量 e_{α^*}, 也可以选择 $e_{-\alpha^*} \in g^{-\alpha^*}$, 满足 $(e_{\alpha^*}, e_{-\alpha^*})_{g^*} = 1$. 于是, g 和 g^* 的结构公式分别为

$$\forall H_1, H_2 \in T, [H_1, H_2] = 0.$$
$$\forall H \in T, [H, e_\alpha] = \alpha(H)e_\alpha = (H_\alpha, H)_g e_\alpha,$$
$$[e_\alpha, e_{-\alpha}] = H_\alpha (\forall \alpha \in \Delta).$$

如果 $\alpha, \beta \in \Delta$, 且 $\alpha + \beta \neq 0$, 则 $[e_\alpha, e_\beta] = N_{\alpha\beta} e_{\alpha+\beta}$, 这里

$$N_{\alpha\beta} = -N_{\beta\alpha}, \text{当 } \alpha+\beta \in \Delta \text{ 时, } N_{\alpha\beta} \neq 0. \tag{6.13}$$

(注: 在上一节性质 11 中, 保证当 $\alpha + \beta \in \Delta$ 时, $N_{\alpha\beta} \neq 0$; 当 $\alpha + \beta$ 不是根时, 我们规定 $N_{\alpha\beta} = 0$.)

$$\forall H_1^*, H_2^* \in T^*, [H_1^*, H_2^*] = 0,$$

$$\forall H^* \in T^*, [H^*, e_{\alpha^*}] = \alpha^*(H^*)e_{\alpha^*} = (H_{\alpha^*}, H^*)_{g^*} e_{\alpha^*},$$

$$[e_{\alpha^*}, e_{-\alpha^*}] = H_{\alpha^*} \quad (\forall \alpha^* \in \Delta^*),$$

如果 $\alpha^*, \beta^* \in \Delta^*$, $\alpha^* + \beta^* \neq 0$, 则

$$[e_{\alpha^*}, e_{\beta^*}] = N_{\alpha^* \beta^*} e_{\alpha^* + \beta^*}. \tag{6.14}$$

当 $\alpha^* + \beta^* \in \Delta^*$ 时, $N_{\alpha^* + \beta^*} \neq 0$; 当 $\alpha^* + \beta^*$ 不是根时, 规定 $N_{\alpha^* \beta^*} = 0$. $N_{\alpha^* \beta^*} = -N_{\beta^* \alpha^*}$.

下面用归纳法证明能够选择 g^{α^*} 内非零向量 e_{α^*} ($\forall \alpha^* \in \Delta^*$), 使得 $N_{\alpha^* \beta^*} = N_{\alpha\beta}$.

设 ρ 是 Δ 内的一个固定的正根, 令 $\Delta_\rho = \{\alpha \in \Delta \mid -\rho < \alpha < \rho\}$.

如果 Δ_ρ 内只含 $-\alpha_0$ 和 α_0 这两个非零根, 则对于 Δ_ρ 内任意两根 α 和 β, 当 $\alpha + \beta \neq 0$ 时, 必有 $N_{\alpha^* \beta^*} = 0 = N_{\alpha\beta}$.

用归纳法假设: 对于所有的 $\alpha \in \Delta_\rho$ (这里 ρ 是 Δ 内一个固定的正根), 能够在 g^{α^*} ($\alpha \in \Delta_\rho$) 内选择非零向量 e_{α^*}, 使得当 $\alpha, \beta, \alpha + \beta \in \Delta_\rho$ 时, 有 $N_{\alpha^* \beta^*} = N_{\alpha\beta}$.

对于 ρ, 如果 ρ 不能分解成 $\rho = \gamma + \delta$, 这里 $\gamma, \delta \in \Delta_\rho$, 则选向量 $e_{\rho^*} \in g^{\rho^*}$ 和 $e_{-\rho^*} \in g^{-\rho^*}$, 使得 $(e_{\rho^*}, e_{-\rho^*})_{g^*} = 1$. 如果 $\rho = \gamma + \delta$, 这里 $\gamma, \delta \in \Delta_\rho$, 显然 $0 < \gamma, \delta < \rho$. 由于 $[e_{\gamma^*}, e_{\delta^*}] = N_{\gamma^* \delta^*} \dfrac{N_{\gamma^* \delta^*}}{N_{\gamma\delta}} e_{\rho^*}$, 用 $\dfrac{N_{\gamma^* \delta^*}}{N_{\gamma\delta}} e_{\rho^*}$ 作为新的 e_{ρ^*}, 则有 $[e_{\gamma^*}, e_{\delta^*}] = N_{\gamma\delta} e_{\rho^*}$, 再唯一确定 $e_{-\rho^*} \in g^{-\rho^*}$, 使得

$$(e_{\rho^*}, e_{-\rho^*})_{g^*} = 1.$$

取 $\bar{\rho} \in \Delta$ 是大于 ρ 的最小正根, 我们要证明: 对 $\Delta_{\bar{\rho}} = \{\alpha \in \Delta \mid -\bar{\rho} < \alpha < \bar{\rho}\} = \{\alpha \in \Delta \mid -\rho \leqslant \alpha \leqslant \rho\}$ 内的任意根 α, β, 如果 $\alpha + \beta \in \Delta_{\bar{\rho}}$, 则有 $N_{\alpha^* \beta^*} = N_{\alpha\beta}$.

下面分 4 种情况来证明.

(1) $-\rho < \alpha, \beta, \alpha + \beta < \rho$, 由归纳法假设有 $N_{\alpha^* \beta^*} = N_{\alpha\beta}$.

(2) $-\rho < \alpha, \beta < \rho, \alpha + \beta = \rho$, 如果这时候 ρ 的分解恰为上述 $\rho = \gamma + \delta$, 则由上面的叙述可知 $N_{\alpha^* \beta^*} = N_{\alpha\beta}$.

如果 $\rho = \alpha + \beta$ 并不是上面的分解, 则 $\alpha + \beta + (-\gamma) + (-\delta) = 0$, 上述 4 根 $\alpha, \beta, -\gamma, -\delta$ 中的任何两个根的和都不会是零.

现在证明有关 $N_{\alpha\beta}$ 的 3 个恒等式.

(i) 如果 α, β, $\gamma \in \Delta$, 而且 $\alpha + \beta + \gamma = 0$, 则

$$N_{\alpha\beta} = N_{\beta\gamma} = N_{\gamma\alpha}. \tag{6.15}$$

(ii) 如果 α, β, γ, $\delta \in \Delta$, 且 $\alpha + \beta + \gamma + \delta = 0$, 而 α, β, γ, δ 之中的任意两个根之和皆不为零, 则

$$N_{\alpha\beta} N_{\gamma\delta} + N_{\alpha\gamma} N_{\delta\beta} + N_{\alpha\delta} N_{\beta\gamma} = 0. \tag{6.16}$$

(iii) 如果 α, $\beta \in \Delta$, $\alpha + \beta \neq 0$, 则

$$N_{\alpha\beta} N_{-\alpha-\beta} = -\frac{1}{2} q(p+1)(H_\alpha, H_\alpha). \text{[①]} \tag{6.17}$$

这里 p, q 是 β 关于 α 的根链中的两个非负整数, 使得 $\beta - (p+1)\alpha$ 和 $\beta + (q+1)\alpha$ 都不是根.

因为当 $\alpha + \beta + \gamma = 0$ 时, $\alpha + \beta = -\gamma$, $\alpha + \beta$ 一定是根, 且

$([e_\alpha, e_\beta], e_\gamma) + (e_\beta, [e_\alpha, e_\gamma]) = 0$, 以及 $([e_\alpha, e_\beta], e_\gamma) = N_{\alpha\beta}(e_{-\gamma}, e_\gamma) = N_{\alpha\beta}$,

并考虑到 $(e_\beta, [e_\alpha, e_\gamma]) = N_{\alpha\gamma}(e_\beta, e_{-\beta}) = N_{\alpha\gamma}$, 可以得到 $N_{\alpha\beta} + N_{\alpha\gamma} = 0$, 于是 $N_{\alpha\beta} = N_{\gamma\alpha}$. 同理有 $N_{\alpha\beta} = N_{\beta\gamma}$.

对于(ii), 由 Jacobi 恒等式, 有

$$[e_\alpha, [e_\beta, e_\gamma]] + [e_\beta, [e_\gamma, e_\alpha]] + [e_\gamma, [e_\alpha, e_\beta]] = 0. \tag{6.18}$$

如果 $\beta + \gamma \in \Delta$, 则 α, $\beta + \gamma$, δ 都属于 Δ, 于是, 有

$$\begin{aligned}
[e_\alpha, [e_\beta, e_\gamma]] &= N_{\beta\gamma}[e_\alpha, e_{\beta+\gamma}] = N_{\beta\gamma} N_{\alpha\beta+\gamma} e_{\alpha+\beta+\gamma} \\
&= N_{\beta\gamma} N_{\delta\alpha} e_{-\delta} = -N_{\alpha\delta} N_{\beta\gamma} e_{-\delta}.
\end{aligned} \tag{6.19}$$

这里利用(i), 有 $N_{\alpha\beta+\gamma} = N_{\delta\alpha}$. 如果 $\beta + \gamma$ 不是根, 那么(6.19)式显然成立.

同理, 有

$$[e_\beta, [e_\gamma, e_\alpha]] = -N_{\beta\delta} N_{\gamma\alpha} e_{-\delta}, \tag{6.20}$$

$$[e_\gamma, [e_\alpha, e_\beta]] = -N_{\gamma\delta} N_{\alpha\beta} e_{-\delta}. \tag{6.21}$$

将(6.19)式、(6.20)式和(6.21)式代入(6.18)式, 即有(ii).

现在证明(iii). 如果 $\alpha + \beta$ 不是根, 则 $q = 0$, $N_{\alpha\beta} = 0$, (iii)成立. 设 $\alpha + \beta \in \Delta$, 从上节的(5.39)式可以知道:

---

① 本页 Cartan 内积全在 g 上计算.

$$[e_{-\alpha}, [e_{\alpha}, e_{\beta}]] = \frac{1}{2}(p+1)q(H_{\alpha}, H_{\alpha})e_{\beta}. \tag{6.22}$$

而

$$\begin{aligned}[e_{-\alpha}, [e_{\alpha}, e_{\beta}]] &= N_{\alpha\beta}[e_{-\alpha}, e_{\alpha+\beta}] = N_{\alpha\beta}N_{-\alpha\alpha+\beta}e_{\beta}\\ &= -N_{\alpha\beta}N_{-\alpha-\beta}e_{\beta},\end{aligned} \tag{6.23}$$

由于 $(-\alpha)+(-\beta)+(\alpha+\beta)=0$，从(i)可知

$$N_{-\alpha-\beta} = N_{\alpha+\beta-\alpha} = -N_{-\alpha\alpha+\beta},$$

因此,有

$$N_{\alpha\beta}N_{-\alpha-\beta} = -\frac{1}{2}(p+1)q(H_{\alpha}, H_{\alpha}). \tag{6.24}$$

现在继续定理 17 的证明.

从(ii)有

$$N_{\alpha\beta}N_{-\gamma-\delta} = -N_{\alpha-\gamma}N_{-\delta\beta} - N_{\alpha-\delta}N_{\beta-\gamma}. \tag{6.25}$$

对于 g^*,也应用(ii),由于

$$\alpha^* + \beta^* + (-\gamma^*) + (-\delta^*) = 0,$$

则有

$$N_{\alpha^*\beta^*}N_{-\gamma^*-\delta^*} = -N_{\alpha^*-\gamma^*}N_{-\delta^*\beta^*} - N_{\alpha^*-\delta^*}N_{\beta^*-\gamma^*}. \tag{6.26}$$

从 $0 < \alpha, \gamma < \rho$ 可以知道, $-\rho < \alpha - \gamma < \rho$. 类似地,可以知道, $-\delta, \beta, \beta - \delta, \alpha, -\delta, \alpha - \delta, \beta, -\gamma, \beta - \gamma$ 都大于 $-\rho$,而小于 ρ. 依照归纳法假设,有

$$\begin{aligned}N_{\alpha-\gamma} = N_{\alpha^*-\gamma^*}, \quad N_{-\delta\beta} = N_{-\delta^*\beta^*},\\ N_{\alpha-\delta} = N_{\alpha^*-\delta^*}, \quad N_{\beta-\gamma} = N_{\beta^*-\gamma^*}.\end{aligned} \tag{6.27}$$

因而,从(6.25)式和(6.26)式可以知道

$$N_{\alpha\beta}N_{-\gamma-\delta} = N_{\alpha^*\beta^*}N_{-\gamma^*-\delta^*}. \tag{6.28}$$

从 $N_{\gamma^*\delta^*} = N_{\gamma\delta}$ 和 $(H_{\gamma}, H_{\gamma})_g = (H_{\gamma^*}, H_{\gamma^*})_{g^*}$ 可以知道 $N_{-\gamma-\delta} = N_{-\gamma^*-\delta^*}$(利用(iii)). 由于 $N_{-\gamma-\delta} \neq 0$,从(6.28)式知道 $N_{\alpha\beta} = N_{\alpha^*\beta^*}$.

(3) $-\rho < \alpha, \beta < \rho, \alpha + \beta = -\rho, \rho = (-\alpha) + (-\beta)$,而 $-\rho < -\alpha, -\beta < \rho$,从(2),有 $N_{-\alpha-\beta} = N_{-\alpha^*-\beta^*}$,再从(iii)及 $(H_{\alpha}, H_{\alpha})_g = (H_{\alpha^*}, H_{\alpha^*})_{g^*}$ 可以推出 $N_{\alpha\beta} = N_{\alpha^*\beta^*}$.

（4）$-\rho \leqslant \alpha$，β，$\alpha + \beta \leqslant \rho$. 这时 $\alpha + \beta + (-\alpha - \beta) = 0$. 如果 $\alpha + \beta$ 不是根，则 $N_{\alpha^* \beta^*} = N_{\alpha\beta} = 0$. 考虑 $\alpha + \beta$ 是根的情况. 由于 α，β，$-\alpha - \beta$ 都不为 0，因此，这 3 个根中顶多有一个等于 $\pm\rho$，那么可将问题化为已讨论过的上述（2）、（3）的情形. 例如 $\alpha = \pm\rho$，那么 $\beta + (-\alpha - \beta) = \mp\rho$，从（2）、（3）有 $N_{\beta, -\alpha - \beta} = N_{\beta^* , -\alpha^* - \beta^*}$，而由（i）可以知道

$$N_{\alpha\beta} = N_{\beta, -\alpha - \beta}, \quad N_{\alpha^* \beta^*} = N_{\beta^*, -\alpha^* - \beta^*},$$

故 $N_{\alpha^* \beta^*} = N_{\alpha\beta}$. 因此，我们完成了归纳法的证明，当 ρ 取最大正根时，$\Delta_{\bar{\rho}}$ 就是整个根系 Δ.

现在定义复半单纯李代数 g 到 g^* 上的一个线性映射 f，$f(H_\alpha) = H_{\alpha^*}$，$f(e_\alpha) = e_{\alpha^*}$，即限制在 $T_\mathbf{R}$ 上，f 就是 φ. 很容易明白 f 是李代数 g 到 g^* 上的一个同构.

从上节开始，我们讨论了复数域上的半单纯李代数，而到目前为止，我们引入的李群的李代数大多是实数域上的. 因此，在实李代数与复李代数之间架起一座桥梁就非常必要，下面来阐述这一内容.

设 V 是实数域上一个有限维的线性空间，V 上的一个复结构 J 是 V 到 V 自身的一个线性映射，满足 $J^2 = -I$，这里 I 是 V 到 V 自身的一个恒等映射. 具复结构 J 的一个实有限维线性空间能够转化为复数域上一个有限维线性空间 $\tilde{V}$，这只需令

$$(a + ib)X = aX + bJX. \tag{6.29}$$

这里 a，$b \in \mathbf{R}$，$X \in V$. 在（6.29）式的定义下，$\tilde{V}$ 的确是一复数域上的线性空间，因为向量加法的交换律、结合律，数量乘法要满足的性质，数量乘法与加法要满足的分配律等都是非常容易验证的. 例如，要证明

$$\forall \alpha, \beta \in \mathbf{C}, \ \forall X \in V, \ \alpha(\beta X) = (\alpha\beta)X. \ \alpha = a_1 + ib_1, \ \beta = a_2 + ib_2,$$
$$\alpha(\beta X) = (a_1 + ib_1)[(a_2 + ib_2)X] = (a_1 + ib_1)(a_2 X + b_2 JX)$$
$$= a_1(a_2 X + b_2 JX) + b_1 J(a_2 X + b_2 JX)$$
$$= (a_1 a_2 - b_1 b_2)X + (a_1 b_2 + a_2 b_1)JX$$
$$= [(a_1 + ib_1)(a_2 + ib_2)]X = (\alpha\beta)X.$$

而上述做法实际上是把复结构 J 与 i 互相转化.

性质 5 具有复结构 J 的实有限维线性空间 V 一定是偶数维的.

证明 取 V 内的一个非零向量 e_1，则 e_1 与 Je_1 一定是线性独立的. 用反证法. 若存在不全为零的实数 a，b，使得 $ae_1 + bJe_1 = 0$，两端作用 J 后有 $aJe_1 -$

$be_1 = 0$, 这将导致 $(a^2 + b^2)e_1 = 0$, 显然, 这是不可能的.

如果 $e_1, Je_1, \cdots, e_t, Je_t$ 是线性独立的, 且 $\dim V \geqslant 2t+1$, 则 V 内必可找到非零向量 e_{t+1}, 使得 $e_1, Je_1, \cdots, e_t, Je_t, e_{t+1}$ 是线性独立的, 现在要证明 $e_1, Je_1, \cdots, e_t, Je_t, e_{t+1}, Je_{t+1}$ 也是线性独立的. 用反证法. 若不是线性独立的, 则必有实数 $a_i, b_i \, (1 \leqslant i \leqslant t)$ 和 c, 满足:

$$Je_{t+1} = \sum_{i=1}^{t} a_i e_i + \sum_{i=1}^{t} b_i Je_i + ce_{t+1}. \tag{6.30}$$

将 (6.30) 式两端作用 J, 有

$$-e_{t+1} = \sum_{i=1}^{t} a_i Je_i - \sum_{i=1}^{t} b_i e_i + cJe_{t+1}. \tag{6.31}$$

从 (6.31) 式可以知道:

$$cJe_{t+1} = \sum_{i=1}^{t} b_i e_i - \sum_{i=1}^{t} a_i Je_i - e_{t+1}. \tag{6.32}$$

将 (6.30) 式两端乘以实数 c, 并减去 (6.32) 式, 有

$$\sum_{i=1}^{t} (ca_i - b_i)e_i + \sum_{i=1}^{t} (cb_i + a_i)Je_i + (c^2 + 1)e_{t+1} = 0. \tag{6.33}$$

这表明 $e_1, Je_1, \cdots, e_t, Je_t, e_{t+1}$ 是线性相关的, 矛盾. 由上面的证明可见, V 是偶数维的.

从 (6.29) 式可以看到 $\dim \widetilde{V} = \dfrac{1}{2} \dim V$. $\widetilde{V}$ 称作伴随于 V 的复线性空间.

另一方面, 如果 E 是一个 m 维复线性空间, 设 $e_1, \cdots, e_m$ 是 E 的一组基, 令 $ae_j + bJe_j = (a+ib)e_j \, (a, b \in \mathbf{R}, 1 \leqslant j \leqslant m)$, 即把 i 转化为复结构 J, 因而可以得到一个具复结构 J 的 $2m$ 维实线性空间 $E^{\mathbf{R}}$, 显然 $\widetilde{E^{\mathbf{R}}} = E$.

具有一个复结构 J 的实李代数 g, 如果 J 满足

$$[X, JY] = J[X, Y] (\forall X, Y \in g),$$

那么可以证明 $\widetilde{g}$ 是一个复李代数. 这是由于上述条件意味着 $\forall X \in g$, $(\mathrm{ad}X)J = J(\mathrm{ad}X)$, 即复结构与 $\mathrm{ad}X$ 可交换, 也意味着 $\mathrm{ad}(JX) = J(\mathrm{ad}X)$. 另外, 可以知道

$$[JX, JY] = J[JX, Y] = -J[Y, JX] = [Y, X] = -[X, Y].$$
$$\forall a, b, c, d \in \mathbf{R}, \forall X, Y \in g,$$

$$[(a+\mathrm{i}b)X, (c+\mathrm{i}d)Y] = [aX+bJX, cY+dJY]$$
$$= ac[X, Y]+bc[JX, Y]+ad[X, JY]+bd[JX, JY]$$
$$= ac[X, Y]+bcJ[X, Y]+adJ[X, Y]-bd[X, Y]$$
$$= (a+\mathrm{i}b)(c+\mathrm{i}d)[X, Y]. \tag{6.34}$$

所以, $\tilde{g}$ 内的换位运算可以由(6.34)式从 g 的换位运算自然地导出,容易验证 $\tilde{g}$ 是一个复李代数.

反之,一个 m 维复李代数可转化为具复结构 J 的 $2m$ 维实李代数.

一般地,如果 W 是一个 m 维实线性空间,设 W 的基是 e_1, e_2, $\cdots$, e_m, $W \times W$ 的基是 $(e_1, 0)$, $(e_2, 0)$, $\cdots$, $(e_m, 0)$ 和 $(0, e_1)$, $(0, e_2)$, $\cdots$, $(0, e_m)$. 定义线性映射

$$J : W \times W \longrightarrow W \times W, \ J(X, Y) = (-Y, X),$$

J 是 $W \times W$ 上的一个复结构. 因为 $J^2(X, Y) = J(-Y, X) = (-X, -Y)$, 则 $J^2 = -I$, 这里 I 是 $W \times W$ 上的恒等映射, 伴随于 $W \times W$ 的复线性空间 $\widehat{W \times W}$ 称为 W 的复化, 用 $W^{\mathbf{C}}$ 表示, $W \times W$ 的基是 $(e_1, 0)$, $(e_2, 0)$, $\cdots$, $(e_m, 0)$ 和 $J(e_1, 0)$, $J(e_2, 0)$, $\cdots$, $J(e_m, 0)$, 则 $W^{\mathbf{C}}$ 的基是 $(e_1, 0)$, $(e_2, 0)$, $\cdots$, $(e_m, 0)$, 显然 $\dim W^{\mathbf{C}} = \dim W$.

我们将 e_j 与 $(e_j, 0)$ $(1 \leqslant j \leqslant m)$ 叠合, 即将 X 与 $(X, 0)$ 叠合, 这里 $X \in W$, 那么在 $W^{\mathbf{C}}$ 内, 任一向量可表示为

$$\sum_{j=1}^{m} (a_j + \mathrm{i}b_j)e_j = \sum_{j=1}^{m} a_j e_j + \mathrm{i} \sum_{j=1}^{m} b_j e_j = X + \mathrm{i}Y. \tag{6.35}$$

这里 $X = \sum_{j=1}^{m} a_j e_j$, $Y = \sum_{j=1}^{m} b_j e_j$ 都是 W 内的向量.

在将 e_j 与 $(e_j, 0)$ $(1 \leqslant j \leqslant m)$ 叠合后, $W^{\mathbf{C}}$ 内的一切运算都是合理可行的(满足向量加法的交换律、复数与向量的乘法规则等等). 例如, $\forall a, b \in \mathbf{R}$, $\forall X, Y \in W$, 很容易证明:

$$(a+\mathrm{i}b)(X+\mathrm{i}Y) = aX-bY+\mathrm{i}(aY+bX). \tag{6.36}$$

现将上述理论应用于李代数.

设 g 是一个实李代数, g 的复化 $g^{\mathbf{C}}$ 是由所有元素 $X+\mathrm{i}Y$ 组成, 这里 X, $Y \in g$. 在 $g^{\mathbf{C}}$ 内定义换位运算

$$[X+\mathrm{i}Y, Z+\mathrm{i}T] = [X, Z]-[Y, T]+\mathrm{i}([Y, Z]+[X, T]). \tag{6.37}$$

上述[,]是(复)双线性的,反称性由(6.37)式是一目了然的,Jacobi 恒等式是可以直接验证的. 于是, $g^{\mathbf{C}}$ 是一个复李代数,称为李代数 g 的一个复化李代数,简称李代数 g 的复化. 类似地,把 i 转化为复结构 J 时,就可以得到一个实李代数 $(g^{\mathbf{C}})^{\mathbf{R}}$(请读者自己证明).

性质 6 用 $(,)_g$,$(,)_{g^{\mathbf{C}}}$,$(,)_{(g^{\mathbf{C}})^{\mathbf{R}}}$ 分别表示李代数 g,$g^{\mathbf{C}}$,$(g^{\mathbf{C}})^{\mathbf{R}}$ 的 Killing 型,则

$$(X, Y)_g = (X, Y)_{g^{\mathbf{C}}},\quad (X, Y)_{(g^{\mathbf{C}})^{\mathbf{R}}} = 2\mathrm{Re}(X, Y)_{g^{\mathbf{C}}}.$$

这里 Re 表示复数的实部.

证明 由于 g 的基可以用作 $g^{\mathbf{C}}$ 的基,则第一个公式是显然的. 对于第二个公式,假定 $X_1, \cdots, X_m$ 是 $g^{\mathbf{C}}$ 的一组基,用 $B + iC$ 表示线性变换 $\mathrm{ad}X\,\mathrm{ad}Y$ 在这组基下的矩阵,这里 B,C 是实矩阵. 由于 $X_1, \cdots, X_m$;$JX_1, \cdots, JX_m$ 是 $(g^{\mathbf{C}})^{\mathbf{R}}$ 的一组基,$(g^{\mathbf{C}})^{\mathbf{R}}$ 的线性变换 $\mathrm{ad}X\,\mathrm{ad}Y$ 与复结构 J 可以交换,则有

$$\mathrm{ad}X\,\mathrm{ad}Y(X_1, \cdots, X_m, JX_1, \cdots, JX_m)$$
$$= (X_1, \cdots, X_m, JX_1, \cdots, JX_m)\begin{pmatrix} B & -C \\ C & B \end{pmatrix}. \tag{6.38}$$

因此

$$(X, Y)_{(g^{\mathbf{C}})^{\mathbf{R}}} = 2\mathrm{Tr}B = 2\mathrm{Re}(X, Y)_{g^{\mathbf{C}}}. \tag{6.39}$$

所以,$g^{\mathbf{C}}$,g,$(g^{\mathbf{C}})^{\mathbf{R}}$ 三者之中若有一个是半单纯的,则其余两个也一定是半单纯的(请读者自己证明).

定义 4.6 g 是一个复李代数,g 的一个实形式是李代数 $g^{\mathbf{R}}$ 的一个子代数 g_0,它满足下述关系式 $g^{\mathbf{R}} = g_0 \oplus Jg_0$(线性空间的直和).

关于实形式,有下列重要的事实.

定理 18 每个复半单纯李代数 g 有一个实形式 g_0,在 g_0 上 Cartan 内积严格负定.

先证明一个引理.

引理 对每个 $\alpha \in \Delta$,能选择 $e_\alpha \in g^\alpha$,使得复半单纯李代数 g 的结构公式是

$$[e_\alpha, e_{-\alpha}] = H_\alpha,\ \forall H \in T, [H, e_\alpha] = \alpha(H)e_\alpha.$$

这里 $\alpha(H) = (H_\alpha, H)$.

如果 $\alpha + \beta$ 不是根,则 $[e_\alpha, e_\beta] = 0$;如果 $\alpha + \beta \in \Delta$,则

$$[e_\alpha, e_\beta] = N_{\alpha\beta}e_{\alpha+\beta},$$

这里常数 $N_{\alpha\beta}$ 满足

$$N_{\alpha\beta} = -N_{-\alpha-\beta} \text{ 和 } N_{\alpha\beta}^2 = \frac{1}{2}q(p+1)(H_\alpha, H_\alpha),$$

及 $\beta + n\alpha (-p \leqslant n \leqslant q)$ 是 β 关于 α 的根链.

证明　令 $T_{\mathbf{R}}$ 到 $T_{\mathbf{R}}$ 的一个线性映射 φ 满足 $\varphi(H) = -H$, 于是, 有 $\varphi(H_\alpha) = -H_\alpha = H_{-\alpha}$, 按照定理 17, 存在 g 到 g 上的同构 f, $f|_{T_{\mathbf{R}}} = \varphi$. 对于每个 $\alpha \in \Delta$, 选择 $e_\alpha^* \in g^\alpha$, 使得在 g 上的 Cartan 内积 $(e_\alpha^*, e_{-\alpha}^*) = 1$. 因为 $f(e_\alpha^*) \in g^{-\alpha}$, 和 $\dim g^{-\alpha} = 1$, 所以有 $f(e_\alpha^*) = c_{-\alpha}e_{-\alpha}^*$, 这里, $c_{-\alpha}$ 是一个复数. 又 $(f(e_\alpha^*), f(e_{-\alpha}^*)) = (e_\alpha^*, e_{-\alpha}^*) = 1$, 那么当 $f(e_{-\alpha}^*) = c_\alpha e_\alpha^*$ 时, $c_{-\alpha}c_\alpha = 1$.

$\forall \alpha \in \Delta$, 能够选择复数 a_α, 使得 $a_\alpha^2 = -c_\alpha$ 和 $a_\alpha a_{-\alpha} = 1$. 令 $e_\alpha = a_\alpha e_\alpha^*$, 有

$$\begin{aligned}[e_\alpha, e_{-\alpha}] &= (e_\alpha, e_{-\alpha})H_\alpha = a_\alpha a_{-\alpha}(e_\alpha^*, e_{-\alpha}^*)H_\alpha \\ &= H_\alpha,\end{aligned} \tag{6.40}$$

这里

$$(e_\alpha, e_{-\alpha}) = 1.$$

$f(e_\alpha) = a_\alpha f(e_\alpha^*) = a_\alpha c_{-\alpha}e_{-\alpha}^* = -a_\alpha a_{-\alpha}^2 e_{-\alpha}^* = -a_{-\alpha}e_{-\alpha}^* = -e_{-\alpha}$, 则当 $\alpha, \beta, \alpha+\beta \in \Delta$ 时, 有

$$\begin{aligned}-N_{\alpha\beta}e_{-\alpha-\beta} &= f(N_{\alpha\beta}e_{\alpha+\beta}) = f([e_\alpha, e_\beta]) = [f(e_\alpha), f(e_\beta)] \\ &= [-e_{-\alpha}, -e_{-\beta}] = N_{-\alpha-\beta}e_{-\alpha-\beta}.\end{aligned} \tag{6.41}$$

因而 $N_{\alpha\beta} = -N_{-\alpha-\beta}$.

引理的最后一个关系式从 (6.17) 式及上式可以知道, 而且 $N_{\alpha\beta}$ 是实数.

现在开始定理 18 的证明.

证明　$\forall \alpha \in \Delta$, 我们选择 $e_\alpha \in g^\alpha$, 使得引理关系式满足. 那么

$$(e_\alpha - e_{-\alpha}, e_\alpha - e_{-\alpha}) = (e_\alpha, e_\alpha) - 2(e_\alpha, e_{-\alpha}) + (e_{-\alpha}, e_{-\alpha}) = -2. \tag{6.42}$$

这里 $(e_\alpha, e_\alpha) = (e_{-\alpha}, e_{-\alpha}) = 0$ 是 §5 内性质 3 的结果.

对于 $\alpha, \beta \in \Delta$, 类似地, 有

$$(e_\alpha - e_{-\alpha}, e_\beta - e_{-\beta}) = 0 \text{ (当 } \alpha \neq \beta, -\beta \text{ 时)},$$
$$(\mathrm{i}(e_\alpha + e_{-\alpha}), \mathrm{i}(e_\alpha + e_{-\alpha})) = -2,$$
$$(\mathrm{i}(e_\alpha + e_{-\alpha}), \mathrm{i}(e_\beta + e_{-\beta})) = 0 \text{ (当 } \alpha \neq \beta, -\beta \text{ 时)},$$
$$(e_\alpha - e_{-\alpha}, \mathrm{i}(e_\alpha + e_{-\alpha})) = 0,$$

$$(e_\alpha - e_{-\alpha}, \mathrm{i}(e_\beta + e_{-\beta})) = 0 \ (\text{当} \ \beta \neq \alpha, -\alpha \ \text{时}),$$
$$(\mathrm{i}H_\alpha, e_\beta - e_{-\beta}) = 0, \ (\mathrm{i}H_\alpha, \mathrm{i}(e_\beta + e_{-\beta})) = 0. \tag{6.43}$$

又 $\Delta = \{\alpha_1, \alpha_2, \cdots, \alpha_s, -\alpha_1, -\alpha_2, \cdots, -\alpha_s\}$，记 $\Delta_+ = \{\alpha_1, \alpha_2, \cdots, \alpha_s\}$，将 i 转化为 J，令

$$g_0 = \sum_{\alpha \in \Delta_+} \mathbf{R}(JH_\alpha) + \sum_{\alpha \in \Delta_+} \mathbf{R}(e_\alpha - e_{-\alpha}) + \sum_{\alpha \in \Delta_+} \mathbf{R}(J(e_\alpha + e_{-\alpha})). \tag{6.44}$$

因为 $\mathrm{i}H_\alpha, e_\alpha - e_{-\alpha}, \mathrm{i}(e_\alpha + e_{-\alpha})$ 的复线性组合张成 g，所以

$$JH_\alpha, e_\alpha - e_{-\alpha}, J(e_\alpha + e_{-\alpha}), -H_\alpha, J(e_\alpha - e_{-\alpha}), -(e_\alpha + e_{-\alpha})$$

的实线性组合张成 $g^{\mathbf{R}}$，这里 $\alpha \in \Delta_+$，因而 $g^{\mathbf{R}} = g_0 \oplus Jg_0$. 如果 $\alpha + \beta$ 不是根，引入 $N_{\alpha\beta} = 0$，利用引理及简单计算，有

$$[JH_\alpha, e_\beta - e_{-\beta}] = (H_\alpha, H_\beta)J(e_\beta + e_{-\beta}),$$
$$[JH_\alpha, JH_\beta] = 0,$$
$$[JH_\alpha, J(e_\beta + e_{-\beta})] = -(H_\alpha, H_\beta)(e_\beta - e_{-\beta}),$$
$$[e_\alpha - e_{-\alpha}, J(e_\beta + e_{-\beta})] = N_{\alpha\beta}J(e_{\alpha+\beta} + e_{-\alpha-\beta}) + N_{\alpha-\beta}J(e_{\alpha-\beta} + e_{\beta-\alpha})(\beta \neq \alpha, -\alpha),$$
$$[e_\alpha - e_{-\alpha}, J(e_\alpha + e_{-\alpha})] = 2JH_\alpha,$$
$$[e_\alpha - e_{-\alpha}, e_\beta - e_{-\beta}] = N_{\alpha\beta}(e_{\alpha+\beta} - e_{-\alpha-\beta}) - N_{-\alpha\beta}(e_{-\alpha+\beta} - e_{\alpha-\beta})(\beta \neq \alpha, -\alpha),$$
$$[J(e_\alpha + e_{-\alpha}), J(e_\beta + e_{-\beta})] = -N_{\alpha\beta}(e_{\alpha+\beta} - e_{-\alpha-\beta}) - N_{-\alpha\beta}(e_{-\alpha+\beta} - e_{\alpha-\beta})(\beta \neq \alpha, -\alpha). \tag{6.45}$$

因而 g_0 是 $g^{\mathbf{R}}$ 的一个实形式.

另外，在本节开始时，我们证明了：限制在 $\sum_{\alpha \in \Delta} \mathbf{R}H_\alpha = \sum_{\alpha \in \Delta_+} \mathbf{R}H_\alpha$ 上，g 的 Cartan 内积是严格正定的，那么 g 的 Cartan 内积限制在 $\sum_{\alpha \in \Delta_+} \mathbf{R}(\mathrm{i}H_\alpha)$ 上是严格负定的. 把 g_0 中的 J 换成 i，g_0 作为 g 的子空间，则其 Cartan 内积是严格负定的(利用(6.42)和(6.43)式). 容易明白 $\forall X, Y \in g_0, (X, Y)_g$ 是实数，那么由性质6，$(X, Y)_{g^{\mathbf{R}}} = 2(X, Y)_g$，因而 $g^{\mathbf{R}}$ 的 Cartan 内积限制在 $g_0 \times g_0$ 上也是严格负定的.

$\forall X, Y \in g_0, \mathrm{ad}X\mathrm{ad}Y(g_0) \subset g_0$，由于 $g^{\mathbf{R}} = g_0 \oplus Jg_0$，由(6.38)式可以看出(6.38)式中的矩阵 C 是零矩阵(在(6.38)式中，因此将 $X_1, \cdots, X_m$ 当作 g_0 的基)，这导致

$$(X, Y)_{g_0} = \frac{1}{2}(X, Y)_{g^{\mathbf{R}}} = (X, Y)_g,$$

所以,实李代数 g_0 的 Cartan 内积是严格负定的.

§7 典型李代数的根系和素根系

在本节,我们要把上两节的一般理论应用到典型李代数上.

我们先来看 A_n $(n \geqslant 1)$. 从 §3 可以知道

$$H = \left\{ H_{\lambda_1 \lambda_2 \cdots \lambda_{n+1}} = \begin{bmatrix} \lambda_1 & & & \\ & \lambda_2 & & \\ & & \ddots & \\ & & & \lambda_{n+1} \end{bmatrix}, \sum_{i=1}^{n+1} \lambda_i = 0 \right\}$$

是 A_n 的 Cartan 子代数,$\lambda_i - \lambda_k$ $(i \neq k,\ 1 \leqslant i,\ k \leqslant n+1)$ 是线性变换 $\mathrm{ad} H_{\lambda_1 \cdots \lambda_{n+1}}$ 的一个特征值,简称为 A_n 的一个根,满足 $[H_{\lambda_1 \cdots \lambda_{n+1}}, E_{ik}^{(n+1)}] = (\lambda_i - \lambda_k) E_{ik}^{(n+1)}$. 现在,对上述公式有了更深入一层的了解,即 $[H_{\lambda_1 \cdots \lambda_{n+1}}, E_{ik}^{(n+1)}] = \alpha_{ik}(H_{\lambda_1 \cdots \lambda_{n+1}}) E_{ik}^{(n+1)}$, 这里 $\alpha_{ik}(H_{\lambda_1 \cdots \lambda_{n+1}}) = \lambda_i - \lambda_k$. 为方便,把根 α_{ik} 就记为 $\lambda_i - \lambda_k$, 但是,这里要说明 $\lambda_i - \lambda_k$ 的意义,它是主对角线上第 i 个元素减去第 k 个元素的意思,例如 $(\lambda_i - \lambda_k)(H_{\mu_1 \cdots \mu_{n+1}}) = \mu_i - \mu_k$.

从 §3 还可以知道,A_n 的根系 Δ 是 $\lambda_i - \lambda_k (i \neq k,\ 1 \leqslant i,\ k \leqslant n+1)$,非零根有 $2\mathrm{C}_{n+1}^2 = n(n+1)$ 个.

下面来计算 A_n 的 Killing 型在 H 上的限制,注意 $E_{ik}(i \neq k)$ 及 H 的基一起组成了 A_n 的一组基.

于是,利用公式(5.34),可以得到

$$\begin{aligned} (H_{\lambda_1 \cdots \lambda_{n+1}}, H_{\mu_1 \cdots \mu_{n+1}}) &= \sum_{i \neq k} (\lambda_i - \lambda_k)(\mu_i - \mu_k) \\ &= \sum_{i \neq k} (\lambda_i \mu_i - \lambda_i \mu_k - \lambda_k \mu_i + \lambda_k \mu_k) \\ &= \sum_{i \neq k} (\lambda_i \mu_i + \lambda_k \mu_k) - \sum_{i \neq k} (\lambda_k \mu_i + \lambda_i \mu_k) \\ &= 2n \sum_{i=1}^{n+1} \lambda_i \mu_i - 2 \sum_{i \neq k} \lambda_k \mu_i \\ &= 2n \sum_{i=1}^{n+1} \lambda_i \mu_i - 2 \sum_{k=1}^{n+1} \lambda_k \sum_{i=1}^{n+1} \mu_i + 2 \sum_{i=1}^{n+1} \lambda_i \mu_i \\ &= 2(n+1) \sum_{i=1}^{n+1} \lambda_i \mu_i. \end{aligned} \tag{7.1}$$

特别,有

$$(H_{\lambda_1\cdots\lambda_{n+1}},\ H_{\lambda_1\cdots\lambda_{n+1}})=2(n+1)\sum_{i=1}^{n+1}\lambda_i^2. \tag{7.2}$$

现在要把根 $\lambda_i-\lambda_k$ 嵌入到 Cartan 子代数 H 内,换句话讲,要寻找 $H_{\mu_1\cdots\mu_{n+1}}\in H$,满足下述等式:

$$\forall H_{\lambda_1\cdots\lambda_{n+1}}\in H,\ (H_{\lambda_1\cdots\lambda_{n+1}},\ H_{\mu_1\cdots\mu_{n+1}})=(\lambda_i-\lambda_k)(H_{\lambda_1\cdots\lambda_{n+1}})$$
$$=\lambda_i-\lambda_k. \tag{7.3}$$

从(7.1)式和上式,可以得到关系式:

$$2(n+1)\sum_{s=1}^{n+1}\lambda_s\mu_s=\lambda_i-\lambda_k. \tag{7.4}$$

这里 $\lambda_1,\cdots,\lambda_{n+1}$ 是适合条件 $\sum_{i=1}^{n+1}\lambda_i=0$ 的任意复数. 显然

$$当\ s\neq i,k\ 时,\ \mu_s=0,\ \mu_i=\frac{1}{2(n+1)},\ \mu_k=-\frac{1}{2(n+1)}.$$

因此,把根 $\lambda_i-\lambda_k$ 在 H 中的嵌入记为

$$H_{\lambda_i-\lambda_k},\ H_{\lambda_i-\lambda_k}=\frac{1}{2(n+1)}(E_{ii}^{(n+1)}-E_{kk}^{(n+1)}).$$

从(7.2)式可以知道:

$$(H_{\lambda_i-\lambda_k},\ H_{\lambda_i-\lambda_k})=2(n+1)\left[\frac{1}{4(n+1)^2}+\frac{1}{4(n+1)^2}\right]=\frac{1}{n+1}. \tag{7.5}$$

令

$$e_i=\frac{1}{2(n+1)}E_{ii}^{(n+1)}\ (1\leqslant i\leqslant n+1),$$

则 $H_{\lambda_i-\lambda_k}=e_i-e_k$,$A_n$ 的根系 Δ 在 H 中的嵌入是 $\{e_i-e_k\,|\,i\neq k,1\leqslant i,k\leqslant n+1\}$.

A_n 的素根是 $\{\lambda_1-\lambda_2,\lambda_2-\lambda_3,\cdots,\lambda_n-\lambda_{n+1}\}$. A_n 的素根系在 H 中的嵌入是 $\{e_1-e_2,e_2-e_3,\cdots,e_n-e_{n+1}\}$,令 $\alpha_1=\lambda_1-\lambda_2$, $\alpha_2=\lambda_2-\lambda_3$, $\cdots$, $\alpha_n=\lambda_n-\lambda_{n+1}$,则从(7.1)式不难得到

$$(H_{a_i}, H_{a_k}) = \begin{cases} \dfrac{1}{n+1}, & \text{当 } i=k \text{ 时}, \\[2mm] -\dfrac{1}{2(n+1)}, & \text{当 } |i-k|=1 \text{ 时}, \\[2mm] 0, & \text{当 } |i-k|>1 \text{ 时}. \end{cases} \tag{7.6}$$

令 $e_1^* = \sqrt{2(n+1)}\, e_1, \cdots, e_{n+1}^* = \sqrt{2(n+1)}\, e_{n+1}$，以 $e_1^*, \cdots, e_{n+1}^*$ 作为标准正交基，作一个 $n+1$ 维实 Euclid 空间，内积用 $\langle , \rangle$ 表示，则

$$\langle e_i, e_i \rangle = \frac{1}{2(n+1)}, \quad \langle e_i - e_k, e_i - e_k \rangle = \frac{1}{n+1} \ (i \neq k).$$

当 $|i-k|=1$ 时，

$$\langle e_i - e_{i+1}, e_k - e_{k+1} \rangle = -\frac{1}{2(n+1)};$$

当 $|i-k|>1$ 时，

$$\langle e_i - e_{i+1}, e_k - e_{k+1} \rangle = 0,$$

所以，A_n 的素根系在 H 中的嵌入的 Cartan 内积等同于 $\langle , \rangle$，因此，两向量的夹角等概念完全可以搬到这 Cartan 内积上. 从 (7.6) 式可以得到：当 $|i-k|>1$ 时，向量 H_{a_i} 与 H_{a_k} 正交；当 $|i-k|=1$ 时，设 H_{a_i} 与 H_{a_k} 的夹角为 $\theta\ (0 \leqslant \theta \leqslant \pi)$，则

$$\cos\theta = \frac{(H_{a_i}, H_{a_k})}{\sqrt{(H_{a_i}, H_{a_i})}\,\sqrt{(H_{a_k}, H_{a_k})}} = -\frac{1}{2}. \tag{7.7}$$

$\theta = \dfrac{2}{3}\pi$.

完全类似地可以得到 B_n, C_n 和 D_n 的情况.

接下来，我们来看 $B_n\ (n \geqslant 1)$. 从 §3 可以知道

$$H = \left\{ H_{\lambda_1 \cdots \lambda_n} = \begin{pmatrix} 0 & & & & & & \\ & \lambda_1 & & & & & \\ & & \ddots & & & & \\ & & & \lambda_n & & & \\ & & & & -\lambda_1 & & \\ & & & & & \ddots & \\ & & & & & & -\lambda_n \end{pmatrix} \right\}$$

是 B_n 的 Cartan 子代数. B_n 的根系是 $\lambda_i - \lambda_k$, $\lambda_k - \lambda_i$, $\lambda_i + \lambda_k$, $-\lambda_i - \lambda_k$, λ_i, $-\lambda_i (i < k, 1 \leqslant i, k \leqslant n)$. 而

$$
\begin{aligned}
(H_{\lambda_1 \cdots \lambda_n}, H_{\mu_1 \cdots \mu_n}) &= \sum_{1 \leqslant i < k \leqslant n} \{(\lambda_i - \lambda_k)(\mu_i - \mu_k) + (\lambda_k - \lambda_i)(\mu_k - \mu_i) \\
&\quad + (\lambda_i + \lambda_k)(\mu_i + \mu_k) + (-\lambda_i - \lambda_k)(-\mu_i - \mu_k)\} \\
&\quad + \sum_{i=1}^{n} \lambda_i \mu_i + \sum_{i=1}^{n} (-\lambda_i)(-\mu_i) \\
&= 4 \sum_{1 \leqslant i < k \leqslant n} (\lambda_i \mu_i + \lambda_k \mu_k) + 2 \sum_{i=1}^{n} \lambda_i \mu_i \\
&= (4n - 2) \sum_{i=1}^{n} \lambda_i \mu_i.
\end{aligned}
\tag{7.8}
$$

特别,有

$$
(H_{\lambda_1 \cdots \lambda_n}, H_{\lambda_1 \cdots \lambda_n}) = 2(2n - 1) \sum_{i=1}^{n} \lambda_i^2.
\tag{7.9}
$$

把 B_n 的根 $\lambda_i + \lambda_k$ 嵌入到 H 内,即在 H 内寻找一元素 $H_{\mu_1 \cdots \mu_n}$,使得 $\forall H_{\lambda_1 \cdots \lambda_n} \in H$,满足 $(H_{\lambda_1 \cdots \lambda_n}, H_{\mu_1 \cdots \mu_n}) = \lambda_i + \lambda_k$. 从 (7.8) 式有

$$
2(2n - 1) \sum_{s=1}^{n} \lambda_s \mu_s = \lambda_i + \lambda_k,
\tag{7.10}
$$

那么当 $s \neq i, k$ 时, $\mu_s = 0$;当 $s = i, k$ 时, $\mu_s = \dfrac{1}{2(2n-1)}$. 令

$$
H_i = E_{i+1\,i+1}^{(2n+1)} - E_{n+i+1\,n+i+1}^{(2n+1)} = \begin{bmatrix} 0 & & \\ & E_{ii}^{(n)} & \\ & & -E_{ii}^{(n)} \end{bmatrix},
$$

则根 $\lambda_i + \lambda_k$ 在 H 中的嵌入是 $\dfrac{1}{2(2n-1)}(H_i + H_k)$.

容易看到根 $\lambda_i - \lambda_k$ 在 H 中的嵌入是 $\dfrac{1}{2(2n-1)}(H_i - H_k)$,根 $\lambda_k - \lambda_i$ 在 H 中的嵌入是 $\dfrac{1}{2(2n-1)}(H_k - H_i)$,根 $-\lambda_i - \lambda_k$ 在 H 中的嵌入是

$$
\frac{1}{2(2n-1)}(-H_i - H_k) \ (i < k),
$$

根 λ_i 在 H 中的嵌入是 $\dfrac{1}{2(2n-1)} H_i$,根 $-\lambda_i$ 在 H 中的嵌入是

$$-\frac{1}{2(2n-1)}H_i.$$

而利用(7.9)式,上述根在 H 中的嵌入满足

$$\left(\frac{1}{2(2n-1)}(\pm H_i \pm H_k),\ \frac{1}{2(2n-1)}(\pm H_i \pm H_k)\right)^{①}$$

$$=\left(\frac{1}{2(2n-1)}\right)^2 \cdot 2(2n-1)\cdot 2$$

$$=\frac{1}{2n-1}, \tag{7.11}$$

以及

$$\left(\pm\frac{1}{2(2n-1)}H_i,\ \pm\frac{1}{2(2n-1)}H_i\right)=\frac{1}{2(2n-1)}. \tag{7.12}$$

令 $e_i=\frac{1}{2(2n-1)}H_i(1\leqslant i\leqslant n)$,则 B_n 的根系在 H 中的嵌入是

$$\{e_i+e_k,\ e_i-e_k,\ e_k-e_i,\ -e_i-e_k\ (1\leqslant i<k\leqslant n),\ e_i,\ -e_i(1\leqslant i\leqslant n)\}.$$

以 $e_1^*=\sqrt{2(2n-1)}e_1,\cdots,e_n^*=\sqrt{2(2n-1)}e_n$ 作为一个 n 维 Euclid 空间的一组标准正交基,类似于 A_n 的情况,可以看到根系在 H 中的嵌入的 Cartan 内积等同于这 n 维 Euclid 空间的内积.

B_n 的素根系有 n 个素根,它们是 $\lambda_1-\lambda_2,\ \lambda_2-\lambda_3,\cdots,\lambda_{n-1}-\lambda_n,\ \lambda_n$,素根系在 H 中的嵌入是 $e_1-e_2,\ e_2-e_3,\cdots,e_{n-1}-e_n,\ e_n$. 上述素根依次记为 $\alpha_1,\cdots,\alpha_n$,则 α_i 在 H 中的嵌入 H_{α_i} 满足下述关系:

$$当 1\leqslant i,k\leqslant n-1 时,(H_{\alpha_i},H_{\alpha_k})=\begin{cases}\dfrac{1}{2n-1}, & 当 i=k 时,\\[2mm] -\dfrac{1}{2(2n-1)}, & 当 |i-k|=1 时,\\[2mm] 0, & 当 |i-k|>1 时,\end{cases}$$

因此,当 $|i-k|>1$ 时,向量 H_{α_i} 与 H_{α_k} 间的夹角为 $\frac{\pi}{2}$,当 $|i-k|=1$ 时,这个夹角为 $\frac{2}{3}\pi$. 而

---

① Cartan 内积中两项取完全相同的两项.下同.

$$(H_{a_i}, H_{a_n}) = \begin{cases} 0, & 1 \leqslant i < n-1, \\ -\dfrac{1}{2(2n-1)}, & i = n-1, \\ \dfrac{1}{2(2n-1)}, & i = n, \end{cases}$$

那么,当 $1 \leqslant i < n-1$ 时,向量 H_{a_i} 与 H_{a_n} 互相垂直,设 $H_{a_{n-1}}$ 与 H_{a_n} 间的夹角为 $\theta \, (0 \leqslant \theta \leqslant \pi)$,则

$$\cos\theta = \frac{(H_{a_{n-1}}, H_{a_n})}{\sqrt{(H_{a_{n-1}}, H_{a_{n-1}})} \sqrt{(H_{a_n}, H_{a_n})}} = -\frac{\sqrt{2}}{2},$$

即 $\theta = \dfrac{3}{4}\pi$.

下面来讨论 $C_n \, (n \geqslant 1)$.

$$H = \left\{ H_{\lambda_1 \cdots \lambda_n} = \begin{pmatrix} \lambda_1 & & & & & \\ & \ddots & & & & \\ & & \lambda_n & & & \\ & & & -\lambda_1 & & \\ & & & & \ddots & \\ & & & & & -\lambda_n \end{pmatrix} \right\}$$

是 C_n 的一个 Cartan 子代数,相应的根系是 $\lambda_i + \lambda_k$, $\lambda_i - \lambda_k$, $\lambda_k - \lambda_i$, $-\lambda_i - \lambda_k$, $2\lambda_i$, $-2\lambda_i \, (i < k, \, 1 \leqslant i, \, k \leqslant n)$ (参考 § 3).

$$\begin{aligned} (H_{\lambda_1 \cdots \lambda_n}, H_{\mu_1 \cdots \mu_n}) &= \sum_{1 \leqslant i < k \leqslant n} \{ (\lambda_i + \lambda_k)(\mu_i + \mu_k) + (\lambda_i - \lambda_k)(\mu_i - \mu_k) + (\lambda_k - \lambda_i) \cdot \\ &\quad (\mu_k - \mu_i) + (-\lambda_i - \lambda_k)(-\mu_i - \mu_k) \} \\ &\quad + \sum_{i=1}^{n} \{ (2\lambda_i)(2\mu_i) + (-2\lambda_i)(-2\mu_i) \} \\ &= 4 \sum_{1 \leqslant i < k \leqslant n} (\lambda_i \mu_i + \lambda_k \mu_k) + 8 \sum_{i=1}^{n} \lambda_i \mu_i \\ &= 4(n+1) \sum_{i=1}^{n} \lambda_i \mu_i. \end{aligned} \tag{7.13}$$

特别,有

$$(H_{\lambda_1 \cdots \lambda_n}, H_{\lambda_1 \cdots \lambda_n}) = 4(n+1) \sum_{i=1}^{n} \lambda_i^2. \tag{7.14}$$

类似前述,根 $\pm\lambda_i\pm\lambda_k$ 在 H 中的嵌入是 $\dfrac{1}{4(n+1)}(\pm H_i\pm H_k)$,这里

$$H_i=\begin{bmatrix} E_{ii}^{(n)} & \\ & -E_{ii}^{(n)} \end{bmatrix},$$

根 $\pm 2\lambda_i$ 在 H 中的嵌入是 $\dfrac{1}{4(n+1)}(\pm 2H_i)$.

令 $e_i=\dfrac{1}{4(n+1)}H_i(1\leqslant i\leqslant n)$,则 C_n 的根系在 H 中的嵌入是

$$\{e_i+e_k,\ e_i-e_k,\ -e_i+e_k,\ -e_i-e_k(1\leqslant i<k\leqslant n),\ 2e_i,\ -2e_i(1\leqslant i\leqslant n)\}.$$

由(7.14)式,可以得到

$$(\pm e_i\pm e_k,\ \pm e_i\pm e_k)=\frac{1}{[4(n+1)]^2}4(n+1)\cdot 2=\frac{1}{2(n+1)},\quad (7.15)$$

$$(\pm 2e_i,\ \pm 2e_i)=\frac{1}{n+1}.\qquad\qquad (7.16)$$

以 $2\sqrt{n+1}\,e_1,\cdots,2\sqrt{n+1}\,e_n$ 作为 n 维 Euclid 空间的一组标准正交基,则根系在 H 中的嵌入的 Cartan 内积等同于这 Euclid 空间的内积.

C_n 的素根系是 $\{\lambda_1-\lambda_2,\ \lambda_2-\lambda_3,\ \cdots,\ \lambda_{n-1}-\lambda_n,\ 2\lambda_n\}$,素根系在 H 中的嵌入是 $\{e_1-e_2,\ e_2-e_3,\ \cdots,\ e_{n-1}-e_n,\ 2e_n\}$.令

$$\alpha_1=\lambda_1-\lambda_2,\ \alpha_2=\lambda_2-\lambda_3,\ \cdots,\ \alpha_{n-1}=\lambda_{n-1}-\lambda_n,\ \alpha_n=2\lambda_n,$$

则 α_i 在 H 中的嵌入 H_{α_i} 有下述性质:当 $1\leqslant i,\ k\leqslant n-1$ 时, H_{α_i} 与 H_{α_k} 间的夹角,当 $|i-k|>1$ 时为 $\dfrac{\pi}{2}$,当 $|i-k|=1$ 时为 $\dfrac{2}{3}\pi$. H_{α_i} 与 H_{α_n} 间的夹角,当 $1\leqslant i<n-1$ 时为 $\dfrac{\pi}{2}$,当 $i=n-1$ 时为 $\dfrac{3}{4}\pi$.

最后,我们再来讨论 D_n $(n\geqslant 2)$.从 §3 知道

$$H=\left\{H_{\lambda_1\cdots\lambda_n}=\begin{bmatrix} \lambda_1 & & & & & & \\ & \ddots & & & & & \\ & & \lambda_n & & & & \\ & & & -\lambda_1 & & & \\ & & & & \ddots & & \\ & & & & & -\lambda_n \end{bmatrix}\right\}$$

是 D_n 的一个 Cartan 子代数, D_n 的根系是 $\lambda_i+\lambda_k$, $\lambda_i-\lambda_k$, $\lambda_k-\lambda_i$, $-\lambda_i-\lambda_k$ $(1\leqslant i<k\leqslant n)$. 此时

$$
\begin{aligned}
(H_{\lambda_1\cdots\lambda_n}, H_{\mu_1\cdots\mu_n}) &= \sum_{1\leqslant i<k\leqslant n}\{(\lambda_i+\lambda_k)(\mu_i+\mu_k)\\
&\quad+(\lambda_i-\lambda_k)(\mu_i-\mu_k)+(\lambda_k-\lambda_i)(\mu_k-\mu_i)\\
&\quad+(-\lambda_i-\lambda_k)(-\mu_i-\mu_k)\}\\
&= 4\sum_{1\leqslant i<k\leqslant n}(\lambda_i\mu_i+\lambda_k\mu_k)\\
&= 4(n-1)\sum_{i=1}^n\lambda_i\mu_i.
\end{aligned}
\tag{7.17}
$$

特别地,有

$$
(H_{\lambda_1\cdots\lambda_n}, H_{\lambda_1\cdots\lambda_n})=4(n-1)\sum_{i=1}^n\lambda_i^2.
\tag{7.18}
$$

令

$$
H_i=\begin{bmatrix}E_{ii}^{(n)}&\\&-E_{ii}^{(n)}\end{bmatrix},
$$

根 $\pm\lambda_i\pm\lambda_k$ 在 H 中的嵌入是

$$
\frac{1}{4(n-1)}(\pm H_i\pm H_k).
$$

又令

$$
e_i=\frac{1}{4(n-1)}H_i\quad(1\leqslant i\leqslant n),
$$

D_n 的根系在 H 中的嵌入是

$$
\{e_i+e_k, e_i-e_k, e_k-e_i, -e_i-e_k, 1\leqslant i<k\leqslant n\}.
$$

由(7.18)式,可以知道

$$
\begin{aligned}
(\pm e_i\pm e_k, \pm e_i\pm e_k)&=\left(\frac{1}{4(n-1)}\right)^2\cdot 4(n-1)\cdot 2\\
&=\frac{1}{2(n-1)}.
\end{aligned}
\tag{7.19}
$$

以 $2\sqrt{n-1}e_1, \cdots, 2\sqrt{n-1}e_n$ 为一个 n 维 Euclid 空间的标准正交基,则根

系的 Cartan 内积等同于这个 Euclid 空间的内积.

D_n 的素根系是 $\{\lambda_1-\lambda_2, \lambda_2-\lambda_3, \cdots, \lambda_{n-1}-\lambda_n, \lambda_{n-1}+\lambda_n\}$，素根系在 H 中的嵌入是 $\{e_1-e_2, e_2-e_3, \cdots, e_{n-1}-e_n, e_{n-1}+e_n\}$. 令

$$\alpha_1=\lambda_1-\lambda_2, \alpha_2=\lambda_2-\lambda_3, \cdots, \alpha_{n-1}=\lambda_{n-1}-\lambda_n, \alpha_n=\lambda_{n-1}+\lambda_n,$$

α_i 在 H 中的嵌入仍记为 H_{α_i}，那么，当 $1\leqslant i, k\leqslant n-1$ 时，H_{α_i} 与 H_{α_k} 间的夹角在 $|i-k|>1$ 时为 $\frac{\pi}{2}$，在 $|i-k|=1$ 时为 $\frac{2}{3}\pi$. 而 H_{α_i} 与 H_{α_n} 间的夹角在 $i\neq n-2$ $(1\leqslant i\leqslant n-1)$ 时为 $\frac{\pi}{2}$，在 $i=n-2$ 时为 $\frac{2}{3}\pi$（注意：$\alpha_{n-2}=\lambda_{n-2}-\lambda_{n-1}$）.

在 B_n，C_n 和 D_n 的讨论中，一些省略的计算部分请读者自己补出.

§8　复单纯李代数的 Dynkin 图

在本节，我们要给出不同构的复 m 维 $(m\geqslant 3)$ 单纯李代数的分类方法.

定义 4.7　Euclid 空间 $\mathbf{R}^n$ 中的一个向量集 Π 称为一个 π 系，如果：(1)Π 由线性无关的向量组成；(2) $\forall \alpha, \beta\in\Pi$，当 $\alpha\neq\beta$ 时，$\frac{2(\beta, \alpha)}{(\alpha, \alpha)}$ 是负整数或零；(3) Π 不能分解成为两个互相正交的子集的并. (注：这里 $(,)$ 是 Euclid 空间 $\mathbf{R}^n$ 的内积.)

显然，Π 所含向量的个数不会超过 n 个.

定理 19　m 维 $(m\geqslant 3)$ 复单纯李代数 g 的一个素根系在 Cartan 子代数 H 中的嵌入组成一个 π 系.

证明　作为一个半单纯李代数 g 的素根系在 Cartan 子代数 H 中的嵌入，定义 4.7 中的(1)和(2)是满足的，这里 Euclid 空间的内积就是 Cartan 内积. 下面证明由这嵌入组成的集合 Π 一定满足定义 4.7 中的(3). 用反证法. 如果(3) 不满足，则存在素根系在 H 中的嵌入 Π 的两个互相正交的子集 Π_1，Π_2，$\Pi_1=\{H_{\alpha_1}, \cdots, H_{\alpha_s}\}$，$\Pi_2=\{H_{\alpha_{s+1}}, \cdots, H_{\alpha_{s+t}}\}$，这里 $\{\alpha_1, \cdots, \alpha_s, \alpha_{s+1}, \cdots, \alpha_{s+t}\}$ 是 g 的素根系，而且

$$(H_{\alpha_j}, H_{\alpha_{s+i}})=0 \ (1\leqslant j\leqslant s, 1\leqslant i\leqslant t).$$

由于 $\alpha_j-\alpha_{s+i}$ 不是根，那么素根 α_j 关于素根 α_{s+i} 的根链可以设为 $\alpha_j, \alpha_j+\alpha_{s+i}, \cdots, \alpha_j+q\alpha_{s+i}$. 然而，

$$q = -\frac{2(H_{a_{s+i}}, H_{a_j})}{(H_{a_{s+i}}, H_{a_{s+i}})} = 0,$$

所以素根 α_j 关于素根 α_{s+i} 的根链仅一个根 α_j. 记素根 α_l 的根子空间为 g^{α_l} ($1 \leqslant l \leqslant s+t$), g^{α_l} 的基向量用 e_{α_l} 表示,那么必有下述等式:

$$[e_{\alpha_j}, e_{\alpha_{s+i}}] = 0, \ [e_{-\alpha_j}, e_{\alpha_{s+i}}] = 0,$$
$$[e_{\alpha_j}, e_{-\alpha_{s+i}}] = 0, \ [e_{-\alpha_j}, e_{-\alpha_{s+i}}] = 0. \tag{8.1}$$

由向量 $H_{a_1}, \cdots, H_{a_s}, e_{\alpha_1}, \cdots, e_{\alpha_s}, e_{-\alpha_1}, \cdots, e_{-\alpha_s}$ 的复线性组合及其换位运算可生成 g 内子代数 g_1,由向量 $H_{a_{s+1}}, \cdots, H_{a_{s+t}}, e_{\alpha_{s+1}}, \cdots, e_{\alpha_{s+t}}, e_{-\alpha_{s+1}}, \cdots, e_{-\alpha_{s+t}}$ 的复线性组合及其换位运算可生成 g 内的子代数 g_2,显然 $g = g_1 \oplus g_2$,和 $[g_1, g_2] = 0$,因而 g_1, g_2 都是 g 的非空理想子代数,这与 g 是复单纯李代数矛盾.

对于一个 π 系 $\Pi = \{\beta_1, \cdots, \beta_n\}$,设向量 β_i 与 β_j ($i \neq j$) 之间的夹角是 θ_{ij} $\left(\dfrac{\pi}{2} \leqslant \theta_{ij} < \pi \right)$,那么

$$\cos^2 \theta_{ij} = \frac{1}{4} \frac{2(\beta_i, \beta_j)}{(\beta_i, \beta_i)} \frac{2(\beta_i, \beta_j)}{(\beta_j, \beta_j)}, \tag{8.2}$$

由于 $\cos^2 \theta_{ij} \leqslant 1$, 和 $\dfrac{2(\beta_i, \beta_j)}{(\beta_i, \beta_i)}, \dfrac{2(\beta_i, \beta_j)}{(\beta_j, \beta_j)}$ 都是负整数或零,则 $\cos^2 \theta_{ij} \leqslant 1$ 只可能取以下 4 个值, $0, \dfrac{1}{4}, \dfrac{1}{2}, \dfrac{3}{4}$,由于 $\cos \theta_{ij} \leqslant 0$, 则 $\cos \theta_{ij}$ 只可能等于 0, $-\dfrac{1}{2}, -\dfrac{\sqrt{2}}{2}, -\dfrac{\sqrt{3}}{2}$,即 θ_{ij} 只能是 $\dfrac{\pi}{2}, \dfrac{2}{3}\pi, \dfrac{3}{4}\pi, \dfrac{5}{6}\pi$ 这 4 个值之一.

对于 π 系 Π 中的每个向量,用平面上一圆点表示,对于平面上的两圆点,即 Π 内的两个向量,如果这两个向量之间的夹角是 $\dfrac{2}{3}\pi$,就用一条直线段(称单重线段)连接这两点;如果向量间的夹角是 $\dfrac{3}{4}\pi$,就用两条直线段(称双重线段)连接这两点;如果向量间的夹角是 $\dfrac{5}{6}\pi$,就用 3 条直线段(称三重线段)连接这两点. 如果向量间的夹角是 $\dfrac{1}{2}\pi$,则不用线段连接这两点. 这样得到的图形称为 π 系的角图. 例如典型李代数 A_n, B_n, C_n 和 D_n 的角图分别如图 1 所示(参考 §7).

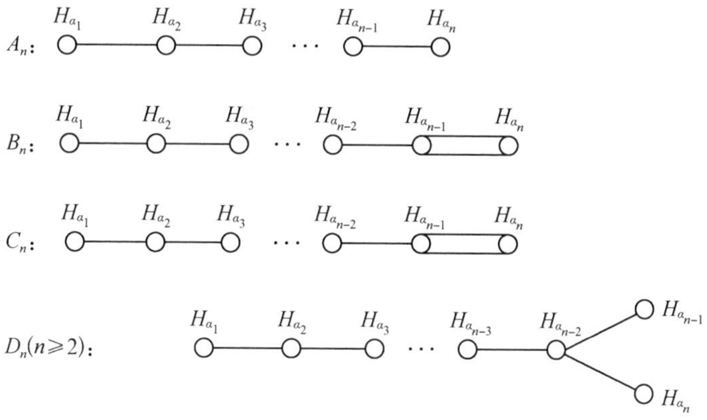

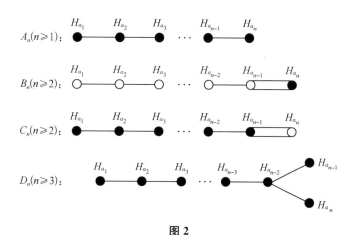

图 1

如果 π 系中的向量具有两种长度,则对于长度较短的向量,用小黑点表示,对于长度较长的向量,仍用小圆点表示;如果 π 系中的向量长度全相等,则全用小黑点表示向量,这样得到的角图称为 π 系的 Dynkin 图.

从上一节的计算,我们可以得到 A_n, B_n, C_n 和 D_n 的 Dynkin 图分别如图 2 所示.

图 2

现在,我们来建立一系列引理,证明复 m 维 $(m \geqslant 3)$ 单纯李代数按照 Dynkin 图分类至多为 7 种情况.

首先,π 系的角图一定是线段连通的,即对任意一点,至少有一条线段连接这点及某一其他点,这是由于要满足定义 4.7 中(3)的缘故.

引理 1 如果一个 π 系的角图中有两点是用三重线段相连的,则这 π 系的

197

Dynkin 图只能是图 3 所示情形.

证明　设这 π 系的角图中有两点,不妨设为 α_1, α_2,用三重线段连接这两点,如果这 π 系的角图中还有其他点,由于 π 系的角图的线段的连通性质,必有点(不妨设为)α_3 与 α_1 或 α_2 相连,设 α_3 与 α_1 相连.对于线性无关的向量 α_1, α_2, α_3,它们的实线性组合可以张成一个三维的 Euclid 空间,用 θ_{ij} 表示向量 α_i 与 α_j 的夹角,$\dfrac{\pi}{2} \leqslant \theta_{ij} < \pi$, $i \neq j$. 从初等立体几何知道:$\theta_{12} + \theta_{23} + \theta_{31} < 2\pi$.[①]但是,$\theta_{12} = \dfrac{5}{6}\pi$, $\theta_{23} \geqslant \dfrac{\pi}{2}$, $\theta_{31} \geqslant \dfrac{2}{3}\pi$,则 $\theta_{12} + \theta_{23} + \theta_{31} \geqslant 2\pi$,矛盾.因而这 π 系内只有两个向量 α_1, α_2.

设 $(\alpha_1, \alpha_1) = k(\alpha_2, \alpha_2)$,并设 $\dfrac{2(\alpha_1, \alpha_2)}{(\alpha_1, \alpha_1)} = a$,那么,$\dfrac{2(\alpha_1, \alpha_2)}{(\alpha_2, \alpha_2)} = ka$, a 是负整数,ka 也是负整数,不妨设 $k \geqslant 1$.

$$4\cos^2\theta_{12} = \frac{2(\alpha_1, \alpha_2)}{(\alpha_1, \alpha_1)}\frac{2(\alpha_1, \alpha_2)}{(\alpha_2, \alpha_2)} = ka^2. \tag{8.3}$$

但 $\theta_{12} = \dfrac{5}{6}\pi$, $\cos\theta_{12} = -\dfrac{\sqrt{3}}{2}$,这导致了 $ka^2 = 3$,唯一解是 $a = -1$, $k = 3$,则有引理 1. (注:从引理 1 的证明还可以看到:如果 α_1, α_2 是用两条线段相连的,$\theta_{12} = \dfrac{3}{4}\pi$, $\cos\theta_{12} = -\dfrac{\sqrt{2}}{2}$,从(8.3)式可以得到 $ka^2 = 2$, $k = 2$, $a = -1$. 如果仅用一条线段相连,则 $\theta_{12} = \dfrac{2}{3}\pi$, $\cos\theta_{12} = -\dfrac{1}{2}$,有 $ka^2 = 1$,这导致 $k = 1$, $a = -1$.)

引理 2　(1) π 系的角图不能包含由线段组成的一个闭多边形.

(2) π 系的角图中任意一点都不能有 4 条或 4 条以上的线段与这点相连.

证明　(1) 用反证法.设 π 系内的 α_1, $\cdots$, α_k 在角图中组成一个闭多边形.用 θ_i 表示向量 α_i 与 α_{i+1} 之间的夹角,$\cos\theta_i \leqslant -\dfrac{1}{2}$,用 α_{k+1} 表示 α_1,则

$$\left(\sum_{i=1}^{k}\frac{\alpha_i}{\sqrt{(\alpha_i, \alpha_i)}}, \sum_{j=1}^{k}\frac{\alpha_j}{\sqrt{(\alpha_j, \alpha_j)}}\right) = k + 2\sum_{i=1}^{k}\frac{(\alpha_i, \alpha_{i+1})}{\sqrt{(\alpha_i, \alpha_i)(\alpha_{i+1}, \alpha_{i+1})}}$$

$$= k + 2\sum_{i=1}^{k}\cos\theta_i \leqslant k - k = 0,$$

---

①　一个四面体,如果三个侧面全是等腰三角形,利用投影方法,可以得到其 6 个底角之和大于底面三角形的内角和.

那么必有

$$\sum_{i=1}^{k} \frac{\alpha_i}{\sqrt{(\alpha_i, \alpha_i)}} = 0,$$

这显然是不可能的.

(2) 也用反证法. 设 π 系中有一点 α, 有 $k \geqslant 4$ 条线段与点 α 相连, 设 α_1, $\cdots$, α_l ($l \leqslant k$) 是元素中与 α 相连的一切点, 由(1), π 系不含闭路, 所以, 可以知道 α_1, $\cdots$, α_l 两两垂直, 用 V 表示 α 与 α_1, $\cdots$, α_l 所张成的实线性子空间, 在 V 内取与 α_1, $\cdots$, α_l 皆正交的一个非零向量 β, 由于 α_1, $\cdots$, α_l, β 两两垂直, 则有

$$\cos^2 \langle \beta, \alpha \rangle + \sum_{i=1}^{l} \cos^2 \langle \alpha_i, \alpha \rangle = 1. \tag{8.4}$$

这里 $\langle , \rangle$ 表示两向量间的夹角. 因为 α 与 α_1, $\cdots$, α_l 线性无关, β 与 α 不会垂直, $\cos^2 \langle \beta, \alpha \rangle > 0$, 那么 $\sum_{i=1}^{l} \cos^2 \langle \alpha_i, \alpha \rangle < 1$. 如果 α 与 α_i 用 t_i 条线段相连, $t_i = 1$ 或 2, 那么, $4\cos^2 \langle \alpha_i, \alpha \rangle = t_i$. $\left(\text{当 } t_i = 1 \text{ 时}, \cos \langle \alpha_i, \alpha \rangle = -\dfrac{1}{2}; \text{当 } t_i = 2 \text{ 时}, \right.$ $\left. \cos \langle \alpha_i, \alpha \rangle = -\dfrac{\sqrt{2}}{2}. \right)$ 而

$$4 \sum_{i=1}^{l} \cos^2 \langle \alpha_i, \alpha \rangle = \sum_{i=1}^{l} t_i = k \geqslant 4,$$

这是一个矛盾.

对 π 系的角图中的点 α_1, $\cdots$, α_k, 如果 α_1 与 α_2 相连, α_2 与 α_3 相连, $\cdots$, α_{k-1} 与 α_k 相连, 而其余的任意两个 α_i 与 α_j 都不相连, 则 $C = \{\alpha_1, \alpha_2, \cdots, \alpha_k\}$ 称为 π 系的一个链. 如果点 α_i 与 α_{i+1} ($1 \leqslant i \leqslant k-1$) 间仅用一条线段相连, 则称这个链 C 为 π 系的一个简单链. 对于一个简单链 C, 由引理 1 的注, 必有

$$(\alpha_1, \alpha_1) = (\alpha_2, \alpha_2) = \cdots = (\alpha_k, \alpha_k).$$

引理 3　设 $C = \{\alpha_1, \alpha_2, \cdots, \alpha_k\}$ 是 π 系内的一个简单链, 令 $\pi_1 = \{\pi$ 系 $-C$, $\alpha = \sum_{i=1}^{k} \alpha_i\}$, 则 π_1 也是一个 π 系. π_1 的角图可以由 π 系的角图将链 C 缩为一点 α, 并将每个与某一个 α_i 在 π 系角图中用 t 重线段相连的点 $\beta \in \pi$ 系 $-C$ 用 t 重线段相连到 α 而得到.

证明　显然 π_1 中的向量是线性无关的, 其次,

$$(\alpha,\alpha) = \sum_{i=1}^{k-1}\left[(\alpha_i,\alpha_i)+2(\alpha_i,\alpha_{i+1})\right]+(\alpha_k,\alpha_k)$$
$$= (\alpha_k,\alpha_k). \tag{8.5}$$

设 $\beta \in \pi$ 系 $-C$，而 β 与 $\alpha_i(1 \leqslant i \leqslant k)$ 之间用 t 重线段相连，则根据引理 2，β 不能与其余的 $\alpha_j(j \neq i, 1 \leqslant j \leqslant k)$ 相连，否则 π 系内会产生闭道路，因而 $(\beta,\alpha)=(\beta,\alpha_i)$。

如果 γ 在 π 系内不与 C 相连，则 $(\gamma,\alpha)=(\gamma,\sum_{i=1}^{k}\alpha_i)=0$。因此，若 β 与 α_i 之间有几条线段相连，则 β 与 α 之间也必有几条线段相连；若 γ 与全部 α_i 不相连，则 γ 与 α 也不相连。

至此，引理内的结论很容易得到。

推论 图 4 所示不可能是 π 系的角图的一部分，这里 $\{\alpha_1,\alpha_2,\cdots,\alpha_{k-1},\alpha_k\}$ 是一个简单链。

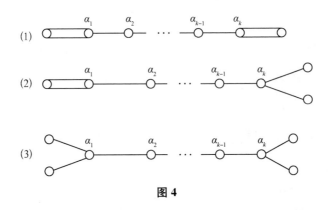

图 4

证明 利用引理 3，把 $\alpha_1,\cdots,\alpha_k$ 缩成一点 $\alpha=\sum_{i=1}^{k}\alpha_i$，如果 (1)、(2)、(3) 存在，则得相应的 3 个新 π 系的角图的一部分(见图 5)。这显然与引理 2(2) 矛盾。

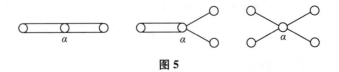

图 5

引理 4 π 系的角图只能是图 6 所示情形。

证明 设 π 系的角图中含一个三重线段，那么由引理 1 可以知道，角图必是 (4)。如果 π 系的角图中含一个二重线段，则由引理 3 的推论可以知道，这角图只

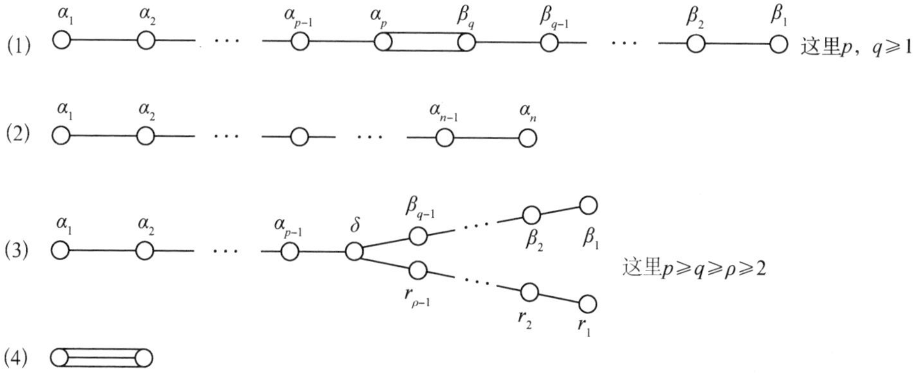

图 6

能是(1).剩下的角图全是由单重线段连接的,则只能是(2)、(3).

引理 5 π 系 $\{\alpha_1, \alpha_2, \cdots, \alpha_n\}$ 内的全体向量至多只有两种长度.

证明 从引理 4 及引理 1 的注,这是很容易得到的.

从引理 5 及定理 19 可以看到复 m 维单纯李代数 $(m \geqslant 3)$ 的一个素根系在相应的 Cartan 子代数中的嵌入组成一个 π 系,这个 π 系的 Dynkin 图必定存在,称这 π 系的 Dynkin 图为这复单纯李代数的一个 Dynkin 图.

下面的定理说明复 m 维 $(m \geqslant 3)$ 单纯李代数的 Dynkin 图决定了这复单纯李代数.

定理 20 如果两个复 m 维 $(m \geqslant 3)$ 单纯李代数有两个相同的 Dynkin 图,则这两个李代数必同构.

证明 如果 g_1, g_2 是两个复 m 维 $(m \geqslant 3)$ 单纯李代数,已知 g_1 的一个素根系 $\{\alpha_1, \cdots, \alpha_n\}$ 在 Cartan 子代数 H_1 中的嵌入 $\{H_{\alpha_1}, H_{\alpha_2}, \cdots, H_{\alpha_n}\}$ 的 Dynkin 图就是 g_2 的素根系 $\{\beta_1, \beta_2, \cdots, \beta_n\}$ 在 g_2 上的 Cartan 子代数 H_2 中嵌入 $\{H_{\beta_1}, H_{\beta_2}, \cdots, H_{\beta_n}\}$ 的 Dynkin 图.从引理 4 及引理 1 的注可以知道:如果

$$(H_{\beta_i}, H_{\beta_j})_{g_2} = k(H_{\beta_i}, H_{\beta_i})_{g_2}, \tag{8.6}$$

这里,$k = 1, 2, 3$,那么必有

$$(H_{\alpha_j}, H_{\alpha_j})_{g_1} = k(H_{\alpha_i}, H_{\alpha_i})_{g_1}. \tag{8.7}$$

因此,利用 H_{α_i} 与 H_{α_j} 的夹角等于 H_{β_i} 与 H_{β_j} 的夹角,和(8.6)式、(8.7)式,可以知道

$$\frac{(H_{\beta_i}, H_{\beta_j})_{g_2}}{(H_{\beta_j}, H_{\beta_j})_{g_2}} = \frac{(H_{\alpha_i}, H_{\alpha_j})_{g_1}}{(H_{\alpha_j}, H_{\alpha_j})_{g_1}} \quad (1 \leqslant i, j \leqslant n). \tag{8.8}$$

素根 α_i 关于素根 α_j 的根链为

$$\alpha_i, \ \alpha_i + \alpha_j, \ \cdots, \ \alpha_i - \frac{2(H_{\alpha_i}, \ H_{\alpha_j})_{g_1}}{(H_{\alpha_j}, \ H_{\alpha_j})_{g_1}}\alpha_j,$$

对应地,有相同个数的 β_i 关于素根 β_j 的根链

$$\beta_i, \ \beta_i + \beta_j, \ \cdots, \ \beta_i - \frac{2(H_{\beta_i}, \ H_{\beta_j})_{g_2}}{(H_{\beta_j}, \ H_{\beta_j})_{g_2}}\beta_j,$$

因此,与 g_1 的长度为 2 的正根相对应,有个数相同的 g_2 的长度为 2 的正根. 依此类推,可以知道存在 $T_{\mathbf{R}} = \sum_{i=1}^{n} \mathbf{R}H_{\alpha_i}$ 到 $T_{\mathbf{R}}^* = \sum_{i=1}^{n} \mathbf{R}H_{\beta_i}$ 上的线性同构 φ,使得 φ 把 g_1 的全部根在 H_1 内的嵌入映到 g_2 的全部根在 H_2 内的嵌入(请读者说明理由),由定理 17 可以知道 g_1 同构于 g_2.

推论 从定理 20 及典型李代数的 Dynkin 图可以知道 B_2 同构于 C_2,D_3 同构于 A_3.

定理 21 复 m 维 $(m \geqslant 3)$ 单纯李代数的 Dynkin 图至多有如图 7 所示的 7 类.

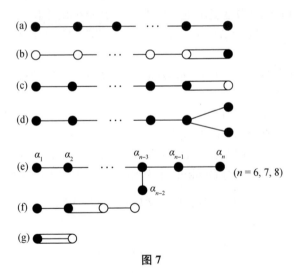

图 7

证明 从引理 1 及引理 4 可以知道:复 m 维 $(m \geqslant 3)$ 单纯李代数的 Dynkin 图只可能是定理 21 中的图 7(a)、图 7(g) 和图 8 所示情形. 在图 8(b) 中 $p \geqslant q \geqslant \rho \geqslant 2$. 为了书写简单,复单纯李代数的素根系在 Cartan 子代数中的嵌入就用 α,β,γ 等字母表示.

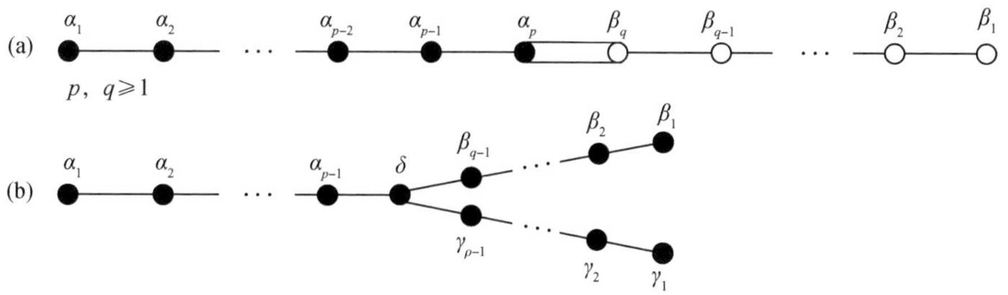

图 8

对于图 8(a),即 p, $q \geqslant 1$ 的情况,我们要证明只有 3 种可能: $p=1$; $q=1$; $p=q=2$. 即定理 21 内的图 7(b),图 7(c),图 7(f). 记 $(\alpha_1, \alpha_1)=\cdots=(\alpha_p, \alpha_p)=a$,则 $(\beta_1, \beta_1)=\cdots=(\beta_q, \beta_q)=2a$. 令

$$\alpha = \sum_{k=1}^{p} k\alpha_k, \quad \beta = \sum_{j=1}^{q} j\beta_j,$$

则

$$(\alpha, \alpha) = \left(\sum_{k=1}^{p} k\alpha_k, \sum_{k=1}^{p} k\alpha_k\right) = \sum_{k=1}^{p} k^2(\alpha_k, \alpha_k) + 2\sum_{k=1}^{p-1} k(k+1)(\alpha_k, \alpha_{k+1})$$

$$= a\sum_{k=1}^{p} k^2 - a\sum_{k=1}^{p-1} k(k+1)$$

$$= \frac{1}{2} p(p+1)a. \tag{8.9}$$

类似地,有 $(\beta, \beta) = q(q+1)a$, 和

$$(\alpha, \beta) = pq(\alpha_p, \beta_q) = -pqa. \tag{8.10}$$

由于 $\alpha_1, \cdots, \alpha_p, \beta_1, \cdots, \beta_q$ 线性无关,因此 α, β 线性无关. 由 Schwarz 不等式,有 $(\alpha, \beta)^2 < (\alpha, \alpha)(\beta, \beta)$, 那么

$$p^2 q^2 a^2 < \frac{1}{2} p(p+1)a q(q+1)a.$$

由此容易得到

$$(p-1)(q-1) < 2. \tag{8.11}$$

所以,对于正整数 p, q 有 3 种可能取值: $p=1$, q 任意; $q=1$, p 任意; $p=2$ 和 $q=2$.

对于图 8(b),即 $p \geqslant q \geqslant \rho \geqslant 2$ 的情况,首先知道

$$(\alpha_1, \alpha_1) = \cdots = (\alpha_{p-1}, \alpha_{p-1}) = (\delta, \delta) = (\beta_{q-1}, \beta_{q-1}) = \cdots = (\beta_1, \beta_1)$$
$$= (\gamma_{\rho-1}, \gamma_{\rho-1}) = \cdots = (\gamma_1, \gamma_1) = a. \tag{8.12}$$

令 $\alpha = \sum_{i=1}^{p-1} i\alpha_i$, $\beta = \sum_{j=1}^{q-1} j\beta_j$, $\gamma = \sum_{k=1}^{\rho-1} k\gamma_k$,那么,类似(8.9)式,有

$$(\alpha, \alpha) = \frac{1}{2}p(p-1)a, \quad (\beta, \beta) = \frac{1}{2}q(q-1)a,$$

$$(\gamma, \gamma) = \frac{1}{2}\rho(\rho-1)a, \quad (\alpha, \delta) = -\frac{1}{2}(p-1)a,$$

$$(\beta, \delta) = -\frac{1}{2}(q-1)a, \quad (\gamma, \delta) = -\frac{1}{2}(\rho-1)a,$$

因而

$$\cos^2\langle \alpha, \delta \rangle = \frac{(\alpha, \delta)^2}{(\alpha, \alpha)(\delta, \delta)} = \frac{1}{2p}(p-1),$$

$$\cos^2\langle \beta, \delta \rangle = \frac{1}{2q}(q-1), \quad \cos^2\langle \gamma, \delta \rangle = \frac{1}{2\rho}(\rho-1). \tag{8.13}$$

向量 α, β, γ, δ 张成一个四维实 Euclid 空间 V_4,由于 α, β, γ 是 3 个互相正交的向量,V_4 中有一单位向量 e 与 α, β, γ 皆正交,则

$$\cos^2\langle \delta, \alpha \rangle + \cos^2\langle \delta, \beta \rangle + \cos^2\langle \delta, \gamma \rangle + \cos^2\langle \delta, e \rangle = 1. \tag{8.14}$$

由于 δ 与 α, β, γ 是 V_4 的基向量,δ 与 e 不会正交,因此这导致

$$\cos^2\langle \delta, \alpha \rangle + \cos^2\langle \delta, \beta \rangle + \cos^2\langle \delta, \gamma \rangle < 1. \tag{8.15}$$

于是,利用(8.13)式和(8.15)式,立即有

$$\frac{1}{p} + \frac{1}{q} + \frac{1}{\rho} > 1. \tag{8.16}$$

因为 $p \geqslant q \geqslant \rho$,故 $\frac{1}{p} \leqslant \frac{1}{q} \leqslant \frac{1}{\rho}$,那么 $\frac{3}{\rho} > 1$. 又由于 $\rho \geqslant 2$,则只可能是 $\rho = 2$,因此 $\frac{1}{p} + \frac{1}{q} > \frac{1}{2}$,$\frac{2}{q} > \frac{1}{2}$,$q < 4$. 当 $q = 2$ 时,p 取任意的大于等于 2 的正整数;当 $q = 3$ 时,$\frac{1}{p} > \frac{1}{6}$,因而 p 只能是 3, 4 或 5. 总之,对于图 8(b),只有下列可能:

$\rho=2$，$q=2$，$p\geqslant2$，这时 Dynkin 图是图 7(d)；

$\rho=2$，$q=3$，$p=3$，4 或 5，这时 Dynkin 图是图 7(e)．

因此复 m 维 $(m\geqslant3)$ 单纯李代数的 Dynkin 图最多只有定理 21 中所述的 7 类．

对应这 7 类 Dynkin 图，相应的复单纯李代数都是存在的．典型李代数 A_n，B_n，C_n 和 D_n $(n\geqslant2)$ 的 Dynkin 图恰是定理 21 的(a)、(b)、(c)和(d)．该定理中的(e)对应的复单纯李代数依照 $n=6$，7，8 分别记为 E_6，E_7 和 E_8．定理中的(f)对应的复单纯李代数记为 F_4，定理中的(g)对应的复单纯李代数是 G_2．这些李代数都比较复杂，例如，E_6 是 78 维，E_7 是 133 维，E_8 是 248 维，F_4 是 52 维，就是相对而言最简单的 G_2，也有 14 维，所以，我们在这里不准备展开这些李代数的讨论了．对这些李代数有兴趣的读者可以阅读万哲先编著的《李代数》(1964 年，科学出版社出版)一书的第七章 §3 和第十二章．

习　题

1. 设 g 是一个李代数，g_1 和 g_2 是 g 的两个可解理想子代数．求证：g_1+g_2 也是 g 的一个可解理想子代数．

2. (1) 如果李代数 g 满足 $\forall X$，$Y\in g$，其 Cartan 内积 $(X,Y)=0$，求证：g 是可解李代数；

(2) 设 g 是可解李代数，$\forall X$，Y，$Z\in g$，求证：$(X,[Y,Z])=0$．

3. 设 G 是一个 n 维连通李群.

(1) 如果 G 内含有一个 $n-1$ 维的连通不变李子群 G_1，求证：G 内一定有一个单参数子群 C_1，使得 $G=G_1C_1$；

(2) 设 G 是可解的，求证：G 内一定有一个 $n-1$ 维的连通不变李子群 G_1；

(3) 设 G 是可解和单连通的，求证：G 微分同胚于 n 维欧氏空间 $\mathbf{R}^n$；

(4) 设 G 是可解的，求证：G 微分同胚于 $T^k\times\mathbf{R}^{n-k}$，这里 T^k 是 k 维环面.

4. 设 g 是一个李代数，记 $g_1=[g,g]$，$g_2=[g_1,g_1]$．已知 g_2 和 g 的中心都是零空间，求证：集合 $\{Y\in g|[Y,X]=0,\ \forall X\in g_1\}$ 就是 g_1．

5. 设 V 是一个 m 维复线性空间，L 是 $gl(V)$ 内一个子代数．如果 L 内所有元素 A 都是幂零自同态(即对于 A，相应有一个正整数 k，满足 $A^k=0$(零映射))，求证：V 内必有一个非零向量 v，满足 $\forall A\in L$，$A(v)=0$．

6. 严格证明定理 4.

7. 求证：A_n 是复单模群 $SL(n+1,\mathbf{C})$ 的李代数.

8. 求证: C_n 是 $SP(n, \mathbf{C})$ 的李代数.

9. 设 m 维复李代数 g 的一个子代数 H 是幂零的,如果集合 $\{Y \in g \mid \forall X \in H,$ 有一个固定正整数 n, 满足 $(\mathrm{ad}X)^n(Y) = 0\}$ 就是 H, 称 H 为 g 的一个 Cartan 子代数. 求证: H 是 g 的一个 Cartan 子代数当且仅当 g 的子空间 $\{Y \in g \mid \forall X \in H, [Y, X] \in H\}$ 就是 H.

10. 设 g 是一个李代数, g_1 和 g_2 是 g 的两个幂零理想子代数, 求证: $g_1 + g_2$ 也是 g 的幂零理想子代数.

11. 设复 m 维李代数 g 是其两个理想子代数 g_1 和 g_2 的直和. 求证: g 是半单纯的当且仅当 g_1 和 g_2 都是半单纯的.

12. 求证: 酉群 $U(n)$ 中集合

$$T = \left\{ \begin{pmatrix} t_1 & & & \\ & t_2 & & \\ & & \ddots & \\ & & & t_n \end{pmatrix} \middle| t_j \in \mathbf{C} \text{ 和 } |t_j| = 1, 1 \leqslant j \leqslant n \right\}$$

是 $U(n)$ 中一个极大子环群.

13. (1) 当 n 为偶数 $2k$ 时(k 是一个正整数), 求证: 集合

$$T = \left\{ \begin{pmatrix} T_{\theta_1} & & & \\ & T_{\theta_2} & & \\ & & \ddots & \\ & & & T_{\theta_k} \end{pmatrix}, T_{\theta_j} = \begin{bmatrix} \cos 2\pi\theta_j & -\sin 2\pi\theta_j \\ \sin 2\pi\theta_j & \cos 2\pi\theta_j \end{bmatrix}, 1 \leqslant j \leqslant k, \right.$$
$$\left. \text{这里 } \theta_1, \theta_2, \cdots, \theta_k \in [0, 1] \right\}$$

是正交群 $SO(2k, \mathbf{R})$ 内一个极大子环群;

(2) 求证: 集合

$$T^* = \left\{ \begin{bmatrix} 1 & \\ & A \end{bmatrix} \middle| \forall A \in T \right\}$$

是正交群 $SO(2k + 1, \mathbf{R})$ 内一个极大子环群, 这里 T 为(1)中集合.

14. 求证: $A_n(n \geqslant 2)$, $B_n(n \geqslant 2)$, $C_n(n \geqslant 2)$ 和 $D_n(n \geqslant 3)$ 的任一根可以从任一固定根经逐步添加一些根而得到, 而且在每适当添加一个根后, 仍为一

个根(参考定理 6).

15. 对于典型李代数,求证: $(H_{\lambda_1\lambda_2\cdots\lambda_k}, H_{\lambda_1\lambda_2\cdots\lambda_k}) > 0$,这里 $k = n$ 或 $n+1$, $\lambda_i(1 \leqslant i \leqslant k)$ 是不全为零的实数(参考定理 6).

16. 求证(在 §5): $g(H_0, \lambda_i) = V_{\beta_{i_1}} \oplus V_{\beta_{i_2}} \oplus \cdots \oplus V_{\beta_{i_k}}$.

17. 求证(在 §5): Cartan 内积限制在 $T \times T$ 上是非退化的.

18. 设 g 是复 m 维半单纯李代数,具 Cartan 子代数 H,已知 $g = H \oplus g_1 \oplus g_2 \oplus \cdots \oplus g_s$ 是直和分解,这里 $g_1, g_2, \cdots, g_s$ 是 g 内全部单纯理想子代数,具 $[g_i, g_j] = 0 \ (i \neq j)$. 设 g 是两个非零理想子代数 g_1^* 和 g_2^* 的直和,求证: $H = H_1 \oplus H_2$,这里 $H_k(k=1, 2)$ 是 g_k^* 的一个 Cartan 子代数. 另外,上述每个 g_j 或在 g_1^* 内,或在 g_2^* 内 $(1 \leqslant j \leqslant s)$.

19. 设 g 是一个复 m 维半单纯李代数. Δ 是 g 的一个根系,求证: g 是其两个非零理想 g_1^*, g_2^* 的直和当且仅当 $\Delta = \Delta_1 \cup \Delta_2$,这里 Δ_1, Δ_2 分别是 g_1^*, g_2^* 的根系, Δ_1 与 Δ_2 中无相同的根.

20. 设 V 是一个 Euclid 空间, $(,)$ 表示其内积,对于 V 内一个非零向量 v,定义 V 到 V 内的一个映射

$$r_v(w) = w - \frac{2(w, v)}{(v, v)} v, \ \forall w \in V.$$

(1) 求证: r_v 是 V 到 V 上的一个线性同构映射.

(2) 设 Δ_+ 表示复 m 维半单纯李代数相对于一个 Cartan 子代数的所有正根组成的集合. 对于任一素根 $\alpha \in \Delta_+$:

① 求证: r_α 是 $\Delta_+ - \{\alpha\}$ 到 $\Delta_+ - \{\alpha\}$ 上的一个映射,这里 $(,)$ 是 Cartan 内积. 相应地 v 要用 H_v 代替, w 要用 H_w 代替;

② 记 $\rho = \dfrac{1}{2} \displaystyle\sum_{\forall \beta \in \Delta_+} \beta$,求证: $r_\alpha(\rho) = \rho - \alpha$.

21. 在 §6 中, $g^{\mathbf{C}}$ 是一个复李代数,把 i 转化为复结构 J,求证:可以得到一个实李代数 $(g^{\mathbf{C}})^{\mathbf{R}}$.

22. 在 §6 中,如果李代数 $g^{\mathbf{C}}$, g, $(g^{\mathbf{C}})^{\mathbf{R}}$ 中有一个是半单纯的,求证:其余两个也是半单纯的.

23. 求证:不存在四维或五维的复半单纯李代数.

24. g 是一个复半单纯李代数, α, β 是(非零)根, β 关于 α 的根链是 $\beta - p\alpha, \cdots, \beta - \alpha, \beta, \beta + \alpha, \cdots, \beta + q\alpha$; α 关于 β 的根链是 $\alpha - p^*\beta, \cdots, \alpha - \beta, \alpha, \alpha + \beta, \cdots, \alpha + q^*\beta$,求证:

$$\frac{q(p+1)}{(H_\beta, H_\beta)} = \frac{q^*(p^*+1)}{(H_\alpha, H_\alpha)}.$$

25. α_1, α_2 是复半单纯李代数 g 的一个素根系,令

$$A_{ij} = \frac{2(\alpha_i, \alpha_j)}{(\alpha_i, \alpha_i)} (i, j = 1, 2),$$

已知矩阵(A_{ij})是$\begin{bmatrix} 2 & -1 \\ -3 & 2 \end{bmatrix}$,求 g 的全部根.

第五章　李代数和李群表示论初步

§1　三维单纯李代数的不可约表示

设 g 是一个 m 维实(或复)李代数, V 是 n 维实(或复)线性空间, F 是 g 到 $gl(V)$ 内的一个同态, 则称 F 是 g 的 n 次实(或复)表示, 称 V 为 F 的表示空间. 我们知道当 V 的一组基固定时, $gl(V)$ 等同于 $gl(n, \mathbf{R})$(或 $gl(n, \mathbf{C})$).

例如, $\forall X \in g$, $F(X) = \text{ad} X$ 就是 g 的一个 m 次表示(当 $\dim g = m$ 时), 这个表示称为 g 的伴随表示.

认识一个理论, 一般是由浅入深, 由简单到复杂. 我们先仔细讨论 $\Lambda(O(3, \mathbf{C}))$ 的表示. 本节提及的表示全是复表示. $\Lambda(O(3, \mathbf{C}))$ 是 $gl(3, \mathbf{C})$ 内所有由复 3×3 反对称矩阵所组成的一个三维单纯李代数. 这里

$$X_1 = \begin{bmatrix} 0 & 0 & 0 \\ 0 & 0 & -1 \\ 0 & 1 & 0 \end{bmatrix}, X_2 = \begin{bmatrix} 0 & 0 & 1 \\ 0 & 0 & 0 \\ -1 & 0 & 0 \end{bmatrix}, X_3 = \begin{bmatrix} 0 & -1 & 0 \\ 1 & 0 & 0 \\ 0 & 0 & 0 \end{bmatrix}$$

是 $\Lambda(O(3, \mathbf{C}))$ 的一组基, 而且

$$[X_1, X_2] = X_3, \quad [X_2, X_3] = X_1, \quad [X_3, X_1] = X_2. \tag{1.1}$$

令

$$H = \text{i}X_3, \quad E_1 = \text{i}X_1 - X_2, \quad E_{-1} = \text{i}X_1 + X_2. \tag{1.2}$$

由具体计算, 可以得到

$$[H, E_1] = E_1, \quad [H, E_{-1}] = -E_{-1}, \quad [E_1, E_{-1}] = 2H. \tag{1.3}$$

这表明由 H 生成的一个复一维子空间是 $\Lambda(O(3, \mathbf{C}))$ 的一个 Cartan 子代数. 由于 $\forall \lambda \in \mathbf{C}$, 有

$$[\lambda H, E_1] = \lambda E_1, \quad [\lambda H, E_{-1}] = -\lambda E_{-1}, \tag{1.4}$$

则根 φ 满足等式 $\varphi(\lambda H)=\lambda$. 容易看到另一根是$-\varphi$.

设 F 是 $\Lambda(O(3,\mathbf{C}))$ 的一个 n 次复表示, 我们称 $F(H)$ 的特征值为表示 F 的权. 对应于一个权, 称 V 的非零特征向量为 F 的权向量, 这里 V 是 F 的表示空间.

设 v_m 是 F 对应于权 $m(m\in\mathbf{C})$ 的一个权向量, 那么

$$\begin{aligned}
F(H)(F(E_1)v_m) &= F([H,E_1])v_m + F(E_1)F(H)v_m \\
&= F(E_1)v_m + mF(E_1)v_m \\
&= (m+1)F(E_1)v_m.
\end{aligned} \tag{1.5}$$

如果 $F(E_1)v_m \neq 0$, 则 $F(E_1)v_m$ 是对应于权 $m+1$ 的权向量.

类似地, 有

$$F(H)(F(E_{-1})v_m) = (m-1)F(E_{-1})v_m.$$

如果 $F(E_{-1})v_m \neq 0$, 则 $F(E_{-1})v_m$ 是对应于权 $m-1$ 的权向量.

因为 V 是 n 维的, F 的权只有有限个, 所以, 总有一个权是 j 的权向量 v_j 存在, 使得 $F(E_1)v_j = 0$, 这里 $j \in \mathbf{C}$, 和 $F(H)v_j = jv_j$. 这权 j 称为表示 F 的首权.

记 $v_{j-1} = F(E_{-1})v_j$, $v_{j-2} = F(E_{-1})v_{j-1}$, $\cdots$, 首先可以知道 $F(H)v_{j-k} = (j-k)v_{j-k}$, 这里 k 是正整数.

$$\begin{aligned}
F(E_1)v_{j-1} &= F(E_1)F(E_{-1})v_j \\
&= F([E_1,E_{-1}])v_j + F(E_{-1})F(E_1)v_j \\
&= 2F(H)v_j = 2jv_j.
\end{aligned} \tag{1.6}$$

用归纳法假设:对任意正整数 k, 有

$$F(E_1)v_{j-k} = k(2j-k+1)v_{j-k+1}, \tag{1.7}$$

则

$$\begin{aligned}
F(E_1)v_{j-k-1} &= F(E_1)F(E_{-1})v_{j-k} \\
&= F([E_1,E_{-1}])v_{j-k} + F(E_{-1})F(E_1)v_{j-k} \\
&= 2F(H)v_{j-k} + k(2j-k+1)F(E_{-1})v_{j-k+1} \\
&= 2(j-k)v_{j-k} + k(2j-k+1)v_{j-k} \\
&= (k+1)(2j-k)v_{j-k}.
\end{aligned} \tag{1.8}$$

因此, (1.7)式对任意正整数 k 都成立.

由于 V 是有限维的, 故一定有非负整数 j^* 存在, 使得 $v_{j-j^*} \neq 0$ 和

$F(E_{-1})v_{j-j^*} = v_{j-j^*-1} = 0$，称 $j-j^*$ 为最小权. 在(1.7)式内令 $k=j^*+1$，则有 $j^*=2j$，即 $j=\dfrac{1}{2}j^*$，j 为非负整数或半整数. F 的权已有 $\dfrac{1}{2}j^*$，$\dfrac{1}{2}j^*-1$，$\cdots$，$-\dfrac{1}{2}j^*+1$，$-\dfrac{1}{2}j^*$，则至少有 j^*+1 个不同的权. 用 W 表示由权向量 v_j，v_{j-1}，$\cdots$，v_{-j} 生成的 V 的子空间. 容易看到 $\forall X \in \Lambda(O(3, \mathbf{C}))$，$F(X)W \subset W$，称 W 是表示 F 的不变子空间，而且 W 内没有表示 F 的非零不变真子空间. 如果 $V=W$，即 V 内无表示 F 的非零不变真子空间，则称 V 在 F 的作用下是不可约的，称 F 是 $\Lambda(O(3, \mathbf{C}))$ 的一个不可约表示.

定理 1　设 F 是 $\Lambda(O(3, \mathbf{C}))$ 的一个不可约表示，表示空间为 V，于是 $\dim V = 2j+1$，其中 j 为非负整数或半整数，而且可以在 V 内选一组基 v_j，v_{j-1}，$\cdots$，v_{-j}，使得

$$F(H)v_m = mv_m, \quad F(E_{-1})v_m = v_{m-1}, \quad F(E_1)v_m = (j-m)(j+m+1)v_{m+1},$$
$$v_{j+1} = v_{-j-1} = 0 \ (m=-j, -j+1, \cdots, j).$$

反之，任给一个非负整数或半整数 j，可由上面公式来定义 $\Lambda(O(3, \mathbf{C}))$ 的一个以 j 为首权的不可约表示 F.

证明　现在只需证明最后一句话即可. 设 F 是满足定理内公式的 $\Lambda(O(3, \mathbf{C}))$ 到 $gl(V)$ 内的线性映射. 由于

$$\begin{aligned}
[F(H), F(E_1)]v_m &= F(H)F(E_1)v_m - F(E_1)F(H)v_m \\
&= (j-m)(j+m+1)F(H)v_{m+1} - mF(E_1)v_m \\
&= (j-m)(j+m+1)(m+1)v_{m+1} \\
&\quad - m(j-m)(j+m+1)v_{m+1} \\
&= (j-m)(j+m+1)v_{m+1} \\
&= F(E_1)v_m,
\end{aligned} \tag{1.9}$$

因此

$$[F(H), F(E_1)] = F(E_1). \tag{1.10}$$

完全类似地，可以得到

$$[F(H), F(E_{-1})] = -F(E_{-1}), \tag{1.11}$$

$$[F(E_1), F(E_{-1})] = 2F(H). \tag{1.12}$$

由此可以得到 F 是李代数 $\Lambda(O(3, \mathbf{C}))$ 到李代数 $gl(V)$ 内的一个同态.

现在来讨论一般的复三维单纯李代数的不可约表示. 设 g_3 是一个复三维单

纯李代数,则有

$$g_3 = H \oplus g^\alpha \oplus g^{-\alpha}. \tag{1.13}$$

这里 H 是 g_3 的一个 Cartan 子代数,$\dim H = 1$,在 g^α 内有基 e_α,在 $g^{-\alpha}$ 内有基 $e_{-\alpha}$,使得 $\forall h \in H$,有

$$[h, e_\alpha] = \alpha(h)e_\alpha, \quad [h, e_{-\alpha}] = -\alpha(h)e_{-\alpha},$$
$$[e_\alpha, e_{-\alpha}] = -H_\alpha. \tag{1.14}$$

这里 H_α 是根 α 在 H 内的嵌入. F 是 g_3 的一个 n 次复表示,V 是表示空间. 对 H 内任一非零元素 h,$F(h)$ 在 V 内有一个特征值 $\varphi(h)$,对应地,有一个特征向量 $v_{\varphi(h)}$,满足 $F(h)v_{\varphi(h)} = \varphi(h)v_{\varphi(h)}$. 由于 H 是一维的,因此利用 F 的线性性,可以得到 $\forall h' \in H$,有 $h' = ah$,这里 $a \in \mathbf{C}$,$F(h')v_{\varphi(h)} = aF(h)v_{\varphi(h)} = a\varphi(h)v_{\varphi(h)}$. 令 $\varphi(h') = a\varphi(h)$,则 φ 是 H 上的一个线性函数. 用 v_φ 代替 $v_{\varphi(h)}$,则对于 h 内的任意 h,有

$$F(h)v_\varphi = \varphi(h)v_\varphi. \tag{1.15}$$

这里 v_φ 不依赖于 H 内元素的选择,并且与 F 的不可约性无关. 与 $\Lambda(O(3, \mathbf{C}))$ 的情况一样,称 φ 为表示 F 的一个权,称对应的向量 v_φ 为一个权向量,$\varphi(h)$ 作为 H 上的线性函数,一定存在 H 上唯一的元素 H_φ,使得 $\varphi(h) = (h, H_\varphi)$. 这里 $(,)$ 是 g_3 上的 Killing 型.

类似 $\Lambda(O(3, \mathbf{C}))$ 的情况,有下述等式

$$F(h)F(e_\alpha)v_\varphi = (H_\varphi + H_\alpha, h)F(e_\alpha)v_\varphi,$$
$$F(h)F(e_{-\alpha})v_\varphi = (H_\varphi - H_\alpha, h)F(e_{-\alpha})v_\varphi. \tag{1.16}$$

这留给读者作练习.

当 $F(e_\alpha)v_\varphi \neq 0$ 时,从 (1.16) 的第一式可以知道 $F(e_\alpha)v_\varphi$ 是对应于权 $\varphi + \alpha$ 的权向量.

由于 V 是有限维的,则一定有非负整数 q 存在,使得 $v_\Lambda = (F(e_\alpha))^q v_\varphi \neq 0$,$F(e_\alpha)v_\Lambda = 0$,这里,$v_\Lambda$ 是对应于权 $\varphi + q\alpha$ 的权向量,Λ 为首权.

类似地,有非负整数 p 存在,使得 $(F(e_{-\alpha}))^p v_\varphi \neq 0$,$(F(e_{-\alpha}))^{p+1} v_\varphi = 0$. 这里 $(F(e_{-\alpha}))^p v_\varphi$ 是对应于权 $\varphi - p\alpha$ 的权向量.

我们引入 $v_k = (F(e_{-\alpha}))^k v_\Lambda$,这里 $k = 1, 2, \cdots$,显然 $v_{p+q+1} = 0$,$v_0 = v_\Lambda$. $F(e_\alpha)v_\Lambda = 0$. 现在证明

$$F(e_\alpha)v_{k+1} = \frac{1}{2}(k+1)\left[k - \frac{2(H_\Lambda, H_\alpha)}{(H_\alpha, H_\alpha)}\right](H_\alpha, H_\alpha)v_k. \tag{1.17}$$

这里 k 是大于等于 -1 的整数，H_Λ 是首权 Λ 在 H 内的嵌入，$H_\Lambda = H_\varphi + q H_\alpha$，$v_{-1}$ 表示 V 内的任一向量.

当 $k = -1$ 时，(1.17)式的左、右两边皆为零，等式成立. 设当 k 时，(1.17)式成立，考虑 $k + 1$ 时，有

$$
\begin{aligned}
F(e_\alpha) v_{k+2} &= F(e_\alpha) F(e_{-\alpha}) v_{k+1} \\
&= F([e_\alpha, e_{-\alpha}]) v_{k+1} + F(e_{-\alpha}) F(e_\alpha) v_{k+1} \\
&= -F(H_\alpha) v_{k+1} + \frac{1}{2}(k+1) \left[k - \frac{2(H_\Lambda, H_\alpha)}{(H_\alpha, H_\alpha)} \right] (H_\alpha, H_\alpha) F(e_{-\alpha}) v_k \\
&= -(H_\varphi + (q - (k+1)) H_\alpha, H_\alpha) v_{k+1} + \frac{1}{2}(k+1) \cdot \\
&\quad \left[k - \frac{2(H_\Lambda, H_\alpha)}{(H_\alpha, H_\alpha)} \right] (H_\alpha, H_\alpha) v_{k+1} \\
&= \frac{1}{2}(k+2) \left[k + 1 - \frac{2(H_\Lambda, H_\alpha)}{(H_\alpha, H_\alpha)} \right] (H_\alpha, H_\alpha) v_{k+1}.
\end{aligned}
\tag{1.18}
$$

因此，(1.17)式的确成立. 令 $k = p + q$，则从(1.17)式可以得到

$$
p + q = \frac{2(H_\Lambda, H_\alpha)}{(H_\alpha, H_\alpha)}.
\tag{1.19}
$$

于是

$$
p - q = \frac{2(H_\varphi, H_\alpha)}{(H_\alpha, H_\alpha)}.
\tag{1.20}
$$

令 W 是由 $v_0, v_1, v_2, \cdots, v_{p+q}$ 张成的 V 的子空间. $\Lambda(O(3, \mathbf{C}))$ 的不可约表示概念完全适用于一般李代数. $\forall X \in g_3$，容易看到 $F(X) W \subset W$，如果 F 是不可约表示，那么 $W = V$，$\dim V = p + q + 1$. 因为 H 是 g_3 的一维子空间，所以有复数 j 存在，使得 $H_\Lambda = \mathrm{j} H_\alpha$，那么 $\Lambda = \mathrm{j}\alpha$，利用(1.19)式，可以得到 $2\mathrm{j} = p + q$，因此 F 的所有权是 $\Lambda, \Lambda - \alpha, \cdots, -\Lambda + \alpha, -\Lambda$. 于是我们有下面的定理 2.

定理 2　如果 F 是复 3 维单纯李代数 $g_3 = H \oplus g^\alpha \oplus g^{-\alpha}$（Cartan 分解）的一个不可约表示，$V$ 是表示空间，则 F 的权是 $\Lambda, \Lambda - \alpha, \cdots, -\Lambda + \alpha, -\Lambda$，而且存在 V 的一组基 $v_0, v_1, \cdots, v_{p+q}$，满足下述公式：

$$
\forall h \in H, \ F(h) v_k = (H_\Lambda - k H_\alpha, h) v_k,
$$

$$
F(e_{-\alpha}) v_k = v_{k+1}, \ F(e_\alpha) v_{k+1} = \frac{1}{2}(k+1) \left[k - \frac{2(H_\Lambda, H_\alpha)}{(H_\alpha, H_\alpha)} \right] (H_\alpha, H_\alpha) v_k,
$$

这里 H_Λ，H_α 分别是权 Λ，α 在 H 内的嵌入，$e_{-\alpha}$，e_α 分别是 $g^{-\alpha}$，g^α 的基向量,而且有关系 $[e_\alpha, e_{-\alpha}] = -H_\alpha$，$k = 0, 1, 2, \cdots, p+q$. 反之,上面的公式决定了 g_3 的一个不可约表示.

证明　我们只要证明最后一句话就可以了.

$$F([h, e_\alpha])v_k = \alpha(h)F(e_\alpha)v_k = \alpha(h)\mu_{k-1}v_{k-1},$$

这里

$$\mu_{k-1} = \frac{1}{2}k\left[k-1-\frac{2(H_\Lambda, H_\alpha)}{(H_\alpha, H_\alpha)}\right](H_\alpha, H_\alpha).$$

$$\begin{aligned}
[F(h), F(e_\alpha)]v_k &= F(h)F(e_\alpha)v_k - F(e_\alpha)F(h)v_k\\
&= \mu_{k-1}F(h)v_{k-1} - (H_\Lambda - kH_\alpha, h)F(e_\alpha)v_k\\
&= \mu_{k-1}(H_\Lambda - (k-1)H_\alpha, h)v_{k-1} - (H_\Lambda - kH_\alpha, h) \cdot\\
&\quad \mu_{k-1}v_{k-1}\\
&= \mu_{k-1}(H_\alpha, h)v_{k-1} = \alpha(h)\mu_{k-1}v_{k-1},
\end{aligned}$$

所以,有

$$F([h, e_\alpha]) = [F(h), F(e_\alpha)]. \tag{1.21}$$

类似地,可以证明:

$$F([e_\alpha, e_{-\alpha}]) = [F(e_\alpha), F(e_{-\alpha})], \tag{1.22}$$

$$F([h, e_{-\alpha}]) = [F(h), F(e_{-\alpha})]. \tag{1.23}$$

上面两式留给读者作练习.

§2　$SU(2)$的不可约酉表示

从第三章 §11 知道 $SU(2)$ 是 $SO(3, \mathbf{R})$ 的通用覆盖群,现在,我们要建立两者之间更明确的关系. 记 I_2 为矩阵 $\begin{bmatrix} 1 & 0 \\ 0 & 1 \end{bmatrix}$，$-I_2$ 为矩阵 $\begin{bmatrix} -1 & 0 \\ 0 & -1 \end{bmatrix}$.

定理 3　$SU(2)$ 的伴随表示是 $SU(2)$ 到 $SO(3, \mathbf{R})$ 上的一个连续同态,这个同态的核是 I_2 及 $-I_2$，$SU(2)/\{I_2 \cup -I_2\}$ 微分同构于 $SO(3, \mathbf{R})$.

证明　由于 $SU(2)$ 是一个紧致连通 3 维李群,由第三章定理 32 可以知道 $SU(2)$ 的伴随表示像 $\mathrm{Ad}(SU(2))$ 是 $O(3, \mathbf{R})$ 的连通子群,则 $\mathrm{Ad}(SU(2)) \subset SO(3, \mathbf{R})$. 下面证明

$$\mathrm{Ad}(SU(2)) = SO(3, \mathbf{R}).$$

我们知道

$$\Lambda(SU(2)) = \{A \in gl(2, \mathbf{C}) \mid \bar{A}^{\mathrm{T}} + A = 0, \ \mathrm{Tr}A = 0\}, \tag{2.1}$$

即

$$\Lambda(SU(2)) = \left\{ \begin{bmatrix} a\mathrm{i} & -b+c\mathrm{i} \\ b+c\mathrm{i} & -a\mathrm{i} \end{bmatrix} \middle| a, b, c \in \mathbf{R} \right\}. \tag{2.2}$$

令

$$X_1 = \frac{1}{2} \begin{bmatrix} 0 & \mathrm{i} \\ \mathrm{i} & 0 \end{bmatrix}, \ X_2 = \frac{1}{2} \begin{bmatrix} 0 & -1 \\ 1 & 0 \end{bmatrix}, \ X_3 = \frac{1}{2} \begin{bmatrix} \mathrm{i} & 0 \\ 0 & -\mathrm{i} \end{bmatrix}, \tag{2.3}$$

则 $\Lambda(SU(2))$ 内任一元素是 X_1, X_2, X_3 的实线性组合,由直接计算可以看到:

$$[X_2, X_3] = X_1, \ [X_3, X_1] = X_2, \ [X_1, X_2] = X_3. \tag{2.4}$$

从这里也可以看到李代数 $\Lambda(SU(2))$ 同构于李代数 $\Lambda(SO(3, \mathbf{R}))$. $\forall t \in \mathbf{R}$, 有

$$\begin{aligned}
\mathrm{Ad}(\exp t X_2) X_1 &= (\exp t \, \mathrm{ad} X_2) X_1 = \mathrm{e}^{t \, \mathrm{ad} X_2}(X_1) \\
&= X_1 - t X_3 - \frac{1}{2!} t^2 X_1 + \frac{1}{3!} t^3 X_3 + \frac{1}{4!} t^4 X_1 - \frac{1}{5!} t^5 X_3 \\
&\quad - \frac{1}{6!} t^6 X_1 + \cdots + \frac{1}{(2k-1)!} t^{2k-1} (-1)^k X_3 + \frac{1}{(2k)!} t^{2k} \cdot \\
&\quad (-1)^k X_1 + \cdots = (\cos t) X_1 - (\sin t) X_3.
\end{aligned} \tag{2.5}$$

类似地,有

$$\mathrm{Ad}(\exp t X_2) X_2 = X_2, \ \mathrm{Ad}(\exp t X_2) X_3 = (\sin t) X_1 + (\cos t) X_3. \tag{2.6}$$

因而 $\mathrm{Ad}(\exp t X_2)$ 等同于矩阵

$$\begin{bmatrix} \cos t & 0 & \sin t \\ 0 & 1 & 0 \\ -\sin t & 0 & \cos t \end{bmatrix}.$$

采用同样方法计算,可以得到 $\mathrm{Ad}(\exp t X_3)$ 等同于矩阵

$$\begin{bmatrix} \cos t & -\sin t & 0 \\ \sin t & \cos t & 0 \\ 0 & 0 & 1 \end{bmatrix}.$$

(这里也可视 $\exp tX_2$ 为 $SO(3, \mathbf{R})$ 内一个单参数子群在 $SU(2)$ 内的微分同构像. $\exp tX_3$ 也如此.)

现在来分析 $SO(3, \mathbf{R})$.

设 $\mathbf{R}^3$ 内两个具有同一原点的坐标系为 $Oxyz$ 和 $Ox^*y^*z^*$，z 轴与 z^* 轴的夹角为 ψ_1，$0 \leqslant \psi_1 \leqslant \pi$，$x^*y^*$ 平面交 xy 平面于直线 ξ，用 e_1，e_2，e_3 分别表示 x，y，z 三个轴的单位正向量,用 e_1^*，e_2^*，e_3^* 分别表示 x^*，y^*，z^* 三个轴的单位正向量. 选择直线 ξ 的单位正向量 e，使得 $e_3 \times e_3^*$ 就是 e 的方向，向量 e_1 绕 z 轴按逆时针方向转动 ψ_2 角转到向量 e，$0 \leqslant \psi_2 < 2\pi$，$e$ 绕 z^* 轴按逆时针方向转动 ψ_3 角转到向量 e_1^*，$0 \leqslant \psi_3 < 2\pi$. 容易看到(参见黄宣国编著《空间解析几何》第 44～45 页及第 15 页)

$$e_3^* = \sin\psi_1 \sin\psi_2 e_1 - \sin\psi_1 \cos\psi_2 e_2 + \cos\psi_1 e_3,$$

$$e = \cos\psi_2 e_1 + \sin\psi_2 e_2,$$

$$e_3^* \times e = -\cos\psi_1 \sin\psi_2 e_1 + \cos\psi_1 \cos\psi_2 e_2 + \sin\psi_1 e_3,$$

$$e_1^* = \cos\psi_3 e + \sin\psi_3 e_3^* \times e$$
$$= (\cos\psi_2 \cos\psi_3 - \cos\psi_1 \sin\psi_2 \sin\psi_3) e_1$$
$$+ (\sin\psi_2 \cos\psi_3 + \cos\psi_1 \cos\psi_2 \sin\psi_3) e_2 + \sin\psi_1 \sin\psi_3 e_3,$$

$$e_2^* = e_3^* \times e_1^* = -(\cos\psi_2 \sin\psi_3 + \cos\psi_1 \sin\psi_2 \cos\psi_3) e_1$$
$$+ (-\sin\psi_2 \sin\psi_3 + \cos\psi_1 \cos\psi_2 \cos\psi_3) e_2 + \sin\psi_1 \cos\psi_3 e_3.$$

$$(2.7)$$

$\mathbf{R}^3$ 内两个具有同一原点的坐标系 $Oxyz$ 和 $Ox^*y^*z^*$ 的坐标变换矩阵恰是一个行列式为 1 的正交矩阵. 反之,任一个行列式为 1 的正交矩阵恰决定了上述坐标系 $Oxyz$ 到 $Ox^*y^*z^*$ 的一个旋转.

从(2.7)式可以看到

$$(e_1^*, e_2^*, e_3^*) = (e_1, e_2, e_3) \cdot$$

$$\begin{bmatrix} \cos\psi_2\cos\psi_3 - \cos\psi_1\sin\psi_2\sin\psi_3 & -(\cos\psi_2\sin\psi_3 + \cos\psi_1\sin\psi_2\cos\psi_3) & \sin\psi_1\sin\psi_2 \\ \sin\psi_2\cos\psi_3 + \cos\psi_1\cos\psi_2\sin\psi_3 & -\sin\psi_2\sin\psi_3 + \cos\psi_1\cos\psi_2\cos\psi_3 & -\sin\psi_1\cos\psi_2 \\ \sin\psi_1\sin\psi_3 & \sin\psi_1\cos\psi_3 & \cos\psi_1 \end{bmatrix}$$

$$= (e_1, e_2, e_3) \begin{bmatrix} \cos\left(\frac{\pi}{2}+\psi_2\right) & -\sin\left(\frac{\pi}{2}+\psi_2\right) & 0 \\ \sin\left(\frac{\pi}{2}+\psi_2\right) & \cos\left(\frac{\pi}{2}+\psi_2\right) & 0 \\ 0 & 0 & 1 \end{bmatrix} \begin{bmatrix} \cos\psi_1 & 0 & -\sin\psi_1 \\ 0 & 1 & 0 \\ \sin\psi_1 & 0 & \cos\psi_1 \end{bmatrix}.$$

$$\begin{bmatrix} \cos\left(\dfrac{3\pi}{2}+\psi_3\right) & -\sin\left(\dfrac{3\pi}{2}+\psi_3\right) & 0 \\[2mm] \sin\left(\dfrac{3\pi}{2}+\psi_3\right) & \cos\left(\dfrac{3\pi}{2}+\psi_3\right) & 0 \\[2mm] 0 & 0 & 1 \end{bmatrix}$$

$$= (e_1,\,e_2,\,e_3)\mathrm{Ad}\left(\exp\left(\frac{\pi}{2}+\psi_2\right)X_3\right)\mathrm{Ad}(\exp(-\psi_1)X_2)\mathrm{Ad}\left(\exp\left(\frac{3\pi}{2}+\varphi_3\right)X_3\right)$$

（利用(2.6)式及后面叙述）。 (2.8)

所以，$\mathrm{Ad}(SU(2))=SO(3,\mathbf{R})$。

现在，我们来确定 $SU(2)$ 的伴随表示 Ad 的核 N，在核 N 内任取一个元素 $B=\begin{bmatrix} \alpha & \beta \\ -\bar\beta & \bar\alpha \end{bmatrix}$，这里

$$\alpha\bar\alpha+\beta\bar\beta=1,\ \mathrm{Ad}(B)X_2=X_2,\ \mathrm{Ad}(B)X_3=X_3,$$

则 $\forall t\in\mathbf{R}$，

$$\exp tX_2=\exp t\,\mathrm{Ad}(B)X_2=B\exp tX_2B^{-1},\ B\exp tX_2=(\exp tX_2)B,$$

那么，$Be^{tX_2}=e^{tX_2}B$，这导致 $BX_2=X_2B$。类似地，有 $BX_3=X_3B$。利用 X_2，X_3 及 B 的表达式，有 $\beta=0$，和 α 是实数，于是 $\alpha=\pm1$。反之，当 $B=\pm I_2$ 时，的确有 $\mathrm{Ad}(B)X_2=X_2$，$\mathrm{Ad}(B)X_3=X_3$，$\mathrm{Ad}(B)X_1=X_1$。由此可以得到 $SU(2)/\{I_2\bigcup-I_2\}$ 代数同构于 $SO(3,\mathbf{R})$，利用紧空间到 Hausdorff 空间的 1—1 到上连续映射为同胚可以知道：$SU(2)/\{I_2\bigcup-I_2\}$ 微分同构于 $SO(3,\mathbf{R})$。

定理 3 告诉我们伴随表示 Ad 也是 $SU(2)$ 到 $SO(3,\mathbf{R})$ 上的覆盖同态，而且 Poincaré 群仅两个元素。明确了 $SU(2)$ 和 $SO(3,\mathbf{R})$ 两者的这种关系，本节仅讨论 $SU(2)$ 上的表示，下节再来讨论 $SO(3,\mathbf{R})$ 上的表示。

$\mathbf{C}^2=\{(z_1,\,z_2)\,|\,z_1,\,z_2\in\mathbf{C}\}$ 是复二维 Euclid 空间，我们定义映射 F：

$$\mathbf{C}^2\times SU(2)\rightarrow\mathbf{C}^2,$$

$$F\left((z_1,\,z_2),\begin{bmatrix} \alpha & \beta \\ -\bar\beta & \bar\alpha \end{bmatrix}\right)=(\alpha z_1-\bar\beta z_2,\ \beta z_1+\bar\alpha z_2).$$

F 称为 $SU(2)$ 在 $\mathbf{C}^2$ 上的右作用。F 满足：

$$F\left((z_1,\,z_2),\begin{bmatrix} \alpha & \beta \\ -\bar\beta & \bar\alpha \end{bmatrix}\begin{bmatrix} \gamma & \delta \\ -\bar\delta & \bar\gamma \end{bmatrix}\right)=F\left(F\left((z_1,\,z_2),\begin{bmatrix} \alpha & \beta \\ -\bar\beta & \bar\alpha \end{bmatrix}\right),\begin{bmatrix} \gamma & \delta \\ -\bar\delta & \bar\gamma \end{bmatrix}\right).$$

另外，F 满足

$$F\left((z_1, z_2), \begin{bmatrix} 1 & 0 \\ 0 & 1 \end{bmatrix}\right) = (z_1, z_2).$$

V_n 是由两个变元的 n 次齐次多项式组成的复 $n+1$ 维线性空间,用 e_1 表示第一个变元的 n 次方,e_2 表示第一个变元的 $n-1$ 次方乘上第二个变元,$\cdots$,e_n 表示第一个变元乘上第二个变元的 $n-1$ 次方,e_{n+1} 表示第二个变元的 n 次方,例如 $e_1(z_1, z_2) = z_1^n$,$e_2(z_1, z_2) = z_1^{n-1} z_2$,等等,$V_n$ 以 $e_1, e_2, \cdots, e_n, e_{n+1}$ 为基.

在 $SU(2)$ 内任取一矩阵 A,$U^n(A)$ 表示 V_n 到 V_n 的一个映射,由下式定义:$\forall f \in V_n$,

$$U^n(A)f(z_1, z_2) = f((z_1, z_2)A). \tag{2.9}$$

定理 4　U^n 是 $SU(2)$ 的 $n+1$ 次复表示.

证明　$\forall A \in SU(2)$,容易看到 $U^n(AA^{-1}) = U^n(I_2) = Id$ (V_n 上的恒等映射). $\forall A, B \in SU(2)$,$\forall f \in V_n$,有

$$
\begin{aligned}
(U^n(A)U^n(B)f)(z_1, z_2) &= U^n(B)f((z_1, z_2)A) \\
&= f((z_1, z_2)AB) \\
&= (U^n(AB)f)(z_1, z_2).
\end{aligned}
$$

这里注意到 $f((z_1, z_2)A) = f(F((z_1, z_2), A))$,因而有

$$U^n(A)U^n(B) = U^n(AB). \tag{2.10}$$

所以,U^n 是 $SU(2)$ 到 $GL(n+1, \mathbf{C})$ 内的同态.

现在证明 U^n 的连续性.

令 $A = \begin{bmatrix} \alpha & \beta \\ -\bar{\beta} & \bar{\alpha} \end{bmatrix}$,则当 $1 \leqslant k \leqslant n+1$ 时,有

$$
\begin{aligned}
(U^n(A)e_k)(z_1, z_2) &= e_k((z_1, z_2)A) \\
&= e_k(\alpha z_1 - \bar{\beta} z_2, \beta z_1 + \bar{\alpha} z_2) \\
&= (\alpha z_1 - \bar{\beta} z_2)^{n-k+1}(\beta z_1 + \bar{\alpha} z_2)^{k-1} \\
&= \sum_{j=0}^{n-k+1} C_{n-k+1}^j (\alpha z_1)^{n-k-j+1} \cdot \\
&\qquad (-\bar{\beta} z_2)^j \sum_{l=0}^{k-1} C_{k-1}^l (\beta z_1)^{k-l-1} (\bar{\alpha} z_2)^l \\
&= \sum_{j=0}^{n-k+1} \sum_{l=0}^{k-1} C_{n-k+1}^j C_{k-1}^l \alpha^{n-k-j+1} \bar{\alpha}^l \beta^{k-l-1} \cdot
\end{aligned}
$$

$$(-\bar{\beta})^j e_{j+l+1}(z_1, z_2). \tag{2.11}$$

那么,有

$$U^n(A)e_k = \sum_{j=0}^{n-k+1} \sum_{l=0}^{k-1} \mathrm{C}_{n-k+1}^j \mathrm{C}_{k-1}^l \alpha^{n-k-j+1} \bar{\alpha}^l \beta^{k-l-1} (-\bar{\beta})^j e_{j+l+1}. \tag{2.12}$$

因而 $U^n(A)$ 关于 A 是连续的.

有了定理 4,现在在 V_n 上定义内积 $\langle,\rangle$,$\forall \varphi, \psi \in V_n$,$\varphi = \sum_{k=1}^{n+1} a_k e_k$,$\psi = \sum_{k=1}^{n+1} b_k e_k$,那么

$$\langle \varphi, \psi \rangle = \sum_{k=1}^{n+1} (k-1)!(n-k+1)! a_k \bar{b}_k. \tag{2.13}$$

记 $a = (a_1, a_2)$,$a_1, a_2 \in \mathbf{C}$,令

$$\varphi_a = \sum_{k=1}^{n+1} \mathrm{C}_n^{k-1} a_1^{n+1-k} a_2^{k-1} e_k,$$

容易看到 $\varphi_a(z_1, z_2) = (a_1 z_1 + a_2 z_2)^n$. 记 $b = (b_1, b_2)$,$b_1, b_2 \in \mathbf{C}$,则

$$\begin{aligned}
\langle \varphi_a, \varphi_b \rangle &= \sum_{k=1}^{n+1} (k-1)!(n-k+1)!(\mathrm{C}_n^{k-1})^2 a_1^{n+1-k} a_2^{k-1} \bar{b}_1^{n+1-k} \bar{b}_2^{k-1} \\
&= n! \sum_{k=1}^{n+1} \mathrm{C}_n^{k-1} (a_1 \bar{b}_1)^{n+1-k} (a_2 \bar{b}_2)^{k-1} \\
&= n!(a_1 \bar{b}_1 + a_2 \bar{b}_2)^n \\
&= n!(a, b)^n, \tag{2.14}
\end{aligned}$$

这里 $(a, b) = a_1 \bar{b}_1 + a_2 \bar{b}_2$ 是 $\mathbf{C}^2$ 空间的 Hermite 内积.

$$\begin{aligned}
(U^n(A)\varphi_a)(z_1, z_2) &= \varphi_a((z_1, z_2)A) \\
&= \varphi_a(\alpha z_1 - \bar{\beta} z_2, \beta z_1 + \bar{\alpha} z_2) \\
&= [a_1(\alpha z_1 - \bar{\beta} z_2) + a_2(\beta z_1 + \bar{\alpha} z_2)]^n \\
&= [(a_1 \alpha + a_2 \beta) z_1 + (-a_1 \bar{\beta} + a_2 \bar{\alpha}) z_2]^n \\
&= \varphi_{aA^{\mathrm{T}}}(z_1, z_2), \tag{2.15}
\end{aligned}$$

这里
$$aA^{\mathrm{T}} = (a_1, a_2) \begin{bmatrix} \alpha & -\bar{\beta} \\ \beta & \bar{\alpha} \end{bmatrix} = (a_1 \alpha + a_2 \beta, -a_1 \bar{\beta} + a_2 \bar{\alpha}).$$

所以
$$U^n(A)\varphi_a = \varphi_{aA^\mathrm{T}}. \tag{2.16}$$

因而
$$\begin{aligned}
\langle U^n(A)\varphi_a, U^n(A)\varphi_b \rangle &= \langle \varphi_{aA^\mathrm{T}}, \varphi_{bA^\mathrm{T}} \rangle \\
&= n!(aA^\mathrm{T}, bA^\mathrm{T})^n = n!(a, b)^n \\
&= \langle \varphi_a, \varphi_b \rangle.
\end{aligned} \tag{2.17}$$

下面证明集合 $\{\varphi_a \mid a \in \mathbf{C}^2\}$ 包含 V_n 的一组基. 令

$$a_1 = (1, 0),\ a_2 = (1, \mathrm{e}^{\frac{2\pi\mathrm{i}}{n}}),\ \cdots,\ a_{k+1} = (1, \mathrm{e}^{\frac{2k\pi\mathrm{i}}{n}}),\ \cdots,$$
$$a_n = (1, \mathrm{e}^{\frac{2(n-1)\pi\mathrm{i}}{n}}),\ a_{n+1} = (0, 1),$$

则利用公式 $\varphi_a(z_1, z_2) = (a_1 z_1 + a_2 z_2)^n$, 由计算可以得到

$$\varphi_{a_1} = e_1,\ \varphi_{a_2} = \sum_{s=1}^{n+1} \mathrm{C}_n^{s-1} \mathrm{e}^{\frac{2(s-1)\pi\mathrm{i}}{n}} e_s,\ \cdots,\ \varphi_{a_{k+1}} = \sum_{s=1}^{n+1} \mathrm{C}_n^{s-1} \mathrm{e}^{\frac{2k(s-1)\pi\mathrm{i}}{n}} e_s,\ \cdots,$$
$$\varphi_{a_n} = \sum_{s=1}^{n+1} \mathrm{C}_n^{s-1} \mathrm{e}^{\frac{2(n-1)(s-1)\pi\mathrm{i}}{n}} e_s,\ \varphi_{a_{n+1}} = e_{n+1}.$$

如果能证明 $\varphi_{a_1},\ \cdots,\ \varphi_{a_{n+1}}$ 是线性独立的,那么集合 $\{\varphi_a \mid a \in \mathbf{C}^2\}$ 的确包含 V_n 的一组基.

如果有 $n+1$ 个复数 $\alpha_1,\ \cdots,\ \alpha_{n+1}$ 满足 $\sum\limits_{k=1}^{n+1} \alpha_k \varphi_{a_k} = 0$, 这导出关于 $\alpha_1,\ \cdots,$ α_{n+1} 的线性方程组:

$$\begin{cases}
\alpha_1 + \alpha_2 + \cdots + \alpha_n = 0, \\
\alpha_2 \mathrm{e}^{\frac{2\pi\mathrm{i}}{n}} + \cdots + \alpha_{k+1} \mathrm{e}^{\frac{2k\pi\mathrm{i}}{n}} + \cdots + \alpha_n \mathrm{e}^{\frac{2(n-1)\pi\mathrm{i}}{n}} = 0, \\
\qquad\cdots\cdots\cdots\cdots \\
\alpha_2 \mathrm{e}^{\frac{2\pi(n-1)}{n}\mathrm{i}} + \cdots + \alpha_{k+1} \mathrm{e}^{\frac{2\pi(n-1)k}{n}\mathrm{i}} + \cdots + \alpha_n \mathrm{e}^{\frac{2\pi(n-1)^2}{n}\mathrm{i}} = 0, \\
\alpha_2 + \cdots + \alpha_{n+1} = 0.
\end{cases} \tag{2.18}$$

利用 Vandermonde 行列式知识可以知道:(2.18)式的系数行列式值是

$$(-1)^{n-1} \prod_{2 \leqslant j < k \leqslant n} (\mathrm{e}^{\frac{2\pi(k-1)\mathrm{i}}{n}} - \mathrm{e}^{\frac{2\pi(j-1)\mathrm{i}}{n}}) \neq 0,$$

所以 $\alpha_1,\ \cdots,\ \alpha_{n+1}$ 必全为零.

从上面的叙述可以得到

$$\forall \varphi, \psi \in V_n,\ \forall A \in SU(2),$$

$$\langle U^n(A)\varphi, U^n(A)\psi\rangle = \langle \varphi, \psi\rangle. \tag{2.19}$$

这表明 $U^n(A)$ 是 V_n 上的一个酉算子,我们称 U^n 是 $SU(2)$ 的一个 $n+1$ 次酉表示.

李代数表示中的表示空间、不可约表示等概念几乎可以原封不动地搬到李群的表示理论中来.

定理 5 对任何非负整数 n, $SU(2)$ 的 $n+1$ 次酉表示 U^n 是不可约的.

在证明定理 5 之前,我们先证明一个著名的 Schur 引理.

Schur 引理 (1) 已知李群 M 的 n 次复表示 F 是不可约的,那么与表示空间 V 上每个线性变换 $F(x)$ ($\forall x \in M$) 都可交换的线性变换一定是 λI_n,这里 $\lambda \in \mathbb{C}$, I_n 是 V 上恒等变换.

(2) F 是李群 M 的 n 次酉表示,已知 $N = \{A \in gl(V) \mid AF(x) = F(x)A, \forall x \in M\}$ 等于集合 $\{\lambda I_n \mid \lambda \in \mathbb{C}\}$,则 F 是不可约的.

证明 (1) 记 $N_1 = \{A \in gl(V) \mid AF(x) = F(x)A, \forall x \in M\}$, $\forall A \in N_1$,线性变换 A 至少有一个特征值 $\lambda \in \mathbb{C}$. 记 $V_1 = \{v \in V \mid Av = \lambda v\}$, V_1 是 V 的一个非零线性子空间. $\forall v \in V_1$, $\forall x \in M$,有

$$A(F(x)v) = F(x)Av = \lambda(F(x)v), \tag{2.20}$$

则 $F(x)v \in V_1$. 因此, V_1 在 F 的作用下不变. 由于 F 不可约,一定有 $V_1 = V$,因此 $A = \lambda I_n$.

(2) 用反证法. 如果 F 是可约的(即不是不可约的),那么存在 V 的非零真子空间 V_1, $\forall x \in M$, $F(x)V_1 \subset V_1$, V 上有内积 $\langle,\rangle$,它在 $F(x)$ 的作用下不变. $V = V_1 \oplus V_2$,在内积 $\langle,\rangle$ 意义下,这里的 V_2 是垂直于 V_1 的.

$\forall x \in M$, $\forall v_1 \in V_1$, $\forall v_2 \in V_2$,由于

$$\begin{aligned}
\langle F(x)v_2, v_1\rangle &= \langle F(x^{-1})F(x)v_2, F(x^{-1})v_1\rangle \\
&= \langle v_2, F(x^{-1})v_1\rangle = 0,
\end{aligned}$$

因此, V_2 在 F 的作用下也是不变的. (这是 $\forall x \in M$, $F(x)V_2 \subset V_2$ 的说法.) $\forall v \in V$, $v = v_1 + v_2$, V 到 V_1 上的投影映射 P 满足 $Pv = v_1$,下面证明 $P \in N$. $\forall x \in M$,得到

$$\begin{aligned}
F(x)v &= F(x)v_1 + F(x)v_2, \\
PF(x)v &= F(x)v_1 = F(x)Pv. \tag{2.21}
\end{aligned}$$

于是 $PF(x) = F(x)P$, $P \in N$. 由条件知道 $P = \lambda I_n$,但 $P^2 = P$,则 $\lambda^2 = \lambda$, $\lambda = 0$ 或 $\lambda = 1$. 当 $\lambda = 0$ 时,表明 V_1 是零空间;当 $\lambda = 1$ 时, $V_1 = V$,这与 V_1 是 V 的

非零真子空间矛盾,所以 F 是不可约的.

把 Schur 引理中的李群换成李代数,也有类似的 Schur 引理.

接下来我们来证明定理 5.

证明 由 Schur 引理(2),只要证明 $\forall A \in SU(2)$,当 $B \in gl(V_n)$ 满足 $BU^n(A) = U^n(A)B$ 时,必能推出 $B = \lambda I_{n+1}$ 就可以了.

设 a 是任意一个绝对值为 1 的复数,那么

$$E = \begin{bmatrix} a & 0 \\ 0 & \dfrac{1}{a} \end{bmatrix} \in SU(2), \ 1 \leqslant k \leqslant n+1,$$

$$
\begin{aligned}
(U^n(E)e_k)(z_1, z_2) &= e_k((z_1, z_2)E) \\
&= e_k\left(az_1, \frac{1}{a}z_2\right) = (az_1)^{n-k+1}\left(\frac{1}{a}z_2\right)^{k-1} \\
&= a^{n-2k+2}e_k(z_1, z_2),
\end{aligned}
\tag{2.22}
$$

因而有 $U^n(E)e_k = a^{n-2k+2}e_k$. 令

$$Be_k = \sum_{j=1}^{n+1} c_j e_j,$$

则

$$
\begin{aligned}
U^n(E)Be_k &= \sum_{j=1}^{n+1} c_j U^n(E)e_j \\
&= \sum_{j=1}^{n+1} c_j a^{n-2j+2} e_j,
\end{aligned}
\tag{2.23}
$$

$$
\begin{aligned}
U^n(E)Be_k = BU^n(E)e_k &= a^{n-2k+2} Be_k \\
&= a^{n-2k+2} \sum_{j=1}^{n+1} c_j e_j.
\end{aligned}
\tag{2.24}
$$

由于 a 是绝对值为 1 的任意一个复数,因此利用(2.23)式和(2.24)式,则当 $j \neq k$ 时, $c_j = 0$,那么 $Be_k = c_k e_k$.

取

$$K(t) = \begin{bmatrix} \cos t & -\sin t \\ \sin t & \cos t \end{bmatrix}, \ t \in \mathbf{R}, \ K(t) \in SU(2),$$

当然有 $BU^n(K(t)) = U^n(K(t))B$. 而

$$U^n(K(t))e_1(z_1, z_2) = e_1((z_1, z_2)K(t))$$

$$= (z_1 \cos t + z_2 \sin t)^n$$

$$= \sum_{k=1}^{n+1} C_n^{k-1} \cos^{n-k+1} t \sin^{k-1} t e_k(z_1, z_2), \quad (2.25)$$

那么

$$U^n(K(t)) e_1 = \sum_{k=1}^{n+1} C_n^{k-1} \cos^{n-k+1} t \sin^{k-1} t e_k. \quad (2.26)$$

$$BU^n(K(t)) e_1 = \sum_{k=1}^{n+1} C_n^{k-1} \cos^{n-k+1} t \sin^{k-1} t B e_k$$

$$= \sum_{k=1}^{n+1} C_n^{k-1} \cos^{n-k+1} t \sin^{k-1} t c_k e_k,$$

$$U^n(K(t)) B e_1 = c_1 U^n(K(t)) e_1$$

$$= c_1 \sum_{k=1}^{n+1} C_n^{k-1} \cos^{n-k+1} t \sin^{k-1} t e_k.$$

于是，$\forall t \in \mathbf{R}$，有

$$\sum_{k=1}^{n+1} C_n^{k-1} \cos^{n-k+1} t \sin^{k-1} t c_k e_k = c_1 \sum_{k=1}^{n+1} C_n^{k-1} \cos^{n-k+1} t \sin^{k-1} t e_k. \quad (2.27)$$

这导致 $c_k = c_1 (2 \leqslant k \leqslant n+1)$，且立即有 $B = c_1 I_{n+1} \cdot U^n$ 是不可约的酉表示.

定义 5.1　F 是李群 M 的一个 n 次复（或实）表示，由 $\chi_F(x) = \text{Tr} F(x)(\forall x \in M)$ 定义的 M 上函数 χ_F 称为李群 M 的 n 次复表示 F 的特征标(简称为特征标).

对于复 n 维线性空间 V，当 V 的基 $e_1, \cdots, e_n$ 固定时，我们再一次重申，V 到 V 上的可逆线性变换的全体 $GL(V)$ 等同于 $GL(n, \mathbf{C})$.

定义 5.2　V 和 W 是两个复 n 维的线性空间，F_1 和 F_2 分别是李群 M 到 $GL(V)$ 和 $GL(W)$ 内的 n 次复表示，如果存在 V 到 W 上的一个线性同构 F，使得 $\forall x \in M$，有 $FF_1(x) = F_2(x)F$，则称两个表示 F_1 和 F_2 为等价的表示，记为 $F_1 \cong F_2$.

在上述定义里，把李群 M 换成李代数 g，可以得到等价的李代数表示的定义. 在李群和李代数表示论里，两个等价的表示往往不加区别.

特征标的性质　关于李群 M 的 n 次复表示特征标，有以下简单的性质:

(1) 如果 $F_1 \cong F_2$，则 $\forall x \in M$，$\chi_{F_1}(x) = \chi_{F_2}(x)$；

(2) $\chi_F(xyx^{-1}) = \chi_F(y)$；

(3) e 是 M 的单位元，$\chi_F(e) = n$.

证明 (1) 因为 $\mathrm{Tr}F_1(x)=\mathrm{Tr}(F^{-1}F_2(x)F)=\mathrm{Tr}F_2(x)$.

(2) $\chi_F(xyx^{-1})=\mathrm{Tr}F(xyx^{-1})=\mathrm{Tr}(F(x)F(y)F(x^{-1}))$

$\qquad\qquad =\mathrm{Tr}(F(x)F(y)(F(x))^{-1})=\mathrm{Tr}F(y)=\chi_F(y).$

(3) $\chi_F(e)=\mathrm{Tr}F(e)=\mathrm{Tr}(I_n)=n.$

现在,我们来建立紧致连通李群的不可约酉表示与特征标之间的密切关系.

定理6 M 是一个紧致连通李群, M 的 n 次酉表示 F 是不可约的当且仅当

$$\int_M \chi_F(x)\overline{\chi_F(x)}\Omega_x=1,$$

这里 Ω 是 M 的 Haar 测度. 另外, M 的两个 n 次酉表示 F_1^*, F_2^* 是等价的,当且仅当 $\chi_{F_1^*}=\chi_{F_2^*}$.

证明 已知紧致连通李群 M 的 n 次酉表示 F 是不可约的,记

$$F(x)=(u_{ij}(x)),\ \chi_F(x)=\sum_{j=1}^n u_{jj}(x).$$

取任意一个 $n\times n$ 矩阵 A,令

$$B=\int_M F(x)AF(x^{-1})\Omega_x,\qquad\qquad (2.28)$$

$\forall y\in M$, 利用 Ω_x 是双不变体积元素,则

$$\begin{aligned}
F(y)BF(y^{-1})&=\int_M F(y)F(x)AF(x^{-1})F(y^{-1})\Omega_x\\
&=\int_M F(yx)AF((yx)^{-1})\Omega_x\\
&=\int_M F(z)AF(z^{-1})\Omega_z\\
&=B.
\end{aligned}\qquad\qquad (2.29)$$

因此 $F(y)B=BF(y)$. 又 F 是 M 的不可约表示,那么由 Schur 引理,

$$B=\lambda I_n,\ \lambda\in\mathbf{C},\ \lambda=\frac{1}{n}\mathrm{Tr}B.$$

令 $A=E_{ij}$ (第 i 行第 j 列元素为 1,其余元素均为零的矩阵),从公式(2.28),有

$$\lambda\delta_{st}=\sum_{l,\,k=1}^n \int_M u_{sl}(x)\delta_{li}\delta_{jk}u_{kt}(x^{-1})\Omega_x$$

$$= \int_M u_{si}(x) u_{jt}(x^{-1}) \Omega_x$$

$$= \int_M u_{si}(x) \overline{u_{tj}(x)} \Omega_x , \tag{2.30}$$

因而

$$\int_M \chi_F(x) \overline{\chi_F(x)} \Omega_x = \sum_{j,\,s=1}^n \int_M u_{jj}(x) \overline{u_{ss}(x)} \Omega_x$$

$$= \sum_{j,\,s=1}^n (\lambda \delta_{js})$$

$$= n\lambda . \tag{2.31}$$

当 $i = j$ 时,从公式(2.30)可以得到

$$n\lambda \delta_{st} = \sum_{j=1}^n \int_M u_{sj}(x) u_{jt}(x^{-1}) \Omega_x$$

$$= \delta_{st} \int_M \Omega_x$$

$$= \delta_{st} , \tag{2.32}$$

则 $\lambda = \dfrac{1}{n}$. 从公式(2.31)可以知道

$$\int_M \chi_F(x) \overline{\chi_F(x)} \Omega_x = 1.$$

反之,已知

$$\int_M \chi_F(x) \overline{\chi_F(x)} \Omega_x = 1,$$

我们用反证法来证明 M 的 n 次酉表示 F 是不可约的. 如果表示空间 V 能够分解为一些在 F 作用下不变的非零真子空间 V_i $(1 \leqslant i \leqslant k)$ 的直和

$$V = V_1 \oplus V_2 \oplus \cdots \oplus V_k, \ \forall v_i \in V_i, \ \forall x \in M,$$

定义 $F_i(x) v_i = F(x) v_i$,记 $F = F_1 \oplus \cdots \oplus F_k$.

F 是紧致连通李群 M 上一个 n 次酉表示,我们首先证明 F 能够分解为一些不可约表示 F_j $(1 \leqslant j \leqslant k)$ 的直和 $F = F_1 \oplus \cdots \oplus F_k$.

对表示空间 V 的维数进行归纳. 若 $\dim V = 1$, F 显然是不可约的. 假如当 $\dim V < n$ 时, F 能够分解为一些不可约表示的直和. 考虑 $\dim V = n$, 如果 F 是

可约的,取 V_1 是 V 内在 F 作用下不变的最小非零真子空间, $1 \leqslant \dim V_1 < n$, $V = V_1 \oplus V_2$, V_2 在 F 的作用下也是不变的,而且 $\dim V_2 \leqslant n-1$. 由归纳法假设, V_2 可以表示为一些在 F 作用下不可约的子空间的直和,因而 F 能够分解为一些不可约表示 F_j $(1 \leqslant j \leqslant k)$ 的直和.

我们把等价的不可约表示放在一起,如 $F_{j1} \cong F_{j2}$,记 $F_{j1} \oplus F_{j2} \cong 2F_{j1}$,那么 F 可约,必导致

$$F \cong m_1 F_1 \oplus m_2 F_2 \oplus \cdots \oplus m_s F_s. \tag{2.33}$$

这里 $m_1, \cdots, m_s$ 都是正整数, $F_1, \cdots, F_s$ 都是两两不等价的不可约表示. 从对应表示空间 V 的分解,可以得到

$$\chi_F = \sum_{j=1}^{s} m_j \chi_{F_j}. \tag{2.34}$$

如果我们能证明

$$当 j \neq l 时, \int_M \chi_{F_j}(x) \overline{\chi_{F_l}(x)} \Omega_x = 0, \tag{2.35}$$

则从条件

$$\int_M \chi_F(x) \overline{\chi_F(x)} \Omega_x = 1 \text{ 以及} \int_M \chi_{F_j}(x) \overline{\chi_{F_j}(x)} \Omega_x = 1$$

可以知道 $\sum_{j=1}^{s} m_j^2 = 1$,于是 $s=1$, $m_1 = 1$, $F = F_1$,这与 F 为可约的假定矛盾.

现在我们来证明公式(2.35)成立.

设 F_j 是 n_j 次表示, F_l 是 n_l 次表示,取 A 为任意一个 $n_j \times n_l$ 矩阵,不妨设 $n_j \geqslant n_l$. 令

$$B = \int_M F_j(x) A F_l(x^{-1}) \Omega_x, \tag{2.36}$$

B 是 $n_j \times n_l$ 矩阵. $\forall y \in M$, 得

$$\begin{aligned} F_j(y) B F_l(y^{-1}) &= \int_M F_j(yx) A F_l((yx)^{-1}) \Omega_x \\ &= \int_M F_j(z) A F_l(z^{-1}) \Omega_z \\ &= B. \end{aligned} \tag{2.37}$$

B 是 $n_j \times n_l$ 矩阵,这导出 F_l 的表示空间 V_l 到 F_j 的表示空间 V_j 的一个线性变换,当 V_j, V_l 的基取定时,这个线性变换对应于矩阵 B.

由于这个线性变换的像在 F_j 的作用下不变,因此像等于 0 或等于 V_j. 当这像等于 V_j 时, $n_l \geqslant n_j$,于是有 $n_j = n_l$, B 是 V_l 到 V_j 上的一个线性同构,这导致 F_j 与 F_l 是两个等价的不可约表示. 所以在目前情况下,只有 $B = 0$.

于是,对于任一个 $n_j \times n_l$ 矩阵 A,有

$$\int_M F_j(x) A F_l(x^{-1}) \Omega_x = 0. \tag{2.38}$$

取 A 是第 s 行第 t 列元素为 1、其余元素为 0 的 $n_j \times n_l$ 矩阵,设

$$F_j(x) = (a_{kq}(x)), \quad F_l(x) = (b_{pv}(x)),$$

则

$$\sum_{p=1}^{n_l} \sum_{q=1}^{n_j} \int_M a_{kq}(x) \delta_{qs} \delta_{pt} b_{pv}(x^{-1}) \Omega_x = 0. \tag{2.39}$$

于是,有

$$\int_M a_{ks}(x) b_{tv}(x^{-1}) \Omega_x = 0, \tag{2.40}$$

即

$$\int_M a_{ks}(x) \overline{b_{vt}(x)} \Omega_x = 0. \tag{2.41}$$

所以

$$\int_M \chi_{F_j}(x) \overline{\chi_{F_l}(x)} \Omega_x = \sum_{k=1}^{n_j} \sum_{t=1}^{n_l} \int_M a_{kk}(x) \overline{b_{tt}(x)} \Omega_x = 0. \tag{2.42}$$

如果一开始设 $n_l \geqslant n_j$,则用上面方法,有

$$\int_M \chi_{F_l}(x) \overline{\chi_{F_j}(x)} \Omega_x = 0. \tag{2.43}$$

将 (2.43) 式两边取共轭,仍有 (2.35) 式.

现在来证定理 6 的后半部分,当 $F_1^* \cong F_2^*$ 时,显然 $\chi_{F_1^*} = \chi_{F_2^*}$. 反之,当 $\chi_{F_1^*} = \chi_{F_2^*}$ 时,设 $F_1^* \cong m_1 F_1 \oplus \cdots \oplus m_s F_s$,这里 $m_1, \cdots, m_s$ 是正整数, F_1, $\cdots$, F_s 是两两不等价的不可约表示,那么,当 $1 \leqslant j \leqslant s$ 时,有

$$m_j = \int_M \chi_{F_1^*}(x) \overline{\chi_{F_j}(x)} \Omega_x = \int_M \chi_{F_2^*}(x) \overline{\chi_{F_j}(x)} \Omega_x. \tag{2.44}$$

因而在 F_2^* 的不可约表示的分解式中, F_j 恰巧出现了 m_j 次. 于是

$$F_1^* \cong m_1 F_1 \oplus \cdots \oplus m_s F_s \cong F_2^*.$$

为了确定 $SU(2)$ 的所有不可约表示,先做些准备工作. 令

$$H(\theta) = \begin{bmatrix} e^{i\theta} & 0 \\ 0 & e^{-i\theta} \end{bmatrix} (\theta \in \mathbf{R}),$$

对 $SU(2)$ 内的任一矩阵 A,一定存在 $SU(2)$ 内的一个矩阵 B,使得

$$BAB^{-1} = H(\theta), \text{即} A = B^{-1} H(\theta) B,$$

这里 θ 是某个实数.

记 $H = \{H(\theta) | \theta \in \mathbf{R}\}$, H 显然是 $SU(2)$ 内的一个 Abel 子群,如果有另一个 Abel 子群 H_1 包含 H,我们要证明 $H_1 = H$, 即 H 是 $SU(2)$ 内的一个极大子环群. 在 H_1 内任选一个矩阵 $\begin{bmatrix} \alpha & \beta \\ -\bar{\beta} & \bar{\alpha} \end{bmatrix}$,它必与 H 内的任一矩阵可交换,于是, $\forall \theta \in \mathbf{R}$, 有

$$\begin{bmatrix} \alpha & \beta \\ -\bar{\beta} & \bar{\alpha} \end{bmatrix} \begin{bmatrix} e^{i\theta} & 0 \\ 0 & e^{-i\theta} \end{bmatrix} = \begin{bmatrix} e^{i\theta} & 0 \\ 0 & e^{-i\theta} \end{bmatrix} \begin{bmatrix} \alpha & \beta \\ -\bar{\beta} & \bar{\alpha} \end{bmatrix},$$

那么必有 $\beta = 0$,即 $H_1 = H$. 而

$$K = \left\{ \begin{bmatrix} \cos\theta & -\sin\theta \\ \sin\theta & \cos\theta \end{bmatrix} \middle| \theta \in \mathbf{R} \right\}$$

是 $SU(2)$ 内的另一个极大子环群.

U^n 的特征标的计算公式 若记 $SU(2)$ 内不可约表示 U^n 的特征标为 χ_n,那么,有

(1) $\chi_n(H(\theta)) = \dfrac{\sin(n+1)\theta}{\sin\theta}$ $(\theta \neq m\pi, m \in \mathbf{Z})$; $\tag{2.45}$

(2) $\chi_n(I_2) = n+1$, $\chi_n(-I_2) = (-1)^n(n+1)$. $\tag{2.46}$

(注:对 $SU(2)$ 内的任一矩阵 A,有两个特征值 $e^{i\theta}$, $e^{-i\theta}$,则 $\chi_n(A) = \chi_n(H(\theta))$, 这里 $\theta \neq m\pi$, $m \in \mathbf{Z}$;当 $\theta = m\pi$ 时, $\chi_n(A)$ 等于 $\chi_n(I_2)$ 或 $\chi_n(-I_2)$. 因而 (2.45)式,(2.46)式给出了 $SU(2)$ 内任一矩阵的 U^n 的特征标的计算公式.)

证明　从公式(2.22)可以知道

$$U^n(H(\theta))e_k = \mathrm{e}^{\mathrm{i}(n-2k+2)\theta}e_k,\tag{2.47}$$

那么

$$\chi_n(H(\theta)) = \sum_{k=1}^{n+1}\mathrm{e}^{\mathrm{i}(n-2k+2)\theta}.\tag{2.48}$$

当 $\theta = 2s\pi$，$s \in \mathbf{Z}$ 时，$\chi_n(H(2s\pi)) = \chi_n(I_2) = n+1$；

当 $\theta = (2s+1)\pi$，$s \in \mathbf{Z}$ 时，

$$\chi_n(H((2s+1)\pi)) = \chi_n(-I_2) = (-1)^n(n+1);$$

当 $\theta \neq m\pi$，$m \in \mathbf{Z}$ 时，利用公式(2.48)，有

$$\chi_n(H(\theta)) = \frac{\mathrm{e}^{\mathrm{i}n\theta} - \mathrm{e}^{-\mathrm{i}(n+2)\theta}}{1 - \mathrm{e}^{-2\mathrm{i}\theta}} = \frac{\mathrm{e}^{\mathrm{i}(n+1)\theta} - \mathrm{e}^{-\mathrm{i}(n+1)\theta}}{\mathrm{e}^{\mathrm{i}\theta} - \mathrm{e}^{-\mathrm{i}\theta}}$$

$$= \frac{\sin(n+1)\theta}{\sin\theta}.$$

由于

$$\lim_{\theta \to 2s\pi}\frac{\sin(n+1)\theta}{\sin\theta} = n+1,\quad \lim_{\theta \to (2s+1)\pi}\frac{\sin(n+1)\theta}{\sin\theta} = (-1)^n(n+1),$$

因此 $\chi_n(H(\theta))$ 是 θ 的连续函数.

现在利用 $SU(2)$ 微分同构于 $S^3(1)$ 来具体写出 $SU(2)$ 上的 Haar 测度. 对于 $S^3(1)$ 上的点 (x_1, x_2, x_3, x_4)，令

$$x_1 = \cos\theta,\ x_2 = \sin\theta\cos\varphi,\ x_3 = \sin\theta\sin\varphi\cos\psi,\ x_4 = \sin\theta\sin\varphi\sin\psi$$
$(0 \leqslant \theta \leqslant \pi,\ 0 \leqslant \varphi \leqslant \pi,\ 0 \leqslant \psi \leqslant 2\pi)$.

当 $\theta = 0$，π 时，φ，ψ 不能确定，当 $\varphi = 0$，π 时，ψ 不能确定. 令

$$S^1(1) = \{(x_1, x_2, 0, 0) \in S^3(1) \,|\, x_1^2 + x_2^2 = 1\},$$

在 $S^3(1) - S^1(1)$ 上，点与 (θ, φ, ψ) 是 1—1 对应的. 由于 $S^1(1)$ 是一个零测集，我们可忽略不计它. 在 $S^3(1)$ 上第一基本形式是

$$\mathrm{d}s^2 = \mathrm{d}x_1^2 + \mathrm{d}x_2^2 + \mathrm{d}x_3^2 + \mathrm{d}x_4^2$$
$$= \mathrm{d}\theta^2 + \sin^2\theta(\mathrm{d}\varphi)^2 + \sin^2\theta\sin^2\varphi(\mathrm{d}\psi)^2.\tag{2.49}$$

令 $\omega_1 = \mathrm{d}\theta$，$\omega_2 = \sin\theta\,\mathrm{d}\varphi$，$\omega_3 = \sin\theta\sin\varphi\,\mathrm{d}\psi$，则 $\mathrm{d}s^2 = \omega_1^2 + \omega_2^2 + \omega_3^2$. 令

$$\Omega = \omega_1 \wedge \omega_2 \wedge \omega_3 = \sin^2\theta\sin\varphi\,\mathrm{d}\theta \wedge \mathrm{d}\varphi \wedge \mathrm{d}\psi.\tag{2.50}$$

在左移动 L_x(或右移动 R_x)下,

$$L_x^*(\omega_i) = \omega_i^* \ (i=1,\ 2,\ 3)(\text{或} R_x^*(\omega_i) = \omega_i^*),$$

$$\omega_i^* = \sum_{j=1}^{3} a_{ij}(x)\omega_j,\ \omega_1^* \wedge \omega_2^* \wedge \omega_3^* = \det(a_{ij}(x))\omega_1 \wedge \omega_2 \wedge \omega_3,$$

这里我们略去了作为下标的相应点. 由于左、右移动映 $S^3(1)$ 上的点到 $S^3(1)$ 上,左、右移动属于 $O(4, \mathbf{R})$,且由于 $S^3(1)$ 是连通的,左移动集合 $\{L_x \mid x=(x_1,\ x_2,\ x_3,\ x_4) \in S^3(1)\}$ 和右移动集合 $\{R_x \mid x=(x_1,\ x_2,\ x_3,\ x_4) \in S^3(1)\}$ 都连续依赖于 x,因此它们都是 $SO(4, \mathbf{R})$ 的子群. 由此可以知道 $\det(a_{ij}(x))=1$,Ω 是双不变体积元素. 又由于 $\displaystyle\int_{S^3(1)} \Omega = 2\pi^2$,因此

$$\frac{1}{2\pi^2} \sin^2\theta \sin\varphi \, \mathrm{d}\theta \wedge \mathrm{d}\varphi \wedge \mathrm{d}\psi$$

是 $S^3(1)$ 上的 Haar 测度,它也是 $SU(2)$ 上的 Haar 测度.

现在,我们来给出 $SU(2)$ 的全部不可约酉表示.

定理 7 $SU(2)$ 的任一 n 次不可约酉表示必等价于 U^{n-1}(n 是正整数).

证明 固定正整数 n,$SU(2)$ 的 n 次不可约酉表示为 F,那么

$$\int_{SU(2)} \chi_F(x)\overline{\chi_F(x)}\Omega_x = 1. \tag{2.51}$$

这里 Ω 是 $SU(2)$ 上的 Haar 测度.

$$\int_{SU(2)} \chi_F(x)\overline{\chi_F(x)}\Omega_x = \frac{1}{2\pi^2} \int_{S^3(1)} \chi_F(H(\theta))\overline{\chi_F(H(\theta))} \sin^2\theta \sin\varphi \, \mathrm{d}\theta \wedge \mathrm{d}\varphi \wedge \mathrm{d}\psi.$$
$$\tag{2.52}$$

这是由于当 $x = \begin{bmatrix} \alpha & \beta \\ -\bar\beta & \bar\alpha \end{bmatrix}$ 时,这里

$$\alpha = \cos\theta - \mathrm{i}\sin\theta\cos\varphi,\ \beta = \sin\theta\sin\varphi\cos\psi - \mathrm{i}\sin\theta\sin\varphi\sin\psi,$$

其特征方程是 $\lambda^2 - (\alpha + \bar\alpha)\lambda + 1 = 0$,即 $\lambda^2 - 2\cos\theta\lambda + 1 = 0$. 于是,特征值恰是 $\mathrm{e}^{\mathrm{i}\theta}$ 和 $\mathrm{e}^{-\mathrm{i}\theta}$,那么

$$\chi_F(x) = \chi_F(H(\theta)) = \chi_F(H(-\theta)).$$

从公式(2.52),并且利用 Fourier 级数理论中的 Parseval 等式,可得

$$\int\limits_{SU(2)} \chi_F(x)\overline{\chi_F(x)}\Omega_x = \frac{2}{\pi}\int_0^\pi \chi_F(H(\theta))\overline{\chi_F(H(\theta))}\sin^2\theta\,\mathrm{d}\theta$$

$$= \frac{1}{\pi}\int_{-\pi}^\pi \chi_F(H(\theta))\overline{\chi_F(H(\theta))}\sin^2\theta\,\mathrm{d}\theta$$

$$= \sum_{k=1}^\infty \frac{1}{\pi^2}\int_{-\pi}^\pi \chi_F(H(\theta))\sin\theta\,\mathrm{e}^{-\mathrm{i}k\theta}\,\mathrm{d}\theta\int_{-\pi}^\pi \overline{\chi_F(H(\theta))}\sin\theta\,\mathrm{e}^{\mathrm{i}k\theta}\,\mathrm{d}\theta.$$

$$(2.53)$$

这里已利用了

$$\int_{-\pi}^\pi \chi_F(H(\theta))\sin\theta\,\mathrm{d}\theta = 0 \quad (\chi_F(H(\theta))\sin\theta \text{ 是 } \theta \text{ 的奇函数}).$$

由于

$$\int_{-\pi}^\pi \chi_F(H(\theta))\cos k\theta\sin\theta\,\mathrm{d}\theta = 0,$$

因此

$$\int_{-\pi}^\pi \chi_F(H(\theta))\sin\theta\,\mathrm{e}^{-\mathrm{i}k\theta}\,\mathrm{d}\theta = -\mathrm{i}\int_{-\pi}^\pi \chi_F(H(\theta))\sin\theta\sin k\theta\,\mathrm{d}\theta$$

$$= -\mathrm{i}\int_{-\pi}^\pi \chi_F(H(\theta))\chi_{k-1}(H(\theta))\sin^2\theta\,\mathrm{d}\theta$$

$$(\text{利用公式}(2.45)) = -2\mathrm{i}\int_{-\pi}^\pi \chi_F(H(\theta))\overline{\chi_{k-1}(H(\theta))}\sin^2\theta\,\mathrm{d}\theta$$

$$= -\pi\mathrm{i}\int\limits_{SU(2)} \chi_F(x)\overline{\chi_{k-1}(x)}\Omega_x.$$

$$(2.54)$$

所以

$$\int\limits_{SU(2)} \chi_F(x)\overline{\chi_F(x)}\Omega_x$$

$$= \sum_{k=1}^\infty \int\limits_{SU(2)} \chi_F(x)\overline{\chi_{k-1}(x)}\Omega_x \int\limits_{SU(2)} \overline{\chi_F(x)}\chi_{k-1}(x)\Omega_x. \qquad (2.55)$$

用反证法. 若 F 与 U^{n-1}(n 为正整数)不等价,则对于任意正整数 k,必有

$$\int\limits_{SU(2)} \chi_F(x)\overline{\chi_{k-1}(x)}\Omega_x = 0.$$

从(2.51)式和(2.55)式可以得出 $1 = 0$,这是一个矛盾. 所以,作为一个 n 次不可约酉表示,F 必等价于 U^{n-1}.

§3 $SO(3, \mathbf{R})$的不可约酉表示

利用$SU(2)$是$SO(3, \mathbf{R})$的两叶覆盖,我们可以建立$SO(3, \mathbf{R})$的不可约酉表示.

从上一节知道:$SU(2)$的不可约酉表示是U^n,表示空间是复$n+1$维线性空间V_n,基向量是$e_1, \cdots, e_{n+1}$,其意义在上一节已经介绍.那么,有

$$(U^n(-I_2)e_k)(z_1, z_2) = e_k(-z_1, -z_2)$$
$$= (-z_1)^{n-k+1}(-z_2)^{k-1}$$
$$= (-1)^n e_k(z_1, z_2),$$

因而

$$U^n(-I_2) = (-1)^n I_{n+1}. \tag{3.1}$$

这里I_{n+1}是V_n上的恒等变换.

如果$n = 2k$(k为正整数),那么,$SU(2)$到$GL(V_n)$内的连续同态U^n的核包含$I_2, -I_2$.于是,诱导出$SO(3, \mathbf{R})$到$GL(V_n)$内的连续同态D_0^k,满足$D_0^k \mathrm{Ad} = U^{2k}$.由于$U^{2k}$是$SU(2)$的不可约酉表示,容易明白$D_0^k$是$SO(3, \mathbf{R})$的$2k+1$次不可约酉表示.

定理8 $SO(3, \mathbf{R})$的任一不可约酉表示必等价于某个D_0^k.

证明 如果D是$SO(3, \mathbf{R})$的一个m次$(m \geq 1)$不可约酉表示,那么$D\mathrm{Ad}$恰决定了$SU(2)$的一个不可约酉表示,它等价于某个U^n,因而存在$B \in GL(V_n)$,使得

$$U^n(-I_2) = B^{-1}D\mathrm{Ad}(-I_2)B = B^{-1}D(I_3)B = I_{n+1}. \tag{3.2}$$

这里,I_3是$SO(3, \mathbf{R})$的单位元.将(3.2)式与(3.1)式进行比较,立刻可以知道:n必为偶数$2k$.因而D等价于D_0^k,以及$m = 2k+1$(k是0及正整数).

注:从定理8也可以明白,$SO(3, \mathbf{R})$的不可约酉表示必是奇数次的表示.

现在我们用另外的方法具体写出$SO(3, \mathbf{R})$的不可约酉表示.用W_n表示由3个变元确定的n次复系数齐次多项式全体组成的空间.可以这样来求W_n的维数:当第一个变元是s次$(0 \leq s \leq n)$时,由第二、第三个变元确定的复系数齐次多项式全体组成的子空间的维数是$n-s+1$,在此

$$\dim W_n = \sum_{s=0}^{n}(n-s+1) = \frac{1}{2}(n+1)(n+2).$$

用Δ表示$\mathbf{R}^3$内3个变元的普通 Laplace 算子,例如

$$(\Delta F)(x,y,z)=\frac{\partial^2 F(x,y,z)}{\partial x^2}+\frac{\partial^2 F(x,y,z)}{\partial y^2}+\frac{\partial^2 F(x,y,z)}{\partial z^2},$$

且令 $H_n=\{F\in W_n\,|\,\Delta F=0\}$. 我们来证明下述两个引理.

引理 1　H_n 是 W_n 的 $2n+1$ 维线性子空间.

证明　$\forall F\in W_n$，$F(x,y,z)=\sum\limits_{k=0}^{n}\frac{1}{k!}x^k F_k(y,z)$，

这里 $F_k(y,z)$ 是 y,z 的 $n-k$ 次复系数齐次多项式.

$$\begin{aligned}
(\Delta F)(x,y,z)&=\sum_{k=2}^{n}\frac{1}{(k-2)!}x^{k-2}F_k(y,z)\\
&\quad+\sum_{k=0}^{n}\frac{1}{k!}x^k\Big(\frac{\partial^2 F_k(y,z)}{\partial y^2}+\frac{\partial^2 F_k(y,z)}{\partial z^2}\Big)\\
&=\sum_{k=0}^{n-2}\frac{1}{k!}x^k\Big[F_{k+2}(y,z)+\frac{\partial^2 F_k(y,z)}{\partial y^2}+\frac{\partial^2 F_k(y,z)}{\partial z^2}\Big].
\end{aligned}$$

$$(3.3)$$

$\Delta F=0$ 当且仅当

$$F_{k+2}(y,z)=-\Big(\frac{\partial^2 F_k(y,z)}{\partial y^2}+\frac{\partial^2 F_k(y,z)}{\partial z^2}\Big)\quad(0\leqslant k\leqslant n-2).$$

因而 $F(x,y,z)$ 唯一地由 $F_0(y,z)$ 和 $F_1(y,z)$ 确定. 而由 F_0 张成的线性空间的维数是 $n+1$，由 F_1 张成的线性空间的维数是 n，容易明白

$$\dim H_n=n+1+n=2n+1.$$

$\forall F\in W_n$，$\forall A\in SO(3,\mathbf{R})$，类似 $SU(2)$ 的作法，定义

$$(T(A)F)(x,y,z)=F((x,y,z)A).$$

$T(A)$ 是 W_n 到 W_n 内的线性变换，$T(A)T(B)=T(AB)$.

引理 2　$\forall A\in SO(3,\mathbf{R})$，对于 $\mathbf{R}^3$ 内 3 个变元的任意复值的 C^2 函数 F，$\Delta(T(A)F)=T(A)(\Delta F)$.

证明　为方便记，用 x_1,x_2,x_3 表示 $\mathbf{R}^3$ 内的 3 个变元，令

$$A=(g_{ij})\in SO(3,\mathbf{R}),\quad x_i^*=\sum_{j=1}^{3}g_{ji}x_j,$$

那么

$$\Delta(T(A)F)(x_1,x_2,x_3)=\Big(\frac{\partial^2}{\partial x_1^2}+\frac{\partial^2}{\partial x_2^2}+\frac{\partial^2}{\partial x_3^2}\Big)F(x_1^*,x_2^*,x_3^*)$$

$$= \sum_{i,j=1}^{3} \frac{\partial}{\partial x_j} \Big(\frac{\partial F(x_1^*, x_2^*, x_3^*)}{\partial x_i^*} g_{ji} \Big)$$

$$= \sum_{i,j,k=1}^{3} \frac{\partial^2 F(x_1^*, x_2^*, x_3^*)}{\partial x_i^* \partial x_k^*} g_{ji} g_{jk}$$

$$= \Big(\frac{\partial^2}{\partial x_1^{*2}} + \frac{\partial^2}{\partial x_2^{*2}} + \frac{\partial^2}{\partial x_3^{*2}} \Big) F(x_1^*, x_2^*, x_3^*)$$

$$= (\Delta F)(x_1^*, x_2^*, x_3^*)$$

$$= (T(A)(\Delta F))(x_1, x_2, x_3). \tag{3.4}$$

从引理 2 可以知道 $\forall F \in H_n$, $\Delta F = 0$, 于是

$$\Delta(T(A)F) = T(A)(\Delta F) = 0, \text{所以 } T(A)F \in H_n.$$

令 $D^n(A)$ 表示 $T(A)$ 在 H_n 上的限制 $T(A)|_{H_n}$. 我们有定理 9.

定理 9 D^n 是 $SO(3, \mathbf{R})$ 的 $2n+1$ 次不可约酉表示, $SO(3, \mathbf{R})$ 的任一不可约酉表示 D 必等价于某个 D^n.

证明 利用定理 8, 实际上只要证明 D^n 必等价于 D_0^n 就可以了.

在 H_n 上引入内积: $\forall \varphi, \psi \in H_n$, 有

$$(\varphi, \psi) = \int_{S^2(1)} \varphi(x) \overline{\psi(x)} \mathrm{d}x. \tag{3.5}$$

这里 $\mathrm{d}x$ 是单位球面 $S^2(1)$ 上的面积元素, 使得 $\int_{S^2(1)} \mathrm{d}x = 1$. 例如, $S^2(1)$ 在点 x 的位置向量是

$$X(u, v) = (\cos v \cos u, \cos v \sin u, \sin v),$$

这里 u 是经度, $0 \leqslant u \leqslant 2\pi$, v 是纬度, $-\frac{\pi}{2} \leqslant v \leqslant \frac{\pi}{2}$, 则

$$\mathrm{d}x = \frac{1}{4\pi} \cos v \mathrm{d}u \wedge \mathrm{d}v \Big(v \neq -\frac{\pi}{2}, \frac{\pi}{2} \Big).$$

类似 $SU(2)$ 的 Haar 测度, 这里也删去了一个零测集. $\mathrm{d}x$ 在 $SO(3, \mathbf{R})$ 的作用下不变.

$$\forall A \in SO(3, \mathbf{R}), \ \forall \varphi, \psi \in H_n,$$

有

$$(D^n(A)\varphi, D^n(A)\psi) = (T(A)\varphi, T(A)\psi)$$

$$= \int_{S^2(1)} (T(A)\varphi)(x)\overline{(T(A)\psi)(x)}\mathrm{d}x$$

$$= \int_{S^2(1)} \varphi(xA)\overline{\psi(xA)}\mathrm{d}x$$

$$= \int_{S^2(1)} \varphi(y)\overline{\psi(y)}\mathrm{d}y$$

$$= (\varphi,\ \psi). \tag{3.6}$$

由 $T(A)$ 的定义可知，$T(A)$ 关于 A 连续. 因而 D^n 是 $SO(3,\ \mathbf{R})$ 的 $2n+1$ 次酉表示，$D^n(SO(3,\ \mathbf{R})) \subset GL(H_n)$.

令 $D^n\mathrm{Ad}=B^n$，那么 B^n 是 $SU(2)$ 的一个酉表示，B^n 的表示空间是 H_n. 取 $f_n \in W_n$，满足

$$f_n(x,\ y,\ z)=(x+\mathrm{i}y)^n, \tag{3.7}$$

那么

$$(\Delta f_n)(x,\ y,\ z)=\frac{\partial^2}{\partial x^2}(x+\mathrm{i}y)^n+\frac{\partial^2}{\partial y^2}(x+\mathrm{i}y)^n=0.$$

于是 $f_n \in H_n$. 从上一节开始部分可以知道

$$(B^n(\exp tX_3)f_n)(x,\ y,\ z)$$
$$=(D^n(\mathrm{Ad}\exp tX_3)f_n)(x,\ y,\ z)$$
$$=f_n((x,\ y,\ z)\mathrm{Ad}(\exp tX_3))$$
$$=f_n(x\cos t+y\sin t,\ -x\sin t+y\cos t,\ z)$$
$$=(x\cos t+y\sin t-\mathrm{i}x\sin t+\mathrm{i}y\cos t)^n$$
$$=(x\mathrm{e}^{-\mathrm{i}t}+\mathrm{i}y\mathrm{e}^{-\mathrm{i}t})^n$$
$$=\mathrm{e}^{-\mathrm{i}nt}(x+\mathrm{i}y)^n=\mathrm{e}^{-\mathrm{i}nt}f_n(x,\ y,\ z). \tag{3.8}$$

于是,有
$$B^n(\exp tX_3)f_n=\mathrm{e}^{-\mathrm{i}nt}f_n. \tag{3.9}$$

因而　　$\mathrm{e}^{-\mathrm{i}nt}f_n=(\exp t\mathrm{d}B^n(X_3))f_n$

$$=\mathrm{e}^{t\mathrm{d}B^n(X_3)}f_n(请读者证明这个等式,并给以解释). \tag{3.10}$$

从(3.10)式不难得到

$$\mathrm{d}B^n(X_3)f_n=-\mathrm{i}nf_n. \tag{3.11}$$

$SU(2)$ 的酉表示 B^n 可以分解为 $SU(2)$ 的一些不可约表示的直和,因而有

$$B^n \cong U^{n_1} \oplus U^{n_2} \oplus \cdots \oplus U^{n_k}. \tag{3.12}$$

这里 U^{n_i} 的表示空间 H_{n_i} 的维数是 n_i+1, $H_n = H_{n_1} \oplus \cdots \oplus H_{n_k}$, B^n 的表示空间是 H_n, $\dim H_n = 2n+1$, 显然 $2n+1 \geqslant n_i+1$ $(1 \leqslant i \leqslant k)$.

$\forall X \in \Lambda(SU(2))$, $\forall v_i \in H_{n_i}$, 有

$$U^{n_i}(\exp tX)v_i = B^n(\exp tX)v_i, \tag{3.13}$$

于是

$$(\exp t\,\mathrm{d}U^{n_i}(X))v_i = (\exp t\,\mathrm{d}B^n(X))v_i. \tag{3.14}$$

这导致

$$\mathrm{d}U^{n_i}(X)v_i = \mathrm{d}B^n(X)v_i. \tag{3.15}$$

那么, 类似李群表示的直和分解, 记

$$\mathrm{d}B^n = \mathrm{d}U^{n_1} \oplus \cdots \oplus \mathrm{d}U^{n_k}. \tag{3.16}$$

从(3.11)式知道 f_n 是 H_n 上的线性变换 $\mathrm{d}B^n(X_3)$ 的一个特征向量, 故必存在 n_i, 使得 $f_n \in H_{n_i}$.

由于 $\Lambda(SU(2))$ 同构于 $\Lambda(O(3, \mathbf{R}))$, 故 $\Lambda(SU(2))$ 的复化 $(\Lambda(SU(2)))^{\mathbf{C}}$ 同构于 $\Lambda(O(3, \mathbf{C}))$, 令 $H = \mathrm{i}X_3$, H 生成 $(\Lambda(SU(2)))^{\mathbf{C}}$ 的一个 Cartan 子代数, 从(3.11)式知道 $\mathrm{d}U^{n_i}(H)f_n = nf_n$, n 是 $(\Lambda(SU(2)))^{\mathbf{C}}$ 的不可约表示 $\mathrm{d}U^{n_i}$ 的一个权. 由于 H_{n_i} 已经是复线性空间, $\mathrm{d}U^{n_i}$ 的表示空间在李代数复化后仍为 H_{n_i}. 因而由本章定理 1, 可以知道表示空间 H_{n_i} 的维数 n_i+1 应当大于等于 $2n+1$. 因此 $2n+1 = n_i+1$, $H_n = H_{n_i}$, $B^n \cong U^{n_i}$, B^n 是不可约的, D^n 也是不可约的, 且 $U^{n_i} \cong D^n$ Ad. n_i 显然是偶数 $2n$, $D^n \cong D_0^n$.

§4 半单纯李代数的不可约表示

一般的复 m $(m \geqslant 3)$ 维半单纯李代数 g 有 Cartan 分解:

$$g = H \oplus \sum_{\alpha \in \Delta} g^{\alpha} \quad (\text{直和分解}). \tag{4.1}$$

这里 H 是 g 的一个 Cartan 子代数, Δ 是根系. 根 α 在 H 内的嵌入记为 H_α, H_α

生成的一维子空间 $\{\lambda H_\alpha | \lambda \in \mathbf{C}\}$ 记为 H^α，F 是 g 的一个 n 次复 $(n \geqslant 1)$ 表示，V 是表示空间.

先考虑 g 的一个三维子代数 $g_\alpha = H^\alpha \oplus g^\alpha \oplus g^{-\alpha}$，$g_\alpha$ 是 g 的一个三维单纯子代数. g^α 的基向量是 e_α，选择 $g^{-\alpha}$ 的基向量 $e_{-\alpha}$，使得 $(e_\alpha, e_{-\alpha}) = 1$. 由本章 §1 可知，存在一个权向量 $v_\varphi \in V$，对应的权是 φ，有

$$F(H_\alpha)v_\varphi = \varphi(H_\alpha)v_\varphi. \tag{4.2}$$

$\forall h \in H$，利用 $[F(H_\alpha), F(h)] = F[H_\alpha, h] = 0$，可知

$$F(H_\alpha)F(h)v_\varphi = F(h)F(H_\alpha)v_\varphi = \varphi(H_\alpha)F(h)v_\varphi. \tag{4.3}$$

因而对于由同一个权 φ 所对应的所有权向量张成的复线性子空间 V_φ，从 (4.3) 式可以知道：$\forall h \in H$，$F(h)V_\varphi \subset V_\varphi$. 由于 H 是 Cartan 子代数，故限制在 V_φ 上，$F(H)$ 是 $gl(V_\varphi)$ 内的一个可解子代数，因此由第四章 §1 的李定理可以知道：对于所有的线性变换 $F(h)$，在 V_φ 内有一公共特征向量 v_ψ，即 $\forall h \in H$，有 $F(h)v_\psi = \psi(h)v_\psi$，这里 $\psi(h) \in \mathbf{C}$，ψ 显然是 H 上的线性函数，$\psi|_{H^\alpha} = \varphi$. 我们称 ψ 为表示 F 的权，称 v_ψ 为对应于权 ψ 的权向量. 从上面的叙述可以知道，任一个复 m 维 $(m \geqslant 3)$ 半单纯李代数 g 的任一复 n 次 $(n \geqslant 1)$ 表示恒有一个权.

记 g 的一个素根系 $\Pi = \{\alpha_1, \alpha_2, \cdots, \alpha_s\}$，素根 α_j 在 H 内的嵌入是 $H_{\alpha_j}(1 \leqslant j \leqslant s)$. 如果有一个对应权 Λ 的权向量 v_Λ，使得所有 $F(e_{\alpha_j})v_\Lambda = 0 (1 \leqslant j \leqslant s)$，这里 e_{α_j} 是 g^{α_j} 的基向量，则称 Λ 为表示 F 的首权，称 v_Λ 为极值向量，Λ 在 H 内的嵌入记为 H_Λ. 首权又称为最高权.

定理 10 对于复 m 维 $(m \geqslant 3)$ 半单纯李代数 g 的 n 次 $(n \geqslant 1)$ 复不可约表示 F，若 v_Λ 是一个极值向量，则表示空间 V 是由 v_Λ 和所有形如 $F(e_{-\alpha_{i_1}}) \cdot F(e_{-\alpha_{i_2}}) \cdots F(e_{-\alpha_{i_t}})v_\Lambda$ 的向量生成，这里 $\alpha_{i_1}, \alpha_{i_2}, \cdots, \alpha_{i_t}$ 属于 g 的一个素根系 Π.

证明 只需证明由 v_Λ 和所有向量

$$\xi_{i_1 i_2 \cdots i_t} = F(e_{-\alpha_{i_1}})F(e_{-\alpha_{i_2}})\cdots F(e_{-\alpha_{i_t}})v_\Lambda \tag{4.4}$$

生成的复线性空间 $V_1 \subset V$ 在 F 的作用下是不变的即可.

由 g 的 Cartan 分解，实际上只要证明 V_1 在 $F(h)(\forall h \in H)$ 及 $F(e_\alpha)\alpha \in \Delta)$ 作用下不变即可.

类似 §1 的证明可以知道：对于任一对应于权 ψ 的权向量 v_ψ，如果 $F(e_\alpha)v_\psi \neq 0$，则 $F(e_\alpha)v_\psi$ 属于权 $\psi + \alpha$ 的权向量空间 $V_{\psi+\alpha}$. 如果 $F(e_{-\alpha})v_\psi \neq 0$，则 $F(e_{-\alpha})v_\psi$ 属于权 $\psi - \alpha$ 的权向量空间 $V_{\psi-\alpha}$. 因而容易明白 $\xi_{i_1 i_2 \cdots i_t} \in$

$V_{\Lambda - \alpha_{i_1} - \alpha_{i_2} - \cdots - \alpha_{i_t}}$，于是，$\forall h \in H$，

$$F(h)\xi_{i_1 i_2 \cdots i_t} = (H_\Lambda - H_{\alpha_{i_1}} - H_{\alpha_{i_2}} - \cdots - H_{\alpha_{i_t}}, h)\xi_{i_1 i_2 \cdots i_t}. \qquad (4.5)$$

所以，$F(h)\xi_{i_1 i_2 \cdots i_t} \in V_1$. 如果 $\xi_{i_1 i_2 \cdots i_t} \neq 0$ 的话，则称 $\xi_{i_1 i_2 \cdots i_t}$ 是长度为 t 的权向量.

α 是一个根，如果 α 是正根，则 $\alpha = \sum\limits_{j=1}^{s} k_j \alpha_j$，$k_j$ 是非负整数，令 $k = \sum\limits_{j=1}^{s} k_j$. 如果 α 是负根，则 $-\alpha = \sum\limits_{j=1}^{s} k_j \alpha_j$. 我们对 k，t 采用归纳法，来证明 $F(e_\alpha)\xi_{i_1 i_2 \cdots i_t} \in V_1$ 和 $F(e_\alpha)v_\Lambda \in V_1$，为统一记号，当 $t=0$ 时，长度为 0 的权向量就是 v_Λ.

取 $k=1$，先对 t 用归纳法. 当 $t=0$ 时，如 α 是正根，则必有 $\alpha = \alpha_j$，和 $F(e_{\alpha_j})v_\Lambda = 0$；如 α 是负根，则 $\alpha = -\alpha_j$，$F(e_\alpha)v_\Lambda \in V_1$.

假设对长度为 $t-1$ 的权向量 $\xi_{i_1 \cdots i_{t-1}}$，有 $F(e_\alpha)\xi_{i_1 \cdots i_{t-1}} \in V_1$，则对长度为 t 的权向量 $\xi_{l_1 l_2 \cdots l_t}$，$\xi_{l_1 l_2 \cdots l_t} = F(e_{-\alpha_{l_1}})\xi_{l_2 \cdots l_t}$，$\xi_{l_2 \cdots l_t}$ 的长度为 $t-1$. 那么

$$F(e_\alpha)\xi_{l_1 l_2 \cdots l_t} = F(e_\alpha)F(e_{-\alpha_{l_1}})\xi_{l_2 \cdots l_t}. \qquad (4.6)$$

如果 α 是正根，由于 $k=1$，则 α 必为某个素根. 如果 $\alpha \neq \alpha_{l_1}$，由于 $\alpha - \alpha_{l_1}$ 不是根，则 $[e_\alpha, e_{-\alpha_{l_1}}] = 0$ 和 $F(e_\alpha)F(e_{-\alpha_{l_1}}) = F(e_{-\alpha_{l_1}})F(e_\alpha)$，由(4.6)式和归纳法假设，可得 $F(e_\alpha)\xi_{l_1 l_2 \cdots l_t} \in V_1$；如果 $\alpha = \alpha_{l_1}$，则由于 $[e_{\alpha_{l_1}}, e_{-\alpha_{l_1}}] = H_{\alpha_{l_1}}$，有

$$F(e_\alpha)\xi_{l_1 l_2 \cdots l_t} = F(e_{\alpha_{l_1}})F(e_{-\alpha_{l_1}})\xi_{l_2 \cdots l_t}$$
$$= F(e_{-\alpha_{l_1}})F(e_{\alpha_{l_1}})\xi_{l_2 \cdots l_t} + F(H_{\alpha_{l_1}})\xi_{l_2 \cdots l_t} \in V_1.$$

如果 α 是负根，则由于 $k=1$，$-\alpha$ 必为某个素根 α_j，因此

$$F(e_\alpha)\xi_{l_1 l_2 \cdots l_t} = F(e_{-\alpha_j})\xi_{l_1 l_2 \cdots l_t} \in V_1.$$

因此，对于 $k=1$ 及任意非负整数 t，长度为 t 的权向量在 $F(e_\alpha)$ 的作用下仍属于 V_1.

现在，对正整数 k 用归纳法. 对于正根 $\alpha = \alpha_j + \alpha^*$，$\alpha_j \in \Pi$，$\alpha^* < \alpha$. 由于 $[e_{\alpha_j}, e_{\alpha^*}] = N_{\alpha_j \alpha^*} e_\alpha$，这里 $N_{\alpha_j \alpha^*} \neq 0$，则

$$F(e_{\alpha_j})F(e_{\alpha^*}) - F(e_{\alpha^*})F(e_{\alpha_j}) = N_{\alpha_j \alpha^*} F(e_\alpha), \qquad (4.7)$$

$$F(e_\alpha)\xi_{l_1 l_2 \cdots l_t} = \frac{1}{N_{\alpha_j \alpha^*}} \{F(e_{\alpha_j})F(e_{\alpha^*})\xi_{l_1 l_2 \cdots l_t}$$

$$- F(e_{\alpha^*}) F(e_{\alpha_j}) \xi_{l_1 l_2 \cdots l_t}\}. \tag{4.8}$$

由归纳法假设和已有的 $k=1$ 时的结果,容易推出 $F(e_\alpha) \xi_{l_1 l_2 \cdots l_t} \in V_1$. 对于负根 α,由于 $-\alpha = \alpha_j + \alpha^*$,即 $\alpha = -\alpha_j - \alpha^*$,完全类似正根的情况,可以得到 $F(e_\alpha) \xi_{l_1 l_2 \cdots l_t} \in V_1$.

从定理 10 可以看到,不可约表示 F 的所有权是 Λ,$\Lambda - \alpha_{i_1} - \alpha_{i_2} - \cdots - \alpha_{i_t}$ 的形状,V 是权向量空间的直和.

从定理 10 也可以看出极值向量 v_Λ 的重要性. 更进一步,我们有下述 Cartan 的著名定理.

定理 11(Cartan) F_1,F_2 是复 m 维 ($m \geqslant 3$) 半单纯李代数 g 的两个 n 次 ($n \geqslant 1$) 复不可约表示,它们的首权都是 Λ,则 F_1 等价于 F_2.

证明 设 F_1 的表示空间是 V_1,F_2 的表示空间是 V_2,从定理 10 知道:V_1 是由向量 v_Λ 和 $\xi_{i_1 i_2 \cdots i_t} = F_1(e_{-\alpha_{i_1}}) F_1(e_{-\alpha_{i_2}}) \cdots F_1(e_{-\alpha_{i_t}}) v_\Lambda$ 生成,这里 v_Λ 是 V_1 内的极值向量. 同样地,V_2 是由向量 v_Λ^* 和

$$\xi_{i_1 i_2 \cdots i_t}^* = F_2(e_{-\alpha_{i_1}}) F_2(e_{-\alpha_{i_2}}) \cdots F_2(e_{-\alpha_{i_t}}) v_\Lambda^*$$

生成,这里 v_Λ^* 是 V_2 内的极值向量. 为统一记号,用 ξ_0 表示 v_Λ,用 ξ_0^* 表示 v_Λ^*.

$$\forall \eta \in V_1, \quad \eta = a_0 \xi_0 + \sum_{i_1, i_2, \cdots, i_t} a_{i_1 i_2 \cdots i_t} \xi_{i_1 i_2 \cdots i_t},$$

定义 V_1 到 V_2 的线性映射 F,$F(\eta) = a_0 \xi_0^* + \sum_{i_1, i_2, \cdots, i_t} a_{i_1 i_2 \cdots i_t} \xi_{i_1 i_2 \cdots i_t}^*$,这里 a_0,$a_{i_1 i_2 \cdots i_t} \in \mathbf{C}$.

首先,我们要证明映射 F 是有意义的,因为对于同一个 η,可能有两个不同的表达

$$\eta = a_0 \xi_0 + \sum_{i_1, i_2, \cdots, i_t} a_{i_1 i_2 \cdots i_t} \xi_{i_1 i_2 \cdots i_t} = b_0 \xi_0 + \sum_{j_1, j_2, \cdots, j_t} b_{j_1 j_2 \cdots j_t} \xi_{j_1 j_2 \cdots j_t}.$$

我们必须证明

$$a_0 \xi_0^* + \sum_{i_1, i_2, \cdots, i_t} a_{i_1 i_2 \cdots i_t} \xi_{i_1 i_2 \cdots i_t}^* = b_0 \xi_0^* + \sum_{j_1, j_2, \cdots, j_t} b_{j_1 j_2 \cdots j_t} \xi_{j_1 j_2 \cdots j_t}^*.$$

换句话说,对于

$$d_0 \xi_0 + \sum_{l_1, l_2, \cdots, l_t} d_{l_1 l_2 \cdots l_t} \xi_{l_1 l_2 \cdots l_t} = 0,$$

要证明

$$d_0\xi_0^* + \sum_{l_1,l_2,\cdots,l_t} d_{l_1l_2\cdots l_t}\xi_{l_1l_2\cdots l_t}^* = 0,$$

这里 $\qquad\qquad b_0, b_{j_1j_2\cdots j_t}, d_0, d_{l_1l_2\cdots l_t} \in \mathbf{C}.$

令

$$V_3 = \Big\{ d_0\xi_0^* + \sum_{l_1,l_2,\cdots,l_t} d_{l_1l_2\cdots l_t}\xi_{l_1l_2\cdots l_t}^* \in V_2 \,\big|\, d_0\xi_0$$

$$+ \sum_{l_1,l_2,\cdots,l_t} d_{l_1l_2\cdots l_t}\xi_{l_1l_2\cdots l_t} = 0 \Big\}, \tag{4.9}$$

V_3 显然是 V_2 的一个线性子空间. 下面证明 V_3 在 F_2 的作用下不变. 由于 V_Λ 仅是一维的,首先有 $d_0 = 0$. V_3 是 V_2 的真子空间.

$\forall x \in g$, $F_2(x)$ 作用在 V_3 的任一元素上,有

$$F_2(x)\Big(\sum_{l_1,l_2,\cdots,l_t} d_{l_1l_2\cdots l_t}\xi_{l_1l_2\cdots l_t}^*\Big) = \sum_{l_1,l_2,\cdots,l_t} d_{l_1l_2\cdots l_t}F_2(x)\xi_{l_1l_2\cdots l_t}^*$$

$$= d_0^*\xi_0^* + \sum_{j_1,j_2,\cdots,j_t} d_{j_1j_2\cdots j_t}^*\xi_{j_1j_2\cdots j_t}^*. \tag{4.10}$$

从本章定理 10 的证明过程中可以看出常数 d_0^*, $d_{j_1j_2\cdots j_t}^*$ 依赖于 x,李代数 g 和 $d_{l_1l_2\cdots l_t}$,而且关于 $d_{l_1l_2\cdots l_t}$ 是线性的,与 F_2 并无关系. 换句话说,

$$F_1(x)\Big(\sum_{l_1,l_2,\cdots,l_t} d_{l_1l_2\cdots l_t}\xi_{l_1l_2\cdots l_t}\Big) = d_0^*\xi_0 + \sum_{j_1,j_2,\cdots,j_t} d_{j_1j_2\cdots j_t}^*\xi_{j_1j_2\cdots j_t}. \tag{4.11}$$

由于 $\sum\limits_{l_1,l_2,\cdots,l_t} d_{l_1l_2\cdots l_t}\xi_{l_1l_2\cdots l_t} = 0$, (4.11)式右端也为 0,这导致(4.10)式的右端在 V_3 内, V_3 在 F_2 的作用下不变. 由于 F_2 是不可约表示,且 V_3 是 V_2 的真子空间,因此,必有 $V_3 = 0$. 线性映射 F 有意义. 容易明白 F 是 V_1 到 V_2 上的一个线性同构.

$\forall \xi \in V_1$, 类似上述理由,有

$$F_2(x)F(\xi) = F(F_1(x)\xi), \tag{4.12}$$

这表明 $F_2(x)F = FF_1(x)$, $F_1 \cong F_2$.

对于不可约表示 F 的两个不同权 α, β,类似第四章,可以引入 β 关于 α 的权链: $\beta - p\alpha$, $\cdots$, $\beta - \alpha$, β, $\beta + \alpha$, $\cdots$, $\beta + q\alpha$ 是权,而 $\beta - (p+1)\alpha$ 和 $\beta + (q+1)\alpha$ 不是权. 在 $V_{\beta+q\alpha}$ 内取非零向量 v_{Λ_0},这里 $\Lambda_0 = \beta + q\alpha$,而于 $\Lambda_0 + \alpha$ 不是

权,因此有 $F(e_a)v_{\Lambda_0}=0$. 令 $v_{\Lambda_0-ka}=F(e_{-a})v_{\Lambda_0-(k-1)a}$ (k 为正整数),我们有一个非零向量的序列 $\{v_{\Lambda_0}, v_{\Lambda_0-a}, \cdots, v_{\Lambda_0-la}\}$, $l \leqslant p+q$,这些向量张成表示空间 V 的一个子空间 W. 类似前述,令 $g_a=H^a \oplus g^a \oplus g^{-a}$, W 在 $F(x)$ ($\forall x \in g_a$) 的作用下不变,即 W 是 g_a 的不可约表示 $F|_{g_a}$ 的表示空间. 由 §1,应当有序列

$$\Lambda_0(H_a), (\Lambda_0-a)(H_a), \cdots, (\Lambda_0-la)(H_a)=-\Lambda_0(H_a),$$
$$(4.13)$$

即 $l=\dfrac{2\Lambda_0(H_a)}{(H_a, H_a)}$. 于是 $\dfrac{2\beta(H_a)}{(H_a, H_a)}=l-2q$. 下面证明 $l=p+q$,用反证法. 若 $l<p+q$,则在 $V_{\beta-pa}$ 内取一权向量 $v_{\beta-pa}$,令 $v_{\beta-pa+ka}=(F(e_a))^k v_{\beta-pa}$,即可得到一列非零向量 $\{v_{\beta-pa}, v_{\beta-pa+a}, \cdots, v_{\beta-pa+ta}\}$(每一个都是权向量). 类似地,也应当有

$$(\beta-pa+ta)(H_a)=-(\beta-pa)(H_a),$$
$$(4.14)$$

那么

$$\begin{aligned} t&=2p-\frac{2\beta(H_a)}{(H_a, H_a)}\\ &=2p+2q-l\\ &>p+q. \end{aligned}$$
$$(4.15)$$

但当 $t>p+q$ 时,$\beta-pa+ta$ 并不是 F 的权,矛盾. 因此 $l=p+q$. 这样,我们有

$$\frac{2\beta(H_a)}{(H_a, H_a)}=p-q.$$
$$(4.16)$$

$$\frac{2\Lambda_0(H_a)}{(H_a, H_a)}=p+q.$$
$$(4.17)$$

Λ 是首权,$\Lambda_{a_i}=\dfrac{2\Lambda(H_{a_i})}{(H_{a_i}, H_{a_i})}$,这里 $\Pi=\{\alpha_1, \cdots, \alpha_s\}$ 是 g 的一个素根系,显然 $\Lambda_{a_1}, \cdots, \Lambda_{a_s}$ 都是非负整数.

如果存在 g 的一个不可约表示 F_i $(1 \leqslant i \leqslant s)$,使得 $\Lambda_{a_i}=1$,和 $\Lambda_{a_j}=0$($j \neq i$),则称 F_i 为素根 α_i 对应的一个基础表示. 由于这时首权已经确定,不等价的基础表示至多为 s 个. 也称 F_i 为 H_{a_i} 对应的基础表示.

下面举典型李代数的例子.

我们先来讨论 A_n 的基础表示 $(n \geqslant 1)$ 和不可约表示.

从第四章 §7,我们知道

$$H = \left\{ H_{\lambda_1 \lambda_2 \cdots \lambda_{n+1}} = \begin{pmatrix} \lambda_1 & & & \\ & \lambda_2 & & \\ & & \ddots & \\ & & & \lambda_{n+1} \end{pmatrix}, \sum_{j=1}^{n+1} \lambda_j = 0 \right\}$$

是 A_n 的一个 Cartan 子代数. 相应的素根系是 $\{\lambda_1 - \lambda_2, \lambda_2 - \lambda_3, \cdots, \lambda_n - \lambda_{n+1}\}$. 令 $e_i = \dfrac{1}{2(n+1)} E_{ii}^{(n+1)} (1 \leqslant i \leqslant n+1)$. 这素根系在 H 内的嵌入是 $\{e_1 - e_2, e_2 - e_3, \cdots, e_n - e_{n+1}\}$,这里

$$(e_i, e_j) = \frac{1}{2(n+1)} \delta_{ij}.$$

如果记 A_n 的不可约表示的首权 Λ 在 H 内的嵌入为 H_Λ,那么

$$H_\Lambda = \sum_{j=1}^{n+1} a_j e_j, \text{这里} \sum_{j=1}^{n+1} a_j = 0. \tag{4.18}$$

由简单计算,有

$$\frac{2(H_\Lambda, e_i - e_{i+1})}{(e_i - e_{i+1}, e_i - e_{i+1})} = a_i - a_{i+1}. \tag{4.19}$$

由上面的理论可以知道:$a_i - a_{i+1}$ 一定是非负整数. 因而可以知道 $a_1 \geqslant a_2 \geqslant \cdots \geqslant a_n \geqslant a_{n+1}$.

如果 Λ_1 是基础表示 F_1 的首权,就应当有

$$a_1 - a_2 = 1, \ a_2 - a_3 = \cdots = a_n - a_{n+1} = 0. \tag{4.20}$$

再考虑到 $a_1 + a_2 + \cdots + a_n + a_{n+1} = 0$,即可推出

$$a_1 = \frac{n}{n+1}, \ a_2 = \cdots = a_{n+1} = -\frac{1}{n+1}, \tag{4.21}$$

因此

$$H_{\Lambda_1} = \frac{n}{n+1} e_1 - \frac{1}{n+1} (e_2 + \cdots + e_{n+1}). \tag{4.22}$$

完全类似可以得到基础表示 F_i 的首权 Λ_i 在 H 内的嵌入 H_{Λ_i} 的表达式

$$H_{\Lambda_i} = \frac{n-i+1}{n+1}(e_1 + \cdots + e_i) - \frac{i}{n+1}(e_{i+1} + \cdots + e_{n+1}). \qquad (4.23)$$

以 Λ_i 为首权的基础表示 F_i 是否存在呢？下面来讨论这个问题.

$\forall X \in A_n$, 定义 $F(X) = X$, 即 F 是 A_n 上的恒等映射, 表示空间是复 $n+1$ 维线性空间 V_{n+1}, 基向量是 $\xi_1, \xi_2, \cdots, \xi_{n+1}$, $E_{ii}^{(n+1)}\xi_j = \delta_{ij}\xi_j$, 因而

$$F(H_{\lambda_1\lambda_2\cdots\lambda_{n+1}})\xi_j = H_{\lambda_1\lambda_2\cdots\lambda_{n+1}}\xi_j = \lambda_j\xi_j. \qquad (4.24)$$

于是权 φ_j 满足等式 $\varphi_j(H_{\lambda_1\lambda_2\cdots\lambda_{n+1}}) = \lambda_j$, 将权 φ_j 嵌入 H 中, 有

$$(H_{\varphi_j}, H_{\lambda_1\lambda_2\cdots\lambda_{n+1}}) = \lambda_j. \qquad (4.25)$$

利用第四章 §7 的知识, 由简单的计算可以得到

$$H_{\varphi_j} = \frac{n}{n+1}e_j - \frac{1}{n+1}\sum_{i \neq j}e_i \quad (1 \leqslant j \leqslant n+1). \qquad (4.26)$$

F 的不可约性是容易明白的, F 的首权显然是 $H_{\varphi_1} = H_{\Lambda_1}$. 换句话说, 由 A_n 上的恒等映射所确定的表示是基础表示 F_1.

又 $\forall X \in A_n$, 定义 $F(X) = -X^T$, 于是

$$\begin{aligned} F([X, Y]) &= -[X, Y]^T = X^TY^T - Y^TX^T \\ &= F(X)F(Y) - F(Y)F(X) = [F(X), F(Y)]. \end{aligned}$$
$$(4.27)$$

F 是 A_n 到 $gl(V_{n+1})$ 内的同态, 这里的 F 也是不可约表示.

$$F(H_{\lambda_1\lambda_2\cdots\lambda_{n+1}})\xi_j = -H_{\lambda_1\lambda_2\cdots\lambda_{n+1}}\xi_j = -\lambda_j\xi_j. \qquad (4.28)$$

因而有权 $\psi_j(1 \leqslant j \leqslant n+1)$, 满足 $\psi_j(H_{\lambda_1\lambda_2\cdots\lambda_{n+1}}) = -\lambda_j$. 权 ψ_j 在 H 内的嵌入是

$$H_{\psi_j} = -\frac{n}{n+1}e_j + \frac{1}{n+1}\sum_{i \neq j}e_i. \qquad (4.29)$$

F 的首权是

$$H_{\psi_{n+1}} = \frac{1}{n+1}\sum_{j=1}^{n}e_j - \frac{n}{n+1}e_{n+1}. \qquad (4.30)$$

因而 $H_{\psi_{n+1}} = H_{\Lambda_n}$. A_n 的基础表示 F_n 的确存在. 这里我们重申: 对于等价表示, 我们不作区别.

A_n 的其他基础表示是否存在呢？为此, 我们先引入一些重要的基本概念.

V_1 是一个复(或实)m 维线性空间, V_2 是一个复(或实)n 维线性空间. 定义 V_1 和 V_2 的 Kronecker 乘积 $V_1 \otimes V_2$, $V_1 \otimes V_2$ 是一个 mn 维复(或实)线性空间. $\xi \otimes \eta$ 对 $\xi \in V_1$ 和 $\eta \in V_2$ 都是线性的, 如果 $\xi_1, \cdots, \xi_m$ 是 V_1 的基, $\eta_1, \cdots,$ η_n 是 V_2 的基, 则 $\xi_i \otimes \eta_\alpha (1 \leqslant i \leqslant m, 1 \leqslant \alpha \leqslant n)$ 是 $V_1 \otimes V_2$ 的基向量.

$\forall A \in gl(V_1)$, $\forall B \in gl(V_2)$, 定义 $A \otimes B(\xi \otimes \eta) = A\xi \otimes B\eta$, 即 $A \otimes B \in gl(V_1 \otimes V_2)$. 容易看到:

$$(A_1 A_2) \otimes (B_1 B_2) = (A_1 \otimes B_1)(A_2 \otimes B_2);$$
$$(A \otimes B)^{-1} = A^{-1} \otimes B^{-1};$$
$$(A_1 + A_2) \otimes B = A_1 \otimes B + A_2 \otimes B;$$
$$A \otimes (B_1 + B_2) = A \otimes B_1 + A \otimes B_2.$$

另外, 如果 $E_i (i = 1, 2)$ 是 $gl(V_i)$ 的恒等元, 则 $E_1 \otimes E_2$ 是 $gl(V_1 \otimes V_2)$ 内的恒等元. 明显地,

$$gl(V_1) \otimes gl(V_2) = gl(V_1 \otimes V_2).$$

F_1, F_2 是复半单纯李代数 g 的两个不可约复表示, 定义

$$F_1 \otimes F_2: (F_1 \otimes F_2)(x)(\xi \otimes \eta) = F_1(x)\xi \otimes \eta + \xi \otimes F_2(x)\eta,$$

这里 $x \in g$, $\xi \in V_1$, $\eta \in V_2$, V_i 是 F_i 的表示空间 $(i = 1, 2)$. $F_1 \otimes F_2$ 也是 g 的一个表示, 称为表示 F_1, F_2 的 Kronecker 乘积, $F_1 \otimes F_2$ 的表示空间是 $V_1 \otimes V_2$.

$V_1 = \sum\limits_{\varphi \in \Delta_1} V_{1\varphi}$, $V_2 = \sum\limits_{\psi \in \Delta_2} V_{2\psi}$ 分别是 F_1 的表示空间 V_1 和 F_2 的表示空间 V_2 依照各自的权向量空间的直和分解, 显然有

$$V_1 \otimes V_2 = \sum_{\varphi \in \Delta_1} \sum_{\psi \in \Delta_2} V_{1\varphi} \otimes V_{2\psi}.$$

Δ_i 是 $F_i (i = 1, 2)$ 的权集合.

如果 $\xi_\varphi \in V_{1\varphi}$, $\eta_\psi \in V_{2\psi}$, 则 $\forall h \in H$, 这里 H 是 g 的一个 Cartan 子代数, 有

$$F_1(h)\xi_\varphi = \varphi(h)\xi_\varphi, \quad F_2(h)\eta_\psi = \psi(h)\eta_\psi,$$

从而有

$$\begin{aligned}
(F_1 \otimes F_2)(h)(\xi_\varphi \otimes \eta_\psi) &= F_1(h)\xi_\varphi \otimes \eta_\psi + \xi_\varphi \otimes F_2(h)\eta_\psi \\
&= (\varphi(h) + \psi(h))\xi_\varphi \otimes \eta_\psi \\
&= (\varphi + \psi)(h)\xi_\varphi \otimes \eta_\psi.
\end{aligned} \tag{4.31}$$

这表明 $\xi_\varphi \otimes \eta_\psi$ 属于 $V_1 \otimes V_2$ 的以 $\varphi + \psi$ 为权的权向量空间 $(V_1 \otimes V_2)_{\varphi+\psi}$.

我们很容易明白:如果 Λ_i 是表示 F_i 的首权 $(i = 1, 2)$,则 $\Lambda_1 + \Lambda_2$ 是表示 $F_1 \otimes F_2$ 的首权.如果 ξ, η 分别为表示 F_1, F_2 的极值向量,则 $\xi \otimes \eta$ 是表示 $F_1 \otimes F_2$ 的极值向量.

类似地,可以定义 k 个复线性空间 V_1, $\cdots$, V_k 的 kronecker 乘积 $V_1 \otimes \cdots \otimes V_k$. 为书写方便,如果 $V_1 = \cdots = V_k = V$,则记 $V_1 \otimes \cdots \otimes V_k$ 为 $[V]^k$. F_1 是复半单纯李代数 g 的一个不可约复表示,并且以 V 为表示空间. $\forall x \in g$, $\forall \xi_1$, ξ_2, $\cdots$, $\xi_k \in V$, 可定义

$$F(x)(\xi_1 \otimes \xi_2 \otimes \cdots \otimes \xi_k) = F_1(x)\xi_1 \otimes \xi_2 \otimes \cdots \otimes \xi_k + \xi_1 \otimes F_1(x)\xi_2 \otimes \cdots \otimes \xi_k + \cdots + \xi_1 \otimes \xi_2 \otimes \cdots \otimes F_1(x)\xi_k.$$

容易证明 F 是 g 的一个表示,表示空间是 $[V]^k$,记 F 为 F_1^k,如果 F_1 的首权是 Λ,则 F_1^k 的首权是 $k\Lambda$.

如果复半单纯李代数 g 的素根系是 $\Pi = \{\alpha_1, \cdots, \alpha_s\}$,而且已经得到 s 个基础表示 F_1, $\cdots$, F_s, F_i $(1 \leqslant i \leqslant s)$ 的首权是 Λ_i,那么 g 的不可约表示 F 的首权 Λ 可以表达为

$$\Lambda = k_1 \Lambda_1 + k_2 \Lambda_2 + \cdots + k_s \Lambda_s. \tag{4.32}$$

这是由于 Λ_i 在 H 内的嵌入 H_{Λ_i} 恰组成 H 的一组基, $H_\Lambda = k_1 H_{\Lambda_1} + k_2 H_{\Lambda_2} + \cdots + k_s H_{\Lambda_s}$. 显然

$$k_i = \frac{2\Lambda(H_{\alpha_i})}{(H_{\alpha_i}, H_{\alpha_i})} \ (1 \leqslant i \leqslant s).$$

利用表示的 Kronecker 乘积性质,作表示 $F_1^{k_1} \otimes F_2^{k_2} \otimes \cdots \otimes F_s^{k_s}$, 这个表示的首权就是 Λ,表示空间是 $V = [V_1]^{k_1} \otimes [V_2]^{k_2} \otimes \cdots \otimes [V_s]^{k_s}$, 这里 V_i 是 F_i 的表示空间. V 内包含极值向量 v_Λ 的 F 的最小不可约子空间称为 V 内以 Λ 为首权的不可约分支.这个不可约分支可等同于以 Λ 为首权的任一不可约表示的表示空间,用 $\overline{F_1^{k_1} \otimes F_2^{k_2} \otimes \cdots \otimes F_s^{k_s}}$ 表达 $F_1^{k_1} \otimes F_2^{k_2} \otimes \cdots \otimes F_s^{k_s}$ 在这个不可约分支上的限制.

令 V 是一复 n 维线性空间,称复线性空间 $V^{[k]}$ 为 V 的 k 次反称幂,由全体 $\eta_1 \wedge \eta_2 \wedge \cdots \wedge \eta_k$ 组成,这里 η_1, η_2, $\cdots$, $\eta_k \in V$. 沿用第三章的外积记号 $\wedge$, 类似于第三章外积的性质,$\eta_1 \wedge \eta_2 \wedge \cdots \wedge \eta_k$ 对每一个 η_j $(1 \leqslant j \leqslant k)$ 都是线性的,

而且具有反称性. 显然 $V^{[k]}$ 的维数是 C_n^k $(n \geqslant 2)$.

如果 F 是复半单纯李代数 g 的一个不可约复表示,定义

$$F^{(k)}(x)(\eta_1 \wedge \eta_2 \wedge \cdots \wedge \eta_k)$$
$$= (F(x)\eta_1) \wedge \eta_2 \wedge \cdots \wedge \eta_k + \eta_1 \wedge (F(x)\eta_2) \wedge \cdots \wedge \eta_k + \cdots + \eta_1 \wedge \eta_2 \wedge \cdots \wedge (F(x)\eta_k).$$

可以直接验证 $F^{[k]}$ 是 g 的一个表示,称为 F 的 k 次反称幂. 容易明白,如果 η_1, $\cdots$, η_n 是权向量,构成 F 的表示空间 V 的一组基,η_i 对应权 Λ_i,这里下标 1, $\cdots$, n 的选择使得 $H_{\Lambda_1} > H_{\Lambda_2} > \cdots > H_{\Lambda_n}$,那么,$F^{[k]}$ 的全部权是 $\Lambda_{j_1} + \Lambda_{j_2} + \cdots + \Lambda_{j_k}(j_1 < j_2 < \cdots < j_k)$,首权是 $\Lambda_1 + \Lambda_2 + \cdots + \Lambda_k$. 以 $\Lambda_1 + \Lambda_2 + \cdots + \Lambda_k$ 为首权的不可约表示等价于 $F^{[k]}$ 在以 $\Lambda_1 + \Lambda_2 + \cdots + \Lambda_k$ 为首权的不可约分支上的限制,这个限制也用 $\overline{F^{[k]}}$ 表示.

设 H_β 是复单纯李代数 g 的 Dynkin 图的一个端点,我们讲 H_β 的分支是指 Dynkin 图内的一列点 $H_{\beta_1} = H_\beta$, H_{β_2}, $\cdots$, H_{β_l},这里 β_1, β_2, $\cdots$, β_l 是素根,而且满足以下性质:

每个点 H_{β_j} $(j = 2, 3, \cdots, l-1)$ 只与 $H_{\beta_{j-1}}$ 及 $H_{\beta_{j+1}}$ 相连,而且不与 Dynkin 图内的其他点相连;

H_{β_j} 与 $H_{\beta_{j+1}}$ 之间的连接只能是图 1 所示的 3 种形式,如果是最后一种形式,则必须满足 $j+1 = l$.

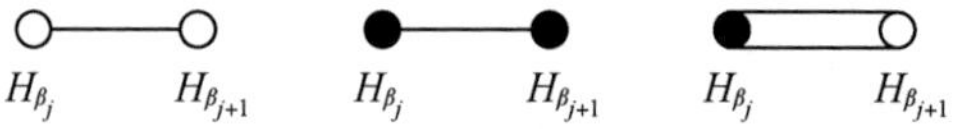

图 1

对于图 1 所示的前两种情况,有

$$\left(H_{\beta_j}, H_{\beta_{j+1}}\right) = -\frac{1}{2}\sqrt{\left(H_{\beta_j}, H_{\beta_j}\right)}\sqrt{\left(H_{\beta_{j+1}}, H_{\beta_{j+1}}\right)}$$
$$= -\frac{1}{2}\left(H_{\beta_j}, H_{\beta_j}\right)$$
$$= -\frac{1}{2}\left(H_{\beta_{j+1}}, H_{\beta_{j+1}}\right);$$

对于图 1 所示的后一种情况,有

$$(H_{\beta_j}, H_{\beta_{j+1}}) = -\frac{\sqrt{2}}{2}\sqrt{(H_{\beta_j}, H_{\beta_j})}\sqrt{(H_{\beta_{j+1}}, H_{\beta_{j+1}})}$$

$$= -\frac{1}{2}(H_{\beta_{j+1}}, H_{\beta_{j+1}}).$$

定理 12　设 H_β 是复单纯李代数 g 的一个端点,而 $H_{\beta_1} = H_\beta$, H_{β_2}, $\cdots$, H_{β_l} 是 H_β 的分支,那么,对于 $j = 2, 3, \cdots, l$, β_j 对应的基础表示 F_j 等价于 $\overline{F_1^{[j]}}$,这里 F_1 是 β_1 对应的基础表示.

证明　用 Λ_1 表示 F_1 的首权,即有

$$\frac{2(H_{\Lambda_1}, H_{\beta_1})}{(H_{\beta_1}, H_{\beta_1})} = 1, \ \text{和} \frac{2(H_{\Lambda_1}, H_\alpha)}{(H_\alpha, H_\alpha)} = 0. \tag{4.33}$$

这里 $\alpha \in \Pi$ (g 的素根系),和 $\alpha \neq \beta_1$,因而 Λ_1 关于 α 的权链仅含 Λ_1 一个权. 换句话讲,$\Lambda_1 - \alpha$ 不是权,而 $\Lambda_1 - \beta_1$ 是权,但 $\Lambda_1 - 2\beta_1$ 不是权(请读者反复利用 (4.17)式).

由于

$$\frac{2(H_{\Lambda_1} - H_{\beta_1}, H_{\beta_1})}{(H_{\beta_1}, H_{\beta_1})} = -1, \ \frac{2(H_{\Lambda_1} - H_{\beta_1}, H_{\beta_2})}{(H_{\beta_2}, H_{\beta_2})} = 1,$$

和

$$\frac{2(H_{\Lambda_1} - H_{\beta_1}, H_\alpha)}{(H_\alpha, H_\alpha)} = 0, \ a \in \Pi, \text{但} \ \alpha \neq \beta_1, \beta_2, \tag{4.34}$$

以及 $\Lambda_1 - \beta_1 + \alpha (\alpha \neq \beta_1)$ 不是 F_1 的权,因而 $\Lambda_1 - \beta_1 - \alpha (\alpha \neq \beta_2, \beta_1, \alpha \in \Pi)$ 也不是 F_1 的权,而 $\Lambda_1 - \beta_1 - \beta_2$ 是 F_1 的权,但 $\Lambda_1 - \beta_1 - 2\beta_2$ 不是 F_1 的权.

如此继续下去,我们得到 F_1 的一系列的权:

$$\Lambda_1, \ \Lambda_1 - \beta_1, \ \Lambda_1 - \beta_1 - \beta_2, \ \cdots, \ \Lambda_1 - \beta_1 - \beta_2 - \cdots - \beta_l.$$

容易明白不可约表示 $\overline{F_1^{[j]}}$ 的首权 ω 满足下述等式:

$$\omega = \Lambda_1 + (\Lambda_1 - \beta_1) + (\Lambda_1 - \beta_1 - \beta_2) + \cdots + (\Lambda_1 - \beta_1 - \beta_2 - \cdots - \beta_{j-1})$$
$$= j\Lambda_1 - (j-1)\beta_1 - (j-2)\beta_2 - \cdots - \beta_{j-1}. \tag{4.35}$$

由于

$$\frac{2(H_\omega, H_{\beta_j})}{(H_{\beta_j}, H_{\beta_j})} = \frac{-2(H_{\beta_{j-1}}, H_{\beta_j})}{(H_{\beta_j}, H_{\beta_j})} = 1, \tag{4.36}$$

和当 $i = 1, 2, \cdots, j-2$ 时,有

$$\frac{2(H_\omega, H_{\beta_i})}{(H_{\beta_i}, H_{\beta_i})} = \frac{2(-(j-i+1)H_{\beta_{i-1}} - (j-i)H_{\beta_i} - (j-i-1)H_{\beta_{i+1}}, H_{\beta_i})}{(H_{\beta_i}, H_{\beta_i})}$$

$$= (j-i+1) - 2(j-i) + (j-i-1) = 0, ^{①} \tag{4.37}$$

再利用

$$\frac{2(H_\omega, H_{\beta_{j-1}})}{(H_{\beta_{j-1}}, H_{\beta_{j-1}})} = \frac{2(-2H_{\beta_{j-2}} - H_{\beta_{j-1}}, H_{\beta_{j-1}})}{(H_{\beta_{j-1}}, H_{\beta_{j-1}})}$$

$$= 2 - 2 = 0, \tag{4.38}$$

当 $\alpha \in \Pi$,但 $\alpha \neq \beta_1, \beta_2, \cdots, \beta_j$ 时,$\dfrac{2(H_\omega, H_\alpha)}{(H_\alpha, H_\alpha)} = 0$,于是 ω 也是 F_j 的首权,因此 $F_j \cong \overline{F_1^{[j]}}$.

把定理 12 应用于 A_n,有 $F_j \cong \overline{F_1^{[j]}} \, (2 \leqslant j \leqslant n)$.

下面证明 $F_1^{[j]}$ 是不可约的.

从前面叙述可以知道:复 $n+1$ 维线性空间 V_{n+1} 是 F_1 的表示空间,则 $F_1^{[j]}$ 的表示空间是 C_{n+1}^j 维的复线性空间 $V_{n+1}^{[j]}$,F_1 有 $n+1$ 个权 $\varphi_1, \cdots, \varphi_{n+1}$,它们在 H 内的嵌入是

$$H_{\varphi_k} = \frac{n}{n+1}e_k - \frac{1}{n+1}\sum_{i \neq k}e_i.$$

显然,这些权对应的权向量空间全是一维的. $F_1^{[j]}$ 有 C_{n+1}^j 个权

$$\varphi_{i_1} + \varphi_{i_2} + \cdots + \varphi_{i_j} \, (1 \leqslant i_1 < i_2 < \cdots < i_j \leqslant n+1).$$

设 $\xi_1, \xi_2, \cdots, \xi_{n+1}$ 分别是 V_{n+1} 中对应于权 $\varphi_1, \varphi_2, \cdots, \varphi_{n+1}$ 的权向量,则 $\xi_1 \wedge \xi_2 \cdots \wedge \xi_j$ 就是 $V_{n+1}^{[j]}$ 内相应于 $F_1^{[j]}$ 的最高权 $\varphi_1 + \varphi_2 + \cdots + \varphi_j$ 的权向量.

$$H_{\varphi_1} + H_{\varphi_2} + \cdots + H_{\varphi_j}$$

$$= \frac{n-j+1}{n+1}(e_1 + \cdots + e_j) - \frac{j}{n+1}(e_{j+1} + \cdots + e_{n+1}), \tag{4.39}$$

$$H_{\varphi_{i_1}} + H_{\varphi_{i_2}} + \cdots + H_{\varphi_{i_j}}$$

$$= \frac{n-j+1}{n+1}(e_{i_1} + e_{i_2} + \cdots + e_{i_j}) - \frac{j}{n+1}\sum_{k \neq i_1, \cdots, i_j}e_k, \tag{4.40}$$

---

① 这里只对 $i \geqslant 2$ 证明,当 $i = 1$ 时,留给读者类似计算.

这里 $1 \leqslant i_1 < i_2 < \cdots < i_j \leqslant n+1$. 如果 $i_1 < i_2 < \cdots < i_j$ 内最小的不属于集合 $\{1, 2, \cdots, j\}$ 的是 i_l, 即 $j < i_l < i_{l+1} < \cdots < i_j$, $1 \leqslant i_1 < i_2 < \cdots < i_{l-1} \leqslant j$, 将不属于 $i_1, \cdots, i_{l-1}$ 的在 1 与 j 之间的另外 $j-l+1$ 个正整数从小到大记为 $1 \leqslant k_1 < k_2 < \cdots < k_{j-l+1} \leqslant j$, 那么

$$H_{\varphi_{i_1}} + H_{\varphi_{i_2}} + \cdots + H_{\varphi_{i_j}} = H_{\varphi_1} + H_{\varphi_2} + \cdots + H_{\varphi_j} - (e_{k_1} - e_{i_l})$$
$$- (e_{k_2} - e_{i_{l+1}}) - \cdots - (e_{k_{j-l+1}} - e_{i_j}).$$

$$(4.41)$$

这表明 $F_1^{[j]}$ 的任一权 $\varphi_{i_1} + \varphi_{i_2} + \cdots + \varphi_{i_j}$ 可以由首权 $\varphi_1 + \varphi_2 + \cdots + \varphi_j$ 减去 $j-l+1$ 个正根 $\lambda_{k_1} - \lambda_{i_l}, \lambda_{k_2} - \lambda_{i_{l+1}}, \cdots, \lambda_{k_{j-l+1}} - \lambda_{i_j}$ 而得到. 因此由本章定理 10, $F_1^{[j]}$ 是不可约的.

这样一来, A_n 的全部基础表示都得到了.

接下来, 我们来讨论 B_n 的基础表示 $(n \geqslant 2)$.

类似于 A_n 的情况, 如果我们能够作出 B_n 的全部基础表示, 则 B_n 的全部不可约表示就可以作出来了.

$$H = \left\{ H_{\lambda_1 \cdots \lambda_n} = \begin{pmatrix} 0 & & & & & & \\ & \lambda_1 & & & & & \\ & & \ddots & & & & \\ & & & \lambda_n & & & \\ & & & & -\lambda_1 & & \\ & & & & & \ddots & \\ & & & & & & -\lambda_n \end{pmatrix}, \lambda_i \in \mathbf{C}, 1 \leqslant i \leqslant n \right\}$$

是 B_n 的一个 Cartan 子代数, 相应的素根系是 $\{\lambda_1 - \lambda_2, \lambda_2 - \lambda_3, \cdots, \lambda_{n-1} - \lambda_n, \lambda_n\}$, 这素根系在 H 内的嵌入是 $\{e_1 - e_2, e_2 - e_3, \cdots, e_{n-1} - e_n, e_n\}$, 这里

$$e_i = \frac{1}{4n-2}(E_{i+1\,i+1}^{(2n+1)} - E_{n+i+1\,n+i+1}^{(2n+1)}), \quad (e_i, e_j) = \frac{1}{4n-2}\delta_{ij}.$$

如果 B_n 的不可约表示的权 φ 在 B_n 的 Cartan 子代数 H 内的嵌入为 H_φ, 记 $H_\varphi = \sum_{j=1}^n a_j e_j$, 由计算得到

$$\frac{2(H_\varphi, e_i - e_{i+1})}{(e_i - e_{i+1}, e_i - e_{i+1})} = a_i - a_{i+1} \quad (1 \leqslant i \leqslant n-1),$$

$$\frac{2(H_\varphi, e_n)}{(e_n, e_n)} = 2a_n,$$

那么 $a_i (1 \leqslant i \leqslant n)$ 或者全是整数,或者全是半整数.特别,当 $\varphi = \Lambda$ 是一个首权时, $a_i - a_{i+1}$ 和 $2a_n$ 都应是非负整数,即有 $a_1 \geqslant a_2 \geqslant \cdots \geqslant a_n \geqslant 0$.

设 $\varphi = \Lambda_i$ 是权 $\lambda_i - \lambda_{i+1}$ 对应的基础表示 $F_i (1 \leqslant i \leqslant n-1)$ 的首权,那么利用

$$a_i - a_{i+1} = 1,$$
$$a_1 - a_2 = \cdots = a_{i-1} - a_i = a_{i+1} - a_{i+2} = \cdots = a_{n-1} - a_n = 2a_n = 0,$$

可以得到

$$H_{\Lambda_i} = e_1 + e_2 + \cdots + e_i. \tag{4.42}$$

如果 Λ 是权 λ_n 对应的基础表示 F_n 的首权,经过类似的计算可以得出:

$$H_\Lambda = \frac{1}{2}(e_1 + e_2 + \cdots + e_n). \tag{4.43}$$

完全类似于 A_n 的情况, $\forall X \in B_n$,令 $F(X) = X$,表示空间是复 $2n+1$ 维线性空间 V_{2n+1},基向量是 $\xi_1, \xi_2, \cdots, \xi_{2n+1}$,以及

$$F(H_{\lambda_1 \cdots \lambda_n})\xi_j = H_{\lambda_1 \cdots \lambda_n}\xi_j = \begin{cases} 0, & j = 1, \\ \lambda_{j-1}\xi_j, & 2 \leqslant i \leqslant n+1, \\ -\lambda_{j-n-1}\xi_j, & n+2 \leqslant j \leqslant 2n+1. \end{cases}$$

$$\tag{4.44}$$

F 的全部权是 $0, \lambda_1, -\lambda_1, \lambda_2, -\lambda_2, \cdots, \lambda_n, -\lambda_n$, F 的首权是 λ_1, F 的全部权可由 λ_1 减去 B_n 的一些素根而得到, F 是不可约的.于是,有 $F \cong F_1$.由定理12,可以知道 $F_j \cong \overline{F^{[j]}}(2 \leqslant j \leqslant n-1)$.称 F_n 为旋表示.至此,除了 F_n 外, B_n 的基础表示全部得到了. F_n 的存在性放在本节最后,与 D_n 的旋表示一起讨论.

我们再来讨论 C_n 的基础表示 $(n \geqslant 2)$.

$$H = \left\{ H_{\lambda_1 \cdots \lambda_n} = \begin{pmatrix} \lambda_1 & & & & & & \\ & \ddots & & & & & \\ & & \lambda_n & & & & \\ & & & -\lambda_1 & & & \\ & & & & \ddots & & \\ & & & & & -\lambda_n \end{pmatrix}, \lambda_i \in \mathbf{C}, 1 \leqslant i \leqslant n \right\}$$

是 C_n 的 Cartan 子代数. 相应的素根系是 $\{\lambda_1 - \lambda_2, \lambda_2 - \lambda_3, \cdots, \lambda_{n-1} - \lambda_n, 2\lambda_n\}$, 这素根系在 H 内的嵌入是

$$\{e_1 - e_2, e_2 - e_3, \cdots, e_{n-1} - e_n, 2e_n\}, (e_i, e_j) = \frac{1}{4(n+1)}\delta_{ij}.$$

如果 C_n 的不可约表示的权 φ 在 C_n 的 Cartan 子代数 H 内的嵌入为 H_φ, 类似于对 A_n 的讨论, 可以得到 $H_\varphi = \sum_{j=1}^{n} a_j e_j$, $a_j (1 \leqslant j \leqslant n)$ 全是整数, 如果 φ 是首权, 则还应当有 $a_1 \geqslant a_2 \geqslant \cdots \geqslant a_n \geqslant 0$.

权 $\lambda_i - \lambda_{i+1}$ 对应的基础表示 F_i 的首权 Λ_i 在 H 内的嵌入 H_{Λ_i} 应当是 $e_1 + e_2 + \cdots + e_i (1 \leqslant i \leqslant n-1)$. 权 $2\lambda_n$ 对应的基础表示 F_n 的首权 Λ_n 在 H 内的嵌入 $H_{\Lambda_n} = e_1 + e_2 + \cdots + e_n$.

同 A_n, B_n 的情况一样, 令 $F(X) = X$, 这里 $X \in C_n$, F 确定的 C_n 上不可约表示的最高权是 λ_1, 它在 H 内的嵌入是 e_1, 即 $F \cong F_1$, 那么, $F_k \cong \overline{F^{[k]}}$ ($2 \leqslant k \leqslant n$).

以上省略的具体计算留给读者作练习.

最后, 我们来讨论 D_n 的基础表示 ($n \geqslant 4$).

我们知道

$$H = \left\{ H_{\lambda_1 \cdots \lambda_n} = \begin{pmatrix} \lambda_1 & & & & & \\ & \ddots & & & & \\ & & \lambda_n & & & \\ & & & -\lambda_1 & & \\ & & & & \ddots & \\ & & & & & -\lambda_n \end{pmatrix}, \lambda_i \in \mathbf{C}, 1 \leqslant i \leqslant n \right\}$$

是李代数 D_n 的 Cartan 子代数. $\{\lambda_1 - \lambda_2, \lambda_2 - \lambda_3, \cdots, \lambda_{n-1} - \lambda_n, \lambda_{n-1} + \lambda_n\}$ 是 D_n 的相应素根系. 这素根系在 H 内的嵌入是

$$\{e_1 - e_2, e_2 - e_3, \cdots, e_{n-1} - e_n, e_{n-1} + e_n\}, (e_i, e_j) = \frac{1}{4(n-1)}\delta_{ij}.$$

设 D_n 的不可约表示的一个权 φ 在 H 内的嵌入 $H_\varphi = \sum_{j=1}^{n} a_j e_j$, 则 $a_1, \cdots, a_n$ 全是整数, 或者全是半整数. Λ_i 是权 $\lambda_i - \lambda_{i+1}$ 对应的基础表示 F_i 的首权, 则

$$H_{\Lambda_i} = e_1 + e_2 + \cdots + e_i (1 \leqslant i \leqslant n-2), \tag{4.45}$$

$$H_{\Lambda_{n-1}} = \frac{1}{2}(e_1 + e_2 + \cdots + e_{n-1} - e_n). \tag{4.46}$$

权 $\lambda_{n-1} + \lambda_n$ 对应的基础表示的首权 Λ_n 在 H 内的嵌入是

$$H_{\Lambda_n} = \frac{1}{2}(e_1 + e_2 + \cdots + e_{n-1} + e_n). \tag{4.47}$$

D_n 的恒等映射导出的不可约表示等价于 F_1，就像 A_n，B_n 和 C_n 的情况一样. $F_k = \overline{F_1^{[k]}}(2 \leqslant k \leqslant n-2)$. 上述的具体计算步骤请读者自己给出.

这里,称 F_{n-1}，F_n 为旋表示.

B_n 有一个旋表示, D_n 有两个旋表示. 旋表示在物理学中有着重要的应用,下面具体作出这 3 个旋表示.

设 V_m 是 m 维复(或实)线性空间, e_1，$\cdots$，e_m 是它的一组基. 在 V_m 内定义一个双线性的乘积 $*$,满足

$$e_j * e_j = 1, \ e_j * e_k = -e_k * e_j (j \neq k). \tag{4.48}$$

另外规定乘积 $*$ 满足结合律,例如 $(e_j * e_k) * e_l = e_j * (e_k * e_l)$,并记为 $e_j * e_k * e_l$. 当然 $1 * e_j = e_j$.

由 1, $e_{i_1} * e_{i_2} * \cdots * e_{i_k}$，$1 \leqslant i_1 < i_2 < \cdots < i_k \leqslant m$，$1 \leqslant k \leqslant m$ 张成的复(或实)2^m 维线性空间,记为 $C(m)$. 在 $C(m)$ 内可以进行乘法 $*$ 运算,称 $C(m)$ 为复(或实)Clifford 代数. 下面只考虑复 Clifford 代数 $C(m)$.

在 $C(m)$ 内引入换位运算 $[x, y] = x * y - y * x$,则 $C(m)$ 是一个李代数. 在李代数 $C(m)$ 中考虑一切元素 $\sum\limits_{1 \leqslant i < k \leqslant m} c_{ik} e_i * e_k$,这里 $c_{ik} \in \mathbf{C}$,由于当 i, j, k, l 全不相同时, $[e_i * e_k, e_j * e_l] = e_i * e_k * e_j * e_l - e_j * e_l * e_i * e_k = 0$;当 i, j, k, l 中只有两个相同,例如当 $k = j$ 时,有 $[e_i * e_k, e_j * e_l] = 2e_i * e_l$,当 $i = l$ 时,有 $[e_i * e_k, e_j * e_l] = 2e_k * e_j$;当 $i = j$, $k = l$ 时,有 $[e_i * e_k, e_j * e_l] = 0$,因此,我们容易明白 $C(m)$ 内所有元素 $\sum\limits_{1 \leqslant i < k \leqslant m} c_{ik} e_i * e_k$ 恰组成 $C(m)$ 内的一个子代数,记为 $C_2(m)$.

引理 3 $C_2(m)$ 同构于李代数 $\Lambda(O(m, \mathbf{C}))$.

证明 仍用 $E_{ik}^{(m)}$ 表示第 i 行、第 k 列元素为 1,其余元素为 0 的 $m \times m$ 矩阵.

定义 $C_2(m)$ 到 $\Lambda(O(m, \mathbf{C}))$ 的映射:

$$f\left(\sum_{1 \leqslant i < k \leqslant m} c_{ik} e_i * e_k\right) = 2 \sum_{1 \leqslant i < k \leqslant m} c_{ik}(E_{ik}^{(m)} - E_{ki}^{(m)}). \tag{4.49}$$

f 显然是线性到上的映射,且

$$f(e_i * e_k) = 2(E_{ik}^{(m)} - E_{ki}^{(m)})(i \neq k),$$

那么,显然 f 也是 1—1 映射.

当 i, j, k, l 全不相同时,有

$$[E_{ik}^{(m)} - E_{ki}^{(m)}, E_{jl}^{(m)} - E_{lj}^{(m)}] = 0,$$

那么 $f[e_i * e_k, e_j * e_l] = [f(e_i * e_k), f(e_j * e_l)]$（因为左、右两端皆为 0）.

当 i, $k(i \neq k)$, j, $l(j \neq l)$ 中只有两个相同,例如 $k = j$ 时,那么

$$\begin{aligned}
f[e_i * e_k, e_j * e_l] &= 2f(e_i * e_l) = 4(E_{il}^{(m)} - E_{li}^{(m)}) \\
&= 4[E_{ik}^{(m)} - E_{ki}^{(m)}, E_{kl}^{(m)} - E_{lk}^{(m)}] \\
&= [f(e_i * e_k), f(e_j * e_l)].
\end{aligned}$$

当 $i = j$, $k = l$ 时,类似地,可证明

$$f[e_i * e_k, e_j * e_l] = [f(e_i * e_k), f(e_j * e_l)].$$

因此,我们知道 f 是李代数 $C_2(m)$ 到李代数 $\Lambda(O(m, \mathbf{C}))$ 上的一个同构.

又以 $C_{12}(m)$ 记 $C(m)$ 内一切形如

$$\sum_{j=1}^{m} a_j e_j + \sum_{1 \leqslant i < k \leqslant m} c_{ik} e_i * e_k$$

的元素的集合,这里 a_i, $c_{ik} \in \mathbf{C}$, 它们也组成 $C(m)$ 内的一个子代数.

定义 $C_{12}(m)$ 到 $\Lambda(O(m+1, \mathbf{C}))$ 的线性映射 g,使得:

$$\begin{aligned}
g(e_j) &= 2\mathrm{i}(E_{1\,j+1}^{(m+1)} - E_{j+1\,1}^{(m+1)}), \quad 1 \leqslant j \leqslant m, \\
g(e_j * e_k) &= 2(E_{j+1\,k+1}^{(m+1)} - E_{k+1\,j+1}^{(m+1)}), \quad j < k.
\end{aligned} \tag{4.50}$$

引理 4　李代数 $C_{12}(m)$ 同构于 $\Lambda(O(m+1, \mathbf{C}))$.

证明　从引理 3 的证明可以看出下述等式成立:

$$g[e_s * e_k, e_j * e_l] = [g(e_s * e_k), g(e_j * e_l)],$$

这里 $s \neq k$, $j \neq l$. 因此,只要证明:

$$g[e_j, e_k] = [g(e_j), g(e_k)](j \neq k), \tag{4.51}$$

$$g[e_j, e_k * e_l] = [g(e_j), g(e_k * e_l)](k \neq l) \tag{4.52}$$

就可以了.因为 g 是线性同构映射是极容易明白的.

当 $j \neq k$ 时,有

$$g[e_j, e_k] = g(e_j * e_k - e_k * e_j) = 2g(e_j * e_k)$$
$$= 4(E_{j+1\,k+1}^{(m+1)} - E_{k+1\,j+1}^{(m+1)}).$$

而当 $j \neq k$ 时,又可知道:

$$[g(e_j), g(e_k)] = (2\mathrm{i})^2[E_{1\,j+1}^{(m+1)} - E_{j+1\,1}^{(m+1)}, E_{1\,k+1}^{(m+1)} - E_{k+1\,1}^{(m+1)}]$$
$$= -4(-E_{j+1\,k+1}^{(m+1)} + E_{k+1\,j+1}^{(m+1)}).$$

因此有(4.51)式. 下面证明(4.52)式.

当 j, k, l 全不相同时,有

$$g[e_j, e_k * e_l] = g(e_j * e_k * e_l - e_k * e_l * e_j) = 0.$$

而

$$[g(e_j), g(e_k * e_l)] = 4\mathrm{i}[E_{1\,j+1}^{(m+1)} - E_{j+1\,1}^{(m+1)}, E_{k+1\,l+1}^{(m+1)} - E_{l+1\,k+1}^{(m+1)}]$$
$$= 0 \ (k \neq l),$$

当 j 等于 k, l 之一时 $(k \neq l)$,不妨设 $j = k$,有

$$g[e_j, e_j * e_l] = g(e_l - e_j * e_l * e_j) = 2g(e_l).$$

然而

$$[g(e_j), g(e_j * e_l)] = 4\mathrm{i}[E_{1\,j+1}^{(m+1)} - E_{j+1\,1}^{(m+1)}, E_{j+1\,l+1}^{(m+1)} - E_{l+1\,j+1}^{(m+1)}]$$
$$= 4\mathrm{i}(E_{1\,l+1}^{(m+1)} - E_{l+1\,1}^{(m+1)}) = 2g(e_l).$$

于是,有

$$g[e_j, e_j * e_l] = [g(e_j), g(e_j * e_l)]. \tag{4.53}$$

利用上式,当 $j = l$ 时$(j \neq k)$,立即有

$$g[e_j, e_k * e_j] = -g[e_j, e_j * e_k]$$
$$= -[g(e_j), g(e_j * e_k)]$$
$$= [g(e_j), g(e_k * e_j)]. \tag{4.54}$$

因而(4.52)式也是成立的.

综上所述, $C_{12}(m)$ 同构于李代数 $\Lambda(O(m+1, \mathbf{C}))$.

从引理 3 和引理 4 可以知道 $C_2(2n)$ 同构于 D_n, $C_{12}(2n)$ 同构于 B_n.

令

$$P_{2n} = \begin{pmatrix} \dfrac{1}{\sqrt{2}} I_n & \dfrac{1}{\sqrt{2}} I_n \\ -\dfrac{\mathrm{i}}{\sqrt{2}} I_n & \dfrac{\mathrm{i}}{\sqrt{2}} I_n \end{pmatrix}, \tag{4.55}$$

这里 I_n 是 $n \times n$ 单位矩阵. 由计算可以知道

$$P_{2n} \begin{bmatrix} 0 & I_n \\ I_n & 0 \end{bmatrix} P_{2n}^{\mathrm{T}} = I_{2n}, \tag{4.56}$$

换句话说, 即

$$P_{2n}^{-1} = \begin{bmatrix} 0 & I_n \\ I_n & 0 \end{bmatrix} P_{2n}^{\mathrm{T}}. \tag{4.57}$$

如令

$$P_{2n+1} = \begin{pmatrix} 1 & 0 & 0 \\ 0 & \dfrac{1}{\sqrt{2}} I_n & \dfrac{1}{\sqrt{2}} I_n \\ 0 & \dfrac{-\mathrm{i}}{\sqrt{2}} I_n & \dfrac{\mathrm{i}}{\sqrt{2}} I_n \end{pmatrix}, \tag{4.58}$$

那么, 由计算, 有

$$P_{2n+1} \begin{bmatrix} 1 & 0 & 0 \\ 0 & 0 & I_n \\ 0 & I_n & 0 \end{bmatrix} P_{2n+1}^{\mathrm{T}} = I_{2n+1}, \tag{4.59}$$

即可知

$$P_{2n+1}^{-1} = \begin{bmatrix} 1 & 0 & 0 \\ 0 & 0 & I_n \\ 0 & I_n & 0 \end{bmatrix} P_{2n+1}^{\mathrm{T}}. \tag{4.60}$$

$\forall X \in D_n$, 定义 $\psi(X) = P_{2n} X P_{2n}^{-1}$, 由于

$$\psi(X) + \psi(X)^{\mathrm{T}} = P_{2n} X P_{2n}^{-1} + (P_{2n}^{-1})^{\mathrm{T}} X^{\mathrm{T}} P_{2n}^{\mathrm{T}}$$

$$= P_{2n} X \begin{bmatrix} 0 & I_n \\ I_n & 0 \end{bmatrix} P_{2n}^{\mathrm{T}} + P_{2n} \begin{bmatrix} 0 & I_n \\ I_n & 0 \end{bmatrix} X^{\mathrm{T}} P_{2n}^{\mathrm{T}}$$

$$=P_{2n}\left[X\begin{bmatrix}0 & I_n \\ I_n & 0\end{bmatrix}+\begin{bmatrix}0 & I_n \\ I_n & 0\end{bmatrix}X^{\mathrm{T}}\right]P_{2n}^{\mathrm{T}}$$
$$=0 \ (见第三章 \ \S 2 \ 例 4), \tag{4.61}$$

应有 $\psi(X)\in\Lambda(O(2n,\mathbf{C}))$. 容易验证 ψ 是 D_n 到李代数 $\Lambda(O(2n,\mathbf{C}))$ 上的一个同构.

读者可以自己证明 $\forall X\in B_n$, $\tau(X)=P_{2n+1}XP_{2n+1}^{-1}$ 是 B_n 到李代数 $\Lambda(O(2n+1,\mathbf{C}))$ 上的一个同构.

对于 D_n 内的矩阵 $H_{\lambda_1\cdots\lambda_n}=\begin{bmatrix}\lambda_1 & & & & & & \\ & \ddots & & & & & \\ & & \lambda_n & & & & \\ & & & -\lambda_1 & & & \\ & & & & \ddots & & \\ & & & & & -\lambda_n\end{bmatrix}$, 记 $T_{\lambda_1\cdots\lambda_n}=$

$\begin{bmatrix}\lambda_1 & & \\ & \ddots & \\ & & \lambda_n\end{bmatrix}$, 由直接计算可以看到

$$\psi(H_{\lambda_1\cdots\lambda_n})=\begin{bmatrix}0 & \mathrm{i}T_{\lambda_1\cdots\lambda_n} \\ -\mathrm{i}T_{\lambda_1\cdots\lambda_n} & 0\end{bmatrix}. \tag{4.62}$$

从前述,我们知道 f 同构地映 $C_2(2n)$ 到 $\Lambda(O(2n,\mathbf{C}))$ 上,于是

$$f^{-1}\psi(H_{\lambda_1\cdots\lambda_n})=\frac{1}{2}\mathrm{i}\sum_{j=1}^{n}\lambda_j e_j * e_{n+j}. \tag{4.63}$$

引入矩阵记号:

$$I_2=\begin{bmatrix}1 & 0 \\ 0 & 1\end{bmatrix}, \ J_2=\begin{bmatrix}1 & 0 \\ 0 & -1\end{bmatrix},$$
$$P=\begin{bmatrix}0 & 1 \\ 1 & 0\end{bmatrix}, \ Q=\begin{bmatrix}0 & \mathrm{i} \\ -\mathrm{i} & 0\end{bmatrix}. \tag{4.64}$$

显然

$$J_2J_2=I_2, \ PP=I_2, \ QQ=I_2, \ PQ=\begin{bmatrix}-\mathrm{i} & 0 \\ 0 & \mathrm{i}\end{bmatrix}. \tag{4.65}$$

同以前一样, V_2 表示复二维线性空间, $gl(V_2)$ 表示由 2×2 复矩阵全体组

成的李代数.

$$\underbrace{gl(V_2) \otimes gl(V_2) \otimes \cdots \otimes gl(V_2)}_{n\text{个}} = gl(\underbrace{V_2 \otimes V_2 \otimes \cdots \otimes V_2}_{n\text{个}})$$

是一个 2^{2n} 维复李代数. 为方便, 记这个复李代数为 K. 令

$$P_j = \underbrace{J_2 \otimes J_2 \otimes \cdots \otimes J_2}_{j-1\text{个}} \otimes P \otimes \underbrace{I_2 \otimes I_2 \otimes \cdots \otimes I_2}_{n-j\text{个}},$$

$$Q_j = \underbrace{J_2 \otimes J_2 \otimes \cdots \otimes J_2}_{j-1\text{个}} \otimes Q \otimes \underbrace{I_2 \otimes I_2 \otimes \cdots \otimes I_2}_{n-j\text{个}}, \qquad (4.66)$$

利用 $PJ_2 + J_2P = 0$(零矩阵), $QJ_2 + J_2Q = 0$, 由直接计算可以看到:

$$P_jP_j = Q_jQ_j$$
$$= \underbrace{I_2 \otimes I_2 \otimes \cdots \otimes I_2}_{n\text{个}},$$
$$P_jP_l + P_lP_j = Q_jQ_l + Q_lQ_j$$
$$= P_jQ_l + Q_lP_j = 0 \ (j \neq l). \qquad (4.67)$$

因此, $C_2(2n)$ 到 K 内的线性映射 $F(e_j * e_l) = P_jP_l$, $F(e_{n+j} * e_{n+l}) = Q_jQ_l$ $(1 \leqslant j < l \leqslant n)$; $F(e_j * e_{n+l}) = P_jQ_l (1 \leqslant j, l \leqslant n)$, 一定是李代数 $C_2(2n)$ 到 K 内的一个同态映射.

这样一来, $Ff^{-1}\psi$ 就是李代数 D_n 的一个复 2^n 次表示. 利用公式(4.63)可以知道

$$Ff^{-1}\psi(H_{\lambda_1\cdots\lambda_n})$$

$$= \frac{1}{2}\mathrm{i}\sum_{j=1}^n F(\lambda_j e_j * e_{n+j}) = \frac{1}{2}\mathrm{i}\sum_{j=1}^n \lambda_j P_jQ_j$$

$$= \sum_{j=1}^n \underbrace{I_2 \otimes I_2 \otimes \cdots \otimes I_2}_{j-1\text{个}} \otimes \begin{bmatrix} \dfrac{1}{2}\lambda_j & 0 \\ 0 & -\dfrac{1}{2}\lambda_j \end{bmatrix} \otimes \underbrace{I_2 \otimes I_2 \otimes \cdots \otimes I_2}_{n-j\text{个}}.$$

$$(4.68)$$

(利用公式(4.64)、公式(4.65)和公式(4.66).)

由于 $Ff^{-1}\psi$ 的表示空间是 $\underbrace{V_2 \otimes V_2 \otimes \cdots \otimes V_2}_{n\text{个}}$, 从上式可以知道:

$$Ff^{-1}\psi(H_{\lambda_1\cdots\lambda_n})((u_1, v_1) \otimes (u_2, v_2) \otimes \cdots \otimes (u_n, v_n))$$

$$= \left(\frac{1}{2}\lambda_1 u_1, -\frac{1}{2}\lambda_1 v_1\right) \otimes (u_2, v_2) \otimes \cdots \otimes (u_n, v_n)$$

$$+ (u_1, v_1) \otimes \left(\frac{1}{2}\lambda_2 u_2, -\frac{1}{2}\lambda_2 v_2\right) \otimes (u_3, v_3) \otimes \cdots \otimes (u_n, v_n)$$

$$+ \cdots + (u_1, v_1) \otimes (u_2, v_2) \otimes \cdots \otimes (u_{n-1}, v_{n-1}) \otimes \left(\frac{1}{2}\lambda_n u_n, -\frac{1}{2}\lambda_n v_n\right).$$

$$(4.69)$$

这里 $u_j, v_j \in \mathbf{C}$,对于同一 j $(1 \leqslant j \leqslant n)$, u_j, v_j 不全为 0. 容易明白, $\frac{1}{2}(\pm\lambda_1 \pm \lambda_2 \pm \cdots \pm \lambda_n)$(有 2^n 个)是表示 $Ff^{-1}\psi$ 的权,而且每个权向量空间都是一维的(因为表示空间是 2^n 维的). 例如,取 $u_1, u_2, \cdots, u_n \neq 0, v_1 = v_2 = \cdots = v_n = 0$,则 $\frac{1}{2}(\lambda_1 + \lambda_2 + \cdots + \lambda_n)$ 是 $Ff^{-1}\psi$ 的权;取 $u_1, u_2, \cdots, u_{n-1}, v_n \neq 0$, $v_1 = v_2 = \cdots = v_{n-1} = u_n = 0$,则 $\frac{1}{2}(\lambda_1 + \lambda_2 + \cdots + \lambda_{n-1} - \lambda_n)$ 也是 $Ff^{-1}\psi$ 的权等.

显然, $\frac{1}{2}(\lambda_1 + \lambda_2 + \cdots + \lambda_n)$ 是一个首权, D_n 的素根系是 $\lambda_1 - \lambda_2$, $\lambda_2 - \lambda_3$, $\cdots$, $\lambda_{n-1} - \lambda_n$, $\lambda_{n-1} + \lambda_n$,而

$$\frac{1}{2}(\lambda_1 + \lambda_2 + \cdots + \lambda_{n-1} + \lambda_n) - \frac{1}{2}(\lambda_1 + \lambda_2 + \cdots + \lambda_{n-1} - \lambda_n) = \lambda_n$$

并不是 D_n 的正根,于是,在以 $\frac{1}{2}(\lambda_1 + \lambda_2 + \cdots + \lambda_{n-1} + \lambda_n)$ 为首权的不可约分支里,不包含权向量空间 $V_{\frac{1}{2}(\lambda_1 + \lambda_2 + \cdots + \lambda_{n-1} - \lambda_n)}$,以 $\frac{1}{2}(\lambda_1 + \lambda_2 + \cdots + \lambda_{n-1} + \lambda_n)$ 为首权的不可约表示 $\overline{Ff^{-1}\psi}$ 就是 D_n 的一个旋表示 F_n,以 $\frac{1}{2}(\lambda_1 + \lambda_2 + \cdots + \lambda_{n-1} - \lambda_n)$ 为首权的另一不可约表示就是 D_n 的另一个旋表示 F_{n-1}. 读者可以自己证明表示 $Ff^{-1}\psi$ 的表示空间恰好分解为上述 F_{n-1} 及 F_n 的表示空间的直和. 因而 D_n 的两个旋表示都存在.

对于 B_n,矩阵

$$H_{\lambda_1\cdots\lambda_n}=\begin{bmatrix}0&&&&&&\\&\lambda_1&&&&&\\&&\ddots&&&&\\&&&\lambda_n&&&\\&&&&-\lambda_1&&\\&&&&&\ddots&\\&&&&&&-\lambda_n\end{bmatrix},$$

$$\tau(H_{\lambda_1\cdots\lambda_n})=\begin{bmatrix}0&0&0\\0&0&\mathrm{i}T_{\lambda_1\cdots\lambda_n}\\0&-\mathrm{i}T_{\lambda_1\cdots\lambda_n}&0\end{bmatrix},$$

$$g^{-1}\tau(H_{\lambda_1\cdots\lambda_n})=\frac{1}{2}\mathrm{i}\sum_{j=1}^n\lambda_j e_j*e_{n+j}.$$

完全类似 D_n 的情况,可以定义 $C_{12}(2n)$ 的一个表示 F,和

$$Fg^{-1}\tau(H_{\lambda_1\cdots\lambda_n})=\sum_{j=1}^n\underbrace{I_2\otimes\cdots\otimes I_2}_{j-1\uparrow}\otimes\begin{bmatrix}\dfrac{1}{2}\lambda_j&0\\0&-\dfrac{1}{2}\lambda_j\end{bmatrix}\otimes\underbrace{I_2\otimes\cdots\otimes I_2}_{n-j\uparrow}.$$

$$(4.70)$$

关于 F 的定义,只要在 $C_2(2n)$ 的基础上补充定义

$$F(e_j)=P_j,\ F(e_{n+j})=Q_j\,(1\leqslant j\leqslant n)$$

就可以了. $Fg^{-1}\tau$ 是 B_n 的一个不可约表示,首权是 $\dfrac{1}{2}(\lambda_1+\lambda_2+\cdots+\lambda_{n-1}+\lambda_n)$,这就是 B_n 的旋表示 F_n.这里细节的证明留给读者作练习.

§5　完全可约性定理

在上节,我们讨论了复半单纯李代数的不可约复表示,那么复表示与不可约复表示之间有什么关系呢?

如果一个复李代数 g 的表示是 F,而表示空间 $V=V_1\oplus V_2\oplus\cdots\oplus V_k$,$\forall x\in g$,$F(x)V_j\subset V_j$,记 $F(x)|_{V_j}=F_j(x)$,每个 F_j 都是 g 的不可约复表示,则称 F 是完全可约的.记 $F=F_1\oplus F_2\oplus\cdots\oplus F_k$.例如上一节内 D_n 的表示

$Ff^{-1}\psi = F_{n-1} \oplus F_n$.

设李代数 g 的表示 F 是完全可约的,而 $F = F_1 \oplus F_2 \oplus \cdots \oplus F_k = F_1^* \oplus F_2^* \oplus \cdots \oplus F_s^*$ 是 F 分解为两个不可约表示的和的两种方法. 对应于 F 的第一种直和分解,有 V 的直和分解 $V = V_1 \oplus V_2 \oplus \cdots \oplus V_k$, $F(x)|_{V_j} = F_j(x)$ $(1 \leqslant j \leqslant k)$, 对应于 F 的第二种直和分解,有

$$V = V_1^* \oplus V_2^* \oplus \cdots \oplus V_s^*, \quad F(x)|_{V_l^*} = F_l^*(x)(1 \leqslant l \leqslant s).$$

显然, $V = V_1 + V_1^* + V_2^* + \cdots + V_s^*$, 对于 $1 \leqslant l \leqslant s$, V 的子空间 $V_1 + V_1^* + V_2^* + \cdots + V_{l-1}^*$ 在 F 的作用下不变. 利用 V_l^* 在 F 的作用下是不可约的,应有 $(V_1 + V_1^* + V_2^* + \cdots + V_{l-1}^*) \bigcap V_l^* = 0$, 或者 $(V_1 + V_1^* + V_2^* + \cdots + V_{l-1}^*) \bigcap V_l^* = V_l^*$. 而在第二种情况里,有 $V_l^* \subset V_1$, 在第一种情况里,应有

$$V_1 + V_1^* + V_2^* + \cdots + V_{l-1}^* + V_l^* = (V_1 + V_1^* + \cdots + V_{l-1}^*) \oplus V_l^*.$$

不可能对所有的 $1 \leqslant l \leqslant s$ 都出现第一种情况,否则将出现

$$V_1 \oplus V_1^* \oplus V_2^* \oplus \cdots \oplus V_{s-1}^* \oplus V_s^* = V$$

这一不可能现象. 因此,总存在 l, 使得 $V_l^* \subset V_1$. 由于 V_1 在 F 的作用下是不可约的,则只存在一个 l, 使得 $V_l^* = V_1$. 改变下标的记号,不妨设 $V_1^* = V_1$. 对 V 的维数用数学归纳法,极容易得到 $k = s$, 同时,适当地改变下标的记号,有 $V_j = V_j^* (1 \leqslant j \leqslant k)$, 因而 $F_j = F_j^*$.

如果不考虑下标的次序,我们经常讲:完全可约表示的直和分解是唯一的.

复半单纯李代数的复表示是不是完全可约的这个问题很重要,如果答案是肯定的,那么研究问题的重点只要放在不可约表示上就可以了. 著名的 Weyl 定理回答了这个问题.

为此,先介绍一个概念.

设 g 是复 m 维半单纯李代数 $(m \geqslant 3)$, 而且 $F: g \to gl(V)$ 是 g 的 1—1 的表示,这里 V 是表示空间. $\dim V \geqslant 2$. 定义 g 上的一个对称双线性型:

$$\beta(x, y) = \mathrm{Tr}(F(x)F(y)), \tag{5.1}$$

容易知道 $\beta([x, y], z) = \beta(x, [y, z])$.

由于复 m 维半单纯李代数 g 既同构于 $\mathrm{ad}g$, 也同构于 $F(g)$, 则 $\beta(x, y)$ 也是 g 上非退化的对称双线性型.

设 $e_1, \cdots, e_m$ 是 g 的一组基,则 g 上存在另一组基 $e_1^*, \cdots, e_m^*$, 满足 $\beta(e_i, e_j^*) = \delta_{ij}$, 称 $e_1^*, \cdots, e_m^*$ 为 g 的关于 β 的对偶基.

$\forall\, x \in g$，记 $[x\,,\, e_j] = \sum_{l=1}^{m} a_{jl}(x) e_l$，$[x\,,\, e_j^*] = \sum_{l=1}^{m} b_{jl}(x) e_l^*$，那么

$$
\begin{aligned}
a_{jl}(x) &= \sum_{k=1}^{m} a_{jk}(x)\beta(e_k\,,\, e_l^*) \\
&= \beta([x\,,\, e_j]\,,\, e_l^*) \\
&= -\beta([e_j\,,\, x]\,,\, e_l^*) \\
&= -\beta(e_j\,,\, [x\,,\, e_l^*]) \\
&= -b_{lj}(x).
\end{aligned}
\tag{5.2}
$$

令

$$
C_F = \sum_{j=1}^{m} F(e_j) F(e_j^*),
\tag{5.3}
$$

C_F 称为表示 F 的 Casimir 元素. $C_F \in gl(V)$.

引理 5 $\forall\, x \in g$，$[F(x)\,,\, C_F] = 0$.

证明
$$
\begin{aligned}
[F(x)\,,\, C_F] &= \sum_{j=1}^{m} [F(x)\,,\, F(e_j)F(e_j^*)] \\
&= \sum_{j=1}^{m} (F(x)F(e_j)F(e_j^*) - F(e_j)F(e_j^*)F(x)) \\
&= \sum_{j=1}^{m} [F(x)\,,\, F(e_j)]F(e_j^*) \\
&\quad + \sum_{j=1}^{m} F(e_j)[F(x)\,,\, F(e_j^*)] \\
&= \sum_{j=1}^{m} F[x\,,\, e_j]F(e_j^*) + \sum_{j=1}^{m} F(e_j)F[x\,,\, e_j^*] \\
&= \sum_{j,\,k=1}^{m} a_{jk}(x)F(e_k)F(e_j^*) + \sum_{j,\,k=1}^{m} F(e_j)b_{jk}(x)F(e_k^*) \\
&= \sum_{j,\,k=1}^{m} a_{jk}(x)F(e_k)F(e_j^*) - \sum_{j,\,k=1}^{m} a_{kj}(x)F(e_j)F(e_k^*) \\
&= 0.
\end{aligned}
$$

换句话讲，C_F 与 $F(g)$ 内的矩阵乘法可交换.

如果 F 不是 1—1 的表示，但 $F(g) \neq 0$（$F(g) = 0$ 的表示是不值得讨论的），则映射 F 的核是 g 的一理想子代数，它是 g 的某些单纯理想子代数之和. 用 g_1 表示 g 的删去 F 的核后所剩下的单纯理想子代数之和，将 F 限制在 g_1 上，显然它是 1—1 的. 然而从第四章 §3 知道：$g_2 = \{x \in g \mid (x\,,\, y) = 0\,,\, \forall y \in$

g_1} 是 g 的一个理想子代数，$g = g_1 \oplus g_2$，即 g 的 Cartan 内积限制在 g_1 上也是非退化的. 因此，可以利用 g_1 的一组基 $e_1, \cdots, e_l \ (1 \leqslant l \leqslant m-1)$，完全类似于上述定义，

$$C_F^* = \sum_{j=1}^{l} F(e_j) F(e_j^*),$$

仍称 C_F^* 为表示 F 的 Casimir 元素. C_F^* 与 $F(g_1) = F(g)$ 内的矩阵乘法可交换.

对于 1—1 的表示 F，$\mathrm{Tr} C_F = \sum_{j=1}^{m} \beta(e_j, e_j^*) = m$. 对于 C_F^*，$\mathrm{Tr} C_F^* = l \geqslant 1$.

现在来建立著名的 Weyl 定理.

定理 13(Weyl) 复 m 维 $(m \geqslant 3)$ 半单纯李代数 g 的任一 n 次 $(n \geqslant 2)$ 复表示皆是完全可约的.

证明 记复 m 维 $(m \geqslant 3)$ 半单纯李代数 g 的一个 n 次 $(n \geqslant 2)$ 复表示为 F，表示空间为 n 维复线性空间 V. 设 $F(g) \neq 0$.

分两步来证明 Weyl 定理.

(1) 假设 V 内有一个 $n-1$ 维子空间 W，W 在 F 的作用下不变.

由于 g 是复半单纯的，则从 g 的 Cartan 分解可以知道 $[g, g] = g$，$\forall x \in g$，一定存在 $y, z \in g$，使得 $[y, z] = x$，则

$$F(x) = F([y, z]) = [F(y), F(z)],$$

因而有 $\mathrm{Tr} F(x) = 0$.

首先，存在 V 的一组基 $\xi_1, \cdots, \xi_n$，使得 $\xi_1, \cdots, \xi_{n-1}$ 是 W 的基，$\forall x \in g$，有

$$F(x) = \begin{bmatrix} a_{ij}(x) & * \\ & a \end{bmatrix} (1 \leqslant i, j \leqslant n-1). \tag{5.4}$$

由于 $\sum_{j=1}^{n-1} a_{jj}(x) + a = 0$，以及限制在 W 上，F 是以 W 为表示空间的一个复表示，则还应当有 $\sum_{j=1}^{n-1} a_{jj}(x) = 0$，从而 $a = 0$.

当 W 在 F 的作用下是不可约的时候，由 Schur 引理，得到

$$C_F = \begin{bmatrix} \lambda I_{n-1} & * \\ & b \end{bmatrix}, \tag{5.5}$$

这里设 F 是 1—1 的. 从前述可知 $\mathrm{Tr}C_F = m$, 由 C_F 定义得知 $b = 0$. 如果 F 不是 1—1 的, 则用 C_F^* 代替上述 C_F, 从前述知 $\mathrm{Tr}C_F^* \geqslant 1$. 因此, 无论 F 是不是 1—1 的, 都有 $\lambda \neq 0$. 为确定起见, 设 F 是 1—1 的.

V 到 V 自身的线性映射 C_F 的核 E 是 V 的一维子空间, 而且 $E \cap W = 0$, $V = W \oplus E$. $\forall x \in g$, $C_F(F(x)E) = F(x)(C_F E) = 0$, 那么, E 在 F 的作用下不变, 这就证明了 F 是完全可约的.

现在去掉 W 是不可约的条件, 仅假设 W 在 F 的作用下不变. 我们要证明存在 V 内一个在 F 作用下不变的一维子空间 E, 满足:

$$V = W \oplus E. \tag{5.6}$$

对 V 的维数 n 用归纳法. 当 $n = 2$ 时, $\dim W = 1$, W 当然是不可约的, 由上面的证明, (5.6)式成立.

设当 $n < k$ 时, 结论成立. 考虑 $n = k$ 的情况.

如果 W 内有一非零真子空间 W_1, W_1 在 F 的作用下不变. 由于 $\dim V/W_1 < k$, 和 $\dim V/W_1 - \dim W/W_1 = 1$, 以及自然映射 $\pi: V \to V/W_1$, 则由 $F_1(x)\pi(v) = \pi(F(x)v)$ 定义的 F_1 是 g 的一个复表示, 简称为 F 的一个商表示. 由归纳法假设, 存在 V/W_1 的一维子空间 $E_1 = W_2/W_1$, E_1 在 F_1 的作用下不变, $V/W_1 = W/W_1 \oplus E_1$, 这里 $W_2 = \pi^{-1}(E_1)$, 当然有 $W_1 \subset W_2$. 容易看到 W_2 在 F 的作用下是不变的. 又由于 $\dim W_2 - \dim W_1 = 1$, 再次利用归纳法假设, 存在 V 内的一个一维子空间 $E \subset W_2$, E 在 F 的作用下不变, $W_2 = W_1 \oplus E$, 所以 $V = W \oplus E$. 由归纳法, (5.6)式的确成立.

(2) 对于一般情况, 设 W 是 V 的一个 k 维子空间 $(1 \leqslant k < n-1)$, 它在 F 的作用下不变.

记由 V 到 W 的所有线性映射组成的线性空间为 $\mathrm{Hom}(V, W)$, $\forall f \in \mathrm{Hom}(V, W)$, $\forall x \in g$ 和 $\forall v \in V$, 定义

$$(G(x)f)(v) = F(x)(f(v)) - f(F(x)v), \tag{5.7}$$

$G(x)f \in \mathrm{Hom}(V, W)$. 由直接计算可以知道, G 是李代数 g 到 $gl(\mathrm{Hom}(V, W))$ 内的同态, 即 G 也是 g 的一个表示 (请读者自己验证), 其表示空间为 $\mathrm{Hom}(V, W)$.

令

$$V_1 = \{f \in \mathrm{Hom}(V, W) \mid f|_W = \lambda I_k, \text{这里} \lambda \in \mathbf{C}\}, \tag{5.8}$$

$$V_2 = \{f \in \mathrm{Hom}(V, W) \mid f|_W = 0\}, \tag{5.9}$$

则 $\forall f \in V_1$, $\forall x \in g$ 和 $\forall w \in W$, 有

$$
\begin{aligned}
(G(x)f)(w) &= F(x)(f(w)) - f(F(x)w) \\
&= F(x)(\lambda w) - \lambda(F(x)w) \\
&= 0.
\end{aligned}
$$

因此 $G(x)f \in V_2 \subset V_1$, 这表明 V_1, V_2 都在 G 的作用下不变. 而 $\dim V_1 - \dim V_2 = 1$, 则利用(1), 存在 V_1 内的一个一维子空间 E_2, 它在 G 的作用下是不变的, $V_1 = V_2 \oplus E_2$. 设 E_2 的基是 h, 不妨设

$$
h|_w = Id|_w, \quad h \in \mathrm{Hom}(V, W),
$$

h 的核记为 E, $E \subset V$, 显然 $V = W \oplus E$.

由于 $\forall x \in g$, $G(x)h \in E_2$, 又 $h \in V_1$, $G(x)h \in V_2$, 因此, $G(x)h \in E_2 \bigcap V_2$, 这导致 $G(x)h = 0$.

$\forall e \in E$, $\forall x \in g$, 有

$$
\begin{aligned}
h(F(x)e) &= -(F(x)h(e) - h(F(x)e)) \\
&= -(G(x)h)(e) = 0.
\end{aligned} \tag{5.10}
$$

所以 $F(x)e \in E$, E 在 F 的作用下不变.

因此, 对于任意 k 维 $(k \geqslant 1)$ 在 F 作用下不变的子空间 W, 恒有在 F 作用下不变的 $n-k$ 维子空间 E, 满足 $V = W \oplus E$. 由这结论, 容易看到 F 是完全可约的.

完全类似地可以定义李群表示的完全可约性. 同时, 我们有下述定理.

定理 14 一个 m 维 $(m \geqslant 1)$ 紧致连通李群 M 的 n 次 $(n \geqslant 2)$ 复表示是一个酉表示且是完全可约的.

证明 设 Ω 是 M 的一个 Haar 测度, M 的 n 次复表示 F 的表示空间是复 n 维线性空间 V, 令 (ξ, η) 是 V 上的一个 Hermite 内积. 定义

$$
\langle \xi, \eta \rangle = \int_M (F(x)\xi, F(x)\eta)\Omega_x. \tag{5.11}
$$

容易明白 $\langle \xi, \eta \rangle$ 也是 V 上的一个 Hermite 内积, 以及 $\forall y \in M$, 有

$$
\langle F(y)\xi, F(y)\eta \rangle = \langle \xi, \eta \rangle.
$$

因而 $F(y) \in U(n)$, 这表明 F 是酉表示.

下面证明 F 是完全可约的.

如果 V_1 是 V 的一个非零真子空间, 在 F 的作用下不变. 令

$$V_2 = \{\xi \in V \mid \langle \xi, \eta \rangle = 0, \ \forall \eta \in V_1\},$$

由 Hermite 内积的性质可知，$V = V_1 \oplus V_2$. $\forall x \in M$，由于 $F(x)V_1 \subset V_1$，那么

$$V_1 = F(x^{-1})F(x)V_1 \subset F(x^{-1})V_1 \subset V_1,$$

因而 $F(x^{-1})V_1 = V_1$. 换句话讲，$F(x)V_1 = V_1$.

又 $\forall \xi \in V_2$，

$$
\begin{aligned}
0 = \langle V_1, \xi \rangle &= \langle F(x)V_1, F(x)\xi \rangle \\
&= \langle V_1, F(x)\xi \rangle.
\end{aligned}
$$

因而 $F(x)\xi \in V_2$. V_2 在 F 的作用下也是不变的，这就证明了复表示 F 是完全可约的.

定理 14 告诉我们，要研究紧致连通李群的复表示，只要研究它的不可约酉表示就可以了. 而本章的 §2 和 §3 对 $SU(2)$ 和 $SO(3, \mathbf{R})$ 的不可约酉表示进行了较仔细的研究，其根本原因就在这里.

习　　题

1. 设 $SL(2, \mathbf{C})$ 是行列式值为 1 的 2×2 复矩阵全体组成的乘法群.

(1) 求证：由

$$H = \begin{bmatrix} 1 & 0 \\ 0 & -1 \end{bmatrix}, \ X_+ = \begin{bmatrix} 0 & 1 \\ 0 & 0 \end{bmatrix}, \ X_- = \begin{bmatrix} 0 & 0 \\ 1 & 0 \end{bmatrix}$$

为基组成的三维复李代数同构于 $SL(2, \mathbf{C})$ 的李代数 $\Lambda(SL(2, \mathbf{C}))$；

(2) 定义 $\Lambda(SL(2, \mathbf{C}))$ 到 $\mathbf{C}^2$ 内的一个线性映射 F，满足

$$F(H) = -\xi \frac{\partial}{\partial \xi} + \eta \frac{\partial}{\partial \eta}, \ F(X_+) = -\eta \frac{\partial}{\partial \xi}, \ F(X_-) = -\xi \frac{\partial}{\partial \eta},$$

用 $V_l (l = 0, 1, 2, \cdots)$ 表示以复数 ξ, η 为变元的全部 l 次齐次复系数多项式组成的空间，计算 $F(H)(\xi^k \eta^{l-k})$，$F(X_+)(\xi^k \eta^{l-k})$，$F(X_-)(\xi^k \eta^{l-k})$，这里 $k \in \{0, 1, 2, \cdots, l\}$，并写出在 V_l 上表示 F 的所有权.

2. 设 V 是 n 维实线性空间，V^* 是 V 的对偶空间. G 是一个紧致连通李群. F 是 G 到 $gl(V)$ 内的一个同态. $\forall x \in V^*$，$\forall y \in V$，$\forall a \in G$. 由 $(F^*(a)(x))(y) = x(F(a^{-1})y)$ 相应地定义了 G 到 $gl(V^*)$ 内的一个映射 F^*.

求证:F^* 是 G 到 $gl(V^*)$ 内的一个同态. F 是不可约的表示当且仅当 F^* 是不可约的表示.

3. 设 G 是一个 m 维 $(m \geqslant 2)$ 紧致连通李群. f 是 G 上一个实连续函数,且满足性质:

$$\forall x, y \in G, f(yxy^{-1}) = f(x).$$

V 是一个 n 维实线性空间. F 是 G 到 $gl(V)$ 内一个同态,且 F 是不可约的. 求证:$\int_G f(x)F(x)\Omega_x$ 是 αI_n 形式的矩阵. 这里 Ω_x 是 G 上的 Haar 测度, I_n 是 $n \times n$ 单位矩阵, α 是一个实数.

4. 求证:m 维 $(m \geqslant 2)$ 连通半单李群的任一 n 次 $(n \geqslant 2)$ 复表示皆是完全可约的.

5. 求证:一个 n 维 $(m \geqslant 2)$ Abel 连通李群的不可约复表示是一维的.

6. 设 n 维 $(n \geqslant 2)$ 紧致连通李群的所有不可约复表示都是一维的,求证:这李群是一个 Abel 李群.

7. 设 V 和 W 是两个复 n 维的线性空间, F_1 是紧致连通李群 M 到 $GL(V)$ 内的 n 次不可约复表示, F_2 是 M 到 $GL(W)$ 内的 n 次不可约复表示. 问:由

$$(F_1 \times F_2)(x, y)(v \otimes w) = (F_1(x)v) \otimes (F_2(y)w)$$

定义的映射 $F_1 \times F_2$ 是否为表示空间 $V \otimes W$ 上的李群 M 的一个不可约复表示? 这里 $x, y \in M, v \in V, w \in W$.

8. 设 V 是 m 维复(或实)线性空间, $e_1, e_2, \cdots, e_m$ 是一组基. 在 V 内定义一个双线性乘积 $*$,满足

$$1 * e_j = e_j, e_j * e_j = -1, e_j * e_k = -e_k * e_j (j \neq k).$$

问:是否存在类似 §4 引理 3 及引理 4 的结果?

9. 求证:m 维 $(m \geqslant 2)$ 紧致连通李群的李代数上的 n 次 $(n \geqslant 2)$ 复表示是完全可约的.

10. 设 g 是一个 m 维 $(m \geqslant 2)$ 复李代数. 如果 g 上任何表示都是完全可约的,求证: g 一定是半单纯的.

主要参考书目

[1] C. Chevalley. *Theory of Lie Groups*, Vol I. Princeton Univ. Press(1946)

[2] 严志达著. 半单纯李群李代数表示论. 上海科学技术出版社(1962)

[3] P·M·康著,黄正中、胡和生译. 李群. 上海科学技术出版社(1963)

[4] 万哲先编著. 李代数. 科学出版社(1964)

[5] 谷超豪著. 齐性空间微分几何学. 上海科学技术出版社(1965)

[6] I. Kaplansky. *Lie Algebras and Locally Compact Groups*. Univ. of Chicago Press(1971)

[7] A. Sagle & R. Walde. *Introduction of Lie Groups and Lie Algebras*. Academic Press(1973)

[8] W. M. Boothby. *An Introduction to Differentiable Manifolds and Riemannian Geometry*. Academic Press(1975)

[9] S. Helgason. *Differential Geometry, Lie Groups, and Symmetric Spaces*. Academic Press(1978)

[10] J·E·汉弗莱斯著,陈志杰译. 李代数及其表示理论导引. 上海科学技术出版社(1981)

[11] 严志达,许以超著. Lie 群及其 Lie 代数. 高等教育出版社(1985)

[12] M. ISE & M. Takeuchi. Lie Groups 1, Volume 85, Translations of Mathematical Monographs, *American Mathematical Society*(1991)

[13] D. Bump. *Lie Groups*. Springer Press(2004)

图书在版编目(CIP)数据

李群基础/黄宣国编著. -- 3 版. --上海：复旦
大学出版社,2024.8. -- ISBN 978-7-309-16944-7

Ⅰ. O152.5

中国国家版本馆 CIP 数据核字第 2024Z2C264 号

李群基础(第三版)

黄宣国　编著
责任编辑/陆俊杰

复旦大学出版社有限公司出版发行

上海市国权路 579 号　邮编：200433
网址：fupnet@ fudanpress. com　http://www.fudanpress.com
门市零售：86-21-65102580　团体订购：86-21-65104505
出版部电话：86-21-65642845
上海盛通时代印刷有限公司

开本 787 毫米×960 毫米　1/16　印张 17.5　字数 324 千字
2024 年 8 月第 3 版第 1 次印刷

ISBN 978-7-309-16944-7/O・752
定价：58.00 元